Nr. 28 1953
S. 4317—4476 15. Juli

Chemisches Zentralblatt

Vollständiges Repertorium für alle Zweige der reinen und angewandten Chemie

Im Auftrage der Deutschen Akademie der Wissenschaften zu Berlin, der Akademie der Wissenschaften zu Göttingen und der Gesellschaft Deutscher Chemiker

herausgegeben von

Prof. Dr. Maximilian Pflücke

Chefredakteure: Dr. Eugen Klever und Prof. Dr. Maximilian Pflücke

124. Jahrgang

1953

Akademie-Verlag GmbH., Berlin — Verlag Chemie, GmbH., Weinheim/Bergstr.

Inhalt

Namenregister

Chemisches Zentralblatt

1953 Nr. 28 15. Juli

A. Allgemeine und physikalische Chemie.

A_1. Kernphysik und Kernchemie.

F. A. E. Pirani, A. Schild und **R. Skinner,** *Quantelung der Einsteinschen Gravitationsfeldgleichungen.* 2. Mitt. (1. vgl. C. **1952.** 322.) Für die in der kanon. Formulierung der Feldgleichungen der allg. Relativität u. der Elektrodynamik auftretenden Einschränkungen werden explizite Ausdrücke angegeben. (Physic. Rev. [2] **87.** 452—54. 1/8. 1952. Cambridge, Trinity Coll.; Pittsburgh, Pa., Carnegie Inst. of Technol.) GERHARD SCHMIDT. 80

Peter G. Bergmann, *Parameter und Einschränkungen in gequantelten Feldtheorien.* (Sitzungsbericht.) Kovariante Feldtheorien können in eine kanon. Formulierung entweder mit oder ohne Einführung sogenannter Parameter gebracht werden. Vf. zeigt, daß sowohl in der klass. als auch in der Quantentheorie die Parameterdarst. unter bestimmten Beschränkungen ein reversibles Verf. ist. (Physic. Rev. [2] **83.** 224. 1/7.; Bull. Amer. physic. Soc. **26.** Nr. 3. 33. 26/4. 1951. Syracuse Univ.) GERHARD SCHMIDT. 80

O. Costa de Beauregard, *Relativistische Symmetrie in der Grundformulierung der Quantentheorie.* (Sitzungsbericht.) Verallgemeinerung der Definition der HERMITEschen Skalarprodukte in der Feldtheorie von Spinteilchen. (Physic. Rev. [2] **83.** 224. 1/7.; Bull. Amer. physic. Soc. **26.** Nr. 3. 33. 26/4. 1951. Paris, Inst. Henri Poincaré.) GERHARD SCHMIDT. 80

L. H. Thomas, *Die relativistische Dynamik eines Systems von Teilchen, die bei einer Entfernung in Wechselwirkung treten.* Aufstellung einer relativist. invarianten Dynamik eines Teilchensyst. unter der Annahme, daß invariante Weltlinien nicht existieren. Ein weiteres Kriterium besteht darin, daß die Invarianz über die homogene Gruppe der LORENTZ-Transformationen trivial ist. (Physic. Rev. [2] **85.** 868—72. 1/3. 1952. New York, Columbia Univ., Watson Scient. Comput. Labor.) GERHARD SCHMIDT. 80

P. Bassi, A. M. Bianchi, D. Cadorin und **C. Manduchi,** *Über die Zenitverteilung der Teilchen ausgedehnter Schauer.* Die Zenitverteilung der Teilchen in ausgedehnten Schauern erfolgt proportional $\cos^n \vartheta$ (ϑ = Zenitwinkel), wobei n von der Dichte der Schauer Δ u. von ϑ abhängt. Bei gleichem Δ nimmt n mit steigender Seehöhe zu. Bei gleicher Seehöhe nimmt n mit zunehmendem Δ ab. Bei Zunahme von ϑ nimmt n ab. Experimentell werden n-Werte zwischen 3 u. 5 gefunden. (Nuovo Cimento [9] **9.** 1037—43. 1/11. 1952. Padua, Univ., Ist. di Fis.) R. K. MÜLLER. 85

A. J. Herz, P. E. Hodgson und **R. M. Tennent,** *Die Erzeugung von τ-Mesonen in Eis.* Am Jungfraujoch wurden ILFORD-G 5-Emulsionen durch Stahlröhren senkrecht in das Eis eingeführt u. unter verschied. Eisdicken der Höhenstrahlung ausgesetzt. Drei als Zerfall von τ-Mesonen gedeutete Ereignisse wurden beobachtet, davon zwei in einer 200 μ-Emulsion u. eins in einer 400 μ-Emulsion. Die Bahnlängenmessungen ergaben, daß die τ-Mesonen in 3 π-Mesonen mit einer gesamten kinet. Energie von 73 ± 6 MeV zerfielen. Die M. der τ-Mesonen wurde zu $965 \pm 12\ m_e$ bestimmt. Sie traten mit einer Häufigkeit von $\sim 0{,}0008$ τ-Mesonen pro Stern in der unter Eis exponierten Emulsion auf. Die Emulsion wurde auf Kernzertrümmerungen, die durch schwere Mesonen hervorgerufen wurden, u. auf τ-Mesonen, die im Fluge zerfielen, untersucht. Ereignisse dieser Art wurden nicht beobachtet. Dieser Befund läßt vermuten, daß die τ-Mesonen die Zerfallsprodd. noch schwererer Teilchen sind, die bei Kern-Rkk. erzeugt werden. Die Lebensdauer des τ-Mesons wird zu größer als 10^{-9} Sek. angenommen. (Philos. Mag. [7] **44.** 85—91. Jan. 1953. London, Imp. Coll. of Sci. and Technol.) GERHARD SCHMIDT. 85

Melvin Lax und **Herman Feshbach,** *Photoerzeugung von Mesonen in Deuterium.* Ausführliche Darst. des C. **1951.** II. 2833 referierten Sitzungsberichtes. (Physic. Rev. [2] **88.** 509—15. 1/11. 1952. Syracuse, N. Y., Univ., Dep. of Phys.; Cambridge, Mass., M. I. T., Dep. of Phys., u. Labor. for Nucl. Sci. and Engng.) GERHARD SCHMIDT. 90

A. M. L. Messiah, *Reaktionen langsamer π^--Mesonen in ^3He.* (Sitzungsbericht.) Als Beitrag zur Deutung von Mesonen-Rkk. durch die Theorie schwacher Kopplung PS(PV) wird der K-Einfang langsamer π^--Mesonen durch ^3He nach der Meth. von TAMOR (C. **1952.** 3279) untersucht. Mit Hilfe des Verzweigungsverhältnisses für die Rkk. der π^--Mesonen in H_2 gelingt es, die π^0-Kopplungskonstanten zu eliminieren u. eine Abschätzung der verschied. Absorptionsprozesse vorzunehmen. Danach wären 80% der Absorptionsprozesse reine Absorption mit Bldg. von D in $^1/_3$ der Fälle, während sich die restliche Absorption nahezu gleichmäßig (1,2 : 1) auf die γ- u. π^0-Absorption verteilen würde. (Physic. Rev. [2] **86**. 603. 15/5.; Bull. Amer. physic. Soc. **27**. Nr. 1. 28. 31/1. 1952. Univ. of Rochester.) Werner Schulz. 90

G. Breit und **M. C. Yovits**, *Darstellung der Nucleon–Nucleon-Singulettstreuung.* (Vgl. C. **1953**. 168.) (Sitzungsbericht.) Vff. berechnen die f-Funktionen, die nur von der Phasenverschiebung u. der Energie E abhängen. Die Berechnung der Potenzreihen in E, die f für ein vorgegebenes Potential darstellen, wird durch den Ausdruck $[f - f^{(0)}]/(E/e^2)$, wo $f^{(0)}$ der energieunabhängige Term ist, ermöglicht. (Physic. Rev. [2] **83**. 223—24. 1/7.; Bull. Amer. physic. Soc. **26**. Nr. 3. 32—33. 26/4. 1951. Yale Univ.) Gerhard Schmidt. 90

Keith A. Brueckner, *Eine Anwendung der Theorie der effektiven Reichweite auf die Meson–Nucleon-Streuung.* Vf. entwickelt eine Theorie der effektiven Reichweite für die P-Zustandsstreuung. Ein Parameter der Theorie kann sinngemäß als eine effektive Reichweite identifiziert werden, die Energieabhängigkeit der effektiven Reichweite erweist sich als sehr schwach. Die sich ergebenden Formeln für die Energieabhängigkeit der Phasenverschiebung sind, falls relativist. Energien benutzt werden, exakt äquivalent einer einfachen Form der Wigner-Eisenbud-Einniveauformel für P-Zustände, in welcher die Niveauverschiebung vernachlässigt wird. Bei Anwendung der Meth. auf die Meson–Nucleon-Streuung finden sich Anzeichen einer sehr hoch liegenden Resonanz bei der Streuung. (Physic. Rev. [2] **87**. 1026—30. 15/9. 1952. Bloomington, Ind., Univ., Phys. Dep.) Gerhard Schmidt. 90

Kantilal M. Gatha und **R. J. Riddell jr.**, *Eine Untersuchung über die Kernstreuung energiereicher Protonen.* Die Winkelverteilung an verschied. Kernen elast. gestreuter Protonen wird theoret. untersucht. Hierzu wird das opt. Kernmodell für Protonenstreuung modifiziert. Entsprechende Wellengleichungen für Protonen erweisen sich für numer. Berechnungen als ungeeignet. Für den differentiellen Streuquerschnitt werden Approximativausdrücke erhalten. Die theoret. u. experimentellen Beugungsbilder werden für die Kernstreuung von 340 MeV-Protonen verglichen. Der effektive Kernradius für diese Energien ist ca. 10% kleiner als der auf der Grundlage der Kernstreuung von 90 MeV-Neutronen berechnete Wert. (Physic. Rev. [2] **86**. 1035—39. 15/6. 1952. Berkeley, Calif., Univ., Dep. of Phys.) Werner Schulz. 90

K. Strauch und **J. A. Hofmann**, *Streuung von Protonen durch das lose gebundene Neutron in Beryllium.* Die Energieverteilung der Neutronenemission eines Be-Targets beim Beschuß mit 112 MeV-Protonen wird unter 0, 5, 10, 16 u. 28° zum Protonenbündel mit Scintillationszählerteleskopen gemessen. Die Energieverteilungskurve der Neutronenemission zeigt für 0° (im Bereich 90—95 MeV) ein hohes Maximum, das mit wachsendem Winkel rasch abnimmt u. bei Messungen an *C* nicht auftritt. Daraus wird gefolgert, daß das lose gebundene Neutron in ^{9}Be für dieses Maximum verantwortlich ist, da sich der innere Kern (^{8}Be) ähnlich wie der ^{12}C-Kern verhalten dürfte. Der ^{8}Be-Beitrag kann durch Red. des ^{12}C-Spektr. mit dem Faktor $(8/12)^{2/3} \approx 0{,}76$ abgeschätzt werden. Die differentiellen Streuquerschnitte für die (n—p)-Rkk. in Be sind erwartungsgemäß (Neutronenzusammenstöße mit dem inneren Kern) kleiner als diejenigen für die freien (n—p)-Rkk. (90 MeV). (Physic. Rev. [2] **86**. 563—64. 15/5. 1952. Cambridge, Mass., Harvard Univ.) Werner Schulz. 90

B. N. Brockhouse und **D. G. Hurst**, *Energieverteilung langsamer, von festen Körpern gestreuter Neutronen.* Ausführliche Darst. des C. **1953**. 2707 referierten Sitzungsberichtes. (Physic. Rev. [2] **88**. 542—47. 1/11. 1952. Chalk River, Ontario, Can., A. E. of Canada Ltd.) Gerhard Schmidt. 90

A. E. Taylor und **E. Wood**, *Neutronen-Gesamtwirkungsquerschnitte zwischen 30 und 153 MeV.* Beim Auftreffen von Cyclotronprotonen auf ein Innentarget wurden Neutronen erzeugt, die durch eine Löcherreihe in der Betonabschirmung zu einem parallelen Strahlenbündel ausgeblendet wurden. Die effektive Neutronenenergie wurde durch Änderung der magnet. Feldstärke u. Auswechslung des Targets variiert. So betrug die (p—n)-Schwelle in *Be* ~ 2,0 MeV, in *C* ~ 20 MeV. Ein Dreifachkoinzidenz-Zählerteleskop diente als Neutronendetektor durch Zählung der Rückstoßprotonen aus einer Polyäthylenscheibe. Die Neutronengesamtwirkungsquerschnitte erwiesen sich für C, *Al*, *Cu*, *Cd* u. *Pb* als eine Funktion der Energie im Bereich von 30—140 MeV. Die σ-Kurve zeigte für Pb ein Minimum um 60 MeV, bei Cd u. Cu zeigten sich Minima zwischen 30 u. 40 MeV, um nach einem Maximum (Pb 70—90 MeV, Cd u. Cu ~ 50 MeV) wieder langsam abzufallen. Bei Al u. C fällt die σ-Kurve nahezu stetig mit zunehmender Neutronenenergie ab. Folgende Neutronengesamtwirkungsquerschnitte (in 10^{-27} cm^2) wurden erhalten: für *H*

56,9 ± 1,8 bei 126 ± 2 MeV; für Pb 4541 ± 72 bei 37 ± 1, 4236 ± 52 bei 60 ± 1,5, 4762 ± 94 bei 72 ± 1,5, 3691 ± 41 bei 139 ± 3 MeV; für Cd 3171 ± 46 bei 30 ± 1, 3119 ± 48 bei 37 ± 1, 3376 ± 12 bei 52 ± 1,5, 3085 ± 52 bei 102 ± 2 MeV; für Cu 2442 ± 39 bei 30 ± 1, 2428 ± 42 bei 37 ± 1, 2672 ± 42 bei 45 ± 1, 1702 ± 10 bei 117 ± 2 MeV; für Al 1871 ± 31 bei 30 ± 1, 729 ± 11 bei 139 ± 3 MeV u. für C 1150 ± 20 bei 37 ± 1, (355 ± 3) bei 139 ± 3 MeV (Auswahl). (Philos. Mag. [7] **44.** 95—101. Jan. 1953. Harwell, A. E. Res. Establ.) GERHARD SCHMIDT. 90

J. D. Lawson, *Ein die Durchlässigkeit von Kernen gegenüber energiereichen Neutronen erläuternder Beugungseffekt.* Nach dem Kontinuumkernmodell von BETHE (1940) kann der Kern angenähert als eine Kugel mit komplexem Brechungsindex für Neutronenwellen angesehen werden. Der Phasenwechsel der Neutronenwellen läßt sich einfach bestimmen, wenn eine Materieschicht bestimmter Dicke parallel zur Wellenfront in den Strahlengang gebracht wird. Die Beugungsstreuung erreicht ein Maximum, wenn der Phasenwechsel ein ungeradzahliges Vielfaches von π ist u. ein Minimum bei einem geradzahligen Vielfachen von π. Für *C, Al, Cu, Cd* u. *Pb* sind die berechneten Energien der einfallenden Neutronen bei einem Phasenwechsel $\Phi = \pi$ 14, 26, 46, 64 bzw. 100; sie entsprechen angenähert den Spitzen der Wirkungsquerschnittskurven von TAYLOR u. WOOD (vgl. vorst. Ref.). (Philos. Mag. [7] **44.** 102—03. Jan. 1953. Harwell, A. E. Res. Establ.) GERHARD SCHMIDT. 90

Joseph V. Lepore, *Symmetrische pseudoskalare Mesonentheorie von Kernkräften.* (Vgl. C. **1952.** 6484.) Ergänzend zu dem C. **1953.** 2066 referierten Sitzungsbericht wird mitgeteilt, daß bis zu den quadrat. Ausdrücken der Kopplungskonstanten die pseudoskalare Kopplung einer skalaren Paarkopplung des pseudoskalaren Feldes plus einer pseudoskalaren Kopplung des Feldes äquivalent ist. (Physic. Rev. [2] **88.** 750—51. 15/11. 1952. Berkeley, Calif., Univ., Dep. of Phys., Radiat. Labor.) GERHARD SCHMIDT. 95

N. Feather, *Ein neuer Parameter zum Gebrauch bei Diskussionen des Schalenmodells des Kerns.* Die Differenzen zwischen dem Schalenmodell u. dem Modell des fl. Tropfens werden aufgezeigt. Vf. führt eine unter Verwendung bestimmter experimenteller Ergebnisse entwickelte Meth. an, die bes. auf die Eigg. reeller Kerne u. die nach der WEIZSÄCKER-Formel (Modell des fl. Tropfens) vorausgesagten Eigg. eingeht. Der vom Vf. eingeführte Parameter gibt die Zunahme der Differenz zwischen den Bindungsenergien des letzten Protons in Kernen mit Massenzahlen A u. A — 1 wieder. Die Anwendbarkeit des aus experimentellen Werten bestimmten Parameters bei verschied. Kernen wird diskutiert. (Philos. Mag. [7] **44.** 103—05. Jan. 1953. Edinburgh, Univ.) GERHARD SCHMIDT. 95

R. Sternheimer, *Über Kernquadrupolmomente.* Durch Lösung der SCHRÖDINGER-Gleichung für die gestörten Wellenfunktionen für *Li-*, *Al-* u. *Cl-*Kerne wird die Korrektur an den Kernquadrupolmomenten bzgl. des in den Elektronenschalen induzierten Quadrupolmomentes erhalten. Der Korrekturfaktor beläuft sich auf 1,11, 0,83 bzw. 0,68. Die THOMAS-FERMI-Rechnung der Wrkg. des induzierten Quadrupolmomentes wird für *F, Cl, Cu, Br, Y, Ag, J, La, Cp, Pt, Tl, At* u. *U* durchgeführt. (Physic. Rev. [2] **84.** 244—53. 15/10. 1951. Los Alamos, N. Mex., Los Alamos Scient. Labor.; Upton, N. Y., Brookhaven Nat. Labor.) GERHARD SCHMIDT. 95

W. A. Hardy, G. Silvey und C. H. Townes, *Der Spin und das Quadrupolmoment von* ^{79}*Se.* (Sitzungsbericht.) (Vgl. C. **1952.** 7603.) (Physic. Rev. [2] **86.** 608. 15/5.; Bull. Amer. physic. Soc. **27.** Nr. 1. 33. 31/1. 1952.) WERNER SCHULZ. 95

E. H. Bellamy und K. F. Smith, *Die Kernspins und magnetischen Momente von* ^{24}*Na,* ^{42}*K,* ^{86}*Rb,* ^{131}*Cs und* ^{134}*Cs.* Vff. untersuchen die Kernspins u. die Hyperfeinstrukturaufspaltungen des Grundzustandes der radioakt. Kerne ^{24}Na, ^{42}K, ^{86}Rb, ^{131}Cs u. ^{134}Cs. Bei den Verss. tritt ein Bündel neutraler Atome durch drei starke Magnetfelder, von denen das erste u. letzte zwecks Aufspaltung in die beiden STERN-GERLACH-Komponenten inhomogen sind. Bezeichnen F die Drehimpulsquantenzahl u. m die aufgelöste Komponente in Richtung des Feldes, so lassen sich nach der magnet. Resonanzmeth. die Spin- u. $\Delta\nu$-Werte durch Beobachtung von ΔF = 0- u. Δm = ± 1-Übergängen in schwachen u. mittleren Feldern erhalten. Die magnet. Momente werden aus den Meßergebnissen mittels der FERMI-SEGRÉ-Beziehung berechnet. Für ^{24}Na u. ^{42}K werden durch Festsetzung der ΔF = ± 1-, Δm = ± 1-Übergänge genauere Werte erhalten. Folgende Werte für Spin, $\Delta\nu$ (in MHz) u. magnet. Moment (in Kernmagnetonen) werden angeführt: ^{24}Na 4, 1139,35 ± 0,10, + 1,688 ± 0,005; ^{42}K 2, 1258,9 ± 0,1, — 1,137 ± 0,005; ^{86}Rb 2, 3960 ± 20, — 1,69 ± 0,01; ^{131}Cs 5/2, 13200 ± 110, + 3,48 ± 0,04 u. ^{134}Cs 4, 10440 ± 30 MHz bzw. + 2,95 ± 0,01 Kernmagnetonen. (Philos. Mag. [7] **44.** 33—45. Jan. 1953. Cambridge, Cavendish Labor.) GERHARD SCHMIDT. 95

D. N. Kundu und M. L. Pool, *Ein Korrelationstyp der Halbwertszeiten von* β^-*-Strahlern für ungerade Isotopenzahlen.* (Sitzungsbericht.) Für Kerne auf der Neutronenüberschußseite des Stabilitätstales ist der Logarithmus der Halbwertszeit t der β^--Strahler mit ungeradem A angenähert eine lineare Funktion von Z für einen konstanten Wert von J = A — 2 Z. Es werden sowohl ungerade als auch gerade Z für J-Werte von 1—25 untersucht. In einigen Fällen erstreckt sich die Linearität über einen Bereich von $1—10^{10}$ in Halbwertszeiten. Aus der linearen Beziehung $\log t = \alpha Z + \delta$ folgt, daß in diesem Bereich $|M|^2 f = Ae^{-\alpha Z}$ mit der Kernmatrix $|M|$ u. dem gewöhnlichen Integral f der FERMI-Funktion ist. Die Konstante α hat für alle J angenähert den gleichen Wert 0,59. Ähnliche Unterss. von β^+-Strahlern ergeben für α den Wert 0,35. Allg. können sowohl $|M|^2$ als auch f allein komplizierte Funktionen von Z sein, das Prod. $|M|^2 f$ hat jedoch für ca. 65% der β^--Strahler der SEABORG-Klassifikation A eine einfache exponentielle Ladungsabhängigkeit. (Physic. Rev. [2] **83**. 223. 1/7.; Bull. Amer. physic. Soc. **26**. Nr. 3. 32. 26/4. 1951. Ohio State Univ.) GERHARD SCHMIDT. 103

R. R. Carlson, *Energiefreigabe bei der Zertrümmerung von ^8Be.* (Sitzungsbericht.) Be-Targets mit weniger als 1 keV Dicke wurden durch Aufdampfen auf Ni-Folien hergestellt u. mit 372 keV-Protonen beschossen. Die gestreuten Protonen u. die Reaktionsprodd. von $^9Be(p, d)^8Be$ u. $^9Be(p, \alpha)^6Li$ wurden unter 90° zum Protonenbündel mit einem zylindr. elektrostat. Analysator beobachtet. Vorläufige Messungen deuten auf eine kontinuierliche Verteilung der Teilchen mit einer oberen Grenze hin, die doppelt geladenen Teilchen von 223 keV entspricht. Es handelt sich hier wahrscheinlich um α-Teilchen, die bei der Aufspaltung von ^8Be entstehen. Wegen der störenden C-Anhäufung auf dem Target wurden die Messungen nur mit frisch hergestellten Targets durchgeführt u. die Lage der ^6Li-Spitze vor u. nach jeder Meßreihe bestimmt. Diese Spitzen gaben für die Rk. $^9Be(p, \alpha)^6Li$ einen Q-Wert von 2,12 MeV. Unter Benutzung des Q-Wertes für die Rk. $^9Be(p, d)^8Be$ berechnet sich die frei werdende Energie bei der ^8Be-Aufspaltung zu 72 ± 5 keV. Dieser Wert wird mit dem von TOLLESTRUP u. Mitarbeitern (C. **1950**. II. 733) beobachteten Q-Wert von 89 ± 5 keV verglichen. (Physic. Rev. [2] **83**. 203—04. 1/7.; Bull. Amer. physic. Soc. **26**. Nr. 3. 12—13. 26/4. 1951. Univ. of Chicago.)
GERHARD SCHMIDT. 103

D. J. Zaffarano und **F. I. Boley,** *Strahlungsspektren aus kurzlebigen Kernen.* (Sitzungsbericht.) Mit einem Scintillationsspektrometer wurden Spektren von Kernen mit Halbwertszeiten > 0,1 Sek., erzeugt durch Synchrotronröntgenstrahlen, untersucht. Die Impulshöhe wurde laufend photograph. registriert. Die App. wurde mit ^{34}Cl (4,45 MeV) u. ^{90}Y (2,24 MeV) geeicht. FERMI-Diagramme von ^{31}S (3,2 Sek.), ^{33}Cl (~2,4 Sek.) u. ^{39}Ca (1,06 Sek.) zeigen maximale Positronenenergien von $3,74 \pm 0,2$, $3,70 \pm 0,2$ bzw. 5,2 MeV (vorläufiger Wert) an. Diese Isotope gehören zur Gruppe radioakt. Kerne, deren Neutronenzahl um eins kleiner ist als die Protonenzahl. (Physic. Rev. [2] **83**. 223. 1/7.; Bull. Amer. physic. Soc. **26**. Nr. 3. 32. 26/4. 1951. Iowa State Coll.)
GERHARD SCHMIDT. 103

J. E. Brolley jr., J. L. Fowler und **L. K. Schlacks,** *(n, 2n)-Reaktionen in ^{12}C, ^{63}Cu und ^{92}Mo.* Ausführliche Darst. des C. **1953**. 1917 referierten Sitzungsberichtes. Die Wirkungsquerschnitte für die $^{63}Cu(n, 2n)^{62}Cu$- u. $^{92}Mo(n, 2n)^{91}Mo$-Rkk. werden ergänzend in Abhängigkeit von der Energie der einfallenden Neutronen (ca. 10—27 MeV) wiedergegeben. (Physic. Rev. [2] **88**. 618—21. 1/11. 1952. Los Alamos, N. Mex., Univ. of California, Sci. Labor.) GERHARD SCHMIDT. 103

G. E. Boyd, Q. V. Larson und **G. W. Parker,** *Halbwertszeit und Strahlungen von ^{100}Tc.* Bei dem Beschuß von gereinigtem Tc-Metall u. TcO_2 mit langsamen Meilerneutronen für 20—30 Sek. wurde für ^{100}Tc eine Halbwertszeit von $15,8 \pm 0,2$ Sek. gefunden. ^{100}Tc emittiert neben γ-Strahlungen β-Strahlen mit einer maximalen Energie von $2,8 \pm 0,2$ MeV. Beim Zerfall von 20 Std.-^{100}Rh wurden zahlreiche Niveaus in ^{100}Ru beobachtet, während der log ft-Wert für das 15,8 Sek.-^{100}Tc 4,45 ist, wenn angenommen wird, daß keine andere β-Strahlung als die 2,8 MeV-Gruppe beim Zerfall auftritt. Ein langlebiger isomerer Zustand von ^{100}Tc konnte nicht nachgewiesen werden. (Physic. Rev. [2] **86**. 1051. 15/6. 1952. Oak Ridge, Tenn., Nat. Labor., Chem. Div.) GERHARD SCHMIDT. 103

Patrick E. Cavanagh, *Die Bestimmung des inneren Konversionskoeffizienten und des Abzweigungsverhältnisses für den 80 keV-γ-Strahl von ^{131}J mittels Röntgen-γ-Strahl-Koinzidenzmessungen.* Die auf der Messung der Röntgenstrahlen beruhende Meth. wird auf den 80 keV-γ-Strahl von ^{131}J angewandt, von dem angenommen wird, daß er in Kaskade mit einem 283 keV-γ-Strahl ist. Die beiden Strahlen bilden einen Parallelzweig zu dem intensivsten γ-Strahl von 363 keV. Von den Röntgenstrahlen aus der Konversion des 80 keV-γ-Strahls wird angenommen, daß sie in Koinzidenz mit den 283 keV-γ-Strahlen sind, was durch die Verss. bestätigt wird. Die relative Anzahl dieser Röntgenstrahlen u. der unkonvertierten 80 keV-γ-Strahlen liefert den Wert $1,83 \pm 0,16$ für den Koeff. der nneren Konversion. Der 80 keV-Übergang wird als magnet. Dipol betrachtet u. tritt in $4,3 \pm 0,6)$ % der Gesamtanzahl der Zerfälle auf. Außerdem werden Röntgenstrahlen in

Koinzidenz mit 638 keV-γ-Strahlen gefunden. Diese Röntgenstrahlen entstehen wahrscheinlich aus der Konversion eines γ-Strahls, der bei einem Übergang zwischen den Niveaus bei 638 u. 720 keV mit einer Häufigkeit von 0,3% pro Zerfall emittiert wird. (Philos. Mag. [7] **43.** 648—62. Juni 1952. Harwell, A. E. Res. Establ.)
GERHARD SCHMIDT. 103

G. A. Graves, L. M. Langer und R. D. Moffat, *Das K:L-Verhältnis der inneren Konversion bei M 4-Übergängen.* (Sitzungsbericht.) Vff. beobachten, daß die inneren Konversionsverhältnisse K/L + M für M 4-Übergänge etwas tiefer liegen als die empir. Kurve von GOLDHABER u. SUNYAR (C. **1952.** 3282) im Gebiet kleiner Werte von Z^2/E. Die Beobachtungen wurden mit dem großen Magnetspektrometer mit von der Dicke der Strahlenquelle abhängigen Auflösungen von 0,5—1,1% durchgeführt. Für die Übergangsenergien u. die K/L + M-Verhältnisse wurden erhalten bei ^{91}Y 551,2 keV, 6,00; ^{87}Sr 388,2 keV, 5,79; ^{87}Y 381,3 keV, 5,41; ^{137}Ba 661,4 keV, 4,64; ^{113}In 391,7 keV, 4,21 u. ^{115}In 334,6 keV, 3,76. Diese Werte liegen auf einer Kurve, die sich bei großen Werten von Z^2/E der empir. Kurve angleicht. (Physic. Rev. [2] **88.** 169. 1/10. 1952. Indiana Univ.)
GERHARD SCHMIDT. 103

R. M. Steffen und D. M. Roberts, *Winkelkorrelation der γ-Strahlen von den angeregten Zuständen von ^{196}Pt.* (Sitzungsbericht.) Mit einer C. **1951.** I. 3297 beschriebenen Meth. untersuchen Vff. die γ-Strahlen von ^{196}Pt, das aus ^{196}Au (5,6 Tage) durch K-Einfang unter Bldg. der beiden angeregten Zustände mit 0,688 MeV u. 0,358 MeV Energie entsteht. Die experimentellen Ergebnisse werden durch die Korrelationsfunktion $f(\Theta) = 1 - (15/13)\cdot\cos^2\Theta\ (16/13)\cdot\cos^4\Theta$ wiedergegeben, die für zwei Quadrupolübergänge zwischen Drehimpulszuständen 2,2 u. 0 charakterist. ist. Die Konversionskoeffizienten der beiden γ-Strahlen deuten auf elektr. Quadrupolübergänge bei Annahme gleicher Parität für die drei beteiligten Niveaus hin. Diese Zuordnungen stoßen auf die Schwierigkeit, daß der cross-over-Übergang vorherrschend sein sollte, während die Intensität dieses Überganges zu weniger als 5% gemessen wurde. (Physic. Rev. [2] **83.** 222. 1/7.; Bull. Amer. physic. Soc. **26.** Nr. 3. 31. 26/4. 1951. Purdue Univ.) GERHARD SCHMIDT. 103

Chang-Yun Fan, *β-Spektren und innere Konversionskoeffizienten für ^{60}Co, ^{95}Nb, ^{198}Au und ^{181}Hf.* Die Ergebnisse des C. **1952.** 479 referierten Sitzungsberichtes werden auf ^{60}Co u. ^{181}Hf erweitert. Danach zeigen die β-Spektren dieser Isotope einen erlaubten Verlauf mit Endpunktsenergien von 0,306 ± 0,005 MeV bzw. 0,408 ± 0,008 MeV. Die Koeffizienten der inneren Konversion zeigen an, daß beide γ-Strahlen von ^{60}Co sowie der 0,474 MeV-γ-Strahl von ^{181}Hf E-2^2-Strahlungen sind. Die 0,134 MeV- u. 0,340 MeV-γ-Strahlen von ^{181}Hf sind M-2^1-Strahlungen, bei dem 0,130 MeV-γ-Strahl ist die E-2^2-Strahlung ungewiß. Sämtliche Ergebnisse werden vom Standpunkt der β-Zerfallstheorie u. des Schalenstrukturmodells diskutiert. (Physic. Rev. [2] **87.** 252—62. 15/7. 1952. Chicago, Ill., Univ., Dep. of Phys.) GERHARD SCHMIDT. 103

H. I. Israel, T. L. Harlor und R. G. Wilkinson, *Die Strahlungen von ^{199}Tl und ^{200}Tl.* (Sitzungsbericht.) Die beim Beschuß von *Au* mit α-Strahlen hervorgerufenen γ-Strahlen von ^{199}Tl wurden in einem 180°-Magnetspektrometer untersucht. Die Photoelektronen u. inneren Konversionselektronen wurden mit trägerfreien Strahlenquellen vermessen, die durch elektrolyt. Nd. aus einer chem. abgetrenntes Radio-Tl enthaltenden Lsg. hergestellt wurden. Für das 7 Std.-^{199}Tl wurden Konversionslinien bei 50, 60, 70, 120, 140, 160, 190, 220, 240, 310 u. 450 keV beobachtet. Der Zusammenhang dieser Werte mit den γ-Strahlenergien von ^{199}Hg bei 70, 150, 200, 230, 320 u. 540 keV ist gegeben. Die Übereinstimmung dieser Werte mit den Zerfallsdaten von ^{199}Au–^{199}Hg ist gut. Die beim Zerfall von ^{200}Tl beobachteten Photoelektronen u. inneren Konversionselektronen können γ-Strahlen von ^{200}Hg mit Energien von 0,36, 0,57, 0,83 u. 1,2 MeV zugeschrieben werden. Aus Koinzidenzmessungen geht hervor, daß mindestens 2 der γ-Strahlen eine Kaskade bilden. (Physic. Rev. [2] **83.** 222. 1/7.; Bull. Amer. physic. Soc. **26.** Nr. 3. 31. 26/4. 1951. Indiana Univ.) GERHARD SCHMIDT. 103

W. E. Stephens und M. E. Toms, *Photoprotonen aus schweren Elementen.* (Sitzungsbericht.) 24 MeV-Betatronbremsstrahlung löst aus *Bi*, *Ce* u. *Ba* Photoprotonen aus, die in Kernemulsionen nachgewiesen werden. Vorläufige Ergebnisse liefern für Ce u. Ba $16\cdot10^4$ bzw. $23\cdot10^4$ Protonen/Mol/r. Mit größerer Genauigkeit ergibt sich für Bi eine Ausbeute von $4\cdot10^4$ Protonen/Mol/r. Die aus Verdampfungsprozessen berechneten Ausbeuten sind ca. $0,4\cdot10^4$, $0,07\cdot10^4$ bzw. $0,09\cdot10^4$ Protonen/Mol/r für Bi, Ce u. Ba. Die Winkelverteilung der Bi-Photoprotonen ist merklich asymm. mit der dreifachen Protonenzahl bei 30 u. 50° als bei 130 u. 150°. Werden diese asymm. Protonen einem direkten photoelektr. Effekt zugeschrieben, rührt mindestens die halbe Bi-Ausbeute von diesem Effekt her. (Physic. Rev. [2] **88.** 160. 1/10. 1952. Univ. of Pennsylvania.)
GERHARD SCHMIDT. 103

E. W. Titterton, *Möglichkeit der quaternären Spaltung von ^{235}U.* Nach einer Zusammenstellung der Beobachtungen verschied. Autoren über bin., tern. u. quaternäre Spaltung von U weist Vf. darauf hin, daß die beim Beschuß von U u. Th mit schnellen Neutronen hervorgerufene Zertrümmerung als eine tern. Spaltung betrachtet werden kann, bei der der dritte Kern instabiles ^{8}*Be* ist, das im Grundzustand emittiert wird u. das sofort in ein α-Teilchenpaar aufbricht. Hierdurch erklärt sich die Tatsache, daß die quaternäre Spaltung ein höchst unwahrscheinlicher Prozeß ist, was auch immer der Kern u. der Anregungsmodus sein mögen. (Nature [London] **170.** 794. 8/11. 1952. Canberra, Austral. Nat. Univ., School of Physic. Sci.) GERHARD SCHMIDT. 103

J. S. Fraser, *Die Winkelverteilung unverzögerter, bei der Spaltung emittierter Neutronen.* Ausführliche Darst. des C. **1953.** 2548 referierten Sitzungsberichtes. Ergänzend werden die N(0°)/N(180°)-Werte für ^{233}U u. ^{235}U zu 2,05 ± 0,07 bzw. 1,85 ± 0,066 angegeben. Die Wahrscheinlichkeit für die Neutronenemission ist ca. 30% größer für das leichte Spaltprod. als für das schwere. Für die Zeit zwischen Spaltung u. Neutronenemission wird eine obere Grenze von 10^{-14} Sek. angenommen. (Physic. Rev. [2] **88.** 536—41. 1/11. 1952. Chalk River, Ontario, A. E. of Canada Ltd., Chalk River Labor.) GERHARD SCHMIDT. 103

W. Galbraith und W. J. Whitehouse, *Die Wechselwirkung von negativen μ-Mesonen mit Urankernen.* Unter Berücksichtigung der Rk. $\mu^- + p = n + \nu$ wurde versucht, die Spaltung von U durch Einfang negativer μ-Mesonen in der Höhenstrahlung nachzuweisen. Die App. bestand aus zwei übereinander angeordneten G.-M.-Zählern, zwischen denen sich eine Pb-Schicht befand. Unter der letzten Zählerreihe war eine zylindr. Ionisationskammer mit ca. 8 g U in Form dünner Folien aus U_3O_8 angeordnet. Der Einfl. störender γ-Strahlen aus der spontanen U-Spaltung konnte ausgeschaltet werden. Aus den Ergebnissen geht hervor, daß die Spaltung nicht der wahrscheinlichste Prozeß nach einem μ^--Einfang ist, die obere Wahrscheinlichkeitsgrenze für das Auftreten des Spaltprozesses liegt bei 0,25. Die Ergebnisse lassen sich auch an der Neutronenemission von ^{238}Pa, das beim Einfangprozeß gebildet wird, darstellen. (Philos. Mag. [7] **44.** 77—84. Jan. 1953. Harwell, Berks., A. E. Res. Establ.) GERHARD SCHMIDT. 103

R. L. Graham und R. E. Bell, *Zerfall von ^{239}Np.* (Sitzungsbericht.) Bei der Unters. der Strahlungen von ^{239}Np nach einem mμSek.-Koinzidenzverf. mit 2 Dünnlinsenspektrometern zeigte sich, daß ^{239}Np ein komplexes β-Spektr. mit Endpunkten bei 705 ± 15 keV (7%), 435 ± 15 keV (46%) u. 310 ± 20 keV (47%) u. Konversionslinien, die zu γ-Übergängen von 49, 57, 61, 67, 210, 227 u. 276 keV gehören, emittiert. Messungen verzögerter Koinzidenzen ergaben, daß die 210, 227 u. 276 keV-Übergänge einem Halbwertszeitzustand von $(1,1 \pm 0,1) \cdot 10^{-9}$ Sek. folgen. Die 227 u. 276 keV-Übergänge bilden im Gegensatz zu den 67 u. 210 keV-Übergängen keine Kaskade. FERMI-Diagramme der Koinzidenzen zwischen Kern-β-Strahlen u. den 210, 227 u. 276 keV-Übergängen weisen auf den gleichen Endpunkt bei 435 keV hin. Das 435 keV-Spektr. führt zu einem 276 keV-Niveau mit $(1,1 \pm 0,1) \cdot 10^{-9}$ Sek. Halbwertswert, das durch die γ-Übergänge von 276 keV oder (227 u. 49) keV oder (210 u. 67) keV abklingt. Das 310 keV-β-Spektr. führt zu einem Niveau bei ~394 keV. (Physic. Rev. [2] **83.** 222—23. 1/7.; Bull. Amer. physic. Soc. **26.** Nr. **3.** 31—32. 26/4. 1951. Chalk River Labor.) GERHARD SCHMIDT. 103

E. P. Tomlinson, H. W. Fulbright und J. J. Howland jr., *Konversionslinien und β-Spektren von ^{239}Np.* (Sitzungsbericht.) Mit einem Doppelfokus-Magnetspektrometer vom SIEGBAHN-SVARTHOLM-Typ wurde die Impulsverteilung der von ^{239}Np emittierten Elektronen untersucht. Es wurden 88 Linien bis zu 3 keV hinunter mit verschied. Genauigkeitsgrad beobachtet. Die meisten Linien wurden mit einer vollen Breite beim halben Maximum zwischen 0,3 u. 0,4% aufgenommen. Etwa $^2/_3$ dieser Linien können als Konversionselektronen von 11 γ-Strahlen angesehen werden. Für die Energien der γ-Strahlen sind die vorläufigen Werte (in keV) 286, 277, 254, 228, 209, 105, 67,5, 61,4, 57,0, 49,0 u. 44,2 keV; für die β-Strahlendpunkte sind die vorläufigen Werte (in MeV) 0,715, 0,654, 0,44 u. 0,33 MeV. (Physic. Rev. [2] **83.** 223. 1/7.; Bull. Amer. physic. Soc. **26.** Nr. 3. 32. 26/4. 1951. Princeton Univ., u. Brookhaven Nat. Labor.) GERHARD. SCHMIDT. 103

A. Ghiorso, G. H. Higgins, A. E. Larsh, G. T. Seaborg und S. G. Thompson, *Spontane Spaltung von ^{234}U, ^{236}Pu, ^{240}Cm und ^{244}Cm.* (Vgl. C. **1952.** 6167.) Die Größen für die spontane Spaltung wurden durch Anbringung chem. gereinigter Proben auf eine Elektrode einer Plattenionisationskammer, die mit einer Mischung von Ar u. CO_2 gefüllt war, gemessen. ^{234}U besaß eine hohe isotop. Reinheit durch elektromagnet. Konz., ^{236}Pu wurde durch Beschuß von stark angereichertem ^{235}U mit 18 MeV-Deuteronen, ^{240}Cm aus dem Beschuß von ^{239}Pu mit 38 MeV-He-Ionen u. ^{244}Cm aus dem Meilerneutronenbeschuß von ^{243}Am erhalten. Die neuen gerade-gerade-Kerne passen sich gut der Beziehung Halbwertszeit der Spaltung zu Z^2/A an. Die Spaltungsgrößen von ^{234}U, ^{236}Pu, ^{240}Cm u. ^{244}Cm wurden zu 13 ± 6, $(5{,}8 \pm 2) \cdot 10^7$, $(1{,}0 \pm 0{,}2) \cdot 10^{11}$ bzw. $(1{,}4 \pm 0{,}2) \cdot 10^{10}$ Spaltungen/g · Std. erhalten. Die entsprechenden Halbwertszeiten in Jahren sind: $(2 \pm 1) \cdot 10^{16}$, $(3{,}5 \pm 1) \cdot 10^9$, $(1{,}9 \pm 0{,}4) \cdot 10^6$ bzw. $(1{,}4 \pm 0{,}2) \cdot 10^7$. (Physic. Rev. [2] **87.** 163—64. 1/7. 1952. Berkeley, Calif., Univ., Radiat. Labor., u. Dep. of Chem.) GERHARD SCHMIDT. 103

L. V. Spencer, *Eine Methode zur Bestimmung von Wirkungsquerschnitten aus Kernphotoausbeutekurven.* (Sitzungsbericht.) Es wird eine Meth. zur Analyse von Ausbeutekurven beschrieben, die die Bremsstrahlenspektren benutzt. Die Bremsstrahlung wird als eine schnell konvergierende Folge von Termen dargestellt, die im wesentlichen Funktionen des Teils der ausgestrahlten Energie sind. Die Formel für die Ausbeutekurve wird durch eine Schichtung des Bremsstrahlenspektr. über den Wirkungsquerschnitt wiedergegeben. (Physic. Rev. [2] **87.** 196—97. 1/7. 1952. Nat. Bur. of Stand.)
GERHARD SCHMIDT. 112

Paul Lorrain, Edgar Everhart und **René A. Béique,** *Theoretische Untersuchung eines modifizierten Cockroft-Walton-Hochspannungsgenerators.* (Sitzungsbericht.) Vff. berechneten die Leerlaufspannung einer Hochfrequenz-Multiplierschaltung. (Physic. Rev. [2] **87.** 183. 1/7. 1952. Univ. of Montreal; Univ. of Connecticut.) H. HAUSWALD. 112

M. M. Elkind, *Eine Theorie erster Ordnung für die Ionenoptik von Van de Graaff-Beschleunigern.* (Sitzungsbericht.) Für den Entwurf ionenopt. Systeme in langen Hochspannungsröhren wurde die Beziehung zwischen Fokussierung, Vergrößerung u. Strahlradius längs einer solchen Röhre aufgestellt. (Physic. Rev. [2] **87.** 184. 1/7. 1952. MIT.)
H. HAUSWALD. 112

G. Breitling und **R. Glocker,** *Messung der β- und γ-Strahlendosis von radioaktiven Stoffen in Röntgeneinheiten.* Die Meßanordnung erlaubt die gleichzeitige Angabe der β- u. der γ-Dosis, jeweils in r, die von einem radioakt. Präp. ausgesandt wird. Letzteres — in vorliegendem Fall eine Kugel aus ^{198}Au mit 1 mm Radius — befindet sich dabei zusammen mit einer 0,5 mm dicken Leuchtstoffschicht (polykristalline „luftäquivalente" Schicht aus Anthracen u. 2-Chloranthracen) in einem Behälter, der wahlweise mit Luft oder W. gefüllt werden kann. Das Fluorescenzlicht wird über einen Plexiglasstab einem Sekundärelektronenvervielfacher zugeleitet. Bei Änderung des Abstandes Präp.-Leuchtstoff erhält man mit Luft bzw. W. unterschiedliche Meßkurven (Dosisleistung als Funktion des Abstandes). Die Reichweite der β-Teilchen in W. beträgt bei Au 4 mm. Durch Messung, einmal mit W., zum anderen mit Luft, kann die γ-Dosis u. das Dosisverhältnis $(\beta + \gamma)/\gamma$ ermittelt werden. Eichung des Gerätes wird mit Röntgenstrahlung vorgenommen. (Naturwissenschaften **39.** 400. Sept. 1952. Stuttgart, TH, Röntgeninst.) REUSSE. 112

D. Hadfield und **D. L. Mawson,** *Permanentmagnete für Spektrographen und kernphysikalische Forschung.* Unter Verwendung der Legierung *Alcomax II* haben Vff. eine permanentmagnet. Anordnung für einen β-Spektrographen konstruiert, der bei etwa gleicher Luftspaltenergie weniger als den 4. Teil der Anordnung von COCKROFT, ELLIS u. KERSHAW (C. **1932.** II. 1588) wiegt. Ähnliche permanentmagnet. Anordnungen für Massenspektrometer zur Unters. der Höhenstrahlung (vgl. POWELL u. ROSENBLUM, C. **1948.** II. 1379) u. für kernmagnet. Resonanzmessungen werden beschrieben. (Brit. J. appl. Physics **3.** 199—202. Juni 1952. Sheffield, W. Jessup & Sons Ltd., Magnetic Res. Labor.) LENZ. 112

Juliana Arroyo Ruipérez, *Massenspektroskopie und ihre Anwendungen.* Fortsetzung u. Schluß des C. **1952.** 7446 referierten Berichtes. Beschreibung der verschied. Anwendungen: Gehh. von ^{18}O u. ^{13}C in den verschied. Stoffen, Veränderung der Isotopenverhältnisse bei B u. S in der Natur, Anwendungen bei der Analyse, bes. bei der Gasanalyse u. bei Atomkernproblemen. (Inform. Quím. analít. **5.** 53—61. März/April 1951. Madrid, Fac. de Ci., Labor. de Metalogr.) FAHLENBRACH. 112

E. C. Daigle und **H. A. Young,** *Verbesserte maschinelle Methode zur Berechnung von massenspektrometrischen Analysen.* Zur Berechnung massenspektrometr. Analysen wird eine verbesserte Rechenmaschinenmeth. angegeben, die es ermöglicht, eine 24-Komponentenmatrix auf eine zu wiederholtem Gebrauch mit den gleichen Eichkoeffizienten geeignete Form innerhalb von 2 Std. zu reduzieren. Unter Benutzung dieser Matrix können Massenspektren von 24-Komponentengemischen in ca. 30 Min. ausgewertet werden. In 3 Tabellen werden numer. Beispiele angegeben. Die Lösung von Problemen mit Hilfe solcher Matrix wird an der Auswertung eines Analysenbeispiels gezeigt. (Analytic. Chem. **24.** 1190—94. Juli 1952. Beaumont, Tex., Magnolia Petroleum Co., Refining Div.)
CONRAD. 112

S. L. Martin, *Die Oberflächenverlustkorrektur für Kernemulsionen.* Bei der Unters. der Winkelverteilung gestreuter Teilchen können Bahnspuren, welche durch die Oberfläche der Emulsion verlaufen, nicht berücksichtigt werden, so daß an der beobachteten

Winkelverteilung eine entsprechende Korrektur angebracht werden muß. Vf. entwickelt Formeln zur Erfassung der Verluste an beiden Grenzflächen einer Emulsion für den Fall von Rückstoßteilchen eines monoenerget. Teilchenbündels, das unter beliebigem Winkel auf die Oberfläche trifft. Kleinwinkelstreuung wird nicht berücksichtigt, doch wird angenommen, daß die Formeln bis zu Rückstoßenergien von 5 MeV gültig sind. Aus graph. Darstellungen ist der Korrekturfaktor für jeden gegebenen Fall zu entnehmen. (Austral. J. sci. Res., Ser. A **4**. 296—304. Sept. 1951. Melbourne, Techn. Coll., Dep. of Appl. Phys.) EICHHOFF. 112

A$_2$. Optisches Verhalten der Materie.

G. R. Burbidge und **E. Margaret Burbidge**, *Die Gleichung von Übertragungs- und Restintensitäten in Spektrallinien.* Vff. stellen Kriterien für das Auftreten von Emissionslinien in einem großen Bereich von Sterntempp. auf, wobei die Linien unter Bedingungen gebildet werden, die zwischen „reiner Absorption" u. „reiner Streuung" liegen. Die Theorie wird numer. angewandt, um die Bedingungen für die Emission in den Zentren der BALMER-Linien H_α, H_β, H_γ bei einem ausgewählten Bereich von Sterntempp. u. Elektronendruck zu berechnen. (Astrophysic. J. **116**. 185—202. Juli 1952. Harvard Coll. Obs. u. Yerkes Obs.) D. HAHN. 113

Yoshio Fujita, *Das Spektrum von U Cygni (Minimum) im sichtbaren und infraroten Gebiet.* Von den Aufnahmen der Spektren von Sternen der Klasse R u. N ist das des U Cygni von besonderem Interesse, weil sein Spektr. bei seinem Lichtminimum aufgenommen worden ist. Vf. untersucht das Spektr. von U Cygni im sichtbaren u. infraroten Gebiet u. findet eine merkliche Intensitätszunahme von Linien einiger Elemente, die aus dem niedrigsten Anregungsniveau herrühren. Die Wellenlängen, Intensitäten u. Identifikationen werden tabellar. angeführt. (Astrophysic. J. **116**. 46—62. Juli 1952. Yerkes Obs.) D. HAHN. 113

Norbert Rosenzweig, *Die Konfigurationswechselwirkung zwischen den ungeraden Termen in der Eisengruppe.* Ausführliche Darst. des C. **1953**. 2711 referierten Sitzungsberichtes. (Physic. Rev. [2] **88**. 580—86. 1/11. 1952. Ithaca, N. Y., Cornell Univ., Dep. of Phys.) GERHARD SCHMIDT. 114

S. Geschwind, G. R. Gunther-Mohr und **G. Silvey**, *Der Spin und das Quadrupolmoment von ^{17}O.* Da die relativen Abstände u. Intensitäten der Hyperfeinstrukturkomponenten für einen gegebenen Rotationsübergang nur von dem Kernspin I abhängen, kann man durch Beobachtung der Quadrupolhyperfeinstruktur den Kernspin eindeutig bestimmen. Die Hauptkomponenten der Hyperfeinstruktur des Übergangs $J = 1 \rightarrow 2$ von $C^{17}OS$ sind auf einen Frequenzbereich von ca. 0,3 MHz beschränkt. Messungen der durch den Kernspin von ^{17}O verursachten Aufspaltung des Übergangs $J = 1 \rightarrow 2$ des reinen Rotationsspektr. von $C^{17}OS$ ergaben für den Spin von ^{17}O einen Wert von 5/2 u. die Quadrupolkopplungskonstante $-1{,}32 \pm 0{,}07$ MHz. Aus dieser Kopplungskonstanten kann man das Quadrupolmoment des ^{17}O-Kerns zu $Q = -5 \cdot 10^{-27}\,cm^2$ abschätzen. (Physic. Rev. [2] **85**. 474—77. 1/2. 1952. New York, N. Y., Columbia Univ.) GOTTFRIED. 114

G. H. Dieke und **C. S. Rainwater**, *Das kontinuierliche Spektrum von molekularem Wasserstoff.* (Sitzungsbericht.) Im Gebiet zwischen 2200 Å u. 3600 Å wird die Energieverteilung im kontinuierlichen Spektr. von H_2 bestimmt. Unter 2500 Å ist die relative Intensität höher, als früher berichtet. Die Wechsel in der Verteilung bei Variation von Druck u. Strom sind relativ kleiner, wofür auch eine Erklärung gegeben wird. Das stimmt damit überein, daß das H_2-Kontinuum nicht dem Übergang vom $1s\sigma\ 2s\sigma\,{}^3\Sigma_g$-Zustand zum instabilen $1s\sigma\ 2p\sigma\,{}^3\Sigma_u$-Zustand zuzuschreiben ist, sondern andere höhere elektron. Zustände dabei eine Rolle spielen. Der Triplettkomplex 1s 3d liefert vielleicht den Hauptanteil der Intensität im kurzwelligen Gebiet des Kontinuums. (Physic. Rev. [2] **87**. 212. 1/7. 1952. Johns Hopkins Univ. of Michigan.) D. HAHN. 118

G. Pannetier und **A. G. Gaydon**, *Beitrag zur Untersuchung des freien NH-Radikals, experimenteller Wert seiner Dissoziationsenergie.* Vff. untersuchten das bei der Zers. von *Stickstoffwasserstoffsäure* erscheinende Chemoluminescenzspektr. sowie das bei der Verbrennung von *Ammoniak* in Fluor erregte Emissionsspektrum. Die Spektren enthielten acht neue Banden, die dem Übergang ${}^3\Pi \rightarrow {}^3\Sigma$ des Radikals NH entsprechen. Einige davon konnten dem Q-Zweig des Überganges sowie in befriedigender Weise einem Schwingungsschema zugeordnet werden. Lineare Extrapolation nach BIRGE-SPONER ergab für die Dissoziationsenergie des NH-Mol. 4,0 eV, wobei der wahre Wert wahrscheinlich etwas kleiner ist, u. zwar näher an 3,8 als bei 4 eV liegen dürfte. (J. Chim. physique Physico-Chim. biol. **48**. 221—24. Mai/Juni 1951. Paris, Fac. des Sci., u. London, Imp. Coll. of Sci.) WISSEROTH. 118

W. M. Kletschkowski, *(n + l)-Gruppe der Terme in den Spektren der Alkalimetalle.* Vf. erläutert die früher (C. **1952**. 6964) dargelegte (n + l)-Gruppierung der Terme (n Haupt-, l Bahnquantenzahl) am Beispiel der Alkalimetalle (*Li, Na, K, Rb* u. *Cs*), bes. an einer Gegenüberstellung des Termschemata von Rb in n-Folgen bzw. (n + l)-Folgen. (Доклады Академии Наук СССР [Ber. Akad. Wiss. UdSSR] [N. S.] **86**. 691—94. 1/10. 1952.) Amberger. 118

S. Suwa, *Hyperfeinstruktur der Spektren von Gadolinium und Zirkonium.* Unters. der Feinstruktur der Gd- u. Zr-Spektren in einer gekühlten Hohlkathodenentladung mittels Fabry-Perot-Etalon. Es werden drei Typen von Gd I-Linien (A: 4401,8 u. 4373,8 Å, B: 4436,1, 4008,3 u. 3974,8 Å sowie C: 5617,9, 5155,8, 5103,4 u. 5015,0 Å) mit jeweils 4 Aufspaltungskomponenten gemessen, die den Isotopen ^{155}Gd—^{160}Gd zugeordnet werden. Die Verhältnisse der Wellenzahldifferenzen $r_1 = \Delta\nu(^{157}\mathrm{Gd}-^{160}\mathrm{Gd})/\Delta\nu(^{158}\mathrm{Gd}-^{160}\mathrm{Gd})$ bzw. $r_2 = \Delta\nu(^{155}\mathrm{Gd}-^{160}\mathrm{Gd})/\Delta\nu(^{158}\mathrm{Gd}-^{160}\mathrm{Gd})$ werden zu 1,94 ± 0,25 bzw. 2,71 ± 0,02 bestimmt. Die magnet. Momente μ für ^{157}Gd u. ^{155}Gd werden zu 0,3 ± 0,2 bzw. 0,25 ± 0,15 Kernmagnetonen (Vorzeichen noch unbestimmt) abgeschätzt. Im Spektr. des Zr I wurden einige Aufspaltungen durch die Isotope ^{90}Zr, ^{92}Zr u. ^{94}Zr beobachtet; eine vollständige Auflösung der Komponenten war jedoch wegen der Doppler-Verbreiterung nicht möglich. Auch die Hyperfeinstruktur von ^{91}Zr wurde beobachtet u. das zugehörige μ zu —1,1 ± 0,3 Kernmagnetonen ermittelt. (Physic. Rev. [2] **86**. 247—48. 15/4. 1952. Washington, D. C., Naval Res. Labor.) Rudolph. 118

A. M. Bass und **W. S. Benedict**, *Infrarotemissionsspektrum von FeO.* (Sitzungsbericht.) In der Strahlung von Flammen mit Eisencarbonylzusätzen wird im nahen Infrarot ein neues Bandensyst. (F → X) beobachtet. Das Syst. liegt zwischen 7000 u. 14000 cm^{-1} u. ist einem Übergang in FeO zwischen dem Grundzustand u. einem niedrigliegenden Elektronenzustand zuzuschreiben. Bei 10332 cm^{-1} befindet sich die 0,0-Bande. Einige der Banden, die bereits von Malet u. Rosen (Bull. Inst. roy. colonial belge Nr. 377 [1945.]) dem Syst. D → A zugeschrieben worden sind, scheinen ein Teil des kurzwelligen Endes des neuen Syst. zu sein. (Physic. Rev. [2] **87**. 214. 1/7. 1952. Nat. Bur. of Stand.) D. Hahn. 120

H. G. Kolsky, T. E. Phipps jr., N. F. Ramsey und **H. B. Silsbee**, *Kernradiofrequenzspektren von H_2 und D_2 in hohen und niedrigen magnetischen Feldern.* (Vgl. C. **1952**. 11 u. 3605.) Es wird zuerst ein verbesserter Molekularstrahlapp. beschrieben, der ein langes homogenes magnet. Feld mit zwei getrennten Schwingungsfeldern für hohe Auflösung enthält, wobei eine Meth. zur Phasenverschiebung der zwei Felder benutzt wurde, die genauere experimentelle Daten liefert. Der App. wurde benutzt, um das Kernradiofrequenzspektr. von H_2 u. D_2 in magnet. Feldern von 1600 u. 6 Gauß zu untersuchen. Die benutzten Frequenzen waren ca. 7 bzw. 1 MHz für H_2 bzw. D_2 bei einem Feld von 1600 Gauß u. 600 bzw. 200 kHz bei einem Feld von 6 Gauß. Die Ergebnisse standen in Übereinstimmung mit den theoret. Ausdrücken von Ramsey (vgl. C. **1952**. 7765), vorausgesetzt, daß die veränderlichen intramol. Konstanten c u. d richtig gewählt werden. Für H_2 sind die Werte der Parameter c = 113800 ± 210 Hz u. d = 57680 ± 40 Hz; für D_2 ist c = 8790 ± 60 Hz u. d = 25240 ± 20 Hz. Aus diesen Parameterwerten folgt, daß das rotationsmagnet. Feld H′ am Kern in H_2 26,73 ± 0,05 Gauß, in D_2 13,44 ± 0,09 Gauß beträgt; der Kernabstand in H_2, gemittelt über den nullten Schwingungszustand u. den ersten Rotationszustand, beträgt (0,74673 ± 0,00018)·10^{-8} cm. Die Deuteronquadrupolwechselwrkg. ist gleich (1,4907 ± 0,0015)·10^{-21} Erg, das Quadrupolmoment des Deuterons (2,738 ± 0,0014)·10^{-27} cm^2 u. die kernmagnet. Abschirmungskonstante für H_2 (2,65 ± 0,03)·10^{-5}. (Physic. Rev. [2] **87**. 395—403. 1/8. 1952. Cambridge, Mass., Harvard Univ., Lyman Labor. of Phys.) Gottfried. 121

W. P. Danilow, *Spektralabsorption von geschmolzenem, Neodym- und Kupferionen enthaltendem Glas.* Die spektrale Absorption von Natrium–Bor–Silicat-Gläsern mit Zusätzen von Nd oder Cu wurde mittels eines Monochromators mit Glasoptik u. Se-Photozelle zwischen 20 u. 1150° untersucht. Die Spektrophotogramme sind wiedergegeben. Bei dem Nd-Glas bewirkt die Erwärmung eine Glättung u. Vereinfachung der Absorptionskurve, ferner eine Verschiebung des Maximums zu längeren Wellen u. eine Erhöhung der opt. Dichte bei 600 mμ von 0,25 auf 0,85. Bei einem Glas der Zus. Na_2O 30%, B_2O_3 6% u. SiO_2 64% mit 2 g CuO je 100 g Glas bewirkt die Erwärmung eine Verschiebung des Minimums von 480—585 mμ bei 1100°, die opt. Dichte wird im kurzwelligen Gebiet erhöht u. im langwelligen erniedrigt. Eine Erhöhung des B_2O_3-Anteils bis auf 28% hat einen ähnlichen Einfl. wie die Erwärmung. Die Resultate werden im Hinblick auf die Struktur des Glases diskutiert. (Доклады Академии Наук СССР [Ber. Akad. Wiss. UdSSR] [N. S.] **81**. 589—92. 1/12. 1951.) Wiedemann. 122

E. Rohloff, *Eine optische Untersuchung der plastischen Verformung von Silberchlorid.* Vf. untersucht opt. die plast. Verformung von AgCl u. zeigt, daß die Erscheinung der Erholung durch Rekombination von geladenen Störzentren erklärt werden kann. Durch Einbau von Ag-Koll., das durch Walzen seine Gestalt ändert, u. dann einen Dichroismus erleidet, wird dies möglich. Zur Berechnung der Lichtschwächung in AgCl-Kristallen, in denen kugelförmige Ag-Kolloide eingebaut sind, wird die MIEsche Theorie benutzt. Diese Berechnungen werden auch auf ellipsoidförmige u. parallel gerichtete Kolloide angewandt. (Z. Physik **132.** 643—54. 1952. Erlangen, Univ., Phys. Inst.) D. HAHN. 122

Jordan J. Markham, *Eine Interpretation des Fehlens der F'-Zentren in röntgenbestrahltem KCl und KBr bei 4° K.* (Sitzungsbericht.) Das Fehlen von F'-Zentren in KCl u. KBr während einer Bestrahlung mit Röntgenstrahlen bei der Temp. des fl. He wird damit erklärt, daß vermutlich während der Bestrahlung Anionenleerstellen gebildet werden. (Physic. Rev. [2] **86.** 659. 15/5. 1952. Johns Hopkins Univ.) RUDOLPH. 125

William H. Duerig, *Experimentelle Suche nach „selbsteingefangenen" (self-trapped) Elektronen in den Alkalihalogeniden.* (Vgl. vorst. Ref.) Nach der Theorie von MARKHAM u. SEITZ (C. **1949.** I. 1208 u. früher) sollten im *NaCl* self-trapping-Zentren um 4,2° K — bei Aktivierungsenergien von —0,13 u. —0,68 eV — stabil sein. Vf. hat für *NaCl, KCl* u. *KBr* nach Röntgenbestrahlung bei 5° K (einige Std. im Dunkeln) das Absorptionsspektr. auf der langwelligen Seite der F-Bande bis 15 μ bei 5° K untersucht. Es wurden drei Meßapparaturen, die zum Teil sehr schnelle Spektralaufnahmen (bis 0,01 Sek.) gestatteten, benutzt. Die mehrmals wiederholten Experimente ergaben — mit Ausnahme einer möglichen kleinen F'-Bande des NaCl — keine Banden des NaCl u. KCl im Infrarot. Die Verss. zeigen, daß, wenn self-trapped Elektronen existieren, diese selbst bei 5° K leicht durch das Gitter diffundieren, oder die Versuchstemp. noch nicht tief genug war. (Physic. Rev. [2] **86.** 565. Sitzungsbericht 659. 15/5. 1952. College Park, Univ., u. Silver Spring, Md., Johns Hopkins Univ., Appl. Phys. Labor.) RUDOLPH. 125

D. C. Reynolds, C. S. Peet und **A. E. Middleton,** *Darstellung und Eigenschaften von Indiumsulfidphosphoren.* (Sitzungsbericht.) Aus In u. S sowie auf nassem Wege hergestelltes In_2S_3 (Einkristall u. Pulver) zeigt eine Defizit–Spinell-Struktur. Laut Strukturaufnahme enthält das Pulver etwas freien S. Die Gitterkonstante wird am Einkristall zu 10,790 ± 0,002 Å, am Pulver zu 10,75 Å gemessen. Durch Glühen von In_2S_3 mit NaCl u. MgF_2 als Flußmittel u. Cu als Aktivator (Konz. nicht angegeben) im Vakuum bei 900° wird ein durch UV- u. Korpuskularstrahlen erregbarer Phosphor mit einem Emissionsmaximum bei 5850 Å erhalten. Etwas bei 900° bereits sublimiertes Material leuchtete nicht. Der Phosphor enthält neben der Spinellphase eine zweite, nichtisotrope Phase, die noch nicht identifiziert werden konnte. (Physic. Rev. [2] **86.** 659. 15/5. 1952.) RUDOLPH. 125

A_3. Elektrizität. Magnetismus. Elektrochemie.

L. T. Aldrich, *Die Verdampfungsprodukte von Bariumoxyd auf verschiedenen Metallunterlagen und die von Strontiumoxyd auf Platin.* Mit einem Massenspektrometer hoher Auflösung vom NIERschen Typ mit modifizierter Ionenquelle wurden die bei der Verdampfung von BaO auf Ta-, W-, Mo-, Ni- u. Pt-Unterlagen u. von SrO auf Pt auftretenden Ionen analysiert u. das Verhältnis Ba^+/BaO^+ bzw. Sr^+/SrO^+ als Funktion der Temp. u. der Energie der ionisierenden Elektronen bestimmt. Natur u. Menge der ausgesandten Ionen hängen vom Syst. ab. Bei BaO–Pt bestehen sie zu 99% aus BaO^+, bei BaO–Ta zu 99% aus freiem Ba^+, während bei SrO–Pt hauptsächlich Sr-Ionen ausgesandt werden. Die Verdampfungsvorgänge konnten nur bei den Systemen BaO–Pt, BaO–Ni u. SrO–Pt ohne besondere Vorsichtsmaßregeln reproduziert werden. Bei hohen Tempp. erscheinen die Ionen Ba_2O^{2+}, Ba_2O^+, $Ba_2O_2^+$ u. andere Ba-Verbb. je nach der Unterlage. (J. appl. Physics **22.** 1168—74. Sept. 1951. Columbia, Mo., Univ., Dep. of Phys.) CONRAD. 131

J. Ross Macdonald, *Dielektrische Dispersion in Stoffen mit einer Relaxationszeitverteilung.* Die Frequenzabhängigkeit der reellen DK. ε' u. des dielektr. Verlustfaktors ε'' wird für Substanzen, die eine Mehrzahl von Relaxationszeiten besitzen, durch die einfache DEBYE-Gleichung nicht ausreichend beschrieben. In Erweiterung eines Ansatzes von FUOSS u. KIRKWOOD (J. Amer. chem. Soc. **63.** [1941.] 685) wird aus einem speziellen Ausdruck für ε'' nach KRONIG u. KRAMERS ε' errechnet u. als Funktion der Frequenz u. der Halbwertsbreite der Verteilungsfunktion der Relaxationszeiten tabuliert. Diese Kurve erlaubt die Analyse gemessener ε' u. ε''-Kurven auf die ihnen zugrunde liegenden Relaxationszeiten. (J. chem. Physics **20.** 1107—11. Juli 1952. Chicago, Ill., Illinois Inst. of Techn., Armour Res. Found.) K. L. WOLF. 132

I. S. Jacobs und **A. W. Lawson,** *Eine Analyse der Druckabhängigkeit der Dielektrizitätskonstante polarer Flüssigkeiten.* Die wenigen bekannten Messungen der Druckabhängigkeit der DK. polarer Fll. mit hohem Dipolmoment [H_2O, $(CH_3)_2CO$, CH_3OH, *A.*, $C_6H_{13}OH$, $C_3H_5(OH)_3$; sowie C_6H_5Cl; C_6H_5Br, *Chlf.*, *Ae.*] werden nach ONSAGER u. KIRKWOOD diskutiert. Unter Druck werden die Moll. verbogen; dies führt im allg. zu einer Abnahme der Dipolmomente. Ferner werden die zwischenmol. Abstände verkleinert. Die hierdurch bedingte Zunahme des Dipolmomentes ist gegebenenfalls nicht groß genug, um die oben erwähnte Abnahme zu kompensieren. Der Einfl. auf Bindungsenergie u. Kompressibilität wird diskutiert. (J. chem. Physics **20**. 1161—64. Juli 1952. Chicago, Ill., Univ., Inst. Study of Metals.) K. L. WOLF. 132

Ja. I. Frenkel, *Über den Zustand von Dielektrika vor dem Durchschlag.* Vf. erweitert die Ergebnisse seiner Arbeit (Журнал Экспериментальной и Теоретической Физики [J. exp. theoret. Physik] **8**. [1938.] 1292) über den „überschwelligen" Mechanismus der thermoelektr. Emission aus einzelnen Atomen des Dielektrikums durch Berücksichtigung der eine Zunahme der Leitfähigkeit bedingenden SCHOTTKY-Effekte (Oberflächeneffekt für den Fall des vollkommen isolierenden Dielektrikums, innerer SCHOTTKY-Effekt für den Fall realer Dielektrika). (Журнал Экспериментальной и Теоретической Физики [J. exp. theoret. Physik] **23**. 619—25. Dez. 1952.) AMBERGER. 132

Bernhard Püschel, *Über Spannungsmessungen an Seignettesalz bei Druckbelastung.* Es wurde an Seignettesalzkristallen der Verlauf u. die Höhe der durch Druck erzeugten Spannungen untersucht. Betreffs der Methodik wird auf die Originalarbeit verwiesen. Beobachtet wurden bei 1—5 kg Belastung beträchtliche Spannungsspitzen; zahlenmäßig ergeben sich bereits nennenswerte Kondensatorenergien in der Größenordnung von 10^{-4} Ws, die der Energie eines auf 10 V aufgeladenen Kondensators von 1 μF entsprechen. Die piezoelektr. Ladungsdichte wächst mit zunehmender Belastung mit einem Exponenten <1 an, während sie bei einem gut getrocknetem Kristall mit einem Exponenten >1 ansteigt. Der Nachteil der Piezoelektrizität des Seignettesalzes liegt darin, daß nur im Augenblick der Erzeugung diese Elektrizität für techn. Spezialzwecke ausgenutzt werden kann. Eine Speicherung ist nur dann möglich, wenn parallelgeschaltete Kondensatoren mit guter Isolation möglichst im Maximum der Erregung vom Kristall getrennt werden. Ein Schaltschema wird angegeben. (Arch. techn. Messen **1952**. 197—98. Sept. Driedorf.) GOTTFRIED. 135

J. Verhoogen, *Ionendiffusion und elektrische Leitfähigkeit in Quarz.* Die Diffusionskoeffizienten (D) für Li^+, Na^+, K^+ parallel der c-Achse des Quarzes bei Temp. 300—500° werden durch folgende Ausdrücke wiedergegeben: $D_{Li} = 6{,}9 \cdot 10^{-3} \cdot e^{-20500/RT}$ cm²/sec; $D_{Na} = 3{,}6 \cdot 10^{-3} \cdot e^{-24000/RT}$ cm²/sec; $D_K = 0{,}18 \cdot e^{-31700/RT}$ cm²/sec. Die Koeffizienten für Mg^{2+}, Ca^{2+}, Fe^{2+}, Al^{3+} sind bei gleicher Temp. beträchtlich kleiner u. konnten experimentell nicht erfaßt werden. Es wird angenommen, daß die elektr. Leitung parallel der c-Achse des Quarzes durch das Wandern von Sauerstoffleerstellen zustande kommt. Danach wird der Selbstdiffusionskoeff. für O angenähert bei $3 \cdot 10^{-11}$ cm²/sec gefunden. Es wird auch angenommen, daß die Wanderung einwertiger Kationen über diese Sauerstoffehlstellen vor sich geht. (Amer. Mineralogist **37**. 637—55. Juli/Aug. 1952. Berkeley, Calif., Univ. of California.) HILLER. 135

W. W. Scanlon, R. L. Petritz und **F. L. Lummis,** *Mehrfache Zeitkonstanten bei der Photoleitfähigkeit.* (Sitzungsbericht.) Die Ansprechzeitcharakteristiken werden für *PbS* u. *PbTe* gemessen. Beim PbS läßt sich der Photoleitfähigkeitseinsatz mit Hilfe einer einzigen Zeitkonstante (monomol. Vorgang) beschreiben, beim PbTe sind zwei Zeitkonstanten, eine für ein monomol. u. eine für ein bimol. Anklingen, notwendig. Erklärung durch ein Modell mit Übergängen (1) zwischen gefülltem Grundband u. Leitfähigkeitsband (bimol. Gesetz) u. (2) zwischen dem Leitfähigkeitsband u. lokalisierten Störniveaus, von denen ein großer Teil unbesetzt ist. (Physic. Rev. [2] **86**. 659—60. 15/5. 1952. U. S. Naval Ordnance Labor.) RUDOLPH. 135

R. L. Petritz, *Die Beziehung zwischen Rauschen und Anklingzeit in Photoleitern. 1. Mitt. Theorie.* (Sitzungsbericht.) Theoret. Überlegungen ergaben, daß das Spektr. des Widerstandsrauschens als Folge der Schwankungen der Zahl der Elektronen im Leitfähigkeitsband bei einem Photohalbleiter ähnlich der Form der Frequenzempfindlichkeit des Photoleiters gegenüber Lichtsignalen sein sollte. Diese Übereinstimmung läßt sich mit Hilfe der Rekombinationsgleichungen der Halbleitertheorie u. der Gleichungen der Rauschtheorie ableiten, u. es sollte mit Hilfe von Rauschmessungen möglich sein, Elektronenbeweglichkeit u. Zeitkonstanten zu bestimmen. (Physic. Rev. [2] **86**. 660. 15/5. 1952. U. S. Naval Ordnance Labor.) RUDOLPH. 135

F. L. Lummis und **R. L. Petritz,** *Die Beziehung zwischen Rauschen und Anklingzeit in Photoleitern. 2. Mitt. Versuche.* (1. vgl. vorst. Ref.) (Sitzungsbericht.) Anklingzeit u. Rauschcharakteristiken werden an PbS-Zellen bei Tempp. zwischen der fl. Luft u. Raumtemp. gemessen. Die Zeitkonstante τ des Anklingens der Photoleitfähigkeit wächst mit abnehmender Temp. T. Rauschspektr. u. Frequenzempfindlichkeitskurve des Photoleiters sind ähnlich. Aus der Rauschkurve wird eine Zeitkonstante berechnet, die ebenfalls mit abnehmendem T wächst u. in der Größenordnung von τ liegt. Die Elektronenbeweglichkeit wird (mit Hilfe des theoret. Ausdrucks für das Rauschen) zu ca. 2—3 $cm^2/V \cdot$ Sek. berechnet. (Physic. Rev. [2] **86.** 660. 15/5. 1952.) Rudolph. 135

Wm. W. Piper und **Ferd E. Williams**, *Elektrische und optische Eigenschaften von Zinksulfideinkristallen.* (Sitzungsbericht.) Durch Sublimation von ZnS bei 1185° auf eine Quarzwand von 1080° werden ZnS-Einkristalle (1×1×3 mm) mit im wesentlichen Wurtzit-Struktur erhalten. Die Dunkelleitfähigkeit σ_D der Kristalle bei Raumtemp. ist 10^{-11} Ohm·cm. Messungen von σ_D zwischen 200 u. 500° nach Erhitzen im Dunkeln auf 500° (zwecks Leerung der Haftstellen) ergeben eine Halbleitercharakteristik mit einem therm. Bandabstand von 3,75 ± 0,1 eV. Die opt. Absorptionskante ist bei 3,67 ± 0,03 eV. Das Photoleitfähigkeitsspektr. hat ein Maximum bei 3,68 eV (Halbwertsbreite 0,069 eV), Cu-aktivierte Einkristalle zeigen Luminescenz unter der Einw. elektr. Wechselfelder mit Leuchtdichten bis 500 asb (bei 60 Hz u. 10^5 V/cm). (Physic. Rev. [2] **86.** 659. 15/5. 1952. General Electric Res. Labor.) Rudolph. 135

Clifford C. Klick, *Optische und elektrische Eigenschaften der Kantenemission in Cadmiumsulfid.* (Sitzungsbericht.) An CdS-Einkristallen werden bei 77 u. 4° K opt. Durchlässigkeit, spektrale Photoleitfähigkeit, Kantenemission u. Erregungsspektr. im Kantenemissionsgebiet gemessen. Bei 4° K ist der Abstand Kantenabsorption bis Emissionsbeginn mehr als 0,1 eV. Das Erregungsspektr. zeigt drei Maxima, von denen zwei auch im Photoleitfähigkeitsspektr. erscheinen. Das dritte Maximum liegt ca. 0,1 eV langwelliger als das Haupterregungsmaximum, etwa dem theoret. Abstand zwischen niedrigstem Excitonenniveau u. Leitfähigkeitsband (0,2 eV) entsprechend. (Physic. Rev. [2] **86.** 659. 15/5. 1952. Naval Res. Labor.) Rudolph. 135

W. I. Ljaschenko, *Adsorption von Molekülen und Photoleitfähigkeit von Kupfer(I)-oxyd.* Vf. untersucht nach der Meth. der Partialzeiten von Tolstoi u. Feofilow (Известия Академии Наук СССР, Серия Физическая [Nachr. Akad. Wiss. UdSSR, physik. Ser.] **13.** [1949.] 211) die zeitliche Abhängigkeit des Logarithmus des Photostroms lg I(t) an Cu_2O im Vakuum u. *Aceton*-Atmosphären. Die Kurven nehmen zunächst linear schnell (bis ca. 0,5 msec) u. nach einem Übergangsstadium ab ~1 msec ebenfalls linear, aber nur mehr langsam ab. Vf. untersucht ferner die Spitzenwerte von I in Abhängigkeit vom Druck in *A.*, Aceton u. *Benzol*-Atmosphären sowie lg τ als Funktion von lg R/R_0. Die Ergebnisse befinden sich mit der Vorstellung in Einklang (C. **1953.** 11), wonach bei der Adsorption von Moll. eine Änderung der Zahl der zum Photoelektroneneinfang befähigten Oberflächenniveaus erfolgt. (Доклады Академии Наук СССР [Ber. Akad. Wiss. UdSSR] [N. S.] **87.** 33—35. 1/11. 1952. Inst. für Physik der Akad. der Wiss. der UkrSSR.) Amberger. 135

J. N. Humphrey, **F. L. Lummis** und **W. W. Scanlon**, *Die Impedanz halbleitender Filme.* (Sitzungsbericht.) Diskussion der Best. der inneren Ablösearbeit von Halbleitern mittels Gleichstromwiderstandsmessungen. Impedanzmessungen mit Frequenzen 0 bis 200 kHz an Filmen von *Te*, *PbTe* u. *PbS* ergeben für diese Schichten, die aus Mikrokristallen teilweiser Unordnung bestehen, zwischenkristalline Kapazitäten der Größenordnung ´500 pF/cm^2. Widerstands–Temperatur-Geraden für Te zeigen bei Gleich- u. Wechselstrommessungen Unterschiede bei der Best. der inneren Ablösearbeit. Die Gleichstromwiderstandsmessung ist nach Vff. bei Filmen keine exakte Meth. zur Best. der inneren Ablösearbeit. (Physic. Rev. [2] **86.** 660. 15/5. 1952. U. S. Naval Ordnance Labor.) Rudolph. 135

H. Koppe, *Volumenänderung von Supraleitern.* Wird angenommen, daß die Änderung der potentiellen u. der kinet. Energie der Supraleitungselektronen etwa gleich ihrer maximalen Kondensationsenergie ist, so muß, damit der Virialsatz erfüllt bleibt, eine relative Volumänderung des Supraleiters auftreten, die von der Größenordnung 10^{-7} ist. (Z. Naturforsch. **7a.** 445. Juni 1952. Göttingen, Max-Planck-Inst für Physik.) Kirschstein. 136

A. Van Itterbeek, **L. De Greve** und **L. Van Gerven**, *Messungen über die Supraleitung von dünnen Zinnschichten.* 1. Mitt. Die Sn-Filme wurden durch Kathodenzerstäubung in Ar hergestellt. Die elektronenmikr. Unters. ergibt, daß die Filme aus kleinen Körnern auf einem kontinuierlichen Untergrund bestehen. Die makroskop. Dicke d der Filme beträgt 100—300 mμ (bestimmt durch Wägen; auf die hierbei auftretenden Schwierigkeiten wird bes. hingewiesen). Die Messung der Supraleitung dieser Filme ergibt: Die Sprungtemp. T_s der Filme ist größer als die des kompakten Sn; andererseits nimmt T_s mit d zu. Der Übergangsbereich ist sehr scharf. Oberhalb T_s fällt der Widerstand R mit steigender

Stromstärke i, bes. bei kleinen d-Werten; unterhalb T_s dagegen steigt R mit i an. Die gemessenen T_s-Werte liegen zwischen 3,6 u. 4,05° K. Das Auftreten eines negativen Temperaturkoeff. von R (Vgl. der R-Werte bei 300° K u. bei der Temp. der fl. Luft) wird auf die körnige Struktur der Filme zurückgeführt; dieser negative Temperaturkoeff. ist reversibel. Die Filme zeigen gegen Radiowellen Detektorwirkung. (Vgl. auch nachst. Ref.) (Meded. Kon. vlaamse Acad. Wetensch., Letteren schone Kunsten België, Kl. Wetensch, **14.** Nr. 5. 3—16. 1952. Leuven, Belgien, Inst. voor Lage Temp. en Techn. Physica.) FUCHS. 136

A. Van Itterbeek, L. De Greve und L. Van Gerven, *Messungen über die Supraleitung von dünnen Zinnschichten.* 2. Mitt. *Kritische Stromstärke.* (1. vgl. vorst. Ref.) In Fortführung der l. c. genannten Verss. bestimmten Vff. die krit. Stromstärke i_c, bei der die Supraleitung von dünnen, 150—350 mμ dicken Sn-Filmen aufgehoben wird. In allen Fällen verschiebt sich die Sprungtemp. T_s bei steigendem i_c nach kleineren Werten; z. B. beträgt T_s 2,53° K für i_c > 10 mA, 3,32 für 5, 3,66 für 1,7 u. 3,71 für 0,9. Der Effekt ist um so größer, je kleiner die Schichtdicke der Filme. Im übrigen werden die l. c. erhaltenen Ergebnisse durch weitere Verss. bestätigt. Filme, die in Ne hergestellt wurden, zeigen die gleichen Eigg. wie die in Ar erhaltenen. (Meded. Kon. vlaamse Acad. Wetensch., Letteren schone Kunsten België, Kl. Wetensch. **14.** Nr. 5. 17—28. 1952.) FUCHS. 136

N. F. Ramsey und E. M. Purcell, *Wechselwirkungen zwischen Kernspins in Molekülen.* Vff. deuten das Ergebnis eines Spinechovers. von HAHN u. MAXWELL (Physic. Rev. [2] **84.** [1951.] 1246) durch einen Mechanismus, der die magnet. Wechselwrkg. zwischen Kern u. Elektronenspin eines Atoms u. Austauschkopplung der Elektronenspins miteinander umfaßt. Der Mechanismus wird für *HD*, ein zweiatomiges $^1\Sigma$-Mol., beschrieben. (Physic. Rev. [2] **85.** 143—44. 1/1. 1952. Cambridge, Mass., Harvard Univ.) KÖHN. 137

M. Phillips, *Störungen atomarer g-Werte.* Ausführliche Darst. des C. **1953. 1764** referierten Sitzungsberichtes. (Physic. Rev. [2] **88.** 202—05. 15/10. 1952. Brooklyn, N. Y., Brooklyn Coll.) GERHARD SCHMIDT. 137

Helmut Bode, *Über die Beweglichkeit der Aluminationen in Natriumaluminatlösungen.* Aus den Konzentrationsänderungen in beiden Elektrodenräumen wurden die Überführungszahlen der Na^+ u. der Aluminationen in wss. Na-Aluminatlsgg. bestimmt. Unter geeigneter Berücksichtigung der Hydrolyse wurden für die Beweglichkeit der Aluminationen Werte zwischen 25,7 u. 29,9 errechnet. Für die Dissoziationskonstante der „Aluminiumsäure" ergibt sich aus dem verwendeten Wert der Hydrolysenkonstante ein Wert von $2 \cdot 10^{-11}$. Die Beweglichkeit der Aluminationen entspricht der der $CH_3CO_2^-$- bzw. der hydratisierten Li^+-Ionen. (Z. anorg. allg. Chem. **269.** 44—51. Aug. 1952. Mainz, Univ., Chem. Inst., Anorgan. analyt. Abt.) H. W. LEVI. 138

G. Manecke, *Membranakkumulator.* Vf. beschreibt einen Membranakkumulator, der aus abwechselnd hintereinandergeschalteten kationen- u. anionenaustauschenden Membranen besteht, die in eine Elektrolytlsg. tauchen. Wird durch diese Anordnung ein elektr. Gleichstrom geschickt, so treten auf Grund der verschied. Permeabilität der Membranen Konzentrationsänderungen der Elektrolytlsg. u. damit Membranpotentiale auf. Bei der Stromentnahme tritt ein Konzentrationsausgleich ein, u. das Gesamtpotential fällt bis 0 herab. Die theoret. Behandlung u. quantitative Unterss. ergeben, daß das Auftreten von Diffusionspotentialen eine Irreversibilität des Akkumulators bedingt. Dadurch ist es nicht möglich, daß dieselbe Strommenge, die dem Syst. zugeführt wird, auch wieder entnommen werden kann. Außerdem ist im Gegensatz zu den bekannten Akkumulatoren die Spannung nicht konstant, u. die gespeicherte Amperestundenzahl ist zu klein. (Z. physik. Chem. **201.** 1—15. Nov. 1952. Berlin-Dahlem, KWI für phys. Chem. u. Elektrochem.) G. HEINRICH. 140

A. T. Wagramjan und S. A. Ssolowjewa, *Untersuchung des Glanzes von elektrolytischen Nickelniederschlägen bei der Elektrolyse.* Auf mit Schmirgelpapier abgezogenes Fe wurde bei Zimmertemp. Ni aus der Lsg. von 140 (g/Liter) $NiSO_4 \cdot 7\,H_2O$, 15 H_3BO_3, 5 NaCl u. 1,5 NaF niedergeschlagen u. der Glanz dadurch gemessen, daß ein Lichtbündel auf die Kathodenoberfläche in der Elektrolysezelle geschickt u. die Intensität des reflektierten Lichtes an der Änderung des Photostromes im Photoelement gemessen wurde. Wurde das Versuchsstück vor Einschaltung des Polarisationsstromes einige Zeit in der Lsg. belassen, dann nahm der Glanz im Vgl. zur polierten Fe-Fläche zunächst ab u. dann zu. In Ggw. von *Thioharnstoff* (I) trat bei Stromunterbrechung eine Abnahme des Glanzes ein, die sich mit der Dauer der Unterbrechung verstärkte u. später wieder den früheren Wert erreichte. Aus der Passivierungskurve ging hervor, daß bei der Stromausschaltung eine Passivierung der Kathodenoberfläche eintrat u. bei der Stromeinschaltung eine erhöhte Polarisation beobachtet wurde. Eine Abnahme des Glanzes trat auch bei kurzzeitiger Anodenpolarisation ein, jedoch keine erhöhte Polarisation bei Einschaltung des

Stromes. In Ggw. von I u. *Naphthalindisulfosäure* wurde der Glanz der Ni-Überzüge stark verbessert. Der Stromdichtebereich, in welchem glänzende Überzüge erhalten wurden, war hierbei viel breiter als ohne diese Zusätze. Die in der Literatur vielfach behauptete bevorzugte Orientierung der Ni-Kristalle konnte nicht beobachtet werden. Der Einfl. der Unterlage auf die Struktur des Nd. erstreckte sich nur bis zur Dicke 30000 Å. (Журнал Физической Химии [J. physik. Chem.] **26**. 910—17. Juni 1952. Moskau, Inst. für physik. Chem. der Akad. der Wiss. der UdSSR.) LEBTAG. 141

E. Darmois, *Elektrodenphänomene bei der Elektrolyse.* Einführender Vortrag. Nach SUTRA (J. Chim. physique Physico-Chim. biol. **43**. [1946.] 189, 205 u. 279) sind die Ionen in drei Gruppen einzuteilen: 1. In solvatisierte Ionen, 2. in „antistokessche" Ionen u. 3. in die seltenen Ionen. Die beiden ersten Gruppen unterscheiden sich in Adsorption u. Bldg. einer Doppelschicht. Unter Mitreißen einer bestimmten Zahl von Moll. des betreffenden Lösungsm. adsorbieren sich die solvatisierten Ionen, wodurch eine sehr lockere Ladungsverteilung auf der Elektrodenoberfläche bedingt wird. So konnte SUTRA nachweisen, daß hierbei die gewöhnlichen Formeln der Elektrostatik nicht mehr zu gebrauchen sind. Die Ionen der 2. Gruppe dagegen adsorbieren sich ohne Lösungsmittelmoll. u. können daher sehr dicht gepackte Schichten bilden, wie es z. B. das ClO_4^--Ion tut. Bei einer DK. von 1 ergibt sich für das elektr. Feld der adsorbierten Schicht ein Wert von 10^7—10^8 V/cm. Infolge dieser großen Feldstärke werden bei gewöhnlicher Temp. die Elektronen aus der Kathode herausgerissen, die dann die adsorbierten Kationen entladen. Eine wichtige Ausnahme macht das Proton, von dem angenommen wird, daß es selbst in die Kathode eindringt u. dort durch ein Metallelektron zu H entladen wird. SUTRA gelang es auf Grund dieser Anschauungen, Ergebnisse über die Überspannung u. über ihren Temperaturkoeff. zu gewinnen. An der Anode liegen die Verhältnisse ähnlich, aber mit dem Unterschied, daß ein Eindringen des Elektrons in das Metall bedeutend leichter ist. Weiterhin hat SUTRA vorgeschlagen, die Entladungsgeschwindigkeit der Ionen als eine Rk. anzusehen, auf welche die Theorie der absol. Reaktionsgeschwindigkeit (EYRING) Anwendung finden kann. Der Erfolg war, daß die gleiche lineare Beziehung zwischen log i u. Überspannung (TAFELsche Gleichung) u. auch eine Deutung der Konstanten i_0 (Strom, bei der Überspannung 0) gefunden worden ist. (J. Chim. physique Physico-Chim. biol. **49**. C 151—53. Febr. 1952.) SURAWSKI. 141

J. Danon und **M. Haissinsky**, *Elektrolytische Abscheidungen in sehr verdünnten Lösungen und Heterogenität der Elektrodenoberfläche.* Das krit. Potential der kathod. *Bi*-Abscheidung auf Au ändert sich mit der Konz. gemäß der NERNSTschen Gleichung bis $3 \cdot 10^{-6}$ n. Abweichungen sind auf Elektrodeneinflüsse zurückzuführen. Bei Zustandsänderung der Elektrodenoberfläche verursacht eine zeitweilige Polarisation eine Verschiebung des krit. Abscheidungspotentials in 10^{-16} n Lsg. zu Werten, die dem theoret. Potential sehr nahe kommen. Ohne Polarisation erfolgt die Abscheidung bei dieser Konz. durch Unterspannung. Wie in anderen Fällen gilt auch hier die HERZFELDsche Gleichung nicht quantitativ. Ihre qualitative Gültigkeit wird einer exponentiellen Verteilung „der akt. Zentren" auf der Elektrodenoberfläche zugeschrieben. Die Verteilung des Bi zwischen einer 10^{-12} bis $8 \cdot 10^{-7}$ n $Bi(NO_3)_3$-Lsg. u. einer Ag-Elektrode ergibt für Potentiale, die von den krit. Potentialen gleich weit entfernt sind, 2 FREUNDLICHsche Isothermen, deren Exponenten bei sehr geringen Konzz. von Null verschieden sind. Dies zeigt, daß die Oberfläche bei sehr schwachen Belegungen heterogen ist, u. zwar mit einer exponentiellen Verteilung der Adsorptionsenergien, die die Art u. Weise der Abscheidungen bestimmen. Höhere Belegungen führen zu gegenseitigen Anziehungen der abgeschiedenen Bi-Atome. (J. Chim. physique Physico-Chim. biol. **49**. C 123—30. Jan. 1952.) SURAWSKI. 141

André Coche, *Untersuchung der elektrolytischen Abscheidungen in sehr verdünnten Lösungen.* 3. Mitt. *Kinetik der Bi-Abscheidung.* (2. vgl. C. **1952**. 813.) Vf. untersucht mit Hilfe der JOLIOTschen Anordnung die Kinetik der elektrolyt. Bi-Abscheidung bei konstantem Potential für Konzz. von $3 \cdot 10^{-7}$, 10^{-8} u. 10^{-12} n. RaE dient dabei als Indicator. Aus der Form der aufgenommenen Kurven ist zu ersehen, daß der Verlauf der Abscheidung in Abhängigkeit von der Zeit dem gleichen Gesetz, das JOLIOT bei der Abscheidung von Po gefunden hat, gehorcht. Die Best. der Grenzmenge, die sich bei einem bestimmten Potential abscheidet u. von Potential zu Potential verschieden ist, erlaubt es, eine qualitative Gültigkeit des HERZFELDschen Gesetzes festzustellen (eine quantitative Übereinstimmung würde ein Multiplizieren des Potentials um einen Faktor 0,1—0,3 notwendig machen). Mittels der Theorie der akt. Zentren werden die Ergebnisse unter Berücksichtigung der bei der Unters. der heterogenen Kinetik erworbenen Fortschritte diskutiert. Die Adsorptionsenergie ändert sich von einem Zentrum zum anderen, wobei eine exponentielle Verteilung dieser Zentren in Abhängigkeit von der Adsorptionsenergie angenommen wird. Die Verschiebung des krit. Potentials ist durch die Kathodenbeschaffenheit bedingt u. steht demnach in enger Beziehung zur Elektronenkonfiguration der Oberfläche. Die

Änderung der Aktivierungsenergie als Folge von Adsorptionsenergieschwankungen zeigt, daß die kinet. Abscheidungsphänomene eine Funktion des Elektrodenpotentials u. der Zahl der unbelegten akt. Zentren auf der Oberfläche sind. (J. Chim. physique Physico-Chim. biol. **49.** C 110—21. Jan. 1952.) SURAWSKI. 141

H. R. Thirsk und **W. F. K. Wynne-Jones**, *Elektronenübergangsreaktionen an Bleielektroden.* Vff. diskutieren den von ihnen gemessenen Verlauf der Potential-Zeitkurven von Pb-Elektroden in 1 mol. H_2SO_4. Als Bezugselektrode zur Messung der Überspannung dient eine Pb/PbO_2-Elektrode. Unter Berücksichtigung der Hydratationsenergie von Pb^{2+}-Ionen, des Ionisationspotentials $Pb^{2+} \rightarrow Pb^{3+}$ u. $Pb^{3+} \rightarrow Pb^{4+}$, sowie der freien Bildungsenergie von Pb^{2+} wird vermutet, daß das Gebiet der hohen Überspannungen des anod. Teils der gemessenen Kurve eher durch Entladung von OH^-- oder SO_4^{2-}-Ionen als durch Bldg. von Pb^{2+}-Ionen gedeutet werden kann. Die anfänglich hohe Überspannung ist dann auf eine intermediär gebildete Oxydschicht zurückzuführen. Von den beiden Entladungsmechanismen wird folgender als der wahrscheinlichere angenommen: $PbSO_4 + 2 H_2O \rightarrow PbO_2 + SO_4^{2-} + 4 H^+ + 2 e$. Die Umwandlung des $PbSO_4$ beginnt nahe der $Pb/PbSO_4$-Zwischenschicht u. schreitet durch die ganze Abscheidung fort. Der vorherrschende Prozeß ist dann die Entladung von Anionen unter Bldg. von O_2, die an der PbO_2-Oberfläche mit hoher Überspannung erfolgt. Vff. vermuten, daß die feste PbO_2-Schicht, die reich an freien Elektronen ist, unmittelbar an der PbO_2-Flüssigkeitszwischenschicht durch direkten Elektronenübergang reagiert: $Pb^{4+} \rightarrow Pb^{2+}$. Das Pb^{2+}-Ion reagiert in der festen Phase mit dem SO_4^{2-}-Ion der Lösung. Der entscheidende Schritt ist also die Diffusion von SO_4^{2-}-Ionen zur PbO_2-Oberfläche. (J. Chim. physique Physico-Chim. biol. **49.** C 131—34. Jan. 1952.) SURAWSKI. 142

W. H. Beck und **W. F. K. Wynne-Jones**, *Die Wasserstoffelektrodenfunktion von Glasmembranen.* Die bekannten Tatsachen über das Verh. von Glaselektroden zeigen, daß 2 Potentiale zu unterscheiden sind: 1. das sich an der Glasoberfläche sofort einstellende Potential; dieses ändert sich nur mit der H^+-Ionenaktivität der Lsg., u. zwar quantitativ in derselben Weise wie das einer Glaselektrode. 2. Ein Asymmetriepotential, das zeitabhängig ist u. durch Austausch von Ionen oder H_2O verursacht wird. Der H_2O-Austausch kann ein Elektrodenpotential, das sich scheinbar mit der H_2O-Aktivität ändert, vortäuschen. Dabei ist außerdem zweifelhaft, ob ein wahres Gleichgewicht überhaupt erreicht wird. Bei großen Änderungen der H_2O-Aktivität muß der tatsächliche Potentialwert von der Meßzeit abhängen. Werden Ionen ausgetauscht, so erweist sich das Elektrodenpotential von den in Lsg. befindlichen Ionen konzentrationsunabhängig. Die Elektrode verhält sich gegenüber H^+ oder anderen Ionen reversibel; mit der Zeit wird aber auch dieses Potential zeitabhängig, wodurch der beobachtete Fehler der Glaselektrode bei großem u. kleinem p_H zu erklären ist. (J. Chim. physique Physico-Chim. biol. **49.** C 97—105. Jan. 1952.) SURAWSKI. 142

A. G. Stromberg, *Amalgampolarographie. Bestimmung der Diffusionskoeffizienten von Metallen in Quecksilber.* Das Verf. besteht darin, daß eine bes. konstruierte Tropfelektrode mit verd. Amalgam des Metalls der Konz. ca. 10^{-3}% gefüllt wird, das in einen indifferenten Elektrolyten im Elektrolysegefäß tropft. Zur Vermeidung der Amalgamoxydation wird der Raum über dem Amalgam mit H_2 angefüllt. Es besteht kein Unterschied in der Abhängigkeit der Höhe der anod. Wellen des Metallamalgams u. der Höhe der kathod. Wellen der Metallionen in Lsg. vom Diffusionskoeff. u. anderen Faktoren, die die Substanzbewegung nach der Elektrode beeinflussen. Die in verschied. indifferenten Elektrolyten bestimmten Konstanten des Diffusionsstroms K_D von *Cd, Pb, Zn, Th, Bi* sind prakt. konstant. Dies bestätigt die Anwendbarkeit der Gleichung von ILKOVIČ auf die Anodenwellen der Amalgame u. zur Berechnung der Diffusionskoeffizienten der Metallatome im Amalgam. Die von FURMAN u. COOPER (C. **1951.** II. 937) festgestellte Abhängigkeit der K_D von der Natur des indifferenten Elektrolyten erklärt Vf. durch Fehler in der Versuchsanordnung. Die Abweichungen der für 25° nach der ILKOVIČ-Formel aus K_D errechneten Werte für den Diffusionskoeff. von Cd, Pb, Zn, Th u. Bi von den Literaturwerten hängen wahrscheinlich mit den Fehlern bei der experimentellen Best. des Diffusionskoeff. zusammen. Vf. hält die polarograph. Amalgammeth. zur Ermittlung des Diffusionskoeff. von Metallen in Hg für genauer als die übrigen Verfahren. (Доклады Академии Наук СССР [Ber. Akad. Wiss. UdSSR] [N. S.] **85.** 831—34. 1/8. 1952. Swerdlowsk, Uraler Gorki-Univ.) LEBTAG. 142

A₄. Thermodynamik. Thermochemie.

F. E. Simon, *Einige Betrachtungen über das Nernstsche Theorem.* Vf. setzt sich mit den Argumenten gegen den NERNSTschen Kreisprozeß auseinander. Würde am absol. Nullpunkt nur die spezif. Wärme, nicht aber die Entropiedifferenz verschwinden, so müßte diese Substanz einen endlichen Ausdehnungskoeff. behalten, was der GRÜNEISENschen Regel widerspräche. Aus der Zustandsgleichung des idealen Gases folgt, daß Entropiedifferenz u. spezif. Wärme gleichzeitig gegen Null gehen müssen. Es wird die Frage aufgeworfen, ob sich diese Beweisführung auch auf kompliziertere Systeme ausdehnen läßt. (Z. Naturforsch. **6a.** 397—400. Juli 1951. Oxford, Clarendon Labor.) WITTIG. 149

Jerome G. Burtle, *Messungen der der Beziehung zwischen Zusammensetzung und Dampfdruck an wässerigen Hydrazinlösungen.* Maßnahmen bei den Unterss., wie genaue Beobachtung von Druck u. Temp. u. der Zeit zum Einstellen des Gleichgewichts, werden beschrieben. Aufgefangene Proben des Dampfes u. der Fl. werden mit Jodat titriert. Resultate in Tabellen u. Kurven zeigen die erwarteten Maxima; aufgetragen wurde der Molteil W. im Dampf über dem Molteil W. in der Fl. u. der Wasseranteil in Dampf u. Fl. bei verschied. Temperatur. Der daraus ermittelte Kp. für reines Hydrazin von 113,8° bei 760 mm stimmt gut mit bekannten Werten überein. (Ind. Engng. Chem. **44.** 1675—76. Juli 1952. St. Paul, Minn., Coll. of St. Thomas.) MIETHING. 150

W. Świetosławski, *Klassifizierungssystem der Azeotropen und Zeotropen.* Zum Problem der Azeotropie wird ein Klassifikationssyst. der azeotropen Gemische vorgeschlagen. Als Grundlage der Systematisierung wird der Begriff der azeotropen „Erfassung" aufgestellt, die Temperaturdifferenz des höchsten u. niedrigsten Kp. einer homologen Reihe bei konstantem (1 at) Siededruck. Es wird gezeigt, wie dieser Faktor bestimmt werden kann, wie es möglich wird, daß Gemische auftreten, die durch Dest. nicht zu trennen sind, u. wie die Haupt- u. Nebenfaktoren der Azeotropie am angemessensten auszuwählen sind. Durch Deutung der Kp./Zus.-Kurven wird aufgezeigt, daß bei Vorhandensein nur eines solchen Faktors bin., bei 2 Faktoren tern., bei 3 bereits quartäre azeotrope Gemische auftreten können. Diese „Faktoren A, B, C" können Stoffe sein, die mit den Komponenten H einer homologen Reihe diese Gemische unter den gekennzeichneten Bedingungen entstehen lassen. (Przemysł chem. **7.** (**30.**) 363—70. Juni 1951. Warschau, Haupt-Inst. für industrielle Chemie.) v. WILPERT. 150

Thomas B. Douglas, Anne F. Ball und **Defoe C. Ginnings,** *Spezifische Wärme von flüssigem Quecksilber zwischen 0 und 450°; Berechnung gewisser thermodynamischer Eigenschaften der gesättigten Flüssigkeit und des Dampfes.* Die bereits früher (C. **1951.** I. 1703) mitgeteilten Messungen der Enthalpie an Hg zwischen 0 u. 450° werden ausführlich beschrieben u. ausgewertet. Das Hg wurde in dreifach dest. Zustand erhalten u. weitere viermal einer Dest. unterworfen. Massenspektroskop. wurden weniger als 0,001% Verunreinigungen nachgewiesen. Das Hg wurde unter He von 0,03 at in Behälter aus rostfreiem Stahl durch induktive Heizung eingeschweißt. Die Enthalpie zwischen 0 u. t° wurde für 9 äquidistante Werte von t zwischen 50 u. 450° bestimmt; als Interpolationsformel wird $H_t - H_0 = 0{,}139612 \cdot t - 1{,}4673 \cdot 10^{-5} \cdot t^2 + 1{,}6874 \cdot 10^{-8} \cdot t^3$ J/g angegeben. Es werden nun einige thermodynam. Funktionen für fl. u. gasförmiges Hg berechnet; die Formeln werden eingehend diskutiert u. eine Gleichung für den zweiten Virialkoeff. des Hg-Dampfes abgeleitet. In Tabellen werden Werte für die Enthalpie, Entropie u. spezif. Wärmen von Fl. u. Dampf, die Verdampfungswärme, den Kompressibilitätsfaktor, die freie Enthalpie u. den Dampfdruck für Tempp. zwischen —38,88 (Tripelpunkt) u. 500° mitgeteilt. Die Genauigkeit der Ergebnisse wird einer eingehenden Betrachtung unterzogen; die Enthalpie soll auf 0,1% u. die spezif. Wärme auf 0,3% genau bestimmt sein. Es werden außerdem eine exakte u. eine genäherte Dampfdruckgleichung abgeleitet; wird die Dissoziationswärme des Hg_2 zu 1,5 kcal angenommen, so stimmen die berechneten Werte im Bereich von 150—450° auf 0,1% mit Messungen von SMITH u. MENZIES (J. Amer. chem. Soc. **32.** [1910.] 1434) überein. C_p zeigt, ähnlich wie früher bei Na u. K, ein Minimum (etwa bei 300°); C_v scheint dagegen vom Anfangswert 3R am Tripelpunkt auf $3/2 \cdot R$ in der Nähe des krit. Punktes abzunehmen, in Übereinstimmung mit theoret. Überlegungen. (J. Res. nat. Bur. Standards **46.** 334—48. April 1951. Washington, D. C., National Bureau of Standards.) WITTIG. 151

Milton D. Scheer, *Thermodynamische Eigenschaften von Chlortrifluorid.* Auf Grund der Strukturdaten von SMITH u. der Zuordnung der Vibrationsschwingungen von SCHÄFER u. WICKE (C. **1949.** II. 1165) berechnete Vf. die freie Energie, die Entropie u. die Wärmekapazität von ClF_3 im Temperaturbereich von 284,91—1500° K für den idealen Gaszustand bei 1 at Druck. Die für die Wärmekapazität gefundenen Werte stimmen im wesentlichen mit den Werten von SCHÄFER u. WICKE überein, während die Werte der Entropie u. der freien Energie um ca. 1 cal/Mol·Grad höher liegen. Andererseits steht der Entropiewert von 66,90 bei 284,91° (Kp.) in ausgezeichneter Übereinstimmung mit dem von GRISARD, BERNHARDT u. OLIVER (C. **1953.** 2558) ermittelten Wert von 66,87 ± 0,10 cal/Mol·Grad. (J. chem. Physics **20.** 924. Mai 1952. Dover, N. J., Lake Denmark, U. S. Naval Air Rocket Test Station.) FORCHE. 151

Henry Wise, *Messung der Dissoziationswärme des Fluors mit Hilfe der Effusionsmethode.* Mit Hilfe der Gasdiffusionsmeth. von KNUDSEN (vgl. Ann. Physik **28.** [1909.] 999) wurde aus der Strömung durch eine Ni-Düse von 0,019 cm Durchmesser die Gleichgewichtskonstante der Rk. F_2 (g) = 2 F (g) in Abhängigkeit von der Temp. bestimmt. Wenn man den log der Gleichgewichtskonstante als Funktion des reziproken Wertes der absol. Temp. graph. aufträgt, ergibt sich aus der Neigung der erhaltenen Geraden für die Dissoziationswärme des F_2 der Wert $\Delta H_{298} = 39{,}9 \pm 0{,}8$ kcal/Mol. (J. chem. Physics **20.** 927. Mai 1952. Pasadena, Calif., California Inst. of Technol., Jet Propulsion Labor.) FORCHE. 155

M. G. Evans, N. S. Hush und N. Uri, *Die Energetik von Reaktionen mit Wasserstoffperoxyd, seinen Radikalen und seinen Ionen.* Zusammenstellung u. Berechnung energet. u. thermodynam. Größen der Ionen u. Radikale, die sich aus H_2O_2 in wss. Lsg. bilden. Auch für viele Rkk. dieser Teilchen mit Metallionen, Halogenatomen, Halogenionen u. O_3 sind die Werte für ΔH, ΔS u. ΔG in Tabellenform angegeben. — 18 Literaturangaben. (Quart. Rev. (chem. Soc., London) **6.** 186—96. 1952.) J. MATTNER. 155

Shirleigh Silverman, *Energieverteilung von CO-Molekülen in CO–O_2-Flammen.* (Sitzungsbericht.) Bei der Unters. der Energieverteilung in CO–O_2-Flammen im CO-harmon. Gebiet bei 2,3 μ werden Temperaturprofile von einer zweidimensionalen Flamme erhalten. Ferner werden die Rotations- u. Schwingungstempp. bestimmt. In der Nähe der Öffnung sind beide Tempp. gleich. Die Rotationsverteilung beweist die Nicht-BOLTZMANN-Verteilung über die ganze Flamme jenseits des Gebiets nahe der Öffnung. Für CO-Moll. ist eine Gleichgewichts–Schwingungs-Verteilung möglich, während rotationsmäßig die CO-Moll. entweder durch Zusammenstöße erregt sind oder durch Zerlegung von CO_2 in höhere Rotationszustände gebildet werden. (Physic. Rev. [2] **87.** 214. 1/7. 1952. Silver Spring., Johns Hopkins Univ.) D. HAHN. 157

A₅. Grenzschichtforschung. Kolloidchemie.

Bernward Stuke, *Das Verhalten der Oberfläche von sich in Flüssigkeiten bewegenden Gasblasen.* Es wurde die Steiggeschwindigkeit von O_2-Blasen in reinem W. mit der in wss. Lsgg. capillarakt. Stoffe verglichen. Das für W. im Diagramm der Abhängigkeit der Steiggeschwindigkeit von der Blasengröße ausgeprägte Maximum verschwindet bei einer $4{,}5 \cdot 10^{-4}$ mol. Lsg. von *Capronsäure* (I) vollständig. Bei *Caprinsäure* geschieht dies bereits in 100mal schwächerer Lösung. Erhöhung der Konz. von I auf das 50fache hat verhältnismäßig geringen Einfluß. Geringere Konzz. ergeben Zwischenwerte. Die Spiralbewegung beginnt für W. im Maximum, für capillarakt. Lsgg. bereits für kleinere Blasendurchmesser. In konz. Lsgg. wird die Bewegungsform an dieser Stelle labil. Gleichgroße Blasen steigen dann in derselben Lsg. entweder fast geradlinig oder in Spiralen sehr kleiner Ganghöhe. Die das Maximum wegnehmende I-Menge erniedrigt die Oberflächenspannung des W. um ca. 1 Dyn/cm. Dagegen verändert *Ameisensäure* selbst in Konzz. mit fast 20facher Wrkg. auf die Oberflächenspannung den im reinen W. entsprechenden Kurvenverlauf kaum. Eine Deutung der Ergebnisse wird gegeben. (Naturwissenschaften **39.** 325—26. Juli 1952. München, Univ., Physikal.-chem. Inst.) BOYE. 166

Ryôhei Matuura, *Untersuchungen an monomolekularen Filmen.* 4. Mitt. *Stabilisierung von Filmen aus Einzelteilchen nichtpolarer Stoffe mittels Stearinsäure.* Durch Verwendung geeigneter Stabilisatoren, wie *Stearinsäure* (I), gelang es auch, nichtpolare Stoffe, wie *Paraffin, Anthracen, Phenanthren, Chlornaphthalin, Triphenylmethan, Polystyrol* u. *Kautschuk* auf n/100 HCl zu spreiten. Aus den Druck–Flächen-Kurven derartiger Mischfilme geht hervor, daß dieselben bei einem geringen Geh. an I sehr unbeständig sind, während sie bei einem höheren Geh. an I ($>$ 50%) recht beständig werden, die Flächen-Konz.-Kurve verläuft dann linear. Es handelt sich bei den Mischfilmen nicht um monomol. Filme, sondern um Filme aus Einzelteilchen (Micellarfilme), wobei der Stabilisator eine Aggregation der nichtpolaren Substanzen zu makroskop. Sekundärteilchen verhindert. (Bull. chem. Soc. Japan **24.** 200—02. Sept. 1951. Fukuoka, Kyushu Univ. [Orig.: engl.]) HENTSCHEL. 166

Tunetaka Sasaki, Ryôhei Matuura und **Nobumasa Fujimoto,** *Untersuchungen an monomolekularen Filmen.* 5. Mitt. *Monofilme aus schwer spreitfähigen Stoffen, die durch Stearinsäure und Cetylalkohol stabilisiert sind.* (4. vgl. vorst. Ref.) Unter Benutzung von Stearinsäure als Stabilisator lassen sich auch von zwar polaren, aber schlecht spreitenden Stoffen, wie den *Novolaken,* stabile Filme auf einer Wasseroberfläche herstellen; aus den Spreitungsverss. ist zu schließen, daß die Moll. des Novolaks flach auf der Wasseroberfläche liegen. Ebenso konnten unter Verwendung von Cetylalkohol als Stabilisator einige sonst schwer spreitbare Azofarbstoffe auf W. als beständige Mischfilme erhalten werden. In Ggw. geringer Mengen Ca^{2+}-Ionen (10^{-4} mol.) wird der Flächenbedarf der

Farbstoffmoll. auf die Hälfte red. (Chelatbldg. mit Cu), falls nicht durch o-ständige Methylgruppen eine ster. Behinderung eintritt. (Bull. chem. Soc. Japan **24**. 203—06. Sept. 1951. [Orig.: engl.]) HENTSCHEL. 166

Jacques Gilbert, *Über die Messung der Elektrophoresegeschwindigkeit.* Das auf koll. u. Elektrolytlsgg. anwendbare Verf. beruht auf der direkten Messung der Grenzflächenverschiebung der in einem U-Rohr befindlichen, mit dest. W. überschichteten Lsg. unter dem Einfl. eines elektr. Stromes von ca. 1000 V, wobei die Stromstärke mit Hilfe einer Elektronenröhrenanordnung (Pentode) sorgfältig konstant gehalten wird. An einem Schenkel des U-Rohres sind in gleichem Abstand Pt-Drähte als Sonden angebracht, so daß man die zeitliche Änderung des Potentialgefälles messen kann. Die App. erlaubt eine Genauigkeit von ca. 5% bei Konzz. entsprechend einer Leitfähigkeit von 10 bis 1000 μOhm/cm zu erreichen. Auch auf Elektrolytgemische u. bes. zur Best. einer stufenweisen Dissoziation ist die Sondenmeth. anwendbar. (J. Chim. physique Physico-Chim. biol. **49**. C 123—26. Juli/Aug. 1952. Paris, École des Mines.) HENTSCHEL. 168

A. J. Rutgers und **M. de Smet,** *Elektrokinetische Potentiale und elektrische Leitfähigkeit in Lösungen mit niedriger Dielektrizitätskonstante.* Aus Messungen der Elektroosmose u. der Leitfähigkeit lassen sich nach Vff. (C. **1947**. 1355) die elektrokinet. Potentiale u. Strömungsströme errechnen. Es werden Messungen mitgeteilt an Lsgg. von *Isoamylammoniumpikrat* (P) in reinem Dioxan u. in Dioxan–W.-Mischungen bei DKK. zwischen 2,22 u. 3,94 u. Konzz. zwischen 10^{-7} u. 10^{-3}n, ferner in reinem Bzl. u. in Bzl.–Aceton-Mischungen bei DKK. zwischen 2,28 u. 9,97. Die elektr. Leitfähigkeit von P in Dioxan-Nitrobenzol-Mischungen wurde gemessen bei Konzz. von 0—10^{-4} n mit DKK. von 2,525 u. 2,859. Zur Erklärung der Leitfähigkeitsmessungen muß die Bldg. u. Dissoziation von $(P)_3$ u. $(P)_6$ neben P angenommen werden. (Trans. Faraday Soc. **48**. 635—43. Juli 1952. Ghent, Univ., Labor. for Phys. Chem.) K. L. WOLF. 168

William W. Hansen, *Der osmotische Druck in idealen Lösungen.* Nach einer Darst. der Entw. der Kenntnis vom osmot. Druck zeigt Vf., daß die Gleichung $p \cdot V = - RT \cdot \log_e (1 - x)$, wobei $x = N_1/(N_1 + N_2)$, N_1 = Moll. Lösungsm., N_2 = Moll. gelöster Stoff, unter mol.-kinet. Gesichtspunkt unmittelbar aus der Bedingung für das Diffusionsgleichgewicht folgt u. daß das chem. Potential in der Lsg. u. im reinen Lösungsm. den gleichen Wert hat. (Fysisk Tidsskr. **50**. 89—97. 1952.) R. K. MÜLLER. 169

A. J. Staverman und **F. Schwarzl,** *Thermodynamik des viscos-elastischen Verhaltens. (Eine Modell-Theorie.)* Die Berechnung thermodynam. Funktionen für das viscoselast. Verh. der Stoffe wird auf Grund der Betrachtungen an mechan. Modellen zu lösen versucht. Bei einfachen Verss. über die Relaxation oder den Kriecheffekt hängen die thermodynam. Funktionen zur Zeit t von der Relaxations- oder Kriechfunktion zur Zeit 2t ab. Es werden Formeln für die thermodynam. Funktionen für allg. Fälle u. bei vorgegebener Belastung u. Spannung aufgestellt; dabei zeigt sich, daß Modelle aus Federn u. Flüssigkeitsdämpfungen, die durch starre Seitenarme verbunden sind, dann thermodynam. äquivalent sind, wenn sie auch mechan. äquivalent sind. Das bedeutet, daß bei zwei mechan. äquivalenten Modellen nicht nur die Abhängigkeit der Kräfte u. Deformationen von der Zeit ident. ist, sondern auch der in den Federn gespeicherte u. in den Dämpfungen verbrauchte Energiebetrag. Um zu diesem Ergebnis zu gelangen, genügt jedoch die mechan. Äquivalenz der Modelle nicht, sondern es müssen auch gewisse physikal. Eigg. der Verbindungsglieder in Betracht gezogen werden. Daher ist eine eindeutige Beantwortung der Frage, ob die aus den Modellbetrachtungen hergeleiteten Folgerungen auch für wirkliche viscos-elast. Stoffe gelten, noch nicht möglich. (Proc., Kon. nederl. Akad. Wetensch., Ser. B **55**. 474—85. Nov./Dez. 1952. Delft, Kunststoff-Forschungs-Inst. T. N. O.) HENTSCHEL. 173

A. J. Staverman und **F. Schwarzl,** *Nichtgleichgewichtsthermodynamik des viscoselastischen Verhaltens.* (Vgl. vorst. Ref.) Das linear viscos-elast. Verh. läßt sich als Ergebnis einer beliebigen Zahl von Molekularvorgängen beschreiben, die in einer viscos-elast. Deformationen ausgesetzten Probe erfolgen. Wenn man den Verlauf dieser Molekularvorgänge durch eine Reihe von Größen E_0 für das Fortschreiten dieses Vorganges beschreibt u. die Thermodynamik für den Ungleichgewichtszustand anwendet, kann man eine Reihe von Molekularvorgängen entwickeln, die sich im Relaxationsvers. voneinander unabhängig verhalten. Hieraus erklärt sich auch die physikal. Bedeutung des Relaxationsspektr.: die Intensität des Spektr. bei einer bestimmten Frequenz ist ein Beitrag des unabhängigen Molekularvorganges dieser Frequenz zu dem Elastizitätsmodul bei sehr kurzen Zeiten. Aus diesen thermodynam. Überlegungen läßt sich das Überlagerungsprinzip von BOLTZMANN herleiten. Der Verlauf der freien Energie bei viscos-elast. Deformationen stimmt mit den Ergebnissen der Modellvorstellungen überein. (Proc., Kon. nederl. Akad. Wetensch., Ser. B **55**. 486—92. Nov./Dez. 1952.) HENTSCHEL. 173

W. Rausch, *Über die Adsorption von n-Pentan, n-Propylchlorid und anderen Dämpfen an metallischem Zink und dünnen Zinkphosphatschichten.* Bei den Messungen der Adsorption von n-Propylchlorid, n-Pentan, *Ae.* u. CCl_4 an metall. Zink u. phosphatiertem Zink unterhalb des Sättigungsdruckes stellte Vf. fest, daß durch das Überziehen des Metalles mit einer dünnen Zinkphosphatschicht eine 5—6fache Vergrößerung der Oberfläche auftritt. Die integralen Adsorptionswärmen von 0 bis zweimol. Bedeckung liegen bei Zinkphosphat um 10—25% höher als bei reinem Zink. Die daraus geschlossene Vergrößerung der Oberflächenenergie erklärt zum Teil die guten Eigg. phosphatierter Metalloberflächen, die gegen Korrosionsangriffe u. zur spanlosen Verformung von Metallen eine große Bedeutung haben. Die bei den differentiellen Adsorptionswärmen auftretenden Maxima führt Vf. auf eine Wechselwrkg. der adsorbierten Moll. zurück. Die theoret. Behandlung der Adsorption an heterogenen Oberflächen ergibt unter einigen Vereinfachungen einen Isothermenverlauf u. einen Verlauf der differentiellen Adsorptionswärmen, wie sie experimentell gefunden wurden. Adsorptionsmessungen an Zinkphosphatschichten, die 48 Std. auf 150, 200, 250 u. 300° im Vakuum erhitzt wurden, riefen Änderungen der Adsorptionsisothermen hervor, die Vf. auf Strukturänderungen der Phosphatschicht zurückführen konnte. (Z. physik. Chem. **201.** 32—54. Nov. 1952. Göttingen, Max-Planck-Inst. für phys. Chem.) G. HEINRICH. 176

W. H. Slabaugh, *Die Synthese von organischen Bentonitanhydriden.* (Vgl. C. **1952.** 2472.) Vf. setzt sauren Bentonit u. dessen Metallverbb. mit *Benzoylchlorid* u. *Acetylchlorid* in Dioxan um. Vf. entwickelt Analysenverff. für die erhaltenen Prodd. u. prüft ihre Fähigkeit, Kationen auszutauschen. (J. physic. Chem. **56.** 748—51. Juni 1952. Manhattan, Kans., Kansas State Coll., Dep. of Chem.) MOLL. 176

W. F. Spencer und **J. E. Gieseking,** *Organische Derivate von Montmorillonit.* Zur Unters. der Natur der OH-Gruppe von H-Montmorillonit wurde diese Gruppe durch organ. Gruppen ersetzt. Dazu wurde ein Phenylderiv. von Montmorillonit durch Chlorieren mit Thionylchlorid u. Umsetzen des Chlorides mit Phenylmagnesiumbromid u. eine Acetylverb. durch Kochen mit Acetylchlorid oder Essigsäureanhydrid hergestellt. Die organ. Verbb. des Montmorillonits sind hydrophob u. wiesen eine geringere Austauschkapazität auf. Die Phenylgruppe kann durch Kochen mit 35%ig. KOH nicht wieder entfernt werden, u. es ist anzunehmen, daß dieselbe eine siliconähnliche Bindung eingeht. (J. physic. Chem. **56.** 751—52. Juni 1952. Urbana, Ill., Univ., Dep. of Agron.) MOLL. 176

Hiroshi Fujita, *Über die Verteilung einer aufsteigenden Flüssigkeit in Filterpapier.* Die Theorie der von MARTIN u. SYNGE entwickelten Papierchromatographie basiert auf der Voraussetzung, daß die auf- oder absteigende Fl. zu jedem Zeitpunkt im Filterpapier gleichförmig verteilt ist. Diese Voraussetzung wurde neuerdings von TAKAHASHI (Science [Japan] **20.** [1950.] 41) überprüft, u. er stellte fest, daß die Flüssigkeitsmenge pro Flächeneinheit des Filterpapiers eine Funktion der Zeit u. des Ortes ist. Der Vers. TAKAHASHIs, die experimentellen Daten mit Hilfe der Diffusionstheorie zu erklären, führten zu keinem befriedigenden Ergebnis. Vf. schlägt eine andere mathemat. Lösung des Problems vor, u. er benutzt dazu die hydrodynam. Gleichungen für eine Filterströmung in einem verzweigten Porensystem. Die Vorstellung von in Nebenräumen festgehaltenen Flüssigkeitsmengen führt zu übersichtlichen mathemat. Ansatzgleichungen, deren Lösungen mit den Versuchsergebnissen von TAKAHASHI in Übereinstimmung gebracht werden können. (J. physic. Chem. **56.** 625—29. Mai 1952. Mazuru, Japan, Kyoto Univ., Fac. of Agricult., Dep. of Fish.) G. HEINRICH. 177

Erich Manegold, Schaum. Heidelberg: Straßenbau, Chemie u. Technik Verlagsges. 1953. (512 S. m. Abb.) 8°. DM 64,—.

A₆. Strukturforschung.

E. D. Hyam und **J. Nutting,** *Eine Methode zur Untersuchung identischer Stellen im Elektronen- und Lichtmikroskop.* Die Schwierigkeiten bei Verss., opt. u. elektronenmkr. Aufnahmen von derselben Stelle einer Metalloberfläche zu erhalten, werden zusammengefaßt. Vff. beschreiben eine Einrichtung, die über den Objektivlinsen eines Metallmikroskops angebracht wird u. es möglich macht, daß die Trägernetze genau über die interessierende Stelle gebracht werden können. Die Präparationsmeth. wird genau beschrieben. Durch trockenes Abziehen des Formvarfilmes können von derselben Stelle mehrere Abdrucke gemacht werden. (Brit. J. appl. Physics **3.** 173—76. Juni 1952.) HARTMANN-FAHNENBROCK. 181

V. Vand, *Eine einfache mechanische Rechenhilfe bei der Berechnung von Strukturfaktoren.* Es wird eine einfache Rechenmaschine beschrieben, die gleichzeitig elf Werte

$C_n = \cos 2\pi (n u + m)$, $n = 0, 1, 2-10$ für jeden Wert von $0 \leqq u \leqq 1$ u. $0 \leqq m \leqq 1$ berechnet. (Acta crystallogr. [London] **5**. 390—91. Mai 1952. Glasgow, Univ., Chem. Dep.) GOTTFRIED. 181

Emmanuel Grison, *Über den Gebrauch der Ungleichheiten von Harker-Kasper.* Vf. vergleicht die verschied. Grenzen, die den HARKER-KASPERschen Ungleichheiten gesetzt sind. Eine Tabelle zur systemat. Benutzung der Ungleichheit ist angegeben. (Acta crystallogr. [London] **4**. 489—90. Nov. 1951. Cambridge, Mass., Inst. of Technol., Labor. for Insulation Res.) GOTTFRIED. 181

K. W. Andrews, *Die Bestimmung interplanarer Abstände und Zelldimensionen aus Pulveraufnahmen unter Verwendung eines inneren Standards.* Vf. bespricht die von verschied. Seiten vorgeschlagenen Methoden zur Best. der Elementarkörperdimensionen nichtkub. Substanzen u. weist auf einige von ihm durchgeführte mehr allg. Anwendungen der gleichen einfachen Prinzipien hin. (Acta crystallogr. [London] **4**. 562—63. Nov. 1951. Stocksbridge, United Steel Co. Ltd., Res. and Development Dep.) GOTTFRIED. 181

J. A. Goedkoop, Caroline H. MacGillavry und **Ray Pepinsky,** *Phasenbestimmende Beziehungen, die auf einer Kenntnis der Elektronendichtefunktion in Teilen der Elementarzelle fußen.* Es wurde eine allg. Beziehung zwischen den Strukturfaktoren für den Fall hergeleitet, daß die Elektronendichte in Teilen der Elementarzelle bekannt ist. Die Beziehungen sind von Nutzen beim Aufsuchen der Phasen der FOURIER-Koeffizienten, wenn ihre Moduln aus beobachteten Röntgenbeugungsintensitäten bekannt sind. Es wird gezeigt, daß man keine Kenntnis über die Phasen aus der Tatsache erhält, wenn bekannt ist, daß die interatomaren Abstände ein gewisses Minimum überschreiten. (Acta crystallogr. [London] **4**. 491—92. Nov. 1951. Amsterdam, Univ., Labor. for Gen. and. Inorg. Chem.; State College, Pa., Pennsylvania State College, Dep. of Phys.) GOTTFRIED. 181

Ivor D. Thomas und **Dan McLachlan jr.,** *Einige kritische Prüfungen des Gebrauchs gemischter Projektionen in der Kristallstrukturbestimmung.* An Hand einiger bekannter Strukturen — *Hexamethylendiamindihydrobromid* u. *-dihydrochlorid* sowie K_2CuCl_3 — wurden die verschied. Methoden zur Auswertung von PATTERSON-Diagrammen krit. untersucht. Es wurde festgestellt, daß in jedem Fall die Meth. eine wertvolle Hilfe zur Vereinfachung der Lösung komplizierter Strukturen ist. (Acta crystallogr. [Copenhagen] **5**. 301—06. Mai 1952. Salt Lake City, Utah, Univ., Dep. of Metallurgy and Mineralogy.) GOTTFRIED. 181

J. A. Prins, J. M. Dumoré und **Lie Tiam Tjoan,** *Faktoren, die die Wahl zwischen kubischer und hexagonaler dichter Packung beeinflussen.* Vom theoret. Standpunkt aus sollte man erwarten, daß die Energiedifferenz zwischen der kub. u. der hexagonalen dichten Packung klein ist, da die Anzahl erster Nachbarn in beiden Formen zwölf ist. Um den genauen Wert der Differenz festzulegen, wurden einige Berechnungen durchgeführt, wobei bes. die LONDON-Kraft berücksichtigt wurde. Hierbei zeigte sich, daß die von reinen LONDON-Kräften herrührende Gitterenergie für die hexagonale Packung niedriger ist als für die kub. Packung. Dieser Unterschied besteht auch mit dem gleichen Vorzeichen, obgleich mit verschied. Größe, wenn das Gitter um ca. 10% in der trigonalen Richtung zusammengedrückt oder aufgeweitet wird. Um die Bevorzugung der kub. Packung durch die meisten *Edelgase* zu erklären, müssen andere Gründe als die Gitterenergie maßgebend sein, vielleicht ein Unterschied in der Entropie oder der nichtkugelförmigen Symmetrie, die durch die 8-Elektronenschalenstruktur bedingt wird. Es kann gezeigt werden, daß beide Effekte schon in der Konfiguration der ersten Nachbarn möglich sind. (Physica **18**. 307—14. Mai 1952. Delft, Techn. Hogeschool, Labor. voor Techn. Physica.) GOTTFRIED. 181

William J. Taylor, *Dichte-Matrix-Formulierung der LCAO-Molekülbahntheorie.* (Sitzungsbericht.) Hinweis auf ausführliche theoret. Berechnungen zur LCAO-Methode. Benutzt wurden dazu die DIRACsche Dichtematrix sowie Wellenfunktionen. (Physic. Rev. [2] **87**. 214. 1/7. 1952. Ohio State Univ.) D. HAHN. 182

J. A. Abbott und **H. C. Bolton,** *Elektrische Polarisierbarkeit als Kriterium für molekulare Wellenfunktionen.* Aus dem Ausdruck von HASSÉ (Proc. Cambr. philos. Soc. **27**. [1930.] 66) für die Polarisierbarkeit kann auf die Wellenfunktionen von Moll., speziell zweiatomigen, geschlossen werden. Behandelt werden H_2^+, H_2 u. N_2. (J. chem. Physics **20**. 762—63. April 1952. Newcastle-upon-Tyne, Univ. of Durham, Dep. of Phys.) K. L. WOLF. 182

C. Vroelant, *Über eine Näherungsberechnung der Molekülintegrale in der Quantenmechanik.* In Erweiterung einer Formel von SKLAR (J. chem. Physics **7**. [1939.] 990) gibt Vf. Näherungen für Integrale vom Typ (a b; c d) = [a (1) b (1) c (2) d (3)]/$v_{12}\cdot d\tau$ an (a, b, c, d Wellenfunktionen an den Atomen A, B, C, D, 1 u. 2 Koordinaten von Elektronen, ν_{12} ihr Abstand). Die neuen Formeln berücksichtigen die verschied. effektiven Kernladungszahlen an den einzelnen gebundenen Atomen, sie sind für s-, p- u. sp-Hybridbindungen angegeben, können aber auch für andere Bindungsarten berechnet werden. (J. Chim. physique Physico-Chim. biol. **49.** 141—42. März 1952. Paris, Centre de Chim. théor. de France.) KRESSE. 182

K. S. Krishnan und **S. K. Roy**, *Die Methode von Evjen zur Auswertung der Madelungschen Konstante.* Es wurde die von EVJEN (Physic. Rev. [2] **39.** [1932.] 675) angegebene Meth. zur Auswertung der MADELUNGschen Konstante näher untersucht, nach der zuerst die Beiträge der Ionen in einer Elementarzelle u. hierauf die der verschied. Elementarzellen im Kristall summiert werden. Die Beiträge der benachbarten Elementarzellen ändern die Summe, wie an einem Gitter vom CsCl-Typ gezeigt wird, wenn die gewählte Elementarzelle die des gewöhnlichen raumzentrierten Würfels ist; wählt man dagegen eine schiefwinkelige Elementarzelle, dann bleibt die Summe unverändert. (Physic. Rev. [2] **87.** 581—82. 15/8. 1952. New Delhi, Nat. Phys. Labor. of India.) GOTTFRIED. 190

R. L. Thakur, E. J. Rock und **R. Pepinsky**, *Strukturumwandlung beim AlF_3.* AlF_3-Einkristalle wurden durch Sublimation bei 1020° erzeugt. Sie zeigen unter dem Mikroskop Streifungen in zwei Richtungen, die beim Erhitzen auf 460° verschwinden. Dabei werden die Kristalle isotrop. Der Vorgang ist reversibel. Es zeigt sich keine Piezoelektrizität u. keine Anomalie der DK. im Bereich von —160 bis 480°. Die Differentialthermoamalyse weist bei 460° eine endotherme Spitze nach. (Amer. Mineralogist **37.** 695—96. Juli/Aug. 1952. State College, Pa., Pennsylvania State College, Dep. of Physics.) HILLER. 190

A. F. Seager, *Schraubenversetzungen in Pyrit.* Vf. berichtet über die Beobachtung von Schraubenversetzungen auf den Würfelflächen eines Pyrits; es wurde sowohl eine einzelne Schraubenversetzung als auch ein Paar von Versetzungen entgegengesetzten Sinnes festgestellt. Aus der sehr gut beobachtbaren Sichtbarkeit der Stufen, die die Hauptspirale bilden, wird geschlossen, daß die Schichten multimol. sind. (Nature [London] **170.** 425. 6/9. 1952. London, Univ., Birkbeck Coll., Dep. of Geol.) GOTTFRIED. 190

T. B. Rymer und **P. G. Hambling**, *Die Gitterkonstante von Cäsiumjodid.* Von bes. reinem CsJ, das nach der spektroskop. Unters. 0,01% Na u. K u. 0,03% Rb enthielt, wurde mittels Pulveraufnahmen zwischen 22 u. 36° erneut die Gitterkonstante bestimmt. Der lineare Ausdehnungskoeff. aus den Aufnahmen ergab sich zu $4{,}86 \cdot 10^{-5}$/Grad. Unter Benutzung dieses Wertes erhält man für die Gitterkonstante des CsJ bei 20° a = 4,5667 Å. (Acta crystallogr. [London] **4.** 565. Nov. 1951. Reading, Univ.) GOTTFRIED. 195

Erich Thilo und **Friedrich Liebau**, *Die Modifikationen des Na_2BeF_4 und ihre Beziehungen zu denen des Ca_2SiO_4. Untersuchungen an Silicatmodellen.* 3. Mitt. (2. vgl. C. **1951.** II. 2994.) Na_2BeF_4 wurde aus Schmelzen von NaF u. $(NH_4)_2BeF_4$ sowie aus Lsgg. von $BeCO_3$ u. Na_2CO_3 in HF dargestellt, wobei röntgenograph. ident. Präpp. entstanden, nämlich die bei Zimmertemp. beständige rhomb. γ-Modifikation mit den Gitterkonstanten a = $4{,}89_2$, b = $10{,}90_0$ u. c = $6{,}56_0$ Å. Die γ'-Form entsteht durch Erhitzen der aus Lsg. gewonnenen γ-Kristalle auf 187 ± 5° u. ist bis zu 265 ± 5° beständig. Sie krist. monoklin mit a = $5{,}59_2$, b = $8{,}06_4$ u. c = $7{,}89_8$ Å, β = 80°40', $D_{pykn.}^{20}$ 2,477. Das α'-Na_2BeF_4 entsteht durch Erhitzen der aus der Schmelze gewonnenen γ-Kristalle auf 175 ± 15° sowie durch Erhitzen des γ'-Na_2BeF_4 auf 265 ± 15°. Die Umwandlung γ' → α' ist sicher, die γ → α'-Umwandlung wahrscheinlich irreversibel. Die Stabilitätsgrenze der α'-Form liegt bei 326 ± 5°. Die α-Form ist zwischen 326 ± 5° u. dem F. bei 578 ± 5° beständig. Im Gegensatz zu den anderen Modifikationen, die durch Abschrecken metastabil bei Zimmertemp. erhalten werden konnten, wurde diese Modifikation nur röntgenograph. in der Heizkamera nachgewiesen. Die Daten werden für verschied. Tempp. angegeben. β-Na_2BeF_4 entsteht reversibel beim Abkühlen von α'-Na_2BeF_4 bei 93 ± 5°. Beim weiteren Abkühlen geht es bei 53 ± 5° irreversibel in die bei Zimmertemp. beständige γ-Form über. Ein Vgl. mit dem Ca_2SiO_4-Syst. zeigt, daß das Na_2BeF_4 eine Modellsubstanz hierfür darstellt. Bis auf die γ'-Modifikation finden sich alle beim Na_2BeF_4 beobachteten Modifikationen beim Ca_2SiO_4 wieder, die Umwandlungstempp., gemessen in °K, unterscheiden sich um den Faktor 2,82. Auch eine Reihe struktureller Beziehungen werden erörtert. (Z. physik. Chem. **199.** 125—37. Jan. 1952. Berlin, Humboldt-Univ., I. Chem. Inst.) H. W. LEVI. 195

F. Hund, *Die Fluoritphase im System ZrO_2–CaO. Ihre Fehlordnung und das Auftreten elektrischer Leitfähigkeit.* Den gewünschten Molverhältnissen der Oxyde entsprechende Mischungen analysierter $ZrO(NO_3)_2$- u. $Ca(NO_3)_2$-Lsgg. wurden eingedampft, die Stickoxyde abgeraucht u. die im akt. Zustand vorliegenden Oxyde bei 1200 u. 1460° je 5 Std. getempert. Röntgenograph. zeigte sich, daß von 5,3 Mol.-% CaO an an Stelle des monoklinen ZrO_2-Gitters vorwiegend das kub. flächenzentrierte Fluoritgitter auftritt, das von 10,3—19,6 Mol-% CaO allein auf den Diagrammen zu sehen ist. In diesem Bereich nimmt die Gitterkonstante von 5,1137—5,1263 Å zu. Aus den Gitterkonstanten u. den pyknometr. Dichten konnte berechnet werden, daß in den Mischkristallen ein intaktes Kationenteilgitter u. Leerstellen im Anionengitter vorliegen. Die elektr. Leitfähigkeit eines Präp. mit 84,9 Mol-% ZrO_2 u. 15,1 Mol-% CaO wurde an mit Pt-Elektroden versehenen Preßlingen mit Hilfe eines Philoskops in Abhängigkeit von der Temp. gemessen. Der log des spezif. Widerstandes steigt linear mit dem reziproken Wert der absol. Temp. im Gebiet zwischen 500 u. 1200°. Vf. nimmt einen Leitungsmechanismus an, bei dem O^{2-}-Ionen unter dem Einfl. des elektr. Feldes über die Leerstellen des Gitters springen. (Z. physik. Chem. **199.** 142—51. Jan. 1952. Stuttgart, TH, Labor. für anorgan. Chemie.) H. W. LEVI. 195

Harry Hahn und **Karl-Friedrich Schröder,** *Untersuchungen über ternäre Chalkogenide.* 3. Mitt. *Über die Struktur des $ZnCr_2Se_4$ und $CdCr_2Se_4$.* (2. vgl. C. **1951.** II. 1406.) Es wurde versucht, *Cr_2Se_3* mit *MgSe, CaSe, HgSe, TiSe, VSe, MnSe, FeSe, CoSe, NiSe, ZnSe* u. *CdSe* bei 400—1000° im evakuierten Quarzbömbchen zur Umsetzung zu bringen. Eine Spinellbldg. wurde nur mit ZnSe u. CdSe beobachtet, bei den anderen Verbb. trat entweder keine Rk. oder nur Mischkristallbldg. ein. Die Gitterkonstante des $ZnCr_2Se_4$ wurde zu $a = 10{,}44_3 \pm 0{,}008$ Å, die des $CdCr_2Se_4$ zu $a = 10{,}72_1 \pm 0{,}008$ Å gefunden. Für $ZnCr_2Se_4$ betragen $D_{\cdot pykn.}$ 5,32 u. $D_{\cdot röntg.}$ $5{,}61_0$, für $CdCr_2Se_4$ $D_{\cdot pykn.}$ 5,51 u. $D_{\cdot rönt.}$ $5{,}70_2$. Dem $CdCr_2Se_4$ konnte auf Grund von Intensitätsdiskussionen eindeutig die Normalstruktur zugeordnet werden, bei $ZnCr_2Se_4$ ist eine klare Entscheidung zwischen Normal- u. Austauschstruktur nicht möglich, da Cr u. Zn nahezu das gleiche Streuvermögen besitzen. Analogien zu den entsprechenden Oxyd- u. Thiospienellen lassen auch für $ZnCr_2Se_4$ Normalstruktur annehmen. (Z. anorg. allg. Chem. **269.** 135—40. Aug. 1952. Kiel, Univ., Anorgan.-Chem. Inst.) H. W. LEVI. 195

Walter Rüdorff, Hans Georg Schwarz und **Marianne Walter,** *Alkalithio- und -selenoverbindungen der Übergangselemente.* 3. Mitt. *Strukturuntersuchungen an Alkalithiocupraten.* (2. vgl. C. **1949.** II. 731.) Durch Zusammenschmelzen von Cu mit Alkalicarbonat u. S wurden *$Na_2Cu_8S_3$*, *KCu_4S_3* u. *$K_3Cu_8S_6$* durch Umsetzung von Rb_2S mit Cu u. S *$RbCu_4S_3$* dargestellt. Die Verbb. sind sehr beständig. Für die spezif. elektr. Leitfähigkeit wurden folgende Werte gefunden: $Na_2Cu_3S_3$ 80, $K_3Cu_8S_3$ 70, KCu_4S_3 40 u. $RbCu_4S_3$ 60 $Ohm^{-1} \cdot cm^{-1}$. Röntgenstrukturunterss. ergaben, daß KCu_4S_3 u. $RbCu_4S_3$ in einem tetragonalen Schichtengitter mit der Raumgruppe D_{4h}^1 — P4/mm kristallisieren. Die Elementarzelle enthält 1 Mol. $MeCu_4S_3$, die Punktlagen sind: 1 Me in 00½, 4 Cu in 0½z, ½0$\bar{z}$, 0½$\bar{z}$ u. ½0z, mit z = 57°, 1 S in 000 u. 2 S in ½½z u. ½½$\bar{z}$ mit z = 107° für KCu_4S_3 u. z = 105° für $RbCu_4S_3$. Die Gitterkonstanten betragen für KCu_4S_3 $a = 3{,}900 \pm 0{,}008$, $c = 9{,}26 \pm 0{,}01$ kX u. für $RbCu_4S_3$ $a = 3{,}920 \pm 0{,}008$, $c = 9{,}41 \pm$, 0,01 kX. Für KCu_4S_3 wurde gefunden: $D_{\cdot röntg}$ 4,565 u. $D_{\cdot pyk.}^{18}$ 4,590, u. für $RbCu_4S_3$ $D_{\cdot röntg.}$ 4,975 u. $D_{\cdot pyk.}^{18}$ 4,813. Die Struktur wird bes. im Hinblick auf die Bindungsverhältnisse diskutiert. $K_3Cu_8S_6$ krist. monoklin. es wurden gefunden: $D_{\cdot röntg.}$ 4,24; $D_{\cdot pyk.}^{18}$ $4{,}25_0$, a = 17,8; b = 3,82; c = 9,87 Å; $\beta = 75{,}5°$. Die Elementarzelle enthält 2 Moll. $K_3Cu_8S_6$. (Z. anorg. allg. Chem. **269.** 141—52. Aug. 1952. Tübingen, Univ., Chem. Inst., anorgan. Abt.) H. W. LEVI. 195

A. J. Opinsky und **R. Smoluchowski,** *Die kristallographische Lage der Gleitung in raumzentrierten kubischen Einkristallen.* 1. Mitt. *Theoretische Betrachtungen.* Es wurde der Gleitmechanismus in raumzentriert kub. Gittern auf Grund der Beziehung zwischen der Orientierung der Spannungsachse u. dem akt. Gleitsyst. betrachtet. Mit Hilfe einer sterograph. Projektion ist eine Analyse der experimentellen Daten möglich, die zu einer genauen Best. des Verhältnisses der krit. Scherspannungen auf verschied. Ebenen führt. (J. appl. Physics **22.** 1380—84. Nov. 1951. Pittsburgh, Pa., Carnegie Inst. of Technol.) GOTTFRIED. 200

Ernest Rabinowicz, *Die Natur der statischen und kinetischen Reibungskoeffizienten.* Es wurden Verss. durchgeführt, die bezweckten, den Übergang zwischen stat. u. kinet. Bedingungen zu bestimmen, wenn stationäre Metalloberflächen in Bewegung gesetzt werden. Die Meth. ist begrenzt auf Fälle, in denen der stat. Koeff. größer als der kinet. Koeff. ist. Bei Benutzung einer Belastung von 1 kg u. Metalloberflächen verschied. Art wurde festgestellt, daß der stat. Koeff. für Entfernungen der Größenordnung von 10^{-4} cm konstant ist u. dann allmählich zu Werten abfällt, die dem kinet. Koeff. entsprechen. Untersucht wurde der Einfl. von Schmiermitteln auf die gleiche Frage. (J. appl. Physics **22.** 1373—79. Nov. 1951. Cambridge, Mass., Inst. of Technol., Lubrication Labor.) GOTTFRIED. 200

G. P. Brewington, *Bemerkungen zu einigen Reibungsphänomenen.* Der Begriff der Trockenreibung sollte den im Hochvakuum vollkommen entgasten Körpern vorbehalten bleiben. Die durch Reibung erzeugte Wärme soll zwischen den beiden Oberflächen im Verhältnis ihrer Wärmeleitungskoeffizienten aufgeteilt werden. Ferner wird postuliert, daß in einem mechan. Syst., in dem Energie von einem bewegten Teil zu einem anfänglich in Ruhe befindlichen Teil durch Bremsreibung übertragen wird, der Wärmeverlust vom Reibungskoeff. unabhängig sein soll. (Amer. J. Physics **19.** 357—58. Sept. 1951. Detroit, Mich., Lawrence Technol. Inst.) Hentschel. 200

A₇. Gleichgewichte. Kinetik.

R. T. Hukki, *Konzentrationsindex.* Ein rechner. Vgl. des Konzentrationsindex (Messung der Konz. eines Stoffes u. Best. dieses Stoffes) mit dem Selektivitätsindex (Messung des Trennungsgrades von Mineralien oder Metallen als Ergebnis von Konzentrationsmaßnahmen) zeigt, daß beide Verff. gleichviele Vor- u. Nachteile aufweisen. In der Praxis erweist sich der Konzentrationsindex als wertvoller u. leichter ausführbar auf Grund des Schwergewichtes, das auf dem Konzentrationsgrad u. der Erfassung des in Frage stehenden Stoffes liegt. (Suomen Kemistilehti **25.** B 51—54. 1952. Finnland Inst. of Technol., Dep. of Mining and Metallurgy.) Wesly. 221

Olof Samuelson, *Untersuchungen von Komplexsalzlösungen unter Verwendung von Ionenaustauschern.* Zusammenfassender Überblick über die Verwendung von Ionenaustauschern zur Unters. von Komplexsalzlösungen. — 31 Literaturzitate. (Svensk kem. Tidskr. **63.** 183—93. 1951. Göteborg, Chalmers Tekniska Högskola, Dep. of Engng. Chem.) Gedschold. 223

Carl E. Crouthamel und **D. S. Martin jr.,** *Die Löslichkeit der Oxalate Seltener Erden und die Komplexionenbildung in Oxalatlösung.* 2. Mitt. *Neodym und Cer(III).* (1. vgl. C. **1950.** II. 2047.) Die Löslichkeit von Cer(III)- u. Neodym-Ion in gepufferten Oxalatlsgg. wurde mit Hilfe radioakt. Indikation bestimmt. Die Gleichgewichtskonstanten werden errechnet u. mit denen von Ytterbium verglichen. Danach bildet Nd die Komplexionen $Nd(C_2O_4)^+$ u. $Nd(C_2O_4)_2^-$ von fast gleicher Beständigkeit wie Yb. Für Cer werden die Komplexionen $Ce(C_2O_4)^+$, $Ce(C_2O_4)_2^-$ u. $Ce(C_2O_4)_3^{3-}$ nachgewiesen. (J. Amer. chem. Soc. **73.** 569—73. Febr. 1951. Ames, Io., Iowa State Coll., Inst. for Atomic Res. u. Dep. of Chem.; Chicago, Ill., Argonne Nat. Labor.) v. Schieszl. 223

Ss. Ss. Tschin, *Temperatur und Löslichkeit von anorganischen Salzen.* Bei der Betrachtung der Beziehungen zwischen Temp. u. Löslichkeit anorgan. Verbb. auf Grund der dynam. Verhältnisse wird die Abhängigkeit des Temperaturkoeff. der Löslichkeit (TK) von der Struktur der Ionen, der Molekülzahl des Kristallwassers, dem Valenztyp u. der Art der dominierenden Ionen festgestellt. Bei den Salzen mit starker Hydratation ist für alle ähnlichen Salze bei der gleichen Temp. der TK unabhängig von der Löslichkeit. Bei den unlösl. oder bei den Salzen mit schwacher Hydratation ist TK der Löslichkeit proportional. Für die komplizierten Ionen ist TK größer als für die einfachen Ionen. Bei den hydratisierten Salzen ist der TK in der Regel größer als bei den wasserfreien Salzen. Mit steigendem Geh. an Kristallwasser nimmt er zu. Höherer Wertigkeitstyp führt zu vermindertem TK. Für Salze mit unähnlichen dominierenden Ionen ist der TK ungleich. Besitzt das dominierende Ion eine geringere Hydratationsstärke, so ist der TK häufig geringer. (Журнал Физической Химии [J. physik. Chem.] **26.** 1225—32. Sept. 1952. Hankau, Univ. A, Chem. Abt.)] Lebtag. 224

W. B. Miller, M. B. Neiman und **L. A. Ssasonow,** *Allgemeine Methode zur Untersuchung der gemeinsamen Fällung und Adsorption mit Hilfe markierter Atome.* Untersucht wurde die gemeinsame Fällung von $BaCrO_4$ (**I**) u. $SrCrO_4$ (**II**) bei ihrer Trennung nach Fresenius in Abhängigkeit von ihrer Konz. u. vom p_H. Danach liegt das Maximum der gemeinsamen Fällung beim p_H 7,2—7,8. Unter Anwendung von ^{140}Ba u. ^{89}Sr wird das Gemisch von $BaCl_2$ (**III**) u. $SrCl_2$ (**IV**) mit 2 ml 36%ig. HCl u. überschüssigem $(NH_4)_2CrO_4$ versetzt, wodurch **I** nicht ausfällt. Durch Zugabe von 2,5%ig. NH_4OH wird das gewünschte p_H erreicht. Die erste Mitfällung von **II** erfolgt beim p_H >1,5. Sie steigt bis p_H 7,2 an, geht bei $p_H \sim 7,5$ durch ein Minimum u. steigt dann wieder an. Bei der vorgeschlagenen Fällung ist die Mitfällung von **II** geringer als nach Fresenius. In Ggw. von 0,001—0,030% Gelatine ist die Mitfällung von **II** 1,5—2mal geringer als nach Fresenius. Bei der Gelatinezunahme von 0,001—0,010% nimmt die **II**-Mitfällung ab u. bleibt bis 0,03% konstant. Es wird deshalb empfohlen, die Trennung von **III** u. **IV** in Ggw. von 0,01% Gelatine vorzunehmen. (Журнал Аналитической Химии [J. analyt. Chem.] **7.** 269—80. Sept./Okt. 1952. Moskau, Inst. für chem. Physik der Akad. der Wiss. der UdSSR.) Lebtag. 224

L. L. Bircumshaw und **A. C. Riddiford**, *Transportkontrolle bei heterogenen Reaktionen.* Vff. berichten zusammenfassend über die Kinetik heterogener Rkk. in Systemen, in denen die beobachtete Reaktionsgeschwindigkeit entweder ganz oder teilweise durch die Wanderungsgeschwindigkeit der Teilchen zueinander bestimmt wird. — 96 Literaturangaben. (Quart. Rev. (chem. Soc., London) **6.** 157—85. 1952. Birmingham, Univ., u. Southampton, Univ.) J. Mattner. 225

M. Lefort und **M. Haissinsky**, *Rolle der sauerstoffhaltigen Radikale bei den durch ionisierende Strahlungen hervorgerufenen Oxydationen und Reduktionen.* 2. Mitt. *Der Mechanismus der Reaktionen nach der Analyse der gebildeten Gase.* (1. vgl. C. **1953.** 982.) Neben der Red. bzw. Oxydation der Ce-Salze wurden auch die Ausbeuten an Gasen bestimmt, an H_2 bei der Bestrahlung mittels Röntgenstrahlung durch Diffusion in Pd, an Knallgas durch Verbrennung u. an überschüssigem O_2 durch Absorption mit Phosphor. Die Ausbeuten betragen bei der Red. durch Bestrahlung mit Röntgenstrahlen 3,9—4,6 O_2 u. 6,2—7,0 H_2 je 100 eV, bei der Oxydation 1,8 O_2 u. 1,8—2,0 H_2 u. bei der Red. mit α-Strahlen 1,75 O_2 u. 2,0 H_2. Hierdurch wird die Annahme bestätigt, daß die Red. nicht durch H-Atome, sondern bei Röntgenbestrahlung durch OH u. bei α-Bestrahlung durch OH u. H_2O_2 bewirkt wird. (J. Chim. physique Physico-Chim. biol. **48.** 368 bis 371. Juli/Aug. 1951. Paris, Inst. du Radium.) Wiedemann. 226

Charles Kemball, *Die Reaktion von Ammoniak und Deuterium an aufgedampften Nickelkatalysatoren.* Die Austausch-Rk. zwischen NH_3 u. D_2 wird zwischen 33 u. 115° an aufgedampften Ni-Katalysatoren mit Hilfe eines Massenspektrographen untersucht. Als erstes Reaktionsprod. bildet sich *NH_2D*. *NHD_2* u. *ND_3* entstehen durch Folgereaktionen. Ein Austausch von mehr als einem H-Atom zur gleichen Zeit, wie er bei CH_4 stattfindet, konnte nicht festgestellt werden. Die Reaktionsgeschwindigkeit der Bldg. von NH_2D ist pro portional $p_{D_2}{}^{1/2}$. Ihre Abhängigkeit von p_{NH_3} ist etwas größer. Die Aktivierungsenergie der Rk. beträgt 8,7 kcal/Mol. NH_3 wird bei 0° an den Ni-Filmen fast ebenso stark adsorbiert wie D_2. Die Gleichgewichtskonstanten für die Rkk. $NH_3 + NHD_2 \rightleftharpoons 2\,NH_2D$ u. $NH_2D + ND_3 \rightleftharpoons 2\,NHD_2$ betragen 2,92 bzw. 2,88 bei 248° u. 2,88 für beide Rkk. bei 386°. (Trans. Faraday Soc. **48.** 254—58. März 1952. Cambridge, Univ., Dep. of Physical Chem.) Sarry. 227

Ss. S. Roginski, *Klassifizierung der in Katalysatoren eingeführten Zusätze.* In einer ausführlichen Tabelle werden die Zusätze zu Katalysatoren in 4 Hauptklassen eingeteilt. Vf. unterscheidet: I. modifizierende, II. strukturbildende oder verteilende, III. verfestigende, IV. blockierende (Katalysatorgift-) Wrkg. u. unterteilt diese Klassen nach Gruppen, für die der vorherrschende Charakter, der Einfl. auf den Kontaktprozeß u. der Phasenzustand angegeben wird: I. Klasse: Acceptor–Donor-Zusätze; saure oder alkal. Zusätze; Zusätze, die die Geometrie der akt. Oberfläche verändern; Zusätze, die die Bldg. neuer akt. chem. Formen oder neuer Phasen bewirken; II. Klasse: Träger; Porenbildner; die therm. Eigg. verändernde Zusätze; III. Klasse: Zusätze, die die mechan. Festigkeit oder die chem. Beständigkeit gegen korrodierende Stoffe erhöhen oder das Backen u. die Rekristallisation verlangsamen; IV. Klasse: mikroblockierende Zusätze; blockierende Schichten. Es wird auf das Vork. von Grenzfällen oder mehrfacher Wrkg. hingewiesen, sowie auf die Abhängigkeit der Wrkg. von der Art der Einführung u. der Zusatzmenge. (Доклады Академии Наук СССР [Ber. Akad. Wiss. UdSSR] [N. S.] **87.** 1013—15. 21/12. 1952.) R. K. Müller. 227

A. Pacault, *Magnetische Methode zur Strukturuntersuchung von Katalysatoren.* Bericht über die Anwendung u. Möglichkeiten von magnet. Messungen zur Strukturunters. von Katalysatoren. Die Vergiftung von Katalysatoren scheint in einigen Fällen durch die Blockierung der das akt. Agens der Katalysatoren darstellenden unpaarigen Elektronen bedingt zu sein. Sie werden durch eine antiparallele Kopplung des Spins zu dem eines Elektrons der vergiftenden Substanz inaktiv. (Research **4.** 548—55. Dez. 1951. Bordeaux, Univ.) v. Harlem. 227

B. Anorganische Chemie.

Oskar Glemser, Ulrich Hauschild und **Gertrud Lutz**, *Darstellung von Hydroxyden durch Anlagerung von atomarem Wasserstoff an Oxyde.* Der zur Anlagerung an die Oxyde verwendete atomare H wurde in einer Glimmentladungsapp. hergestellt. Mit *MnO_2* finden folgende Rkk. statt: $MnO_2 + H = \mathit{MnOOH}$; $MnOOH + H = \mathit{Mn(OH)_2}$. Das weiße $Mn(OH)_2$ geht nach längerer Zeit in grünes *MnO* über. Aus *Na_2O_2* entsteht *NaOH*, das nach längerer Zeit metall. *Na* abscheidet. Durch Anlagerung von H an *WO_3* entstehen nacheinander *$H_{0,1}WO_3$* u. *$H_{0,33}WO_3$*, die als Wasserstoffanaloga der Na–W-Bronzen aufgefaßt werden können. Aus *MoO_3* wird zuerst *$Mo_4O_{10}(OH)_2$*, dann *$Mo_2O_4(OH)_2$* u. als Endprod. dunkelrotes *$MoO_{2,20} \cdot x\,H_2O$* gebildet. Weiterred. bis zum olivgrünen *$MoO_{2,00}$* erfolgt nicht. Die Formel des $MoO_{2,20} \cdot x\,H_2O$ wird durch Analyse u. isobaren Abbau bestätigt, x wird zu 0,8 bestimmt. Die Verb. wird röntgenograph. untersucht. Verss. mit CrO_3, V_2O_5, Nb_2O_5 u. TiO_2 werden kurz erwähnt. AgO, Ag_2O, CuO, PbO_2 u. HgO werden durch atomaren H zu den Metallen reduziert. Aus GeO_2 wird Ge-Wasserstoff gebildet, der unter Ge-Abscheidung zerfällt. (Z. anorg. allg. Chem. **269**. 93—98. Aug. 1952. Aachen, Rhein.-Westfäl. TH, Inst. für anorgan. Chemie u. Elektrochemie.) H. W. Levi. 238

Robert Juza und Werner Schulz, *Herstellung und Eigenschaften der Verbindungen Li_3AlP_2 und Li_3AlAs_2.* Die Verbb. Li_3AlP_2 u. Li_3AlAs_2 wurden nach 3 verschied. Verff. dargestellt: 1. Durch Erhitzen von Li_3Al im As- bzw. P-Dampf. 2. Durch Erhitzen eines Gemenges von Li_3P bzw. Li_3As u. AlP bzw. AlAs. 3. Durch Erhitzen eines Gemisches von Li_3P, Al u. P. Die Verbb. kristallisieren in einer rhomb. deformierten Überstruktur des CaF_2-Gitters mit den Gitterkonstanten a = 11,47; b = 11,61; c = 11,73 Å für Li_3AlP_2 u. a = 11,87; b = 11,98; c = 12,11 Å für Li_3AlAs_2. Die pyknometr. Dichten betragen 1,90 für Li_3AlP_2 u. 2,99 für Li_3AlAs_2. Daraus ergibt sich für beide Verbb. eine Elementarzelle mit 16 Formeleinheiten. Für das Arsenid wurden folgende Parameter errechnet: $x_{Al}=y_{Al}=z_{Al} = 0{,}121$ u. $x_{As} = 0{,}233$. Für das Phosphid wurden wegen der ähnlichen Ionenradien von P u. As die gleichen Parameter angenommen. Beide Verbb. kristallisieren in der Raumgruppe D_{2h}^{27} mit folgenden Punktlagen: 32 P bzw. As in 8a), 8c), 8d) u. 8e); 16 Al in 16f) u. 48 Li in 16f) (dreifach besetzt). Die chem. u. physikal. Eigg. der Verbb. werden mitgeteilt, sie ähneln denen des Li_3P bzw. Li_3As mehr als denen des AlP bzw. AlAs. Die Molvolumenkontraktion der tern. Verbb. gegenüber der Summe der Molvoll. der bin. Verbb. wird errechnet, sie ist bei Li_3AlN_2 wesentlich größer als bei den entsprechenden P- u. As-Verbindungen. Die kristallchem. Gründe hierfür werden erörtert. (Z. anorg. allg. Chem. **269**. 1—12. Aug. 1952. Heidelberg, Univ., Chem. Inst., Abt. für anorgan. Chemie; Kiel, Univ., Inst. für anorgan. Chemie.) H. W. Levi. 294

E. Banks, K. F. Stripp, H. W. Newkirk und R. Ward, *Cer(III)-sulfid und -selenid und einige ihrer festen Lösungen.* Die Beziehung zwischen den zusammengesetzten (Oxyd enthaltenden) u. kub. Phasen von Ce_2S_3 (I) werden durch Anwendung von Salzschmelzen zur Extraktion des Oxyds aus der komplexen Phase untersucht. Zu I werden 1, 3, 5 u. 10 Gew.-% *LiF* gegeben u. diese Proben für 2 Std. im Vakuum bei 900° erhitzt. Röntgendiagramme dieser verschied. Mischungen zeigen die fortschreitende Abnahme der Linien der komplexen Phase u. gleichzeitiges Auftreten der Linien der kub. Phase mit zunehmendem LiF-Zusatz. Es zeigt sich, daß die komplexe Phase nicht als Mischung mit der kub. Phase anzusehen ist. Ein Vgl. der Gitterkonstanten der kub. Substanz, dargestellt durch 10% LiF-Zusatz (a_0 = 8,5957 kX) u. der einer durch Brewer dargestellten Probe (a_0 = 8,6105 kX) deutet das Vorliegen einer festen Lsg. von LiF in I unter Gitterkontraktion an. An Stelle von LiF konnte *NaCl* nicht verwendet werden, da es im Vakuum bei 800° bereits nach ½ Std. völlig verdampft war. Beim Arbeiten im N_2-Strom konnte mit einem großen NaCl-Überschuß nach 1 Std. bei 1000° teilweise Umwandlung zur kub. Form erhalten werden. Die Gitterkonstante wurde mit 8,6218 kX gefunden u. deutet an, daß Na-Ionen in die Kristalle eingetreten waren unter gleichzeitiger Gitteraufweitung. Bei diesem Vers. wurde eine zusätzliche wasserunlösl. Phase in Form goldgelber, hexagonaler Blättchen erhalten, die mechan. abgetrennt wurden u. röntgenograph. als hexagonales *Ceroxysulfid* bestimmt wurden. Eine Reihe fester Lsgg. von *SrS* in I (zwischen 50 u. 0,5 Mol-% SrS) wurden hergestellt durch Erhitzen der entsprechenden Gemische in einer H_2S-Atmosphäre für 1 Std. bei 1000°. Die Farben dieser Lsgg. variieren von Orangebraun (für 50 Mol-%) über Karmesinrot zu der charakterist. tief purpurroten des I (bei 0,5 Mol-% SrS-Zusatz). Diese festen Lsgg. zeigen die kub. Struktur des I, wobei die Gitterkonstanten mit der SrS-Konz. linear ansteigen, ihr extrapolierter Wert bei einer SrS-Konz. = 0 beträgt 8,59 kX, während sie bei einer 50 Mol-%ig. Mischung mit 8,700 kX angegeben ist. Es wurden weitere feste Lsgg. folgender Zus. hergestellt (Werte der Gitterkonstanten in Klammern): *CaS*–$2Ce_2S_3$ (8,597); CaS–Ce_2S_3 (8,602); *MgS*–Ce_2S_3 (8,608) u. MgS–2 Ce_2S_3 (8,607). Röntgenograph. Messungen weisen auf eine Löslichkeitsgrenze dieser Erdalkalisulfide hin, die beim MgS wahrscheinlich zwischen 5 u. 10 Mol-% MgS-Zusatz liegt. Leitfähigkeitsmessungen der SrS-Lsgg. zeigen einen hohen Widerstand mit einem positiven Temperaturkoeff. der Leitfähigkeit. Bei der Darst. von Ce_2Se_3 (II) wurde durch die direkte Vereinigung der Elemente bei 500° keine Rk., bei 600—650° ein explosionsartiger Reaktionsverlauf beobachtet. Wurde über metall. Ce in einen Kohletiegel ein H_2Se-Gasstrom geleitet u. die Temp. im Verlauf von 5 Std. von 600 auf 1200° stufenweise erhöht, so konnte ein schwarzes Prod. erhalten werden, das röntgenograph. der komplexen Form von I ähnelte, aber eine größere Gitterkonstante besaß. Wurde wasserfreies $CeCl_3$ an Stelle des Metalls mit H_2Se für 5 Std. bei 500—900° behandelt, so wurde ein dunkelrotes Prod. erhalten, das röntgenograph. der kub. Form von I ähnelte, dessen Gitterkonstante mit 8,9588 + 0,0005 kX u. dessen D. mit 6,45 g/cm³ berechnet wurde. Bei Verwendung von CeO_2 als Ausgangsmaterial für obige Rk. wurde

Ce_2O_2Se, Ceroxyselenid, als braune bzw. schwarze Substanz erhalten; die Dimensionen der hexagonalen Elementarzelle dieser Verb. sind: $a_0 = 4{,}85$ kX u. $c_0 = 8{,}47$ kX. *CeSe* wurde dargestellt durch Red. von **II** mit Na (bei 600°) oder mit Ca (bei 1000°) in evakuierten Si-Gefäßen. Die Gitterkonstante dieses kub. Prod. wird mit $6{,}05 \pm 0{,}02$ kX bestimmt, die Struktur u. der Bindungscharakter werden diskutiert. *CeS* konnte nach analogem Verf. nicht dargestellt werden. In analoger Weise wie bei **I** wurden feste Lsgg. von *SrSe* in **II** hergestellt. Das Verhältnis von Gitterkonstanten u. der Zus. dieser Lsgg. ist graph. wiedergegeben u. wird diskutiert. Mit abnehmender SrSe-Konz. wechselt die Farbe der Lsgg. von Rot nach Schwarz. (J. Amer. chem. Soc. **74.** 2450—53. 20/5. 1952. Brooklyn, N. Y., Polytechn. Inst. of Brooklyn, Chem. Dep.) Sparmann. 304

Hiroshi Sawamura und **Jun Sawamura,** *Über die Gleichgewichtsbeziehung zwischen C und Si in Roheisen und Schlacke unter 1 Atmosphäre Druck von Kohlenmonoxydgas.* Das Gleichgewicht zwischen weißem Roheisen u. Schlacken verschied. Zus. (SiO_2–CaO–Al_2O_3) unter 1 at gereinigtem CO wurde bei 1400 u. 1500° untersucht, indem das Eisen mit Si u. Schlacke in Graphittiegeln geschmolzen wurde. Das Gleichgewicht stellt sich bei 1400° in 2,5 Std. bei 1500° in 2 Std. ein. Eine Tabelle der Schlacken- u. Eisenzus. wird mitgeteilt, aus der hervorgeht, daß mit steigender Basizität der Schlacke die Löslichkeit des C im Eisen steigt u. die des Si sinkt. (Bull. Inst. chem. Res., Kyoto Univ. [Kagaku Kenkyusho Hokoku] **26.** 69—70. Sept. 1951. Sawamura Labor. [Orig.: engl.]) Moslé. 354

Giorgio De Angelis und **Sergio Fumasoni,** *Spektrophotometrische Untersuchung über einige Komplexe des Rhodiums.* Die rotbraunen (0,2 u. 0,02 mol.) wss. Lsgg. von $RhCl_3$ werden allmählich gelb. Erhitzen u. Zusatz von KCl führt zu Verschiebung der Absorptionsmaxima. Zusatz von Pyridin (1—5facher mol. Überschuß) bewirkt beim Erhitzen leuchtend gelbe Färbung u. Verschwinden der zwei Absorptionsmaxima, jedoch nicht oder unvollständig bei Ggw. von KCl; ein Wendepunkt bei 420 mμ bleibt in allen Fällen erhalten. (Ricerca sci. **22.** 1959—60. Okt. 1952. Roma, Univ., Ist. di Chim. analit.) R. K. Müller. 364

S. E. Livingstone und **R. A. Plowman,** *Palladiumkomplexe.* 3. Mitt. *Brückenverbindungen von Palladium, die andere Metallatome enthalten; Komplexe von o-Methylmercaptobenzoesäure mit anderen Metallen.* (2. vgl. C. **1952.** 3787.) Mit *o-Methylmercaptobenzoesäure* (**I**) als Ligand gelingt es erstmalig, Pd-Brückenkomplexe, die ein zweites Metall enthalten, herzustellen. Synthetisiert wurden Pd-Verbb. mit Mg u. Cu. Außerdem wurden noch I-Komplexe des Ag, Cd, Hg u. Cu hergestellt. Cd- u. Ag-Salz sind wegen der Schwerlöslichkeit nicht zur Bldg. von μ-Komplexen mit Pd befähigt.

Versuche: *Bis-(o-methylmercaptobenzoato-μ-dibrompalladium(II)-Quecksilber(II),* $C_{16}H_{14}O_4S_2Br_2PdHg$, tiefgelbe Prismen, F. 212°. Eine wss. $HgBr_2$-Lsg. wurde zu einer sd. wss. Lsg. von 0,9 g *Bis-(o-methylmercaptobenzoatopalladium(II)* (**II**) gegeben, ca. 30 Min. gekocht, filtriert u. mit W. u. Aceton gewaschen; 1,21 g (Ausbeute); der Komplex ist unlösl. in W., Aceton, Bzl., Toluol u. schwer lösl. in A. u. Chloroform. — *Bis-(o-methylmercaptobenzoato)-μ-dibrompalladium(II)-kupferdihydrat,* $C_{16}H_{14}O_4S_2Br_2PdCu \cdot 2\,H_2O$, braune Kristalle, F. 208°, analog aus 0,5 g **II** u. $CuBr_2$ in Ggw. von KBr; 0,65 g; ohne Zusatz von KBr entstehen Komplexe mit OH-Brücken. — *Bis-(o-methylmercaptobenzoato)-Kupfer(II),* $C_{16}H_{14}O_4S_2Cu$, grüne Prismen, F. 152° (Zers.), aus **I** u. $CuBr_2$ in wss. alkal. Lösung. Analog wurden hergestellt: *Bis-(o-methylmercaptobenzoato)-quecksilber(II),* $C_{16}H_{14}O_4S_2Hg$, Nadeln, F. 165—165,5°, unlösl. in W.; *Bis-(o-methylmercaptobenzoato)-cadmium(II),* $C_{16}H_{14}O_4S_2Cd$, Dendriten, F. 286°. — *Silber(I)-o-methylmercaptobenzoat,* $C_8H_7O_2SAg$, Nadeln, F. 234°. Ag-Acetat, gelöst in 50%ig. wss. A., wurde zu einer sd. alkoh. Lsg. von **I** gegeben, worauf sich die Verb. ausschied. Nicht geklärt werden konnte, ob **I** gegen Ag als Zentralion als Chelatbildner (wie gegen die 2wertigen Metalle) fungieren kann. (J. Proc. Roy. Soc. New South Wales **85.** 116—19. 1952. New South Wales, Univ. of Technol., School of Applied Chem., Dep. of Inorgan. Chem.) Zimmer. 365

Leopold Gmelin, Handbuch der anorganischen Chemie. Hrsg. v. Gmelin-Inst. in Clausthal-Zellerfeld. Bearb. von **Richard Josef Meyer.** 8. völlig neu bearb. Aufl. System-Nr. 9, T. A. Lfg. 2. System-Nr. 21. Weinheim/Bergstr. u. Berlin: Verlag Chemie. 1953. 4°. 9. Schwefel. T. A. A. Vorkommen. Technologie d. Schwefels u. seiner Verbindungen. Kolloider Schwefel. Physiologische Schädigung. Lfg. 2. (IX S., S. 61—510 S. m. Abb.) DM 147,—. 21. Natrium. (XXXIII + 992 S. m. 75 Abb.) DM 163,50.

C. Mineralogische und geologische Chemie.

Jaime Maria del Barrio, *Ist die Materie im ganzen Weltall identisch?* Vf. erörtert die Zus. von Uranoliten bzw. Meteoriten u. schließt daraus allg., daß die Materie im ganzen Universum ident. ist, aber in Ausnahmezuständen vorkommt. (Afinidad [3] **29.** 433—40. Juli/Aug. 1952.) R. K. Müller. 378

S. Milone Tamburino und **A. Stella,** *Über die Radioaktivität der Ätna-Laven.* Die Radioaktivität verschied. Proben von Lava aus dem Ausbruch des Ätna vom Jahre 1669 zeigt Schwankungen mit einem Faktor 1,49 ± 0,07, diejenige von Lava aus verschied. Ausbrüchen solche mit einem Faktor 1,75 ± 0,03. Die radioakt. Elemente sind in der Grundmasse enthalten u. kein Bestandteil der Phänokristalle. Die Messung der Radioaktivität der Grundmasse ergibt eine Schwankung von 1,51 für Lava aus verschied. Ausbrüchen. Im Durchschnitt beträgt die Radioaktivität der Grundmasse das Doppelte derjenigen der entsprechenden Lava. Zum mindesten ein Teil der radioakt. Elemente scheint mit *Apatit* assoziiert zu sein. (Nuovo Cimento [9] **9.** 1044—53. 1/11. 1952. Catania, Univ., Ist. di Fis., Ist. di Mineral.) R. K. MÜLLER. 378

G. Arrhenius, G. Kjellberg und **W. F. Libby,** *Altersbestimmung an Pazifischem Kalkschlamm aus dem Gehalt an radioaktivem Kohlenstoff und Titan.* An Sedimentproben (Entnahme: 0° 6′ S u. 135° 58′ W, 4437 m Tiefe) von eupalag. Kalkschlamm wurde durch Messung der Aktivität des radioakt. C u. durch Integration der ^{14}C-Zerfallsfunktion das Alter berechnet. T = 14200 ± 900 Jahre. Das Berechnungsverf. u. der TiO_2-Geh. werden genau angegeben. (Tellus [Stockholm] **3.** 222—29. Nov. 1951. Kagghamra, Grödinge; Stockholm, Matematikmaskinnämdeus Arbetsgrupp; Chicago, Univ.) HILLER. 378

H. von Eckermann, H. von Ubisch und **Frans E. Wickman,** *Eine vorläufige Untersuchung der Isotopenzusammensetzung von Kohlenstoff aus einigen Alkaliintrusionen.* 23 Proben carbonat. Gesteine von Alnö, Fen, Stjernöy u. Seiland wurden untersucht. Die Beforsite von Alnö zeigen niedrigeres $^{12}C/^{13}C$-Verhältnis als die Soevite u. die Alvikite der gleichen Gegend. Im Fen-Gebiet besteht ein Unterschied zwischen den Fe-reichen u. Fe-armen Gesteinen. Die $^{12}C/^{13}C$-Verhältnisse der Soevite aller vier Vorkk. sind gleich. Über die Faktoren, die die Änderung der Isotopenverhältnisse bewirken, wird diskutiert. Vielleicht findet ein Austausch zwischen magmat. Material u. Kontaktgestein statt. (Geochim. cosmochim. Acta [London] **2.** 207—10. 1952. Stockholm u. Sparreholm, Karolinska Inst. u. Riksmuseet.) HILLER. 378

D. M. Shaw, *Die Geochemie des Indiums.* Alle wichtigen gesteinsbildenden Minerale, magmat. Gesteine, Sedimentgesteine, Tiefseesedimente, Metamorphite, Meteorite, Caliche u. ozean. Salze werden spektralanalyt. in zahlreichenProben auf ihren In-Geh. untersucht. Die Genauigkeit der Best. beträgt 0,02 p.p.m. In ± 20%. Bei den Mineralen wird In in geringen Konzz. in den meisten maf. Silicaten gefunden, entsprechend der Diadochie von In^{3+} u. Fe^{3+}. Es fehlt in fels. Silicaten. Anreicherung von In in *Zinkblende* u. anderen Sulfiden, sowie die häufige Vergesellschaftung von In u. Sn sind bekannt. In magmat. Gesteinen ist In unregelmäßig verstreut, so daß man an die Möglichkeit von In-Provinzen denken könnte. Andererseits kann der In-Geh. in den accessor. Sulfiden enthalten sein. Tonige Sedimente enthalten wenig In, das aus erodiertem Material stammt. In Carbonatgesteinen findet eine geringe Anreicherung statt als Folge der stark red. Verhältnisse. Der Geh. der Erdkruste an In beträgt 0,11 p.p.m. (Geochim. cosmochim. Acta [London] **2.** 185—206. 1952. Hamilton, Ontario, Can., MacMaster Univ., Dep. of Geol.) HILLER. 378

A. P. Winogradow, I. K. Sadoroshnyi und **Ss. I. Sykow,** *Isotopische Zusammensetzung der Bleiarten und das Alter der Erde.* Massenspektrograph. wurde die Isotopenzus. von Pb in 32 *Galeniten* im Alter von $25 \cdot 10^6$ bis $1600 \cdot 10^6$ Jahren untersucht. Die Ergebnisse wurden mathemat. mit den Werten von NIER u. Mitarbeitern (Physic. Rev. [2] **60.** [1941.] 112) verglichen. Hieraus ergibt sich für das Alter der Erdrinde der minimale Wert $2,1 \cdot 10^9$ Jahre, der maximale Wert $(5,0 \pm 0,5) \cdot 10^9$ Jahre. Das von verschied. Seite angenommene Alter von $3 \cdot 10^9$ Jahren kann nur als erster Näherungswert angesehen werden, da hierbei die wahrscheinliche Neuverteilung von U, Th u. Pb auf der Erde nicht berücksichtigt wurde. (Доклады Академии Наук СССР [Ber. Akad. Wiss. UdSSR] [N. S.] **85.** 1107—10. 11/8. 1952. Vernadsky-Inst. für Geochem. u. analyt. Chem. der Akad. der Wiss. der UdSSR.) LEBTAG. 378

Allan F. Wilson, *Vorkommen von metasomatischem Hypersthen und seine petrogenetische Bedeutung.* An einem Kontakt in den Kulgera Hills, Central Australien, wurden Hypersthenpseudomorphosen nach *Augit* beobachtet. Dort wird ein *Olivindolerit* von einer Al-reichen granit. Ader durchschnitten. Die Unters. des Befundes ergibt, daß Hypersthen metasomat. gebildet werden kann u. auch unter wasserhaltigen Bedingungen entsteht. Al-Kontamination des Magmas fördert die Hypersthenbldg. entweder im Magma oder im Nebengestein. (Amer. Mineralogist **37.** 633—36. Juli/Aug. 1952. Nedsland, W.-Australien, Univ. of Western Australia.) HILLER. 380

Toshio Sudô und **Takeshi Nakamura,** *Hisingerit aus Japan.* Hisingerit von der Kawayama Mine, Japan, wird untersucht u. beschrieben. Das Vork. ist ein pyrometasomat. Erzlager mit *Pyrrhotin, Zinkblende, Cubanit* u. *Kupferkies,* Pyrrhotin, Kupferkies,

Pyrit (in der Reihenfolge der Ausscheidung), die an *Graphit–Sericit–Quarz*-Schiefer gebunden sind. Er ist dunkelbraun u. massig, isotrop mit Spannungsdoppelbrechung. Analyse: SiO_2 27,99, Fe_2O_3 34,25, FeO 0,54, CaO 2,33, H_2O^- 27,89. Glühverlust 7,11%. Der Wassergeh. ist höher als sonst beschrieben. Die Differentialthermoanalyse ähnelt der Kurve von *Allophan* mit einer ausgeprägten endothermen Spitze zwischen 100 u. 200° u. einer schwachen exothermen zwischen 900 u. 1000°. Das Pulverdiagramm zeigt Ähnlichkeit mit dem von *Nontronit*. Hisingerit ist ein Umwandlungsprod. von Pyrrhotin u. anderen Fe-Mineralien unter dem Einfl. von heißem, hypogenem Wasser. (Amer. Mineralogist **37**. 618—21. Juli/Aug. 1952. Tokio, Univ., Geol. Inst.) HILLER. 380

Hatfield Goudey, *Powellit und vergesellschaftete Pseudomorphosen auf der Anderson Mine, Mineral County, Nevada*. Die prim. Erzminerale auf der Anderson Mine u. der benachbarten Champion Mine, Nev., sind: *Kupferkies, Bornit, Zinkblende, Pyrit*, lokal *Stibnit* u. sporad. *Molybdänit*. In der Oxydationszone der Champion Mine findet sich drusiger *Hemimorphit* mit aufgewachsenem Powellit. Beide sind vielfach mit *Hydrozinkit* überzogen. Der Powellit ist zum Teil pseudomorph in *Chrysokoll* umgewandelt. Ebenso teilweise der Hemimorphit. (Amer. Mineralogist **37**. 696—97. Juli/Aug. 1952. Jerington, Nev.) HILLER. 380

Stephen E. Clabaugh, *Korundlagerstätten in Montana*. Fundorte für *Sapphire* als Uhrsteine in Montana sind bei Helena, Philipsburg u. Dear Lodge. Die Vorkk. sind zum Teil in magmat. Gesteinen gebildet. Bei Yogo Gulch werden ausgezeichnete blaue Steine in verändertem, *Analcim* führendem Lamprophyr gefunden, der wahrscheinlich mit *Disthen*-haltigen Einschlüssen reagiert hat. Schleifkorund aus präkambr. Metamorphiten werden in Galatin u. Madison Counties gefunden. Begleiter sind *Feldspat, Glimmer, Sillimanit* u. *Rutil*. Wahrscheinlich handelt es sich nicht um Pegmatite, sondern um metamorphe, Al-reiche Sedimentlinsen. (Amer. Mineralogist **36**. 311—12. März/April 1951. Austin, Tex., Univ. of Texas.) HILLER. 384

Johann Heinrich Hellmers, *Bauxitische Eisenerzlagerstätten aus dem Westerwald*. An Proben aus 3 Bohrungen wird gezeigt, daß die bauxit. Fe-Erzlagerstätten des Westerwaldes in der gleichen Art entstanden sind, wie sie heutzutage in den Tropen entstehen. Die Bohrungen zeigen verschied. Typen, die durch unterschiedlichen Zersetzungsgrad bedingt sind. Die Fe-Anreicherung geht im allg. der Tonerdeanreicherung parallel. Farbe u. Aussehen der Proben lassen keinen sicheren Schluß auf den Zustand der Verwitterung u. auf den Erzgeh. zu. (Neues Jb. Mineralog., Mh. **1952**. 166—73. Juli.) HILLER. 384

Friedrich Lippmann, *Mineralogische Untersuchungen an einigen niederhessischen Tertiärtonen*. (*Unter besonderer Berücksichtigung der Differentialthermoanalyse*.) 3 Proben von feuerfesten Tonen von Großalmerode (I) u. 2 Septarientone aus Oberkaufungen (II) wurden auf ihre Korngrößenklassen aufgeteilt, röntgenograph., thermoanalyt. u. mkr. auf Mineralbestand untersucht. Meth. u. App. für die Differentialthermoanalyse werden besprochen. Hauptkomponenten von I waren *Fireclay*-Material u. *Quarz*. Ersteres, ein Glied der Kaolinreihe zwischen *Kaolinit* u. *Metahalloysit*, herrscht in der Fraktion $< 0,63\ \mu$ Durchmesser vor. Elektronenmkr. erweist es sich als idiomorph in sechseckigen Blättchen wie Kaolinit. Kaolinit u. *Illit* sind untergeordnet vorhanden. Quarz bildet hauptsächlich die gröberen Fraktionen, bei 0,63 μ macht er noch 5% aus. Sonstige Bestandteile *Anatas* u. *Rutil*, ferner spärlich *Feldspat, Glimmer, Zirkon, Turmalin*. Hauptbestandteil in II ist Illit, daneben *Montmorillonit*, Kaolingruppe u. Carbonate, untergeordnet Feldspat, *Pyrit, Glaukonit* u. *Glimmer*. In den gröberen Fraktionen herrschen Quarz u. *Calcit* vor. Neubildungen von *Dolomit* u. *Siderit* werden beobachtet. (Heidelberger Beitr. Mineralog. Petrogr. **3**. 219—51. 1952. Göttingen, Univ., Sedimentpetrogr. Inst.) HILLER. 385

Ernst Ackermann, *Einfluß geringer Tongehalte auf Eigenschaften feinklastischer Lockergesteine*. (Z. dtsch. geol. Ges. **103**. 382—86. 1951; ausg. 1952. Göttingen.) ENSSLIN. 385

M. A. Ratejew, *Tonige Mineralien in den Bodensedimenten des Aralsees*. Durch spektrophotometr., opt., röntgenograph. u. therm. Unters. der Bodensedimente des Aralsees wurde die Ggw. folgender Mineralien festgestellt: *Hydroglimmer* (mit mittlerem Bindungsvermögen für Farbstoffe, beidellisierter Illittyp), *Kaolinit, Halloysit, Beidellit, Montmorillonit, Mg-Silicate, Muskovit, Calcit* u. *Dolomit*. Aus der räumlichen Verteilung der Tonmineralien ergibt sich ein völliges Vorherrschen der Hydroglimmer im koll. Teil der Sedimente. Sowohl im Aralbecken als auch in den Flußsuspensionen von Amu-Darja u. Syr-Darja sind vorwiegend die Hydroglimmer mit mittlerem Farbbindungsvermögen vertreten. Die gleiche koll. Zus. der Suspensionen der Sedimente des Aralbeckens u. des Flußdeltas ist als Beweis dafür zu werten, daß die kolloiddispersen Bodensedimente des Aralsees aus den Suspensionen von Amu- u. Syr-Darja stammen. Im Norden u. Nordosten des Küstengebietes enthält der koll. Teil der Sedimente mehr beidellisierten

Hydroglimmer u. mehr Beidellit, wahrscheinlich bedingt durch die Unterspülung u. Zerstörung der Paläogengesteine. (Доклады Академии Наук СССР [Ber. Akad. Wiss. UdSSR] [N. S.] **86.** 997—1000. 11/10. 1952.) LEBTAG. 395

Henri Dessens (unter Mitarbeit von **C. Lafargue** und **P. Stahl**), *Neuere Untersuchungen über die Kondensationskerne.* Es wurden elektronenmkr. die meteorolog. Kondensationskerne untersucht, deren Durchmesser im allg. kleiner als 1 μ sind. Die Kerne bestehen aus hygroskop. Salzen, unter denen *NaCl* die Hauptrolle zu spielen scheint. (Ann. Géophysique **8.** 21—32. Jan./März 1952. Observ. du Puy de Dôme.) GOTTFRIED. 396

D. Organische Chemie.

D_1. Allgemeine und theoretische organische Chemie.

P. Grammaticakis, *Beitrag zur Kenntnis der Ultraviolett-Absorption stickstoffhaltiger Derivate einiger aromatischer Aldehyde und Ketone.* 7. Mitt. *Hydrazone und Acylhydrazone.* (6. vgl. C. **1953.** 3694.) Die Unters. der Absorption im mittleren UV ergibt, daß bei den untersuchten Hydrazonen u. Acylhydrazonen ähnliche qualitative Beziehungen bestehen wie bei den früher untersuchten N-haltigen Derivv. von Carbonylverbindungen. — Untersucht wurden (alle FF. im Block [A = Hydrazon, B = Acetylhydrazon, C = Propionylhydrazon, D = Benzoylhydrazon]): *Acetaldehyd,* D, F. 163° (verd. A.). — *Aceton,* B, F. 133° (A.); C, F. 101° (Aceton); D, F. 145° (A.). — *Cyclohexanon,* C, $C_9H_{16}ON_2$, F. 130° (verd. A.); D, $C_{13}H_{16}ON_2$, F. 161° (verd. A.). — *Crotonaldehyd,* D, $C_{11}H_{12}ON_2$, F. ~155°, dann 162° (verd. A.). — *Benzaldehyd,* A, Kp.$_{15}$ 139°, n_D^{22} 1,6275, fluorescierendes Öl; B, F. 139° (A.); C, F. 118° (verd. A.). — *Salicylaldehyd,* A, F. 96° (A.); B, $C_9H_{10}O_2N_2$, F. (rasch) 210° (Zers.), (langsam) ~201°; C, hellgelbe Nadeln aus verd. A., F. 184°; D, $C_{14}H_{12}O_2N_2$, hellgelbe Nadeln aus verd. A., F. 182°. — *o-Methoxybenzaldehyd,* B, $C_{10}H_{12}O_2N_2$, F. 154° (verd. A.); C, $C_{11}H_{14}O_2N_2$, F. 191° (A.); D, $C_{15}H_{14}O_2N_2$, F. 194° (A.). — *m-Methoxybenzaldehyd,* D, $C_{15}H_{14}O_2N_2$, F. 154° (A.). — *p-Methoxybenzaldehyd,* B, $C_{10}H_{12}O_2N_2$, F. 139° (A.); D, $C_{15}H_{14}O_2N_2$, F. 158° (A.). — *o-Nitrobenzaldehyd,* A, F. 76° (A.); B, $C_9H_9O_3N_3$, F. 176° (A.); C, $C_{10}H_{11}O_3N_3$, hellgelbe Nadeln aus verd. A., F. 136°; D, $C_{14}H_{11}O_3N_3$, hellgelbe Nadeln aus A., F. 203°. — *m-Nitrobenzaldehyd,* A, F. 109° (A.); B, $C_9H_9O_3N_3$, F. 240° (A.); D, F. 197° (A.). — *p-Nitrobenzaldehyd,* A, F. 137° (A.); B, $C_9H_9O_3N_3$, F. 202° (A.); D, $C_{14}H_{11}O_3N_3$, lichtgelbe Nadeln aus A., F. 243°. — *Zimtaldehyd,* B, $C_{11}H_{12}ON_2$, F. 171° (verd. A.); D, F. 193° (A.). — *Furfurol,* B, $C_7H_8O_2N_2$, F. 141° (verd. A.); C, $C_8H_{10}O_2N_2$, F. 119° (W.); D, $C_{12}H_{10}O_2N_2$, F. 183° (A.). Ferner wurden dargestellt u. untersucht: *Benzaldehydbenzylhydrazon,* F. 70° (Bzl. + Cyclohexan). — *Benzaldehydäthylimin,* Kp.$_{14}$ 84°, $n_D^{19,5}$ 1,5403. — *Acetonsemicarbazon,* F. 187° (A.). — *o-Nitrobenzaldehydsemicarbazon,* F. (langsam) ~262° (Zers.) (Dioxan). *m-Nitrobenzaldehydsemicarbazon,* F. (langsam) ~272° (Zers.); F. (rasch) ~285° (A.). *p-Nitrobenzaldehydsemicarbazon,* F. (langsam) 215° (A.). — *Acetaldehydacetylphenylhydrazon,* F. 105° (Ae. + Ligroin), aus Acetaldehydphenylhydrazon mit Essigsäureanhydrid in Ggw. von geschmolzenem Na-Acetat. — *Acetonbenzoylphenylhydrazon,* F. 117° (verd. Aceton); aus Acetonphenylhydrazon u. Benzoylchlorid in Ggw. von Pyridin. (Bull. Soc. chim. France, Mém. [5] **17.** 690—98. Juli/Aug. 1950. Paris, Fac. des Sci., Labor. de Chim. phys.) L. LORENZ. D 118

M. W. Wolkenstein und **N. Ss. Kolodina,** *Elektronenabsorptionsspektren von Polystyrol und Derivaten.* Es wurden die UV-Absorptionsspektren der Paare *Polystyrol* (**I**)—*Äthylbenzol* (**II**), *polymeres o-Bromstyrol* (**III**)—*o-Bromtoluol* (**IV**) u. *polymeres 2.5-Dichlorstyrol* (**V**)—*2.5-Dichlor-1-äthylbenzol* (**VI**) in Chlf. bei gleicher, ca. 0,019 mol. Konz. für alle Verbb. (bei den Polyverbb. auf das Kettenglied bezogen) aufgenommen. Die Spektren von **I** u. **II** sind prakt. ident., woraus zu schließen ist, daß das Spektr. von **I** durch Elektronenübergänge in jedem einzelnen Kettenglied des Mol., d. h. im Benzolring, zustande kommt. Bei den Polystyrolketten fehlt regelmäßige, räumliche Anordnung, wie sie bei den Molekülkristallen zu finden ist. Das Polymere ist nicht mit einem Kristall, sondern mit einer Fl. zu vergleichen. Das zum Vgl. aufgenommene Spektr. von Styrol ist, der verschied. chem. Struktur des Mol. entsprechend, von den Spektren von **I** u. **II** ganz verschieden. Auch die Spektren von **III** u. **IV** fallen prakt. zusammen. Die Spektren von **V** u. **VI** sind einander sehr ähnlich, nur ist das Spektr. des Polymeren in bezug auf dasjenige des monomeren **VI** um 30 Å verschoben. Eine eindeutige Erklärung hierfür ist zur Zeit nicht zu geben. Außerdem wurden die Spektren von „Polyphenylenäthyl“, , u. p-Xylol verglichen. Auch diese sind ähnlich, insofern eine intensive Absorptionsbande bei beiden an der gleichen Stelle liegt. Die dunkelbraune Farbe dieses Polymeren ist demnach nicht Eigenfarbe, sondern einer nicht zu entfernenden Verunreinigung zuzuschreiben. (Известия Академии Наук СССР, Отделение Химических Наук [Nachr. Akad. Wiss. UdSSR, Abt. chem. Wiss.] **1952.** 1033—36. Nov./Dez. Inst. für hochmol. Verbindungen der Akad. der Wiss. der UdSSR.) R. KNOBLOCH. D 118

Modeste Martynoff, *Absorptionsspektren und Struktur der Aminoazoverbindungen.* 1. Mitt. *Die drei isomeren Aminoazobenzole und ihre Monosalze.* Es werden im Gebiet 2300 bis 6000 Å die Absorptionen von *Azobenzol* (I), *o-*, *m-* u. *p-Aminoazobenzol* sowohl in neutralem als auch in HCl-saurem A. gemessen. Einführung einer Aminogruppe erhöht die violette Absorptionsbande a des I in A. beträchtlich u. erniedrigt die UV-Bande b bei gleichzeitigem hypsochromen Effekt auf die gesamte Absorption. In den sauren Lsgg. werden ähnliche Verhältnisse für die o- u. m-Verbb. festgestellt. Dagegen zeigt sich bei p-Aminoazobenzol eine entscheidende Änderung des Absorptionsspektr.; die a-Bande verschwindet zugunsten einer neuen. Vf. schließt aus den Meßergebnissen, daß bei der p-Verb. in HCl-saurem A. ein beträchtlicher Teil der Moll. in Chinonform vorliegt, während in allen anderen Fällen die Azo-Form anzunehmen ist. — I zeigt erst in konz. H_2SO_4 ein Spektr., das eine sehr intensive Bande im Sichtbaren besitzt u. dem Monosalz zugeschrieben werden kann. (C. R. hebd. Séances Acad. Sci. **235.** 54—57. 7/7. 1952.) RUDOLPH. D 118

W. M. Tschulanowski, *Kontur der C–H-Absorptionsbande in flüssigem Chloroform.* Die vom Vf. u. Mitarbeitern abgeleitete Formel für die Intensitätsverteilung in den infraroten C—H-Absorptionsbanden von fl. *Chlf.* u. fl. *Bromoform* (vgl. C. **1952. 6348**) läßt sich aus der Formel von LORENZ für Gase mit geringer D. ableiten, wenn die kleinen Glieder vernachlässigt werden; doch läßt sich zur Zeit theoret. nicht klären, ob beiden Vorgängen ein gleicher Mechanismus zugrunde liegt. Bei der experimentellen Prüfung, welche Schwingungsmechanismen in Frage kommen, wurde festgestellt, daß Resonanzschwingungen der C—H-Bindungen von Mol. zu Mol. völlig fehlen. Kombinationen der intramol. Grundschwingung der C—H-Bindung mit intermol. Schwingungen kommen vor. Es handelt sich hierbei um Schwingungen mit kleinen Wellenzahlen. Diese liegen außerhalb der Absorptionsbande der C—H-Bindung u. haben nur an ihren Rändern Einfl. auf die Gestaltung der Bande. Zur genaueren Prüfung der Gültigkeit der genannten Formel wurde die C—H-Bande bei Chlf. bei einer gegenüber früher geringeren Spaltbreite ausgemessen; die Übereinstimmung war gut. Zwischen der halben Bandenbreite D_0 u. der Wellenzahl der intermol. Schwingung ν_M besteht die Beziehung $D_0 = \nu_M/\pi$. Aus dieser Formel folgt für die C—H-Bande bei Chlf. mit $\nu_M = 42$ cm^{-1} für D_0 der Wert 13,37 cm^{-1}, während die Formel von ADEL u. BARKER (Rev. mod. Physics **16.** [1944.] 236) die Werte 13,72 cm^{-1} (S = 5,56 cm^{-1}) u. 12,97 cm^{-1} (S = 4,70 cm^{-1}) liefert. Bessere Übereinstimmung konnte nicht erwartet werden. (Доклады Академии Наук СССР [Ber Akad. Wiss. UdSSR] [N. S.] **85.** 1273—76. 21/8. 1952. Leningrad, Shdanow-Univ.) LEBTAG. D 120

Stuart Tipson, *Infrarotabsorptionsspektren von p-Toluolsulfonsäure und einigen ihrer Ester.* Die charakterist. Frequenzen von *p-Toluolsulfonsäure* (I) u. Derivv. werden angegeben. Sie liegen auch für die Ester um 1600, 800, 1240—1365, 1065—1192 u. 1080 bis 1180 cm^{-1}. Untersucht wurden I-*Monohydrat, Phenyl-, 2.4-Dinitrophenyl-, β-Phenoxyäthyl-p-toluolsulfonat, Tetra-p-toluolsulfonylerythrit* u. *O¹-p-Toluolsulfonylglycerin.* (J. Amer. chem. Soc. **74.** 1354. 5/3. 1952. Pittsburgh, Pa., Mellon Inst., Dep. of Org. Chem.) W. KAUFMANN. D 120

E. B. Knott und **L. A. Williams,** *Die Farbe organischer Verbindungen.* **3.** Mitt. *Eine neue Methode, bei heterocyclischen Kernen die ±M-Effekte abzuschätzen.* (2. vgl. JEFFREYS u. KNOTT, C. **1953.** 1460.) Bei *Cyaninfarbstoffen* bringt der Ersatz einer CH-Gruppe durch N in der Methinkette eine stärkere Beteiligung einer Resonanzform **A** am angeregten Zustand mit sich, bei der dies N-Atom negative Ladung trägt. Die Energie, die zu einer solchen Ladungstrennung nötig ist, muß durch den Gewinn an Resonanzenergie im Kern b aufgewogen werden, der in **A** eine zusätzliche Doppelbindung erhält. Die Größe dieser Energiegewinnung wiederum ist von dem Resonanzeffekt (—M) des Kerns b abhängig. Auf der anderen Seite muß sich schwächere oder stärkere Beteiligung von **A** an der Resonanz im Anregungszustand in einer Verschiebung der Absorptionsbanden der Verbb. bemerkbar machen. Vff. untersuchen daher die Absorptionsspektren der nachst. aufgeführten Cyanine u. ihrer α-Azaderivv. u. ordnen die Verbb. nach dem daraus erschlossenen —M-Effekt der variierten Heterocyclen. Die Ergebnisse in 3 Reihen stimmen miteinander gut u. meist auch mit den von BROOKER (Rev. mod. Physics **14.** [1942.] 275) auf anderem Wege abgeleiteten Werten überein. Untersucht wurden folgende Verbb. [in ( ) die λ_{max} in mμ in Methanol]: [*3'-Äthylbenzthia*]-

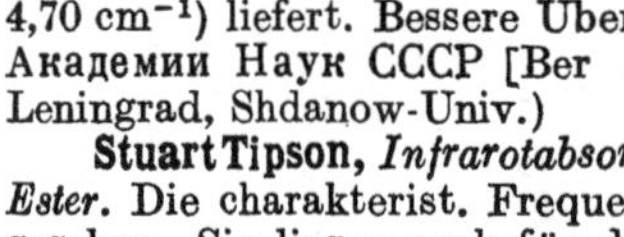

[1.3.3-trimethylindolenino]-carbocyaninperchlorat (536) u. die *α-Azaverb.*, $C_{22}H_{24}O_4N_3ClS$, F. 225° (478); *[3′-Äthylbenzthia]-[3-äthylthiazolino]-carbocyaninjodid* (502) u. die *α-Azaverb.*, $C_{16}H_{20}N_3JS_2$, F. 224° (427); *[3′-Äthylbenzthia]-[3-äthylbenzoxazolo]-carbocyaninjodid* (521) u. die *α-Azaverb.*, $C_{20}H_{20}ON_3JS$, F. 232° (449); *[3′-Äthylbenzthia]-[3-äthylbenzoselenazolo]-carbocyaninjodid* (562) u. die *α-Azaverb.* (**VII**), $C_{20}H_{20}N_3JSSe$, F. 278° (466); *[3′-Äthylbenzthia]-[3-äthylbenzothiazolo]-carbocyaninjodid* (**I**) (557) u. die *α-Azaverb.* (**III**), $C_{20}H_{20}N_3JS_2$, F. 268° (465); *[3′-Äthylbenzthia]-[3-äthylnaphtho-(1″.2″:4.5)-thiazolo]-carbocyaninjodid* (577) u. die *α-Azaverb.*, $C_{24}H_{22}N_3JS_2$, F. 248° (483); *[3′-Äthylbenzthia]-[1-äthyl-2-chinolino]-carbocyaninjodid* (578) u. die *α-Azaverb.* (**VIII**), $C_{22}H_{22}N_3JS$, F. 228° (488); *[3′-Äthylbenzthia]-[3-äthyl-4-methylthiazolo]-carbocyaninjodid* (550) u. die *α-Azaverb.*, $C_{17}H_{20}N_3JS_2$, F. 257° (448); *[3′-Äthylbenzthia]-[1-äthyl-4-chinolino]-carbocyaninjodid* (630) u. die *α-Azaverb.*, $C_{22}H_{22}N_3JS$, F. 240° (513); *[3′-Äthylbenzthia]-[1-äthyl-2-pyridino]-carbocyaninperchlorat* (535) u. die *α-Azaverb.*, $C_{18}H_{20}O_4N_3ClS$, F. 215° (427). Analog: *[1′-Äthyl-2′-chino]-[1.3.3-trimethylindolenino]-carbocyaninperchlorat* (550) u. die *α-Azaverb.*, $C_{24}H_{26}\cdot O_4N_3Cl$, F. 217° (438); *[1′-Äthyl-2′-chino]-[3-äthylthiazolino]-carbocyaninjodid* (526) u. die *α-Azaverb.*, $C_{19}H_{22}N_3JS$, F. 205° (446); *[1′-Äthyl-2′-chino]-[3-äthylbenzoxazolo]-carbocyaninjodid* (545) u. die *α-Azaverb.*, $C_{22}H_{22}ON_3J$, F. 249° (464); *[1′-Äthyl-2′-chino]-[3-äthylbenzoselenazolo]-carbocyaninjodid* (528) u. die *α-Azaverb.*, $C_{22}H_{22}N_3JSe$, F. 267° (486); *[1′-Äthyl-2′-chino]-[3-äthylbenzothiazolo]-carbocyaninjodid* (578) u. die *α-Azaverb.*, $C_{22}H_{22}\cdot N_3JS$, F. 271° (489); *[1′-Äthyl-2′-chino]-[3-äthylnaphtho-(1″.2″:4.5)-thiazolo]-carbocyaninjodid* (600) u. die *α-Azaverb.*, $C_{26}H_{24}N_3JS$, F. 253° (496); *[1′-Äthyl-2′-chino]-[1-äthyl-2-chinolino]-carbocyaninjodid* (**II**) (605) u. die *α-Azaverb.* (**IV**), $C_{24}H_{24}N_3J$, F. 263° (519); *[1′-Äthyl-2′-chino]-[3-äthyl-4-methylthiazolo]-carbocyaninjodid* (583) u. die *α-Azaverb.*, $C_{19}H_{22}N_3JS$, F. 230° (460); *[1′-Äthyl-2′-chino]-[1-äthyl-4-chinolino]-carbocyaninjodid* u. seine *α-Azaverb.*, $C_{24}H_{24}N_3J\cdot C_2H_5OH$, F. 100—101° (555); *[1′-Äthyl-2′-chino]-[1-äthyl-2-pyridino]-carbocyaninperchlorat* (578) u. die *α-Azaverb.*, $C_{20}H_{22}O_4N_3Cl$, F. 237° (468); sowie *[3′-Äthyl-4′-methylthia]-[1.3.3-trimethylindolenino]-carbocyaninperchlorat* (516) u. die *α-Azaverb.*, $C_{19}H_{24}O_4N_3ClS$, F. 211° (469); *[3′-Äthyl-4′-methylthia]-[3-äthylthiazolino]-carbocyaninjodid* (439) u. die *α-Azaverb.*, $C_{13}H_{20}N_3JS_2$, F. 250° (427); *[3′-Äthyl-4′-methylthia]-[3-äthylbenzoxazolo]-carbocyaninjodid* (508) u. die *α-Azaverb.*, $C_{17}H_{20}ON_3JS\cdot 3\,CH_3OH$, F. 203° (439); *[3′-Äthyl-4′-methylthia]-[3-äthylbenzoselenazolo]-carbocyaninjodid* (554) u. die *α-Azaverb.*, $C_{17}H_{20}N_3JSSe$, F. 263° (Zers.) (473); *[3′-Äthyl-4′-methylthia]-[3-äthylbenzothiazolo]-carbocyaninjodid* (550) u. die *α-Azaverb.*, $C_{17}H_{20}N_3JS_2$, F. 252° (472); *[3′-Äthyl-4′-methylthia]-[3-äthylnaphtho-(1″.2″:4.5)-thiazolo]-carbocyaninjodid* (569) u. die *α-Azaverb.*, $C_{21}H_{22}N_3JS_2$, F. 239° (489); *[3′-Äthyl-4′-methylthia]-[1-äthyl-2-chinolino]-carbocyaninperchlorat* (583) u. die *α-Azaverb.*, $C_{19}H_{22}O_4N_3ClS$, F. 225° (500); *[3′-Äthyl-4′-methylthia]-[3-äthyl-4-methylthiazolo]-carbocyaninjodid* (548) u. die *α-Azaverb.*, $C_{14}H_{20}N_3JS_2$, F. 220° (Zers.) (449); *[3′-Äthyl-4′-methylthia]-[1-äthyl-4-chinolino]-carbocyaninjodid* (645) u. die *α-Azaverb.*, $C_{19}H_{22}N_3JS$, F. 219° (534); *[3′-Äthyl-4′-methylthia]-[1-äthyl-2-pyridino]-carbocyaninperchlorat* (557) u. die *α-Azaverb.*, $C_{15}H_{20}O_4N_3ClS\cdot 3\,C_2H_5OH$, F. 161° (413). — Die Azaverbb. wurden dargestellt durch Erhitzen der 2- bzw. 4-Amino-quaternären Salze mit β-Acylanilidovinylverbb., $C_6H_5N(Ac)CH{=}CH\cdot R$, in A. mit $N(C_2H_5)_3$. Unterschiede gegenüber den Ergebnissen in der Cyaninreihe ergeben sich vor allem in der relativen Stellung des Benzothiazol- u. des Chinolinkerns. Diese Anomalie findet sich beim Vgl. von *2.2′-Diäthylthiacarbocyanin* (**I**) mit *Pinacyanol* (**II**) sowie ihrer *α-Aza-* (**III**) bzw. (**IV**)- u. *α.α′-Diazaanalogen* (370; 430). — Die obigen Überlegungen können auch bei den β-Anilinovinylderivv. der Heterocyclen u. ihren α-Azaverbb. angewandt werden, hier spielt aber im Anregungszustand vor allem die Resonanzform **B** eine Rolle, so daß statt des hypsochromen Effekts wie bei den Cyaninen eine bathochrome Verschiebung beim Ersatz von CH durch N auftreten sollte. Der —M-Effekt der einzelnen Kerne wirkt dieser Struktur **B** entgegen, die Reihenfolge der Kerne sollte daher invers zu der bei den Carbocyaninen sein.

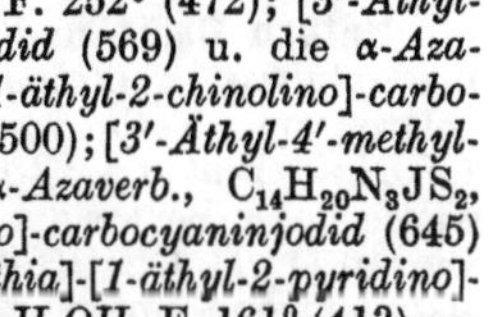

B

Durch Absorptionsmessungen an *2-β-Anilinovinyl-1.3.3-trimethylindoleninmethojodid* (409) u. der *β-Azaverb.* (**V**) (438); *2-β-Anilinovinylchinolinäthojodid* (443) u. der *β-Azaverb.* (**VI**) (463); *2-β-Anilinovinylpyridinäthojodid* (412) u. der *β-Azaverb.* (423); *4-β-Anilinovinylchinolinäthojodid* (484) u. der *β-Azaverb.* (490) sowie *4-β-Anilinovinylpyridinäthojodid* (427) u. der *β-Azaverb.* (432) wird diese Voraussage bestätigt. — **V**, $C_{18}H_{20}N_3J$, F. 237° (A.), aus 2.3.3-Trimethylindoleninmethojodid u. Diazoaminobenzol in A. durch 2 Min. langes Erhitzen; **VI**, $C_{18}H_{18}N_3J$, F. 252° (A.), analog aus Chinaldinäthojodid durch 10 Min. langes Erhitzen. — Analoge Verhältnisse wie bei den β-Anilinovinylverbb. treten auch bei α-Azacarbocyaninen beim Übergang in die α.β-Diazacarbocyanine auf — auch hier im Anregungszustand ein N^+ —, so daß die Ergebnisse übertragen werden können. Vff. bestätigen dies für **III**, **VII** u. **VIII** beim Vgl. mit ihren β-Azaderivv. (495, 486, 497).

(J. chem. Soc. [London] **1951.** 1586—89. Juni. Wealdstone, Middlesex, Kodak Ltd., Res. Labor.) KRESZE. D 122

Holger Sköldborn, *Bestimmung der Selbstabsorption und der relativen Ausbeute einiger wichtiger flüssiger Scintillatoren.* Es wird eine Anordnung beschrieben zur Messung der Selbstabsorption von fl. Scintillatoren durch Best. der Lage von Impulshöhenverteilungskurven eines Scintillationszählers für α-Strahlen bei verschied. Tiefen der Scintillationsflüssigkeit. Die Absorptionskoeffizienten werden bestimmt für *Terphenyl* in *Xylol, Phenylcyclohexan* u. *p-Cymol* sowie für *Anthranilsäure* in *Xylol* u. *α-Naphthylamin* in *Phenylcyclohexan.* Für diese Lsgg. sowie für *Carbazol* in *Phenylcyclohexan* werden überdies die relativen Ausbeuten bestimmt u. im allg. in Übereinstimmung mit den Messungen von KALLMANN u. FURST (vgl. u. a. C. **1951.** I. 3018. II. 3568) gefunden. Abweichungen werden auf verschied. Reinheitsgrad der organ. Stoffe zurückgeführt. Schließlich wird an einem Beispiel gezeigt, daß bei Scintillatorgefäßen mit gut reflektierenden Wänden die Ausbeute nahezu um den Faktor 2 verbessert werden kann. Es wird darauf hingewiesen, daß in großen Flüssigkeitsgefäßen die Verwendung von Fluorescenzlsgg. geringer Ausbeute u. geringer Selbstabsorption mitunter zweckmäßiger ist, als die von Fluorescenzstoffen mit hoher Ausbeute, aber mit relativ hoher Selbstabsorption. (Ark. Fysik **4.** Nr. 8. 207—15. 1952. Lund, Univ., Dep. of Phys.) RUDOLPH. D 125

Alexandre Laforgue, *Die Dipolmomente von konjugierten homöopolaren Molekülen.* Es werden ausgehend von der Unzulänglichkeit der üblichen Methoden („orbitales moleculaires") zur theoret. Berechnung der Dipolmomente von konjugierten *KW-stoffen* erforderliche Korrekturen zu solcher Berechnung angegeben. Es ergibt sich dann, daß diese KW-stoffe polar sind. Die Größenordnung ihrer Momente liegt oberhalb der experimentellen Meßgenauigkeit, so daß sie nachweisbar sind. (J. Chim. physique Physico-Chim. biol. **48.** 17—27. Jan./Febr. 1951. Paris, Inst. du Radium.) K. L. WOLF. D 132

Antonino Fava und **Antonio Iliceto,** *Der Diamagnetismus der organischen Polysulfide.* Es werden folgende Werte der spezif. u. (in Klammern) der mol. Susceptibilität ($-\chi_s \cdot 10^6$ bzw. $-\chi_M \cdot 10^6$) bestimmt: *n-Octan* 0,8460 (96,63 ± 0,06); *Di-n-butylsulfid* 0,7774 (113,74 ± 0,07); *Di-n-butyldisulfid* 0,7268 (129,64 ± 0,15); *Di-n-butyltrisulfid* 0,6864 (114,46 ± 0,16); *Di-n-butyltetrasulfid* 0,6537 (158,52 ± 0,09). (Ricerca sci. **22.** 1945—46. Okt. 1952. Padua, Univ., Ist. di chim. gen., u. Ist. di chim. organ.) R. K. MÜLLER. D 137

Nathan Radin und **Thomas De Vries,** *Einige aliphatische Nitroverbindungen und n-Butylnitrat in nichtwässerigen Lösungsmitteln. Polarographische Untersuchung.* Das polarograph. Verh. von *1-* u. *2-Nitropropan, 1-* u. *2-Nitrobutan, 1.3-Dinitropropan, 1.5-Dinitropentan, 2.2-Dimethyl-1.3-dinitropropan, 2.2-Dinitropropan* u. *n-Butylnitrat* wurde unter Verwendung organ. Lösungsmittel (CH_3OH, CH_3OH–Bzl. [1 : 1], CH_3OH–Dioxan [1 : 1], CH_3OH–Glycerin, Isobutylalkohol, Äthylenglykol u. Glycerin) mit LiCl als Elektrolyt untersucht. Die Unters. ergab, daß eine Anzahl organ. Lösungsmittel geeignet ist, vorausgesetzt, daß ihr Viscositätskoeff. klein ist. Bes. geeignet erwies sich CH_3OH, während Bzl. ungeeignet ist, da es keine für den Reduktionsvorgang notwendigen Protonen liefern kann. Der für die ILKOVIČ-Gleichung benötigte Diffusionskoeff. konnte berechnet werden, um die für den Reduktionsvorgang gebrauchte Elektronenanzahl zu bestimmen; es wurde gezeigt, daß Endprodd. der Red. von Nitroverbb. an der Hg-Tropfelektrode die entsprechenden Hydroxylamine sind. (Analytic. Chem. **24.** 971—73. Juni 1952. Lafayette, Ind., Purdue Univ.) K. F. MÜLLER. D 142

W. Stricks und **I. M. Kolthoff,** *Polarographie des Glutathions.* Vff. untersuchen das polarograph. Verh. der red. (GSH) u. der oxydierten (GSSG) Form des *Glutathions.* GSH gibt an der Hg-Tropfelektrode 2 anod. Wellen. Die n. ist gut definiert u. entspricht der Bldg. der Hg-Verb. GSHg. Innerhalb des p_H-Bereiches 1—10,5 gehorcht die Strom–Spannungs-Kurve der Reaktionsgleichung: $Hg + GSH \rightleftharpoons GSHg + H^+ + e^-$. Beim GSH werden innerhalb des untersuchten p_H-Bereiches n. Diffusionsströme beobachtet. Bei 25° u. einer Ionenstärke 1 lassen sich die Diffusionskoeffizienten des GSH bei p_H 1 u. 10,82 zu $5{,}6 \cdot 10^{-6}$ bzw. $4{,}7 \cdot 10^{-6}$ cm^2sec^{-1} berechnen. Die Charakteristik der 2. Welle hängt stark von der Ionenstärke μ des Mediums ab. Bei $\mu = 1$ ist sie ebenfalls gut definiert u. ihre Höhe ist von der gleichen Größenordnung wie die der n. Welle. Die 2. Welle wird wahrscheinlich der Bldg. der Verb. GSHg (II) entsprechen. GSSG gibt gut definierte Reduktionswellen. Oberflächenakt. Verbb., wie Gelatine oder Thymol, beeinflussen bei geringen Konzz. kaum die GSSG-Welle, größere Konzz. an Thymol verschieben sie zu negativeren Potentialen, was dem elektrocapillaren Verh. des Thymols u. des GSSG zugeschrieben wird. GSH erweist sich an der Hg-Tropfelektrode als capillaraktiver als das GSSG. Die Charakteristiken der GSSG-Wellen in Ggw. u. in Abwesenheit eines Überschusses an GSH lassen sich durch folgende Gleichungen erklären, wobei die

1. die potential- u. geschwindigkeitsbestimmende Rk. ist: $GSSG + e^- + H^+ \rightleftharpoons GS\cdot + GSH$; $GS\cdot + e^- + H^+ \rightleftharpoons GSH$. Das entspricht der Gesamt-Rk.: $GSSG + 2 e^- + 2 H^+ \rightleftharpoons 2 GSH$. Bei 25° u. $\mu = 1$ ergibt sich der Diffusionskoeff. des GSSG beim p_H 10,3 zu $4{,}5 \cdot 10^{-6}$ cm^2sec^{-1}. (J. Amer. chem. Soc. **74.** 4646—53. 20/9. 1952. Minneapolis, Minn., Univ., School of Chem.) NIEMITZ. D 142

W. B. Kay und **G. M. Rambosek**, *Flüssigkeit–Dampf-Gleichgewichtsbeziehungen im binären Propan–Schwefelwasserstoff-System.* Es werden Druck–Temp.-Grenzkurven für eine Reihe von Mischungen von fast reinem *Propan* bis zu fast reinem H_2S in einem Temperaturbereich von 0° u. ca. 21 at bis zu den hohen Tempp. u. Drucken, bei denen eine fl. u. dampfförmige Phase nebeneinander bestehen können, gemessen. Ein niedrigsd. Azeotrop wird gebildet, dessen Zus. von 20—25 Mol-% Propan bei 14 at bis 5,7% bei 84 at variiert. Anscheinend treten auch isotherm. rückläufige Kondensationen in einem beschränkten Temperatur- u. Mischungsverhältnis-Bereich auf. Aus den Daten schließen Vff., daß H_2S aus einer Propanfraktion durch einfache Dest. im untersuchten Temperaturbereich nicht entfernt werden kann. — Zahlreiche Tabellen u. Diagramme. (Ind. Engng. Chem. **45.** 221—26. Jan. 1953. Tulsa, Okla., Stanolind Oil and Gas Co.; Columbus, O., Univ.) K. O. MÜLLER. D 150

Raymond Thompson, *Die Bildungswärme von Dinatriummethylphosphonat.* Aus der Verbrennungswärme von $CH_3PO(ONa)_2$ (I) wird bei Kenntnis der Verbrennungs-Rk.: $CH_3PO(ONa)_2 + 2 O_2 = \frac{1}{2} Na_4P_2O_7 + CO_2 + \frac{3}{2} H_2O$ die Bildungswärme von I zu 350 kcal/Mol berechnet. (J. chem. Soc. [London] **1952.** 3292—95. Aug. Birmingham, Imp. Coll. of Sci. and Technol.) W. KAUFMANN. D 155

Terrell L. Hill und **Charles Kemball**, *Thermodynamische Funktionen adsorbierter Moleküle aus Messungen der Oberflächenspannung: Toluol, Benzol und n-Heptan auf Quecksilber.* Es werden die Methoden zur Berechnung der Entropie u. Adsorptionsisothermen aus der Messung der Oberflächenspannung dargestellt. Die Ergebnisse werden diskutiert u. Unstetigkeiten in der Adsorptionsenergie beim Toluol mit zunehmender Oberflächenkonz. als Änderung in der Oberflächenorientierung gedeutet. (J. Amer. chem. Soc. **74.** 3946—48. 5/8. 1952. Bethesda, Md., Naval Med. Res. Labor.; Cambridge, Mass., Univ.) W. KAUFMANN. D 166

Kenneth T. Waldock und **Laurence D. Frizzell**, *Untersuchung der funktionellen Gruppen der Kationenaustauscher durch Infrarotabsorption.* Vff. beschreiben die Unterss. der funktionellen Gruppen mittels Infrarotspektren an *Zeo-Karb, Amberlite IR-1, Amberlite IR-100, Dowex 30* u. *Dowex 50.* Sie finden, daß in ihnen Sulfonsäuregruppen, O—H-Gruppen, C=C-Gruppen u. p-Substituenten enthalten sind. Die O—H-Gruppen können vielleicht Phenolgruppen sein. Auch der Beweis für Carbonylgruppen in Zeo-Karb ist nicht sicher. Die Struktur von Zeo-Karb, Amberlite IR-1 u. Amberlite IR-100 ist ähnlich. Zahlreiche Abbildungen von Absorptionskurven sind beigefügt. (J. physic. Chem. **56.** 654—57. Mai 1952. Evanston, Ill., Northwestern Univ., Dep. of Chem.) D. HAHN. D 176

H. H. Jaffé, *Aufstellung einer Beziehung zwischen den Hammett'schen σ-Werten und den Elektronendichten, wie sie nach der Molekülbahnmethode berechnet werden können.* 1. Mitt. Die HAMMETTschen σ-Werte, die den Einfl. von m- bzw. p-Substituenten X auf Geschwindigkeits- bzw. Gleichgewichtskonstanten einer Seitenketten-Rk. bei Benzolderivv. wiedergeben, werden bestimmt durch die relative Änderung der Elektronendichte q, die X an dem C-Atom hervorruft, das die Seitenkette trägt. Diese q_m u. q_p bzw. das Verhältnis $\xi = (1 - q_p)/(1 - q_m)$ sind nun empfindliche Funktionen des COULOMB-Integrals von X, α u. des Resonanzintegrals γ der X—C_{Kern}-Bindung. Vf. berechnet $q(\alpha, \gamma)$ bzw. $\xi(\alpha, \gamma)$ nach der Molekülbahnmeth., LCAO-Näherung, unter Vernachlässigung der Überlappung u. unter der Annahme, daß die COULOMB-Integrale der Kern-C-Atome den Wert $\varepsilon^n \alpha$ ($\varepsilon = \frac{1}{3}$, n = Zahl der Atome zwischen X u. dem betrachteten) besitzen. Durch Gleichsetzen von ξ mit σ_p/σ_m kommt er zu Beziehungen zwischen q_p ($= k\cdot\sigma_p$) u. α für einzelne substituierte Benzole u. unter Berücksichtigung dessen, daß für C_6H_5F q_p von α unabhängig ist, zu folgenden Absolutwerten von α u. γ (in Einheiten von β): *C_6H_5Cl* 1,63; 0,89; *C_6H_5Br* 1,63; 0,89; C_6H_5J 1,55; 0,83; *C_6H_5OH* 0,51; 0,57; *$C_6H_5OCH_3$* 0,52; 0,55; *$C_6H_5NH_2$* —0,70; 0,06; *$C_6H_5SCH_3$* 0,41; 0,35 u. *C_6H_5F* 1,60 bis 2,00; 1,0—1,25. Mit diesen Werten werden die niedrigsten Übergangsfrequenzen, die mesomeren Momente u. die Elektronenverteilung berechnet u. qualitative Übereinstimmung mit der Erfahrung gefunden. (J. chem. Physics **20.** 279—84. Febr. 1952. Chapel Hill, N. C., Univ., Dep. of Chem., u. U. S. Public Health Service, School of Public Health, Ven. Disease Exp. Labor.) KRESZE. D 182

H. H. Jaffé, *Theoretische Betrachtungen zur Hammett'schen Gleichung.* 2. Mitt. *Berechnung der σ-Werte für Toluol und Naphthalin.* (1. vgl. vorst. Ref.) Vf. berechnete nach der LCAO-Meth. die Elektronenverteilung in *Toluol* (I) u. *Naphthalin* (II) (vgl. KLEMENT, C. **1953**. 2734), wobei aber den COULOMB-Integralen des Methyl-C-Atoms in I u. den zentralen C-Atomen in II kleine Inkremente zugewiesen werden, die als empir. Parameter behandelt u. zum Nachw. der Proportionalität zwischen Elektronendichte u. HAMETTschen σ-Konstanten verwendet werden. Die so berechneten σ_p- u. σ_m-Werte sind in guter Übereinstimmung mit den experimentell gefundenen. Bei I nimmt Vf. an, daß das COULOMB-Integral des CH_3-C-Atoms einen kleinen negativen Wert hat, da dieses Atom im sp^3-Hybridisationszustand u. daher weniger elektronegativ als die im sp^2-Zustand befindlichen Ring-C-Atome ist. Durch induktiven Effekt der 3 H-Atome der CH_3-Gruppe wird seine Elektronegativität weiter vermindert. Bei II zeigt Vf., daß die den beiden Ringen gemeinsamen C-Atome von je 3 sp^2-C-Atomen umgeben sind, gegenüber nur 2 sp^2-C-Atomen bei den übrigen. Vf. nimmt daher an, daß diese beiden C-Atome etwas stärker elektronegativ als die anderen sind. Da elektrophile Substitutionen bei II in α-Stellung erfolgen, schließt Vf., daß auch für II die allg. Regel zutrifft, daß elektrophile Gruppen an Stellen größter Elektronendichte angreifen. (J. chem. Physics **20**. 778—80. Mai 1952.) GNAUCK. D 182

Friedrich Becker, *Hyperkonjugation.* Zusammenfassende Darst. der Entw. des Begriffs u. der Theorie der Hyperkonjugation, d. h. der Teilnahme von Methyl- u. anderen Alkylgruppen an der Konjugation ungesätt. u. aromat. Systeme. Als experimentelle Stützen der Theorie werden angeführt u. diskutiert Ergebnisse bei Best. von Hydrierungs- u. Verbrennungswärmen, Dipolmomenten, Ionisierungspotentialen, Trennungsenergien der C—H-Bindung bei der Pyrolyse, Absorptionsspektren u. kinet. Unterss. von relativen Reaktionsfähigkeiten. Die quantitative Theorie der Hyperkonjugation wird kurz geschildert. — 53 Literaturangaben. (Angew. Chem. **65**. 97—107. 21/2. 1953. Frankfurt/M., Univ., Inst. für physikal. Chem.) KRESZE. D 184

Friedrich Cramer, *Einschlußverbindungen.* 3. Mitt. (1. u. 2. vgl. C. **1952**. 3164.) Zusammenfassender Überblick. Besprochen werden Gitter-Einschlußverbb. (Harnstoff, Thioharnstoff, Desoxycholsäure, Dinitrodiphenyl, Hydrochinon, Gashydrate, Dicyanoamminbenzolnickel, Stoffe, die blaue Jodaddukte liefern), Molekül-Einschlußverbb. (Cyclodextrine) sowie Inklusionsverbb. makromol. Stoffe (Tonmineralien, Graphit, Cellulose, Stärke u. Eiweiß). (Angew. Chem. **64**. 437—47. 21/8. 1952. Heidelberg, Univ., Chem. Inst.) GOTTFRIED. D 190

Raymond N. Castle, *Optisch-kristallographische Eigenschaften von organischen Verbindungen.* 2. Mitt. *Aliphatische Dicarbonsäuren.* (1. vgl. J. Amer. pharmac. Assoc., sci. Edit. **38**. [1949.] 47.) Von *wasserfreier Oxalsäure* (**I**, F. 189,5°), *Oxalsäuredihydrat* (**II**, F. 101°), *Malonsäure* (**III**, F. 135°), *Bernsteinsäure* (**IV**, 185° F.), *Glutarsäure* (**V**, F. 98°), *Adipinsäure* (**VI**, F. 153°), *Pimelinsäure* (**VII**, F. 104°), *Korksäure* (**VIII**, F. 142°), *Azelainsäure* (**IX**, F. 106°) u. *Sebacinsäure* (**X**, F. 134°) wurden die opt.-kristallograph. Konstanten bestimmt, die von fünf der Säuren bisher nicht bekannt waren. Versuchsergebnisse: **I**: rhomb. Tafeln; opt. negativ; $\alpha = 1{,}431$; $\beta = 1{,}540$; $\gamma = 1{,}636$; $2\,V = 81°$; Doppelbrechung $20{,}5 \cdot 10^{-2}$; Dispersion $v > r$; **II**: monokline Tafeln; opt. negativ; $\alpha = 1{,}417$; $\beta = 1{,}505$; $\gamma = 1{,}550$; $2\,V = 68°$; Doppelbrechung $13{,}2 \cdot 10^{-2}$; Dispersion gekreuzt $v > r$; **III**: trikline Stäbchen oder Nadeln; opt. positiv; $\alpha = 1{,}448$; $\beta = 1{,}488$; $\gamma = 1{,}578$; $2\,V = 27°$; Doppelbrechung $13{,}0 \cdot 10^{-2}$; Dispersion $v > r$; **IV**: monokline Tafeln; opt. negativ; $\alpha = 1{,}448$; $\beta = 1{,}531$; $\gamma = 1{,}610$; $2\,V = 85°$; Doppelbrechung $16{,}2 \cdot 10^{-2}$; Dispersion $r > v$; **V**: monokline Nadeln; opt. positiv; $\alpha = 1{,}451$; $\beta = 1{,}502$; $\gamma = 1{,}585$; $2\,V = 80°$; Doppelbrechung $13{,}4 \cdot 10^{-2}$; Dispersion $r > v$; **VI**: monokline Tafeln oder Leisten; opt. positiv; $\alpha = 1{,}464$; $\beta = 1{,}506$; $\gamma = 1{,}592$; $2\,V = 74°$; Doppelbrechung $12{,}8 \cdot 10^{-2}$; Dispersion $v > r$; **VII**: monokline Tafeln oder Lamellen; opt. positiv; $\alpha = 1{,}458$; $\beta = 1{,}492$; $\gamma = 1{,}579$; $2\,V = 65°$; Doppelbrechung $12{,}1 \cdot 10^{-2}$; Dispersion $v > r$; **VIII**: monokline Lamellen; opt. positiv: $\alpha = 1{,}469$; $\beta = 1{,}507$; $\gamma = 1{,}587$; $2\,V = 72°$; Doppelbrechung $11{,}8 \cdot 10^{-2}$; Dispersion $v > r$; **IX**: monokline Tafeln; opt. positiv; $\alpha = 1{,}466$; $\beta = 1{,}495$; $\gamma = 1{,}582$; $2\,V = 63°$; Doppelbrechung $11{,}6 \cdot 10^{-2}$; Dispersion $v > r$; **X**: monokline Tafeln; opt. positiv; $\alpha = 1{,}470$; $\beta = 1{,}507$; $\gamma = 1{,}589$; $2\,V = 71°$; Doppelbrechung $11{,}9 \cdot 10^{-2}$; Dispersion $r > v$. Trägt man β gegen die Anzahl der C-Atome N auf, so erhält man die gleiche Zick-Zack-Kurve, wie man sie erhält, wenn N gegen die FF. aufgetragen werden. Einen ähnlichen Kurvenzug erhält man, wenn man N graph. gegen den Wert $\sqrt[3]{\alpha\,\beta\,\gamma}$ aufträgt, es besteht also eine Beziehung zwischen β u. den FF. der Säuren. Eine Erklärung für dieses Verh. kann bis jetzt noch nicht gegeben werden. (Mikrochem. verein. Mikrochim. Acta **38**. 92—99. 1951. Albuquerque, N. Mex., Univ., Coll. of Pharm., Labor. of Pharmac. Chem.) GOTTFRIED. D 195

W. M. Krawtschenko, *Ternäre Systeme Inden–Naphthalin–Benzol und Inden–Isochinolin–Benzol.* Aus der Unters. der Systeme *Inden* (**I**)–*Naphthalin* (**II**)–Bzl. u.

I-*Isochinolin* (III)-*Bzl.* ergibt sich, daß beide tern. Systeme zum gleichen Typ gehören. Auf ihrem Dreiecksdiagramm gibt es eine Linie der doppelten Eutektica. In I-II-Bzl. trennt diese Linie das Kristallisationsfeld der festen Lsg. I-II vom Benzolfeld, in I-III-Bzl. das Kristallisationsfeld der festen Lsg. von I-III vom Benzol. Die räumlichen Kristallisationstemp.-Konz.-Modelle für beide Systeme werden aus den Strukturbesonderheiten sowie aus Größe u. Eigg. der Moll. der Komponenten gedeutet. (Журнал Физической Химии [J. physik. Chem.] **26.** 1284—90. Sept. 1952.) LEBTAG. D 221

W. F. Claussen, *Die Löslichkeit aromatischer Kohlenwasserstoffe in Wasser.* (Vgl. BOHON u. CLAUSSEN, J. Amer. chem. Soc. **73.** [1951.] 1571, u. HERINGTON, C. **1952.** 5550.) Es wird Stellung genommen zur Frage des Standardzustandes bei der thermodynam. Berechnung der Löslichkeitsverhältnisse von KW-stoffen in Wasser. Bei Wahl von 1 mm Hg Druck des KW-stoffes als Standardzustand für die Lsg. u. bei mol. KW-stoffkonz. ergaben sich für Entropie, freie Energie u. spezif. Wärme die gleichen Verhältnisse wie bei der Wahl anderer Standardzustände. (J. Amer. chem. Soc. **74.** 3937 bis 3938. 5/8. 1952. Corning, N. Y.) W. KAUFMANN. D 224

P. A. Tessner und I. Ss. Rafalkess, *Untersuchung der Kohlenstoffbildung an einer Oberfläche bei der thermischen Zersetzung von Kohlenwasserstoffen.* Die therm. Zers. von KW-stoffen (I: CH_4, C_2H_2, *Bzl.*) wird an Ruß (II) u. an Pt-Folie (III) untersucht. Bei II erfolgt sie infolge seiner großen spezif. Oberfläche schon bei verhältnismäßig niedriger Temperatur. Bei III ist die Beschaffenheit der Oberfläche der Unterlage an der abgeschiedenen C-Schicht erkennbar. Die kinet. Gesetzmäßigkeiten der C-Abscheidung sind bei II u. III gleich. Die Geschwindigkeit nimmt mit der I-Konz. (im Gemisch mit N_2) zu. H_2 zeigt eine mit seiner Konz. zunehmende Hemmwrkg., anscheinend durch aktivierte Adsorption des H_2 bei 700—1000°, doch ist die Geschwindigkeitsabnahme im Bereich kleiner H_2-Konzz. mit steigender H_2-Konz. bes. stark. Bei Nicht-C-Oberflächen (Pt, Porzellan, Quarz, Al_2O_3, Al-Silicate) nimmt mit der Bedeckung der Oberfläche durch C die Geschwindigkeit der C-Abscheidung zu. Die Aktivierungsenergie wird auf 70 bis 100 kcal/Mol geschätzt. Die Mengen des gleichzeitig entwickelten H_2 entsprechen dem H-Geh. der I. Es handelt sich um eine reine Oberflächenreaktion. (Доклады Академии Наук СССР [Ber. Akad. Wiss. UdSSR] [N. S.] **87.** 821—24. 11/12. 1952. Inst. für physik. Chem. der Akad. der Wiss. der UdSSR, u. Allunions Wiss. Forschungsinst. für Naturgase.) R. K. MÜLLER. D 225

J. S. McKinley-McKee und E. A. Moelwyn-Hughes, *Die Kinetik der Hydrolyse von Methylnitrat und Methylacetat in wässeriger Lösung.* Die unkatalysierte Verseifung von *Methylnitrat* (I) sowie die säurekatalysierte Verseifung von *Methylacetat* (II) in wss. Lsg. sind Rkk. 1. Ordnung. In beiden Fällen nimmt die Aktivierungsenergie E_A mit steigender Temp. ab. Sie beträgt für I: 42213—42,6·T, u. für II: 22635 — 17,1·T cal/Mol. (Trans. Faraday Soc. **48.** 247—53. März 1952. Cambridge, Univ., Dep. of Phys. Chem.) SARRY. D 225

W. R. Tomlinson jr., *Die Zersetzung von Äthylendinitramin* („*Haleite*"). Vf. untersuchte a) die Hydrolyse von suspendiertem *Dinitroäthylenharnstoff* (I, aus Dioxan, F. 176,5°); b) die Zers. von *Äthylendinitramin* (II) in wss. Lsg.; c) die Zers. von festem II unter vermindertem Druck u. d) bei Atmosphärendruck. a: Bei der Hydrolyse setzt sich I mit H_2O zu II u. CO_2 um. Die Rk. wurde bei verschied. Säurekonzz. (0,00 u. 0,50n H_2SO_4) u. bei 78—80 bzw. 98—100° durchgeführt, bestimmt wurde durch Wägung II u. durch Titration CO_2. Die Hydrolysegeschwindigkeit ist unabhängig von der Acidität u. größer als die Lösungsgeschwindigkeit. b: Es wurde bestätigt, daß die Zersetzungsprodd. von II N_2O, *Äthylenglykol* (III) u. *Acetaldehyd* (IV) sind. Die Rk. wurde bei 60, 84 u. 98° in u. 0,0—1,0n H_2SO_4 durchgeführt u. kinet. verfolgt durch Mengenmessung der Zersetzungsprodukte. Bei konstanter Acidität ist die Zers. 1. Ordnung mit einer Aktivierungsenergie von ~28 kcal/Mol in 0,0 u. 0,5n H_2SO_4. Die Geschwindigkeitskonstanten steigen, die Aktivierungsenergie fällt mit steigender Acidität. (k_1^{84}: ohne H_2SO_4 0,00367 [h^{-1}]; in 0,0093n H_2SO_4 0,0101; in 0,0995n H_2SO_4 0,0115; in 0,4860n H_2SO_4 0,0757; in 0,9600n H_2SO_4 0,1749.) Durch Pufferung der Lsg. mit Na-Acetat wird die Zers. verringert. In Lsgg. über 0,5n H_2SO_4 formuliert Vf. die Zers. von II als Rk. 2. Ordnung gemäß $\ln c = \ln c_0 - kAt$, wenn $A = \log^{-1}(-H_0)$ u. H_0 die HAMMETT-sche Säurefunktion ist (Konz. an H_2SO_4 konstant). Unterhalb 0,5n H_2SO_4 stört die Eigenacidität von II. Vf. formuliert folgenden Zersetzungsmechanismus: II geht unter N_2O-Abspaltung über in $CH_2(OH)-CH_2NHNO_2$, dieses 1. unter N_2O-Abspaltung in III u. 2. unter NH_2NO_2- ($\rightarrow N_2O + H_2O$) Abspaltung über das Zwischenprod. CH_2-CH_2O in IV. Vf. folgert aus der Aktivierungsenergie von 30 kcal/Mol, daß die zerstörten Bindungen ungefähr die gleiche Stärke haben müssen wie die neu gebildeten u. nimmt

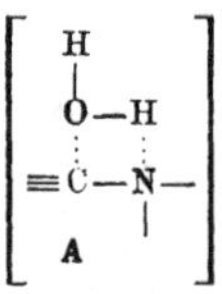

A

in Lsg. einen aktivierten Komplex der Art **A** an. Damit steht in Einklang, daß die Rk. in Essigsäure bedeutend schneller abläuft als in Wasser. — Verluste bei der Darst. von **II** aus **I** bei 100° können durch Puffern der Hydrolysenlsg. vermieden werden (0,2% des Wassergewichtes), dadurch wird auch ein stabileres Prod. erhalten. c u. d: Die Unterss. c wurden durchgeführt bei einem Anfangsdruck von 2—5 mm Hg bei 100 u. 120°, die Unterss. d bei 120°. In beiden Fällen wurde die Zers. auch im Gemisch 50:50 = **II**: *Trinitrotoluol* [**VI** (*α-Isomeres*, F. 80,65° (CCl_4); *β-Isomeres*, F. 111° (A.) *γ-Isomeres*, F. 103,0° (A.)] vorgenommen. Die Rk. im Vakuum bei 120° war autokatalysiert durch die nichtgasförmigen Prodd. u. Verunreinigungen (Feuchtigkeit), sie folgt einem Kettenmechanismus. Ebenfalls beschleunigt wurde die Zers. durch die **VI**-Isomeren. Diese Rk. hatte bei 100° eine Aktivierungsenergie von ungefähr 32 kcal. Die Zers. von **II** bei 120° u. n. Druck geht ebenfalls nach einer Anlaufzeit von 100—150 Std. nach einem Kettenmechanismus bis zu 25%ig. Zersetzung. Im Gemisch mit **VI** scheint der Kettenmechanismus für die gesamte Zers. von **II** gültig zu sein. Die Zers. von **II** in wss. Lsg. u. in **VI** (Aktivierungsenergie 20—35 kcal/Mol, abhängig von der Art des Lösungsm.) verläuft schneller als im festen Zustand (Aktivierungsenergie 40—50 kcal/Mol, abhängig von der Temp.). Vf. erklärt dies durch Hinderung der Annäherung der an der Rk. teilnehmenden Atomgruppen im festen Zustand sowie Vorliegen des Mol. in stabiler Form im Kristall. Im Gemisch mit **VI** muß für die Zers. von **II** das ungelöste **II** ausschlaggebend sein: es befinden sich 5% des **II** in Lsg., die nach 1. Ordnung zers. werden, die Gesamt-Rk. folgt jedoch einem Kettenmechanismus. (J. org. Chemistry **17**. 648—68. Mai 1952. West Hanover, Mass., Nat. Fireworks Ordnance Corp.) Goetz. D 225

Ss. R. Rafikow und **W. Ss. Kudinowa**, *Über den Mechanismus des Zerfalls von Benzoylperoxyd in Lösungsmitteln.* Der Zerfall von *Benzoylperoxyd* (**I**) wird in Bzl. u. A. u. deren Gemisch (1:1 + 2 Mol Hydrochinon je Mol **I**) untersucht. Der Zerfall in Bzl. läßt sich als komplizierter Kettenprozeß auffassen: a) Entstehung der Kette: 1. **I** → 2 C_6H_5· COO· (bei niedriger Temp. überwiegend); 1a. $C_6H_5COO^\cdot \rightarrow C_6H_5^\cdot + CO_2$ (bei Temperaturerhöhung); b) Übertragung der Kette: 2. $C_6H_5COO^\cdot + RH \rightarrow C_6H_5COOH + R^\cdot$ oder $C_6H_5COOR + H^\cdot$; 3. $C_6H_5^\cdot + RH \rightarrow C_6H_6 + R^\cdot$ oder $C_6H_5R + H^\cdot$; 4. $R^\cdot + C_6H_5R \rightarrow RC_6H_4^\cdot + RH$; c) Kettenabbruch: 5. $R^\cdot + H^\cdot \rightarrow RH$; 6. $R^\cdot + C_6H_5^\cdot \rightarrow C_6H_5R$; 7. $C_6H_5COO^\cdot + H^\cdot \rightarrow CO_2 + C_6H_5H$ u. C_6H_5COOH; 8. $H^\cdot + H^\cdot \rightarrow H_2$ (Rk. 3. u. 6. Bldg. von Diphenyl u. Polyphenylenen; Rk. 4. u. 5. Benzolregeneration). — In A. sind die Hauptprodd. des Zerfalls von **I**: Benzoesäure, CO_2 u. Acetaldehyd (gegenüber Benzoesäure, CO_2, Diphenyl, Quaterphenyl u. einem Harz vom Mol.-Gew. 605 in Bzl.), der Zerfall erfolgt in A. bei niedrigeren Tempp. als in Bzl.; Haupt-Rk. scheint hier die Dehydrierung des A. zu sein nach 2 **I** + $C_2H_5OH \rightarrow 2\ C_6H_5COOH + CH_3CHO$; Kettenprozesse spielen beim Zerfall in A. höchstens eine sek. Rolle. Im Gemisch Bzl. + A. + Hydrochinon werden als Reaktionsprodd. nur Benzoesäure u. Chinhydron, aber keine Gase erhalten. (Доклады Академии Наук СССР [Ber. Akad. Wiss. UdSSR] [N. S.] **87**. 987—90. 21/12. 1952. Alma Ata, Inst. für chem. Wiss. der Akad. der Wiss. der KasachSSR.) R. K. Müller. D 225

B. M. Wepster und **P. E. Verkade**, *Sterische Einflüsse auf die Mesomerie.* 5. Mitt. *Sterische Einflüsse auf die Mesomerie in Derivaten des p-Nitroacetanilids.* (4. vgl. C. **1950**. I. 1718.) Es werden Angaben über die (pseudo-) katalyt. Desacylierung einer Reihe von Derivv. des p-Nitroacetanilids (**I**) gemacht, bei denen ster. Einflüsse auf die Mesomerie zu erwarten sind. Die nach der „Hydrochlorid"- u. „F."- bzw. „Sinterpunktsmeth." (vgl. 2. Mitt., C. **1950**. I. 1716) erhaltenen Konstanten der Desacylierungsgeschwindigkeit in Ggw. von 0,1n $NaOCH_3$ sind für folgende Verbb. gegeben: *1-Acetylamino-4-nitro-5-methyl-* (**II**, 0,015—0,017 bzw. 0,011 $Min.^{-1}$), *-5-chlor-* (0,17 bzw. 0,15), *-5-brom-* (0,16 bzw. 0,17), *-2.5-dimethyl-* (**V**, 0,046), *-5.6-dimethyl-* (**IV**; 0,0071—0,0073), *-3.5-dimethyl-* (**III**, 0,00039—0,00041), *-3.5-dichlorbenzol* (0,028 bzw. 0,028) u. *1-Acetylamino-4.5-dinitrobenzol* (2,1). Ferner wurden *1-Acetylamino-4-nitro-2.6-dichlorbenzol* u. *1-Acetylmethylamino-4-nitro-6-methylbenzol* mit anderen Methoden untersucht, da die obigen hier versagen. Die Ergebnisse werden in jedem Einzelfall auf der Grundlage der Elektronentheorie diskutiert. Dabei zeigt sich, daß die ster. Hinderung der Mesomerie unverhältnismäßig viel stärker bei Anwesenheit von zwei „störenden" Substituenten (CH_3— oder Cl) in o-Stellung zur „gestörten" NO_2-Gruppe als bei Anwesenheit von nur einem solchen Substituenten auftritt. So wird **II** 3 mal, **III** dagegen 130 mal langsamer desacyliert als **I**. Ferner ist die Störung der Mesomerie in **IV** (CH_3-Gruppen in o-Stellung) größer als in **V** (p-Stellung); die entsprechenden Desacylierungsgeschwindigkeiten verhalten sich wie 1:6. Es wird auf analoge Erscheinungen in anderem Zusammenhang hingewiesen, wobei sich Vff. bes. mit einer Valenzwinkeländerungshypothese (vgl. Lewis u. Seaborg, J. Amer. chem. Soc. **62**. [1940.] 2122) auseinandersetzen.

Versuche: *1-Acetylamino-4.5-dinitrobenzol*, blaßgelbe Kristalle (absol. A.), F. 146—148°. — *1-Amino-4.5-dinitrobenzol*, orangerote Kristalle, F. 157,5—158,5° (absol. A.). — *1-Acetylamino-4-nitro-2.5-dimethylbenzol* (V), F. 169,5—170,5° (absol. A.); *1-Amino-4-nitro-2.5-dimethylbenzol*, F. 143—144°. — *1-Acetylamino-4-nitro-5.6-dimethylbenzol* (IV), blaßgelbe Kristalle, F. 152,5—153,5° (absol. A.), aus 1-Acetylamino-5.6-dimethylbenzol (VI) durch Nitrierung in Eisessig mit HNO_3 (D. 1,52) bei 0—16°, saure Verseifung der Isomeren, Trennung durch Wasserdampfdest. [Rückstand: *1-Amino-4-nitro-5.6-dimethylbenzol*, gelbe Kristalle, F. 115,5—116,5°; 26% [Ausbeute, auf VI bezogen]; Destillat: *1-Amino-2-nitro-5.6-dimethylbenzol*, F. 120—121°; 40%) u. Acetylierung. — *1-Acetylamino-4-nitro-2.6-dichlorbenzol*, blaßgelbe Nadeln, F. 215—217° (absol. A.); Best. der Desacylierungsgeschwindigkeit durch Isolierung des Gemisches aus Acetylaminoverb. u. gebildetem Amin-HCl durch Eingießen des Reaktionsgemisches in W. u. Auswiegen, dann Herauslösen des Hydrochlorids mit Äther. — *1-Acetylmethylamino-4-nitro-6-methylbenzol*, F. 94,5—95,5° (absol. A.); Desacylierung ähnlich wie bei vorst. Verb.), Herauslösen des Hydrochlorids mit Bzl.-PAe.-Gemisch. (Recueil Trav. chim. Pays-Bas **69**. 1393—1406. Nov. 1950. Delft, TU, Labor. of Org. Chem.)
J. ROTHE. D 225

J. S. Watson und **B. de B. Darwent**, *Die photochemische Zersetzung von Methylamin. 1.3.5-Trimethylhexahydro-symm.-triazin* ist nach Unters. der Vff. Hauptprod. der photochem. Zers. von Methylamin (I). H_2 ist das einzige nichtkondensierbare Produkt von Bedeutung. Die Geschwindigkeit der H_2-Bldg. ist unabhängig von der Zeit, die Anfangsgeschwindigkeit v_0 unabhängig vom I-Druck zwischen 16 u. 398 mm. Temp. hat zwischen 20 u. 200° nur geringen Einfl. auf v_0. Weiteren Einblick in den Reaktionsmechanismus gab die Photolyse von CH_3ND_2 u. CD_3NH_2; die hierbei entstehenden gasförmigen Reaktionsprodd. haben annähernd dieselbe Zus.; es bildeten sich ca. 66% HD, 33% H_2 u. 2% D_2. Als wahrscheinlichsten Reaktionsverlauf nehmen Vff. nachst. Primär-Rkk. an: $I + h\nu \rightarrow CH_3NH\cdot + H$; $H + CH_3NH_2 \rightarrow CH_3NH\cdot + H_2$. Da Verss., die Verbb. $CH_3NH\cdot NHCH_3$ u. $NH_2CH_2CH_2NH_2$ aus dem Reaktionsgemisch zu isolieren, mißlangen, rekombinieren verschieden gebaute Radikale anscheinend leichter als gleichgebaute, der Grund dafür ist noch unklar. (J. chem. Physics **20**. 1041—42. Juni 1952. Ottawa, Can., Nat. Res. Labor.)
ZIMMER. D 226

P. H. Calderbank, *Die katalytische Oxydation von Naphthalin.* Vf. untersucht die Kinetik der Oxydation von *Naphthalin* mit O_2 zu *α-Naphthochinon* (I) u. *Phthalsäureanhydrid* (II) in der Dampfphase. Als Katalysator wurde V_2O_5 benutzt. Die untersuchten Tempp. lagen zwischen 310 u. 360°. Die Ergebnisse sind in Tabellen u. Diagrammen wiedergegeben, die Versuchsanordnung u. die benutzte App. wird genau beschrieben. I u. II bilden sich in gleichzeitig verlaufenden Reaktionen. Vf. nimmt an, daß der geschwindigkeitsbestimmende Schritt unter den angewandten Bedingungen die Chemisorption von O_2 ist. Die Aktivierungsenergie dieses Vorganges beträgt 26 kcal. (Ind. Chemist **28**. 291—95. Juli 1952. London, Univ. College, Ramsey Labor. of Chem. Engng.)
J. MATTNER. D 227

D_2. Präparative organische Chemie. Naturstoffe.

H. Depoorter, *Gestörte Ozonisierungen.* Übersicht über den n. Verlauf der Ozonisierungs-Rk., die abnormen Spaltungsprodd., die bei der Ozonisierung von aliphat. Verbb., Terpenen u. aromat. Verbb. entstehen können u. die Arbeiten von SPÄTH u. YOUNG (Literaturhinweise fehlen). (Meded. vlaamse chem. Veren. **14**. 105—18. Juli/Aug. 1952. Gent, Rijksuniv., Labor. voor organ. Chem.)
WESLY. 450

L. van Hove und **H. van Risseghem**, *Bestimmung einiger Nebenprodukte bei der Herstellung des 3-Methylpentanols-(3).* Bei der Herst. von *3-Methylpentanol-(3)* [*Methyldiäthylcarbinol*] (I) aus Butanon-(2) u. Äthyl-MgBr wird nur eine verhältnismäßig geringe Ausbeute an I (55%), Kp. 121—124°, erhalten. Durch fraktionierte Dest. dieses Rohprod. mit der CRISMES-Kolonne werden 7 Fraktionen erhalten, darunter reines I, $C_6H_{14}O$, $Kp._{760}$ 123—123,1°, $D.^{15}_4$ 0,8321, $D.^{20}_4$ 0,8278, E. —23,17°. Durch Feinfraktionierung der Vorläufe werden *3-Methylpenten-(2)* u. *Methyläthylketon* nachgewiesen. — Die höher als I sd. Prodd. sind: 1. *3-Methylhepten-(3)-on-(5)* (II), $C_8H_{14}O$, $Kp._{14}$ 56,5—58,0°, $Kp._{760}$ 165—167°, $D.^{15}_4$ 0,8600, n_D^{15} 1,4467, RAMAN-Linien bei 1623, 1670 u. 1691 cm^{-1}; 2 *Semicarbazone*, $C_9H_{17}ON_3$, F. 116° u. F. 142°. *2.3-Methylheptanol-(3)-on-(5)*, $C_8H_{16}O_2$, $Kp._{14}$ 80—83°, $D.^{15}_4$ 0,9235, $D.^{20}_4$ 9189, n_D^{20} 1,4352; *Semicarbazon*, F. 123,5°. Durch Dest. in Ggw. von Oxalsäure bei n. Druck wird II erhalten. 3. ein sehr viscoses Prod., $Kp._{14}$ 121—124°, $D.^{15}_4$ 0,9369, $D.^{20}_4$ 0,9337, n_D^{20} 1,4585, rasch braun werdend. — *3-Methylheptanon-(5)*, $C_8H_{16}O$, durch Hydrierung von II in Ggw. von Pt, $Kp._{760}$ 160—163°, $D.^{15}_4$ 0,8350, $D.^{20}_4$ 0,8309, n_D^{15} 1,42045; *Semicarbazon*, $C_9H_{19}ON_3$, F. 96° (langsam) bzw. F. 101° (schnell); *2.4-Dinitrophenylhydrazon*, $C_{14}H_{20}O_4N_4$, F. 57,5°. — Die Refraktionsdispersionen für die beschriebenen Verbb. werden angegeben. (Bull. Soc. chim. France, Mém. [5] **19.** 113—15. Jan./Febr. 1952. Brüssel, Univ., Chim. Générale I.) ROTTER. 560

Siegfried Hünig und **Otto Boes**, *Synthese einiger einfacher Sulfoxyde und Sulfone.* Einige bisher in der Literatur nicht oder nur beiläufig erwähnte *Sulfoxyde* u. *Sulfone* werden beschrieben; die Darst. der Sulfoxyde geschieht durch Oxydation der Thioäther mit 30%ig. H_2O_2 in Aceton, die der Sulfone durch Oxydation der Thioäther oder der Sulfoxyde in mindestens 50%ig. Essigsäure oder aus den Sulfinaten u. Alkylhalogeniden. *Methansulfonylnitromethan* ließ sich nach letzterer Meth. wegen des stark positivierten Br-Atoms in Bromnitromethan nicht gewinnen, ebenso erscheint die analoge Darst. von p-Toluolsulfonylnitromethan durch GIBSON (J. chem. Soc. [London] **1938.** 986) unwahrscheinlich.

Versuche (FF. nach KOFLER, in [] sind die im Original gegebenen Benennungen der Verbb. angegeben): *Benzylmethylsulfoxyd*, F. 54° (PAe.), durch Zugabe von 30%ig. H_2O_2 zu Benzylmethylsulfid in Aceton unter Kühlung u. Stehen über Nacht; 77% (Ausbeute). — *p-Toluolsulfinylnitromethan* [*p-Tolylsulfoxynitromethan*], $C_8H_9O_3NS$, F. 91—93°, aus p-Tolylmercaptonitromethan [p-Tolylsulfidnitromethan] mit H_2O_2 in Aceton während 5 Std. u. Behandeln der im Vakuum eingedampften Lsg. mit Ae.; 25%; gibt durch Oxydation mit H_2O_2 in Eisessig *p-Toluolsulfonylnitromethan* [*p-Tolylsulfonnitromethan*], F. 115°. — *Methylmercaptoaceton* [*Methylsulfidaceton*], C_4H_8OS, Kp.$_{15}$ 50—51°, durch Zugabe von Chloraceton zur bei —15° hergestellten Lsg. von Methylmercaptan in NaOH, 2½ std. Schütteln in der Druckflasche (starke Erwärmung) u. Aufnehmen in Ae.; 69%. — *Methylmercaptonitromethan* [*Methylsulfidnitromethan*], durch Zugabe von vorst. Verb. u. Äthylnitrat zur Lsg. von Na in A., 2½ std. Erwärmen auf 50° u. 1½ Std. zum Sieden, Lösen des Nd. in W. u. Ansäuern; 18%; wurde roh weiterverarbeitet. — *Methansulfonylnitromethan* [*Methylsulfonnitromethan*], $C_2H_5O_4NS$, F. 39 bis 41°, durch 5tägiges Stehen vorst. Verb. mit H_2O_2 in Eisessig, Verdünnen mit W. u. Einengen; aus CH_3OH durch Ausfrieren gelbliche Kristalle; 72%. — *Methansulfinylmethansulfonylmethan* [*Methylsulfoxydmethylsulfonmethan*], $C_3H_8O_3S_2$, F. 72—73°, durch Zugabe von H_2O_2 zur Bis-[methylmercapto]-methan [Bismethylsulfidmethan] in Eisessig < 30°, 2tägiges Stehen, Einengen im Vakuum, Verdünnen mit W., Filtration, Einengen u. Chloroformextraktion; aus A. Prismen; 30%; als Nd. sowie durch weitere Oxydation *Bis-[methansulfonyl]-methan* [*Bis-methylsulfonmethan*], F. 146°. — *Methansulfinylessigsäureäthylester* (I) [*Methylsulfoxydessigsäureäthylester*], $C_5H_{10}O_3S$, aus Methylmercaptoessigester [Methylsulfidessigester] in Aceton mit H_2O_2 während 3 Tagen; 87%.— *Methansulfinylessigsäure* [*Methylsulfoxyessigsäure*], F. 80—82°. — *Methylmercaptoacetamid* [*Methylsulfidacetamid*], C_3H_7ONS, F. 104°, durch Zugabe von CH_3SH u. Chloracetamid (II) zur Lsg. von Na in A. unter Kühlung, Filtration nach 2 Std. u. Eindampfen im Vakuum; aus Chlf. mkr. Nadeln; 55%. — *Methansulfinylacetamid* [*Methylsulfoxydacetamid*], $C_3H_7O_2NS$, F. 91° (Acetonitril), a) durch Oxydation vorst. Verb. in Aceton mit H_2O_2 während 2 Tagen bei Raumtemp.; 81%; b) durch 3tägiges Stehen von I mit konz. NH_4OH; 25%. — *Methansulfonylacetamid* (III) [*Methylsulfonacetamid*], $C_3H_7O_3NS$, F. 112°, durch 2std. Kochen von methylsulfinsaurem Na u. II in A.; aus A. große Nadeln. — *Methylmercaptoacetonitril* [*Methylsulfidacetonitril*], Kp.$_{13}$ 59°, durch Versetzen von wss. NaOH bei —17° mit CH_3SH u. dann mit Chloracetonitril u. 2std. Schütteln; 78%. — *Methansulfinylacetonitril* [*Methylsulfoxydacetonitril*], C_3H_5ONS, F. 51° (Isopropanol), durch 2tägiges Stehen vorst. Verb. in Aceton mit H_2O_2; 54%. — *Methansulfonylacetonitril* [*Methylsulfonacetonitril*], $C_3H_5O_2NS$, F. 85° (Isopropanol), durch Oxydation vorst. Verb. in Eisessig mit H_2O_2 während 3 Tagen u. Eindunsten im Exsiccator; 69%; oder aus $ClCH_2CN$ u. CH_3SO_2Na; gibt mit H_2O_2 in alkal. Lsg. **III.** (Liebigs Ann. Chem. **579.** 23—27. 1953. Marburg, Univ., Chem. Inst.) SPAETH. 600

Claës Tegnér, *Über die Reaktion zwischen Methyllithium und Carbonsäuren.* Es wurden die Rkk. zwischen Carbonsäuren bzw. deren Li-Salzen u. Methyllithium (I) untersucht. Es zeigte sich, daß die Ausbeuten an Ketonen in beiden Fällen gleich waren. Mit Ausnahme von Essigsäure, die mit I nicht zu Aceton reagierte, u. Propionsäure, wobei sich *Butanon-(2)* nur zu 1% bildete, waren die Ausbeuten mit den verschied. aliphat. u. aromat. Säuren gut.

Versuche: *Methyllithium* (I), nach GILMAN, ZOELLNER u. SELBY (J. Amer. chem. Soc. **55.** [1933.] 1252) im Molverhältnis $CH_3J/Li = 1:2,2$ in Ausbeuten bis zu 95%; bei einem Verhältnis von 1,25 : 1 betrug die Ausbeute 80% u. bei Verwendung von CH_3Cl schwankte sie zwischen 20—50%. — *Butanon-(2)*, aus I u. der doppelten Menge Propionsäure in Ae., es wurde kurz erwärmt u. mit W. hydrolysiert; 1% (Ausbeute); es konnten

Spuren des entsprechenden *2.4-Dinitrophenylhydrazons* isoliert werden. — *Heptanon-(2)*, Kp. 149°, aus I u. Capronsäure; 83%. — *Tridecanon-(2)*, F. ~ 25°, aus I u. Laurinsäure; 63%; *2.4-Dinitrophenylhydrazon*, F. 68° (korr.; A.). — *Benzalaceton*, aus I u. Zimtsäure oder deren Li-Salz; 77 bzw. 69% (nach 2std. Kochen, nach 6 Std. 79%); *2.4-Dinitrophenylhydrazon*, F. 226—227° (korr.; A.). — *Methoxyaceton*, aus Methoxyessigsäure ($Kp._{13}$ 96°, n_D^{20} 1,4168, durch Hydrolyse von Methoxyacetonitril) u. I; 16%. — *Benzylaceton*, aus I u. Hydrozimtsäure nach 1std. Sieden; 100%. — *Acetophenon*, aus I u. Benzoesäure; 82%. — *Phenylaceton*, aus I u. Phenylessigsäure; 76%. (Acta chem. scand. **6.** 782—90. 1952. Stockholm, Univ., Inst. of Organ. Chem. and Biochem.) ZIMMER. 710

G. Stainsby, R. Farnand und I. E. Puddington, *Die Darstellung wasserfreien Natriumstearates.* Die Darst. obengenannter Verb. aus Stearinsäure u. Na-Amalgam unter wasserfreien Bedingungen wird beschrieben u. die Temperaturabhängigkeit des spezif. Gewichts untersucht; die Eigg. werden mit denjenigen verglichen, die nach anderen Verff. dargestellte Proben zeigten. (Canad. J. Chem. **29.** 838—42. Okt. 1951. Ottawa, Can., Nat. Res. Labors., Div. of Chem.) L. FISCHER. 810

Karl Dietrich Gundermann, *Die Kondensation von Orthotrithioameisensäureäthylester mit Malonsäurediäthylester.* Orthotrithioameisensäuretriäthylester (I) kondensiert mit Malonsäurediäthylester (II) analog dem Orthoameisensäureäthylester zu *Äthylmercaptomethylenmalonsäurediäthylester*, dessen Konst. durch Rk. mit konz. NH_3 zu *Aminomethylenmalonsäurediäthylester* nachgewiesen wurde.

Versuche: *Äthylmercaptomethylenmalonsäurediäthylester*, $C_{10}H_{16}O_4S$, $Kp._{17-18}$ 178, bis 179°, $Kp._{0,2}$ 127°, durch Erhitzen von I, II, Acetanhydrid u. $ZnCl_2$ (H_2O-frei) 10 Std. bei 130—140° (Ölbad) u. Rektifikation; 49% (Ausbeute). — *Aminomethylenmalonsäurediäthylester*, $C_8H_{13}O_4N$, F. 67—68° (Ae. + PAe.), aus vorst. Verb. (1 g) durch Schütteln mit konz. NH_3; 0,8 g; liefert, mit Hydrazinhydrat auf dem Wasserbad erwärmt, das *Hydrazinsalz* des *Isopyrazoloncarbonsäureäthylesters* (*freier Ester*, F. 180—181°; gibt $FeCl_3$-Rk. violett). (Liebigs Ann. Chem. **578.** 48—49. 1952. Münster/Westf., Univ., Organ.-chem. Inst.) LEHWALD. 820

W. I. Kowalenko, *Herstellung von Dimethylpyrocarbonat.* Die von BOEHM u. MEHTA (Ber. dtsch. chem. Ges. **71.** [1938.] 1797) angegebene Meth. zur Darst. von *Dimethylpyrocarbonat* (I) wird näher untersucht u. dabei festgestellt, daß es sich bei dem als I angesprochenen Prod. nicht um I handeln kann. Die Darst. von I gelang durch Umsetzung des Na-Salzes von Kohlensäuremonomethylester u. Chlorkohlensäuremethylester. Die therm. Zers. beginnt bei I bei niedrigerer Temp. (123°) als bei dem zum Vgl. herangezogenen Diäthylpyrocarbonat (II) (155°); die Zersetzungsprodd. sind bei I CO_2 u. *Dimethylcarbonat*, bei II CO_2 u. *Diäthylcarbonat*. Ebenso ist I unbeständiger gegen hydrolyt. Agentien als II.

Versuche: *Dimethylpyrocarbonat* (I), $C_4H_6O_5$, E. 15,2°; $Kp._5$ 45—46°. 9,8 g des Na-Salzes von Kohlensäuremonomethylester (durch Einleiten von CO_2 in $NaOCH_3$ + CH_3OH) u. 37 g Chlorkohlensäuremethylester werden 14 Std. bei 50—55° gehalten; der Nd. wird abgesaugt u. das Filtrat im Vakuum fraktioniert; Prismen; $D.^{20}_4$ 1,2585; n_D^{20} 1,3950; 8,5 g (Ausbeute). — *Urethylan* (*Carbamidsäuremethylester*), $C_2H_5O_2N$, F. 52—53°; aus I in alkoh. NH_3. — *Phenylurethylan* (*Phenylcarbamidsäuremethylester*), F. 47°; aus I u. Anilin; Schuppen; quantitativ. (Журнал Общей Химии [J. allg. Chem.] **22.** (**84.**) 1546—50. Sept. 1952. Krasnodar, Inst. für Nahrungsmittelind., Lehrstuhl für organ. Chemie.) H. FRÖHLICH. 880

Germaine Nachmias, *Über einige neue Derivate der N-disubstituierten Dithiocarbaminsäuren.* Während sich Dialkyldithiocarbamate der Form $R_1R_2NCS\cdot S\cdot CH_2COR_3$ mit $R_3 = H$ aus dem Na-Salz der N.N-disubstituierten Dithiocarbaminsäure weder mit Monochloracetaldehyd (es entstehen amorphe Kondensationsprodd., in denen sich keine CO-Gruppe nachweisen läßt) noch mit α-Monochloracetal (unterhalb der Zersetzungstemp. des Na-Salzes tritt keine Rk. ein) darstellen lassen, können mit Monochloraceton die Derivv. des Acetons ($R_3 = CH_3$) erhalten werden, die unterhalb 100° schm., gut krist., gegenüber Säurehydrolyse beständige Verbb. darstellen, die in n. Rk. Bisulfitverbb., Hydrazone, 2.4-Dinitrophenylhydrazone, Semicarbazone, Thiosemicarbazone u. Oxime liefern; die BECKMANNsche Umlagerung der letzteren gelang weder mit PCl_5 in Ae. oder Bzl. noch mit gasförmigem HCl in CH_3COOH, auch konnten die entsprechenden Hydantoine nicht dargestellt werden. (C. R. hebd. Séances Acad. Sci. **232.** 1118—19. 12/3. 1951.) ROSDORFF. 880

G. E. McCasland und R. B. Hadgraft, *n-Butylsulfamidsäure. n-Butylammonium-n-butylsulfamat* (I), F. 127—128° (korr.), a) durch Einleiten von SO_3 unter Kühlen u. Rühren in die Lsg. von Dioxan in CCl_4, nach 30 Min. Zutropfen von n-Butylamin in

CCl_4, 1std. Rühren u. 48std. Stehen; 70% (Ausbeute); b) aus Sulfaminsäure u. n-Butylamin durch Erhitzen im Rohr auf 185—190° während 200 Min.; 44%. — *n-Butylsulfamidsäure*, $C_4H_{11}O_3NS$, F. 177—178° (Zers.; A./Bzl.), aus I in W. mit konz. H_2SO_4 bei 0—5°; 55%. (J. Amer. chem. Soc. **73**. 5507. Nov. 1951. Toronto, Can., Univ., Dep. of Chem.)
H. ULRICH. 910

Karl-Dietrich Gundermann und **Fritz Micheel**, *Eine einfache Synthese von dl-Cystin aus Acrylnitril.* α-Chloracrylnitril (III) addiert Benzylmercaptan in Ggw. von $NaOCH_3$ zu *α-Chlor-β-[benzylmercapto]-propionitril* (I). Dest. von I im Vakuum führt in geringer Menge zur Abspaltung von HCl, u. es bildet sich wahrscheinlich *β-[Benzylmercapto]-acrylnitril.* Der Austausch des Cl-Atoms in I gegen die NH_2-Gruppe erfolgt durch fl. NH_3 im Autoklaven (andere übliche Methoden führen hier nicht zum Erfolg). Verseifung liefert dann *S-Benzyl-dl-cystein* (II), woraus durch Na + A. u. Oxydation *dl-Cystin* entsteht. Zu II kann man auch durch Rk. von I mit K-Phthalimid u. Verseifung des entstandenen *α-Phthalimido-β-[benzylmercapto]-propionitrils* gelangen, jedoch in geringerer Ausbeute.)

Versuche: *α-Chlor-β-[benzylmercapto]-propionitril* (I), $C_{10}H_{10}NClS$, Kp.$_{0,2}$ 121 bis 122°, F. 43—45°, durch Zutropfen von III zu Benzylmercaptan + $NaOCH_3$ (methanolfrei) bei 0°, 1std. Erwärmen auf dem Wasserbad, Neutralisieren mit $NaOCH_3$ + Methanol, Filtrieren u. Rektifikation; 65,8% (Rohausbeute); daneben *β-Benzylmercaptoacrylnitril* (?), F. 96—98°, Kp.$_{0,4}$ 101—105°. — *α-Amino-β-benzylmercaptopropionitril*, durch Stehen vorst. Verb. mit fl. NH_3 unter Kühlung u. dann Erhitzen im Autoklaven auf 60° (30 Min.); 60%. — *S-Benzyl-dl-cystein* (II), F. 209—213° (Zers.; aus W.; korr.), a) aus vorst. Verb. durch Verseifen mit konz. HCl; 41%; b) aus I u. K-Phthalimid bei 123 bis 130° (Bad), Verrühren mit W., Extrahieren mit Bzl. u. Verseifen des entstandenen *α-Phthalimido-β-benzylmercaptopropionitrils* ($C_{18}H_{14}O_2N_2S$, F. 97—98°, Kp.$_{0,01}$ 228°, Prismen aus A.); ca. 50%. — *dl-Cystin*, $C_6H_{12}O_4N_2S_2$, aus vorst. Verb. mit Na in fl. NH_3 u. Oxydation des entstehenden dl-Cysteins mit J_2 + H_2S. (Liebigs Ann. Chem. **578**. 45—48. 1952. Münster/Westf., Univ., Organ.-chem. Inst.) LEHWALD. 950

Jefferson W. Davis, *Beitrag zum Studium der Peptide des dl-Valins.* 1. Mitt. Zur Darst. von Dipeptiden des Valins wurde *N-Carbobenzyloxy-dl-valin* (I, F. 70—71°) nach BOISSONNAS (C. **1952**. 836) in Ggw. einer tert. Base in das gemischte Anhydrid mit Kohlensäure übergeführt u. dieses (ohne Isolierung) mit dem Aminosäureester in Chlf. bei 0—5° umgesetzt. I gab bei dieser Synth. bessere Ausbeuten als die Verwendung von: *N-Carbäthoxy-dl-valin* (F. 64—65°), *N-Phthaloyl-dl-valin* (F. 166—167°) oder *N-Succinyl-dl-valin* (F. 199—200°). Dargestellt wurden: *N-Carbobenzyloxyvalylvalinäthylester*, F. 83—84° (verd. A.); 83% (Ausbeute). *N-Carbobenzyloxyvalylglycinäthylester*, F. 105° (Ae.); 80%. *N-Carbobenzyloxyvalylnorleucinäthylester*, F. 71—72° (verd. A.); 68%. *N-Carbobenzyloxyvalylleucinäthylester*, F. 98—99° (verd. A.); 75%. Durch Verseifung mit wss.-alkoh. NaOH bei 40° werden diese Ester verseift unter Bldg. von: *N-Carbobenzyloxyvalylvalin*, F. 142—143° (Ae.-PAe.). *N-Carbobenzyloxyvalylglycin* (II), F. 140° (Ae.). *N-Carbobenzyloxyvalylnorleucin*, F. 142—143° (PAe.-Ae.). *N-Carbobenzyloxyvalylleucin*, F. 135° (Ae.-PAe.). — II u. *N-Carbobenzyloxyvalylglutaminsäure*, F. 153° (W.), wurden durch direkte Kondensation von I mit Glycin bzw. Glutaminsäure erhalten. — Nach der Meth. von BOISSONNAS (l. c.) wurde *Valylvalinäthylester*, F. 170—172° (absol. A.), ohne Acylierung des N-Atoms erhalten. (C. R. hebd. Séances Acad. Sci. **234**. 1183—85. 10/3. 1952.) K. F. MÜLLER. 950

Leon Wolinski, Howard Tieckelmann und **Howard W. Post**, *Untersuchungen über siliciumorganische Verbindungen.* 16. Mitt. *Reaktionen von Alkylthioäthern des Siliciums mit Essigsäureanhydrid und mit Benzoylchlorid.* (15. vgl. C. **1952**. 4125.) *Trialkylmercaptosilane*, $HSi(SR)_3$, bilden beim Kochen mit äquimol. Mengen *Essigsäureanhydrid* die entsprechenden *Alkylthiolacetate* neben nicht identifizierbarem hochpolymerem Material, welches sich vermutlich durch Zers. des Primärprod. *Dialkylmercaptosilicylacetat*, $CH_3 \cdot COOSiH(SR)_2$, zu CH_3COSR + $[-O-SiH(SCH_3)-]_x$ bildet. Es wurden isoliert: *Methylthiolacetat*, C_3H_6OS, Kp.$_{752}$ 95—96°, aus Trimethylmercaptosilan; n_D^{25} 1,4620; 149% [Ausbeute berechnet nach $HSi(SR)_3$ + $(CH_3CO)_2O \rightarrow CH_3COSR + CH_3COOSiH(SR)_2$]. — *Äthylthiolacetat*, $CH_3COSC_2H_5$, Kp.$_{744}$ 115—116°, aus Triäthylmercaptosilan; n_D^{25} 1,4553; D^{25}_{25} 0,9740; 122%. — *n-Propylthiolacetat*, $CH_3COSC_3H_7$, Kp.$_{750}$ 135°, aus Tripropylmercaptosilan; D^{25}_{25} 0,9688; n_D^{25} 1,4540; 152%. — *Isopropylthiolacetat*, $CH_3COSC_3H_7$, Kp.$_{750}$ 124—126°, Kp.$_4$ 26°, aus Triisopropylmercaptosilan; n_D^{25} 1,4448; 148%. — *Isobutylthiolacetat*, $C_6H_{12}OS$, Kp.$_{760}$ 148°, Kp.$_{20}$ 55°, aus Triisobutylmercaptosilan; 134%. — Triäthylmercaptosilan reagiert mit *Benzoylchlorid* in PAe. in 12 Std. bei 35° zu *Diäthylmercaptochlorsilan* (I), $C_4H_{11}ClS_2Si$, Kp.$_{2,5}$ 63—64°, D^{25}_{25} 1,1250, n_D^{25} 1,5160; 12% (Ausbeute), u. *Äthylthiolbenzoat* (II), $C_9H_{10}OS$, Kp. 251°, Kp.$_{2,5}$ 83—84°, D^{25}_{25} 1,1010, n_D^{25}

1,5678; 78%. — Dieselbe Rk. bei 0° in PAe. gab 14% **I** u. 58% **II**; bei 111° in Toluol entstanden 64% **II** u. kein **I**; ohne Lösungsm. in 12 Std. 26,5% **II** neben größeren Rückständen. (J. org. Chemistry **16.** 1134—37. Juli 1951. Buffalo, N. Y., Univ., Dep. of Chem.)
GROSSE-RUYKEN. 980

Leon Wolinski, Howard Tieckelmann und Howard W. Post, *Untersuchungen über siliciumorganische Verbindungen.* 17. Mitt. *Die Einwirkung von Brom auf Alkylthioäther des Siliciums.* (16. vgl. vorst. Ref.) Bei der Einw. von *Brom* auf Verbb. der Zus. $HSi(SR)_3$ können sowohl das Silan-Wasserstoffatom als auch eine oder zwei SR-Gruppen durch Br ersetzt werden. Das prim. entstehende *RSBr* zerfällt in Br_2 u. $(RS)_2$. Beim günstigsten Molverhältnis von 2 Mol Si-Verb. auf 1 Mol Brom wird bei 0° vorherrschend der Wasserstoff durch Br ersetzt, bei —70° tritt die Spaltung der SiS-Bindung stärker hervor.

Versuche: Trimethylmercaptosilan u. Brom im Molverhältnis 1 : 1 in CCl_4, 30 Min. bei 0° oder bei —70° gerührt, gaben *Dimethyldisulfid* (I), $C_2H_6S_2$, Kp. 116°, $Kp._{747}$ 108°, n_D^{25} 1,5221, 31% (Ausbeute), u. *Trimethylmercaptobromsilan* (II), 4,3%. Bei 0° u. Molverhältnis 2 : 1 wurde nur **II**, $C_3H_9BrS_3Si$, $Kp._1$ 80—81°, $D.^{25}_{25}$ 1,4988, n_D^{25} 1,5978, Mol.-Refr. 56,73, 46,5%, isoliert. Bei —70° u. 2 : 1 entstanden 17,5% **I**, 29,2% **II** u. *Dimethylmercaptobromsilan,* $C_2H_7BrS_2Si$, $Kp._8$ 70—72°, $D.^{25}_{25}$ 1,5041, n_D^{25} 1,5660, Mol.-Refr. 44,72, 78%. — Bromierung von Triäthylmercaptosilan 1 : 1 bei 0° gab *Diäthyldisulfid* (III), $C_4H_{10}S_2$, $Kp._{748}$ 150—151°, n_D^{25} 1,5040, 14%, u. *Triäthylmercaptobromsilan* (IV), $C_6H_{15}BrS_3Si$, $Kp._{2,5}$ 155—158°, $D.^{25}_{25}$ 1,3508, n_D^{25} 1,5650, Mol.-Refr. 70,26, 23%, u. *Diäthylmercaptodibromsilan,* $C_4H_{10}Br_2S_2Si$, $Kp._{2,5}$ 115,0—115,5°, $D.^{25}_{25}$ 1,6541, n_D^{25} 1,5658, Mol.-Refr. 61,12, 24%. Bei 0° u. 2 : 1 entstanden 52,5% **III** u. *Diäthylmercaptobromsilan* (V), $C_4H_{11}BrS_2Si$, $Kp._3$ 81—84°, $D.^{25}_{25}$ 1,3717, n_D^{25} 1,5408, Mol.-Refr. 53,01, 30%. Bei —70° u. 2 : 1 entstanden 52,5% **III** u. 29,5% **V**. Bei Zimmertemp. u. 2 : 1 entstanden 8,7% **V**. — Bromierung von Tri-n-propylmercaptosilan 1 : 1 bei 0° gab nur *Di-n-propyldisulfid* (VI), $C_6H_{14}S_2$, Kp. 192°; 34%. Bei 0° u. 2 : 1 entstanden 13,3% **VI** u. *Tri-n-propylmercaptobromsilan,* $C_9H_{21}BrS_3Si$, $Kp._{1,5}$ 136—138°; $D.^{25}_{25}$ 1,2444, n_D^{25} 1,5418, Mol.-Refr. 85,08, 61%. Bei —70° u. 2 : 1 entstanden 39,5% **VI** u. 27% *Di-n-propylmercaptobromsilan.* — Bromierung von Triisopropylmercaptosilan 1 : 1 bei 0° gab nur *Diisopropyldisulfid* (VII), $C_6H_{14}S_2$, $Kp._{7,5}$ 54—55°, $D.^{25}_{25}$ 1,0859, n_D^{25} 1,4948, 78%. Bei 0° u. 2 : 1 entstanden 7,3% **VII** u. *Triisopropylmercaptobromsilan* (VIII), $C_9H_{21}BrS_3Si$, $Kp._{2,5}$ 132—134°, $D.^{25}_{25}$ 1,2244, n_D^{25} 1,5410, Mol.-Refr. 85,58, 59%. Bei —70° u. 2 : 1 entstanden 7,3% **VII**, 72% **VIII** u. *Diisopropylmercaptobromsilan,* C_6H_{15}·BrS_2Si, $Kp._2$ 83—85°, $D.^{25}_{25}$ 1,2720, n_D^{25} 1,5195, Mol.-Refr. 61,73, 15%. — Bromierung von Triisobutylmercaptosilan 1 : 1 bei 0° gab nur *Diisobutyldisulfid,* $C_8H_{18}S_2$, Kp. 219°; 62%. Bei 0° u. 2 : 1 entstand nur *Triisobutylmercaptobromsilan* (IX), $C_{12}H_{27}BrS_3Si$, $Kp._1$ 143—144°, $D.^{25}_{25}$ 1,1823, n_D^{25} 1,5282, Mol.-Refr. 97,85, 71%. Bei —70° u. 2 : 1 entstanden 44% **IX**, *Diisobutylmercaptodibromsilan,* $C_8H_{18}Br_2S_2Si$, $Kp._{3,5}$ 76—79°, $D.^{25}_{25}$ 1,3566, n_D^{25} 1,497; 6%, raucht u. hydrolysiert an der Luft, u. *Diisobutylmercaptobromsilan,* $C_8H_{19}BrS_2Si$, $Kp._{3,5}$ 121—125°, $D.^{25}_{25}$ 1,2481, n_D^{25} 1,5159, Mol.-Refr. 69,54; 15%. — Bromierung von Tetraäthylmercaptosilan 1 : 1 bei 0° gab 73% **III** u. 38% **IV**. (J. org. Chemistry **16.** 1138—42. Juli 1951.) GROSSE-RUYKEN. 980

Roger Nagel, Christ Tamborski und Howard W. Post, *Untersuchungen über siliciumorganische Verbindungen.* 18. Mitt. *Die Darstellung und Eigenschaften von Vinyltrialkoxysilanen.* (17. vgl. vorst. Ref.) Durch Rk. von ROH mit Vinyltrichlorsilan (I) in Ggw. von Pyridin (II) werden die Verbb. $CH_2{=}CHSi(OR)_3$, mit einem Maximum der Ausbeute beim n-C_3H_7-Deriv., dargestellt. Ohne **II** werden infolge Neben-Rkk. wechselnde Ergebnisse erhalten. Bei der Rk. mit CH_3OH, C_2H_5OH u. n-$C_5H_{11}OH$ werden *1.3-Divinyltetraalkoxydisiloxane* als Nebenprodd. isoliert.

Versuche: Meth. **A**: Langsame Zugabe von **I** zu überschüssigem wasserfreiem Alkohol unter Rühren, einige Std. Kochen, Dest.; Meth. **B**: Zugabe einer Mischung von 4,6 Mol Alkohol u. 1,75 Mol **II** zu 1 Mol **I** u. 1,75 Mol **II**, 30 Min. am Rückfluß kochen, Filtration, Destillation. — *Vinyltrimethoxysilan,* $C_5H_{12}O_3Si$, $Kp._{49}$ 52,9°, $Kp._{62}$ 59,5°; $D.^{25}_4$ 0,9669; n_D^{25} 1,3910; Mol.-Refr. 36,42; **A** 55,2%, **B** 42% (Ausbeute). *1.3-Divinyltetramethoxydisiloxan,* $C_8H_{18}O_5Si_2$, $Kp._{46}$ 120,0—120,6°; $D.^{25}_4$ 1,0627; n_D^{25} 1,4172; Nebenprod. bei Meth. **A**, 20,6%. — *Vinyltriäthoxysilan* (III), $C_8H_{18}O_3Si$, $Kp._{20}$ 62,5—63,0°; $D.^{25}_4$ 0,9027; n_D^{25} 1,3960; Mol.-Refr. 50,65; **A** 50%, **B** 60,1%. *1.3-Divinyltetraäthoxydisiloxan,* $C_{12}H_{26}$·O_5Si_2, $Kp._{19}$ 119°; $D.^{25}_4$ 0,9618; n_D^{25} 1,4100; Mol.-Refr. 78,95; Nebenprod. bei Meth. **A**, 20%; auch aus 0,36 Mol **III** u. 0,18 Mol W. (2 Std. bei 85—90°); 23,2%. — *Vinyltri-n-propoxysilan,* $C_{11}H_{24}O_3Si$, $Kp._{20}$ 103—103,5°; $D.^{25}_4$ 0,8903; n_D^{25} 1,4088; Mol.-Refr. 64,50; **A** 73%, **B** 77,5%. — *Vinyltriisopropoxysilan,* $C_{11}H_{24}O_3Si$, $Kp._{20}$ 77,5°; $D.^{25}_4$ 0,8627; n_D^{25} 1,3961; Mol.-Refr. 64,74; **A** 63%, **B** 73%. — *Vinyltri-n-butoxysilan,* $C_{14}H_{30}O_3Si$, $Kp._{20}$ 141,5°; $D.^{25}_4$ 0,8820; n_D^{25} 1,4181; Mol.-Refr. 78,45; **A** 64,2%, **B** 64,4%. — *Vinyl-*

tri-sek.-butoxysilan, $C_{14}H_{30}O_3Si$, Kp.$_8$ 100,5°; D.$^{25}_4$ 0,8767; n_D^{25} 1,4155; Mol.-Refr. 78,25; **A** 71,7%, **B** 53,5%. — *Vinyltriisobutoxysilan*, $C_{14}H_{30}O_3Si$, Kp.$_{6,5}$ 111,0°; D.$^{25}_4$ 0,8718; n_D^{25} 1,4130; Mol.-Refr. 78,48; **A** 61,6%, **B** 63,5%. — *Vinyltri-n-amoxysilan*, $C_{17}H_{36}O_3Si$, Kp.$_7$ 147—148°; D.$^{25}_4$ 0,8797; n_D^{25} 1,4265; Mol.-Refr. 92,31; **A** 64,5%, **B** 44,7%. *1.3-Divinyltetra-n-amoxydisiloxan*, $C_{24}H_{50}O_5Si_2$, Kp.$_7$ 199°; D.$^{25}_4$ 0,9150; n_D^{25} 1,4308; Mol.-Refr. 134,29; Nebenprod. bei **A** 18%. (J. org. Chemistry **16**. 1768—71. Nov. 1951.) GROSSE-RUYKEN. 980

Eugene G. Rochow, Rotislav Didtschenko und Robert C. West jr., *Propylgermaniumtrichlorid: Die Frage der Pyrolyse und Isomerisation bei der direkten Synthese von Organogermaniumverbindungen.* Bei der direkten Synth. von *n-Propylgermaniumtrichlorid* (I) aus elementarem Ge, Cu-Pulver u. n-Propylchlorid bei 310—330° entsteht hauptsächlich **I**; nur Spuren von *Isopropylgermaniumtrichlorid* (II) werden gebildet, obgleich n-Propylbromid sich allein bereits bei 280° in merkbarer Menge in Isopropylbromid umlagert. Vff. nehmen an, daß durch die Ggw. des Cu-Pulvers zunächst n-Propyl-Cu u. dann in sehr schneller Rk. **I** gebildet wird, während die Umlagerung nur die freien Halogenalkane bzw. Radikale betreffen kann. Zum Vgl. wurden **I** u. **II** auch durch GRIGNARD-Synth. hergestellt.

Versuche: *n-Propylgermaniumtrichlorid* (I), $C_3H_7Cl_3Ge$, Kp.$_{12}$ 43—45°, Kp.$_{763}$ 167°, D.^{20} 1,513, n^{20} 1,4779, n^{25} 1,4720, aus 50 ml n-Propylchlorid, 11,5 g Ge u. 2,5 g Cu-Pulver bei 310—330° innerhalb 7 Std. (Verf. vgl. C. **1951**. I. 180 u. früher); Ausbeute 3,5 ml; auch durch GRIGNARD-Synth. aus n-C_3H_7Cl u. $GeCl_4$. Zum Vgl. werden die D.^{20}-Werte für *(n-C_3H_7)$_4$Ge* (0,9539), *(n-C_3H_7)$_3$GeCl* (1,106), *(n-C_3H_7)$_2$GeCl$_2$* (1,227) u. *GeCl$_4$* (1,879) angegeben. — *Isopropylgermaniumtrichlorid* (II), Kp.$_{767}$ 164,5°, n^{20} 1,4760, n^{25} 1,4700, wurde analog hergestellt. — Der Vgl. der Infrarotspektren von nach beiden Verff. hergestelltem **I** u. **II** ergab die Übereinstimmung beider **I**-Prodd. wegen Fehlens der charakterist. Isopropylbande bei 880—910 cm^{-1} u. Übereinstimmung im Gebiet zwischen 1350—1230 cm^{-1}. (J. Amer. chem. Soc. **73**. 5486—87. Nov. 1951. Cambridge, Mass., Harvard Univ., Dep. of Chem.) ZIMMER. 980

Herbert H. Anderson, *Alkylgermaniumisothiocyanate und -cyanide.* Vf. stellt aliphat. Cyanide u. Isothiocyanate des Germaniums der Form R_3GeX u. R_2GeX_2 her; beide bilden sich aus $(R_3Ge)_2O$ u. R_2GeO. Die Pseudohalogenide sind stabil u. lassen sich unter vermindertem Druck destillieren. Sie besitzen einfaches Mol.-Gewicht.

Versuche: *[(n-C_3H_7)$_3$Ge]$_2$O*, Kp. 305°, u. *[(n-C_4H_9)$_3$Ge]$_2$O*, Kp. 353°, wurden aus (n-C_3H_7)$_4$Ge bzw. (n-C_4H_9)$_4$Ge durch Behandeln mit Br_2 u. Rk. mit überschüssigem Alkali hergestellt. Die nachst. Isothiocyanate wurden aus den entsprechenden Oxyden durch Behandeln mit 2,1 mol. Isothiocyansäure in äther. Lsg. hergestellt; die ebenfalls aufgeführten Cyanide bildeten sich aus den Oxyden u. gasförmiger Blausäure: *Tri-n-butylgermaniumisothiocyanat*, Kp.$_{760}$ 319°, Kp.$_2$ 135—136°, n^{20} 1,5039, D.$^{20}_4$ 1,071, Mol.-Refr. 84,3. — *Tri-n-propylgermaniumisothiocyanat*, Kp.$_{760}$ 287°, Kp.$_9$ 143—144°, F. —56°, n^{20} 1,5063, D.$^{20}_4$ 1,105, Mol.-Refr. 69,8. — *Diäthylgermaniumdiisothiocyanat*, Kp.$_{760}$ 298°, Kp.$_1$ 113—116°, F. 16°, D.$^{20}_4$ 1,356. — *Triäthylgermaniumisothiocyanat* (IV), Kp.$_{760}$ 252°, Kp.$_8$ 113—114°, F. —46°, n^{20} 1,517, D.$^{20}_4$ 1,184, Mol.-Refr. 55,7. — *Tri-n-propylgermaniumcyanid*, Kp.$_{760}$ 253°, Kp.$_{10}$ 115—117°, F. —13°, n^{20} 1,4544, D.$^{20}_4$ 1,041, Mol.-Refr. 59,4. — *Triäthylgermaniumcyanid* (V), Kp.$_{760}$ 213°, F. 18°, n^{20} 1,4509, D.$^{20}_4$ 1,111, Mol.-Refr. 45,0. Diäthylgermaniumoxyd reagierte nicht mit HCN; Bis-[triäthylgermanium]-oxyd (III) reagierte nicht mit HNCO. — Eine Verb. *[(C_2H_5)$_3$Ge]$_2$O·SO$_2$* existiert, wenn überhaupt, nur in der Kälte. — $(C_2H_5)_3GeBr$ (I) reagierte mit Ag_2CO_3 unter CO_2-Abspaltung zu **III**; **I** gab mit $AgNO_3$ in Bzl. N_2O_4, wobei sich wahrscheinlich *(C_2H_5)$_3$Ge·NO$_3$* bildete. — $C_2H_5GeJ_3$ (II) gab mit AgNCS in Bzl. eine Fl., Kp.$_1$ 130—132°, Kp. 308° (Zers.). — *C_2H_5Ge(CN)$_3$*, F. 127° (Bzl.), Kp. ca. 255° (Zers.), aus **II** u. AgCN in Bzl. nach 1std. Kochen. — *Ge(NCS)$_4$* entstand wahrscheinlich aus $GeBr_4$ u. AgNCS. — *(C_2H_5)$_3$·Ge(NCO)*, Kp. 200°, n^{20} 1,454, aus **IV** u. AgNCO ohne Lösungsm.; 91%. — Ein Gemisch aus 55% **IV** u. 35% **V** entstand aus **V** u. AgNCS durch kurzes Kochen. — $Ge(NCO)_4$ u. **IV** reagierten auch mit SbF_3. Diese Verss. zeigten, daß bei Trialkylgermaniumverbb. eine Umwandlungsreihe J → Br → CN → NCS → Cl → NCO → F existiert. (J. Amer. chem. Soc. **73**. 5439—40. Nov. 1951. Cambridge, Mass., Harvard Univ., Chem. Labor.) ZIMMER. 980

M. A. Phillips, *Die Darstellung von 2.6-Dinitrophenol.* Analog der Vorschrift von KING (C. **1921**. III. 1353) wird *3.5-Dinitro-4-oxyphenylarsonsäure* in *2.6-Dinitrophenol* übergeführt.

Versuche: *3.5-Dinitro-4-oxyphenylarsonsäure.* 3-Nitro-4-oxyphenylarsonsäure wird bei 20° unter Rühren in konz. H_2SO_4 gelöst, mit einer kalten Mischung von HNO_3 u. konz. H_2SO_4 bei 10—20° versetzt, 1 Std. bei Zimmertemp. gerührt u. in Eis eingetragen (Reinigung durch Lösen in 10%ig. NaOH u. Ausfällen mit 5nHCl); 90% (Ausbeute). — *2.6-Dinitrophenol,* F. 60° (A.). Vorst. Verb. wird unter Rühren in die Lsg. von $NaHSO_3$ in W. eingegossen u. 4—5 Std. erhitzt; 91,5%. (Chem. and Ind. **1952.** 714—15. 19/7. Romford, Essex, Phillips Res. Labors.) H. ULRICH. 1060

Cyrus O. Guss, *Die Reaktion von p-Methoxystyroloxyd mit Phenol.* Vf. stellt *p-Methoxystyrolbromhydrin* (I) durch Solvolyse von p-Methoxystyroldibromid (II) dar; die Ggw. von NaOH führt zu *p-Methoxystyroloxyd* (III). Bei der Rk. von III mit Phenolat-Ion entsteht der prim. Alkoholäther *2-[4-Methoxyphenyl]-2-phenoxyäthanol* (IV), nicht aber der entsprechende sek. Alkohol; außerdem werden *2-[4-Methoxyphenyl]-2-[2-oxyphenyl]-äthanol* (nachgewiesen durch Überführung in *3-[4-Methoxyphenyl]-2.3-dihydrobenzofuran* [V]) u. *2-[4-Methoxyphenyl]-2-[4-oxyphenyl]-äthanol* (VI) erhalten. — Bei der durch Säure katalysierten Rk. von III mit überschüssigem Phenol bei 40—45° wird VI isoliert. — Diese Ergebnisse machen eine monomol. Bildungsweise des prim. Alkohols wahrscheinlich.

V e r s u c h e: Darst. von *p-Methoxystyroldibromid* (II), F. 80—81° (Skellysolve B), aus p-Methoxystyrol nach abgeänderter Meth. von TUTIN u. Mitarbeitern [1909]; Nadeln. *p-Methoxystyrolbromhydrin* (I), $C_9H_{11}O_2Br$, aus II in Dioxan durch Zugabe von W. u. Ausäthern; hellgelbes Öl; n_D^{20} 1,5768 nach Molekulardest. bei 10^{-3} mm; 87% (Ausbeute). Dest. bei 125—135°/5—6 mm ergibt *1-Brom-2-[p-methoxyphenyl]-äthylen,* C_9H_9OBr, F. 54—55°, aus A. Blättchen. — *p-Methoxystyroloxyd* (III), $C_9H_{10}O_2$, F. 20 ± 2°, aus I u. verd. NaOH oder aus II in Dioxan durch Zugabe von verd. NaOH u. Ausäthern; blaßgelbes Öl; n_D^{20} 1,5400 ± 0,0025; stetiges Ansteigen von n u. F. bis zu einem bestimmten Wert (wahrscheinlich Polymerisation). Erhitzen von III mit W. führt zu dem entsprechenden *Glykol,* F. 81—82°. — Nach Zugabe von Phenol in verd. NaOH zu III in der Wärme, ½std. Rk. im sd. Wasserbad, Gießen in kalte 4%ig. NaOH u. Ausäthern wird *2-[4-Methoxyphenyl]-2-phenoxyäthanol* (IV), $C_{15}H_{16}O_3$, erhalten; F. 70—72° (Hexan); 46,4%; I liefert die gleiche Ausbeute wie III. IV-*p-Nitrobenzoat,* $C_{22}H_{19}O_6N$, F. 100—101°, aus verd. A. hellgelbe Nadeln. Aus dem in Alkali lösl. Anteil wird nach Ansäuern, Ausäthern, 48std. Veresterung des Öls mit Phthalsäureanhydrid in Dioxan + Pyridin bei n. Temp., Ausäthern, Ausziehen mit 4n$NaHCO_3$-Lsg. u. ½std. Kochen des Extrakts mit verd. NaOH *3-[4-Methoxyphenyl]-2.3-dihydrobenzofuran* (V), $C_{15}H_{14}O_2$, erhalten; F. 45—46° (A.-W.). Aus der alkal. Lsg., in der die Cyclisierung zu V erfolgte, wird mit Trockeneis *2-[4-Methoxyphenyl]-2-[4-oxyphenyl]-äthanol* (VI), $C_{15}H_{16}O_3$, F. 150—151° (Bzl.-Heptan) isoliert. — Bei der durch p-Toluolsulfonsäure katalysierten Rk. von 3,75 g III mit überschüssigem Phenol (¼ Std., 40—45°) wird nach Eingießen in verd. NaOH eine feste Substanz der Zus. $C_{18}H_{20}O_4$ erhalten, F. 150—190° (Heptan), 0,4 g, wahrscheinlich eine Mischung aus Kondensationsprodd. von III u. polymerisiertem p-Methoxyphenylacetaldehyd; Ansäuern des hierbei anfallenden alkal. Filtrates ergibt eine feste Substanz, F. 115—140°, 4,2 g, die in Bzl. mit etwas p-Toluolsulfonsäure 3 Std. gekocht u. in Ae. mit verd. NaOH extrahiert wurde. Aus dem in Alkali lösl. Anteil wird VI erhalten; 1,1 g. — Darst. von IV: 3,76 g Phenol in Dioxan mit Na versetzen, bei 100° 4,57 g Äthyl-α-chlor-p-methoxyphenylacetat hinzufügen, nach einigen Std. die Reaktionsmischung in W. gießen u. ausäthern: *α-Phenoxy-p-methoxyphenylessigsäureäthylester,* $Kp._3$ 190 bis 210°; 2,45 g. Hydrolyse mit verd. NaOH ergibt die freie *Säure,* $C_{15}H_{14}O_4$, F. 108 bis 109° (Heptan), die in Ae. mit $LiAlH_4$ zu IV red. wird. — Darst. von *1-[4-Methoxyphenyl]-2-phenoxyäthanol* (VII), $C_{15}H_{16}O_3$, F. 63,5—64,5° (Heptan): Lsg. von Na-Phenolat mit p-Methoxyphenacylchlorid versetzen, 30 Min. auf dem Wasserbad erhitzen; nach Verdünnen wird *p-Anisylphenoxymethylketon* (VIII) isoliert, Blättchen aus verd. A., F. 66—67°; 35,5%; *Oxim,* F. 107—108°; *2.4-Dinitrophenylhydrazon,* $C_{21}H_{18}O_6N_4$, F. 178,5 bis 179,5°, orangefarbene Nadeln aus Äthylacetat. Red. von VIII mit Al-Isopropylat in Isopropylalkohol ergibt VII; 90,9%. *p-Nitrobenzoat,* $C_{22}H_{19}O_6N$, F. 87—88°, aus verd. A. hellgelbe Nadeln. (J. Amer. chem. Soc. **74.** 2561—63. 20/5. 1952. Fort Collins, Colo., Colorado A. u. M. Coll., Dep. of Chem.) ERIKA HAAS. 1070

A. W. Kirssanow und N. L. Jegorowa, *Phenylamidierung von Carbonsäuren.* Durch Einw. von $N^1.N^2$-Diphenylsulfondiamid (I) auf Carbonsäuren entstehen nach dem Schema $RCOOH + C_6H_5NHSO_2NHC_6H_5 \rightarrow RCONHC_6H_5 + C_6H_5NHSO_3H$ die entsprechenden *Phenylamide.* Ausnahme ist Ameisensäure, die mit I *$N^1.N^2$-Diphenylformamidin* liefert.

V e r s u c h e: Ein Gemisch von 0,01 Mol Carbonsäure, 0,01 Mol I u. 5 ml Pyridin wird 4 Std. auf 115—120° erhitzt, Pyridin im Vakuum abgedampft u. der Rückstand mit 25 ml nNaOH behandelt; das Phenylamid wird abgesaugt u. bei leichter lösl. Verbb. die wss. Lsg. ausgeäthert. — Nachst. die Phenylamidderivv. der Carbonsäuren. *Essigsäurederiv.,* F. 114—115° (W.); 77,7%. *Propionsäurederiv.,* F. 102—103° (A. + W.);

87,2%. *Isovaleriansäurederiv.*, F. 103—105° (A. + W.); 79,1%. *Palmitinsäurederiv.*, F. 83—84° (A.); 89,7%. *Stearinsäurederiv.*, F. 93—94° (A.); 94,7%. *Phenylessigsäurederiv.*, F. 116—117° (A. + W.); 97,1%. *Benzoesäurederiv.*, F. 160—161° (A.); 90,3%. *o-Chlorbenzoesäurederiv.*, F. 115—116° (A.); 95,1%. *m-Nitrobenzoesäurederiv.*, F. 152 bis 153° (A.); 99,1%. *p-Nitrobenzoesäurederiv.*, F. 211—212° (A.); 100%. *Nicotinsäurederiv.*, krist. mit 2 H_2O, F. 83—85° (W.); 80,8%. — *$N^1.N^2$-Diphenylformamidin*, F. 136 bis 137° (PAe.); analog Vorst., aber aus 0,01 Mol wasserfreier Ameisensäure u. 0,02 Mol I; 86,7%. (Журнал Общей Химии [J. allg. Chem.] **22.** (**84.**) 1612—14. Sept. 1952. Dnepropetrowsk, Metallurg. Stalin-Inst., Lehrstuhl für organ. Chemie.) H. FRÖHLICH. 1210

C. v. d. Stelt, B. G. Suurmond und **W. Th. Nauta,** *Die Carboxylierung von m-Aminophenol.* Vff. isolieren aus dem Reaktionsprod. der Carboxylierung von m-Aminophenol mit CO_2 u. $KHCO_3$ in Ggw. von W. neben p-Aminosalicylsäure (I) eine kleine Menge *2-Amino-4-oxybenzoesäure* (II); Trennung der Isomeren über ihre Hydrochloride. — II-Hydrochlorid ist in W. wesentlich leichter lösl. als I-Hydrochlorid. — *4-Oxy-2-nitrobenzoesäure,* F. 230° (W.), aus 14 g 4-Amino-2-nitrobenzoesäure in 20%ig. H_2SO_4 durch Diazotierung bei 0° u. nachfolgendem 2std. Kochen, 10 g (Ausbeute). — II, F. 157—159° (verd. A.), aus vorst. Verb. (7,5 g) durch Red. mit Sn u. HCl, 3,8 g, oder aus der Carboxylierungsmischung von m-Aminophenol. (Recueil Trav. chim. Pays-Bas **71.** 509—12. April 1952. Amsterdam, N. V. Koninklijke Pharmaceut. Fabrieken v/h Brocades-Sheeman & Pharmacia, Res. Labor.; Vrije Univ., Chem. Labor.) BARCHET. 1320

O. A. Reutow und **Ju. G. Bundel,** *Synthese aromatischer arsenorganischer Verbindungen aus arylazocarbonsauren Salzen.* Bei der Rk. von arylazocarbonsaurem K mit $AsCl_3$ entstanden *arsenorgan. Verbb.*, wahrscheinlich nach den Gleichungen $Ar—N=N—CO_2K + AsCl_3 = ArAsCl_2 + N_2 + CO_2 + KCl$ u. $2\ Ar—N=N—CO_2K + AsCl_3 = Ar_2AsCl + 2\ N_2 + 2\ CO_2 + 2\ KCl$. Die Reaktionsprodd. wurden nach der Hydrolyse mit Alkalilauge oder W. als Arylarsinoxyd oder Arylarsonigsäure bzw. Bis-[diarylarsin]-oxyd isoliert. In einer Neben-Rk. entstanden aus phenylazocarbonsaurem K (I) u. p-bromphenylazocarbonsaurem K mit $AsCl_3$ die *Doppelsalze* von *$AsCl_3$* mit *Benzol-* bzw. *p-Brombenzoldiazoniumchlorid.* Hierbei war die Mitwrkg. von Luft-O_2 notwendig. Wegen der Unbeständigkeit der Doppelsalze gelang es nicht, sie aus der Reaktionsmasse zu isolieren; doch konnte durch Abänderung der Reaktionsbedingungen (Toluol als Lösungsm.; niedrige Temp.; Durchleiten eines Luftstromes) die Bldg. von $C_6H_5N_2Cl \cdot AsCl_3$ indirekt nachgewiesen werden. Wurde der Nd. in Aceton mit $HgCl_2$ behandelt, so erfolgte unter Verdrängung von $AsCl_3$ die Bldg. des Doppelsalzes $C_6H_5N_2Cl \cdot HgCl_2$, das identifiziert wurde. Bei dem Vers., in gesonderter Rk. die Doppelverb. mit $AsCl_3$ nach der Gleichung $C_6H_5N_2Cl \cdot FeCl_3 + AsCl_3 = C_6H_5N_2Cl \cdot AsCl_3 + FeCl_3$ zu gewinnen, entstand ein etwa äquimol. Gemisch von *$C_6H_5N_2Cl \cdot AsCl_3$* u. *$(C_6H_5N_2Cl)_2 \cdot AsCl_3$*.

Versuche: Rk. von phenylazocarbonsaurem K (I) mit $AsCl_3$. 7 g I wurden in 10 Min. unter Rühren in eine Lsg. von 10,2 g $AsCl_3$ in 150 ml Aceton geschüttet. Danach wurde noch 20 Min. gerührt, der anorgan. Nd. abfiltriert, aus dem Filtrat bei 35—40°/ca. 20 mm das Lösungsm. abdest., der Rückstand mit verd. HCl u. W. gewaschen u. mit 40%ig. KOH auf 90—100° erhitzt. Durch Abfiltrieren ließ sich die Hauptmenge an *Bis-[diphenylarsin]-oxyd* (F. 88—90°), aus dem Filtrat durch starkes Abkühlen der Rest, insgesamt 0,95 g gewinnen. Aus dem Filtrat wurde durch gesätt. NH_4Cl-Lsg. *Phenyl arsinoxyd* (F. 127—130°) abgeschieden; 2,6 g. — Rk. von p-tolylazocarbonsaurem mit $AsCl_3$. Die im wesentlichen analog Vorst. durchgeführte Rk. ergab *p-Tolylarsinoxyd,* C_7H_7OAs, F. 167—169°; 2,2 g, u. *Bis-[di-p-tolylarsin]-oxyd,* $C_{28}H_{28}OAs_2$, F. 103—105°; 1,2 g. — Rk. von p-bromphenylazocarbonsaurem K mit $AsCl_3$. Erhalten wurden *p-Bromphenylarsinoxyd,* C_6H_4OBrAs, F. 239—240°; 2 g, u. *Bis-[di-p-bromphenylarsin]-oxyd,* $C_{24}H_{16}OBr_4As_2$, F. 157—159°; aus Chlf. Kristalle; 1 g. — *p-Nitrophenylarsonigsäure,* $O_2NC_6H_4As(OH)_2$; aus p-nitrophenylazocarbonsaurem K u. $AsCl_3$ in Aceton; wird nach Verseifen des Reaktionsprod. mit verd. KOH (1 : 5) als freie Säure erhalten; Reinigung durch Umfällen aus heißer konz. KOH mit HCl u. Waschen mit Ae.; hellbraun; explodiert beim Erhitzen; 64%. — *β-Naphthylarsonigsäure,* $C_{10}H_7As(OH)_2$, F. 140°; aus β-naphthylazocarbonsaurem K u. $AsCl_3$; das Reaktionsprod. wird durch 1std. Behandeln mit verd. KOH (1 : 10) verseift; man wäscht die Säure mit A. u. Ae.; 30%. — *2.4.6-Tribromphenylarsinoxyd,* $C_6H_2OBr_3As$, F. 219—220°; aus 2.4.6-tribromphenylazocarbonsaurem K; das Reaktionsprod. wird mit W. verseift, das erhaltene Oxyd durch Lösen in viel Ae. von Verunreinigungen befreit u. aus viel A. krist.; 36%. Beim Behandeln mit $HgCl_2$ in sd. wss.-alkoh. NaOH entsteht hieraus *1.3.5-Tribrombenzol* neben *Hg* u. *Na_3AsO_3*. — *Doppelsalze* von *Benzoldiazoniumchlorid* mit *$AsCl_3$*, $C_6H_5N_2Cl \cdot AsCl_3$ u. $(C_6H_5N_2Cl)_2 \cdot AsCl_3$, aus 10 g $C_6H_5N_2Cl \cdot FeCl_3$ u. 8 g $AsCl_3$ in sehr wenig Aceton; man fällt unter starker Kühlung mit Ae. u. wäscht mit kaltem Aceton; das Gemisch der $AsCl_3$-Doppelsalze schm. bei 89—90° (Zers.) u. enthält 10,81; 10,75% N; unbeständig, bes. in Ggw. von Äther. (Известия Академии Наук СССР, Отделение Химических Наук [Nachr. Akad. Wiss. UdSSR, Abt. chem. Wiss.] **1952**. 1041—48. Nov./Dez.) R. Knobloch. 1380

Georg Wittig und **Karl Clauss**, *Pentaphenylarsen und Pentaphenylantimon.* Vff. stellen durch Rk. von Tetraphenylarsoniumbromid mit Phenyl-Li (**I**) *Pentaphenylarsen* (**II**) u. durch Rk. von Tetraphenylstiboniumbromid (**XI**) mit **I** *Pentaphenylantimon* (**III**) her. Wie aus den Debyeogrammen von **II** u. dem früher von Wittig u. Rieber (C. **1950**. I. 177) hergestellten *Pentaphenylphosphor* (**IV**) hervorgeht, besitzen diese beiden analoge Strukturen; dagegen ist **III** völlig anders strukturiert. **II** läßt sich auch aus Triphenylarsindichlorid u. **I** herstellen, außerdem entstehen bei dieser Rk. *Triphenylarsin* (**IX**) u. *Chlorbenzol*; für die Bldg. der beiden letzten Prodd. sehen Vff. einen Metall-Halogen-Austausch nach $(C_6H_5)_3AsCl_2$ + **I** → **IX** + C_6H_5Cl + LiCl als Grund an. Wird dagegen **I** mit Triphenylstibindichlorid (**VII**) umgesetzt, so verläuft diese Rk. grundsätzlich anders, denn als Endprod. bildet sich als stabiles Prod. das komplexe *Li-Hexaphenyloantimonat* (**V**). Analoge Prodd. ließen sich weder mit **II** noch mit Triphenylstibin (**VIII**) fassen. **V** läßt sich auch bequem direkt aus $SbCl_5$ u. **I** synthetisieren. Die Zers. von **II** gibt beim F. neben harzigen Prodd. u. Bzl. 81% **IX** u. wenig *Diphenyl*. Die Bldg. des Bzl. u. des Harzes wird auf einen Radikalmechanismus zurückgeführt. **III** zers. sich dagegen erst oberhalb seines F. quantitativ zu **VIII** u. *Diphenyl*; die Bldg. von Bzl. wurde nicht beobachtet. Auch durch die Umsetzung mit Halogenen unterscheiden sich **II** u. **IV** scharf von **III**. **II** u. **IV** geben mit J_2, Br_2 u. Cl_2 *Tetraphenylarsoniumperhalogenid* bzw. die entsprechende P-Verb.; während **III** mit dem 1. Mol Halogen das Stiboniumhalogenid liefert, wird es vom 2. Mol ebenfalls zu dem perhalogenierten Analogon umgesetzt; die Br-Verb. zerfällt beim Erwärmen quantitativ zu *Triphenylstibindibromid* (**VI**) u. *Brombenzol*. Mit Cl_2 gibt **III** überhaupt kein Perhalogenid, sondern reagiert sofort zu **VII** u. *Chlorbenzol*. **VI** u. **VII** sind mit den Additionsverbb. von Cl_2 bzw. Br_2 an **VIII** ident.; Anzeichen einer cis-trans-Isomerie der auf den beiden unterschiedlichen Wegen hergestellten Verbb. konnten nicht bemerkt werden. Mit Halogenwasserstoffen setzen sich **II** u. **III** ähnlich wie mit den Halogenen um, hierbei bleibt allerdings die Perhalogenidbldg. aus. Die anion. Ablösbarkeit einer Phenylgruppe aus **II**, **III** u. **IV** gelingt durch Umsetzung mit Triphenylbor (**X**), wobei sich die komplexen Verbb. *Tetraphenylphosphoniumtetraphenyloborat* bzw. *Tetraphenylarsoniumtetraphenyloborat* bzw. *Tetraphenylstiboniumtetraphenyloborat* der allg. Formel $[(C_6H_5)_4Z]^+[B(C_6H_5)_4]^-$ bilden. Vergleichende Unterss. der Bildungsgeschwindigkeiten vorst. Komplexe ergaben einen starken Abfall von Z=P bis Z=Sb; der Beginn der Komplexbldg. in äther. Lsg. setzt bei Z=P nach einigen Min., bei Z=As nach einigen Std. u. bei Z=Sb erst nach ca. 20 Tagen ein. Vff. weisen bes. darauf hin, daß beim Vgl. dieser Tendenz zur Komplexbldg. mit der therm. Stabilität von **II**, **III** u. **IV** auffällt, daß die Neigung zur Bldg. von Ionen u. Radikalen nicht parallel geht, sondern hier eine inverse Beziehung besteht.

V e r s u c h e (alle metallorgan. Rkk. unter N_2): *Pentaphenylarsen* (**II**), $C_{30}H_{25}As$, aus Tetraphenylarsoniumbromid u. **I** in Ae.; im verschlossenen Rohr wurde bei 40° 3 Tage geschüttelt, der Rückstand im Vakuum getrocknet u. im Doppelschlenkrohr aus Cyclohexan umkrist.; es bildete sich hierbei ein Solvat **II**·*0,5* C_6H_{12}, F. 149—150°; 64% (Ausbeute), nach dem Erhitzen im Hochvakuum auf 65° wurde **II** ohne Lösungsm. erhalten; **II** ist in warmem Bzl. u. Tetrahydrofuran gut, in CCl_4 u. Cyclohexan mäßig lösl. u. unlösl. in H_2O. **II** ließ sich auch aus 6,9 g Triphenylarsindichlorid u. **I** in Ae. bei 0° innerhalb Std. als zunächst hellbrauner Nd. herstellen, der nach dem Umkristallisieren aus Cyclohexan mit dem vorst. Prod. ident. war; 47%; aus der Ae.-Schicht konnten durch fraktionierte Dest. 2,3 g *Triphenylarsin* (**IX**), F. 60—61° (A.), u. 0,75 g *Chlorbenzol*, Kp. 129—131°, n_D^{16} 1,527, neben 0,1 g *Diphenyl* nachgewiesen werden. — Die therm. Zers. von 6,68 g **II**·0,5 C_6H_{12} erfolgte im Säbelkolben bei 150° (Bad) schlagartig, das Destillat wurde auf —80° gekühlt u. dest.; es wurden gefunden: 0,35 g *Diphenyl*, F. 67 bis 68°, u. 3,1 g **IX**, weitere 0,2 g **IX** ließen sich noch aus dem Destillationsrückstand über die **IX**·$HgCl_2$-Additionsverb. isolieren; bei der vorst. Dest. dest. 1,3 g einer Fl., Kp. 76,2 bis 76,8°, n_D^{18} 1,4727, ab, diese ließ sich durch Behandeln mit konz. HNO_3 teilweise in 1,03 g *m-Dinitrobenzol*, F. 87,5—88° (A.), u. in Cyclohexan auftrennen. — *Tetraphenylarsoniumtrijodid*, F. 228—230° (Zers.; Brombenzol), durch Titration von **II** in CCl_4 mit Jod bis zum Äquivalenzpunkt; 88%. — *Tetraphenylarsoniumtribromid*, orangefarbene Blättchen, F. 215—216° (Eisessig), analog aus **II** mit Br_2. — *Tetraphenylarsoniumtrichlorid*, hellgelbe Blättchen, F. 169—180° (Zers. unter Cl_2-Abgabe zu *Tetraphenylarsoniumchlorid*), aus **II** u. Cl_2 nach 24 Stunden. — *Tetraphenylarsoniumbromid*, F. 279 bis 281°, aus **II** u. wss. HBr nach kurzem Kochen; 97%. — *Tetraphenylarsoniumjodid*, Nadeln, F. 314—319°, durch Lösen von **II** in Eisessig, kurzes Kochen u. Versetzen der entstandenen Lsg. mit wss. KJ. — *Tetraphenylarsoniumtetraphenyloborat*, $C_{48}H_{40}AsB$, F. 293—294° (Zers.; Nitromethan), aus **II** u. **X** in Ae.; nach 30 Min. Trübung, nach 20 Std. Kristallabscheidung, nach 20 Tagen 57%; ließ sich auch aus Tetraphenyl-AsBr u. Li-Tetraphenylborat in Methanol darstellen; 97%. — *Tetraphenylphosphoniumtetraphenyloborat*, Nadeln, F. 309—311° (Zers.; Nitromethan), nach 20 Tagen 12,5%. — *Pentaphenylantimon* (**III**), $C_{30}H_{25}Sb$, analog **II**; der GILMAN-Test wurde hierbei erst bei einem Verhältnis von **XI** : **I** = 1 : 2,5 positiv; das Reaktionsgemisch wurde mit W. zers., wobei Geruch nach Bzl. auftrat, danach wurde wie dei der Herst. von **II** aufgearbeitet u. **III**· *0,5* C_6H_{12}, F. 169—170°, in zentimeterlangen monoklin-prismat. Kristallen erhalten; 77%; durch Trocknen im Vakuum dei 100° konnte das lösungsmittelfreie Prod. erhalten werden; **III** ist in kaltem Bzl. u. Tetrahydrofuran gut, in CCl_4 mäßig, in Cyclohexan wenig lösl. u. unlösl. in W.; **III**·0,5 C_6H_{12} konnte auch aus **VII** u. **I** in Ae. innerhalb 20 Min. u. Aufarbeitung wie vorst. erhalten werden; 90%. Weiter wurde **III** aus 9,5 g $SbCl_5$ u. **I** in Ae. hergestellt; **III** wurde aus dem Nd. erhalten; 8,2 g; durch Fraktionieren der Ae.-Lsg. wurden erhalten: 1,9 g *Diphenyl* u. 4,9 g *Triphenylstibin* (**VIII**). — *Lithiumhexaphenyloantimonat* (**V**), $C_{36}H_{30}LiSb$, Sinterung ab 165°, F. (unscharf) 185°, aus **III**· 0,5 C_6H_{12} u. **I** in Ae. im Doppelschlenkrohr; 98%. **V**·*4-Tetrahydrofuran*, $C_{36}H_{30}LiSb$· 4 C_4H_8O, beim schnellen Erhitzen F. 180—185°, aus **III** u. **I** in Ae. u. Extrahieren mit Tetrahydrofuran; 68%. Die therm. Zers. von 11 g **III**·0,5 C_6H_{12}, die oberhalb 200° eintrat, ergab 0,75 g *Cyclohexan*, F. 3—5°, 3,05 g *Diphenyl* u. 6,4 g **VIII**, F. 222—225°. — *Tetraphenylstiboniumjodid*, F. 225—226° (A. + Ae.), aus **III** in Bzl. u. J_2 in CCl_4; 86%. — *Tetraphenylstiboniumtrijodid*, $C_{24}H_{20}J_3Sb$, hellbraune Blättchen, F. 175—176° (A.), aus **III** u. 2 Mol J_2 bei 40°. — *Tetraphenylstiboniumbromid* (**XI**), F. 213—215°, aus **III** u. Br_2 bei 70°. — *Tetraphenylstiboniumtribromid*, $C_{24}H_{20}Br_3Sb$, orangefarbene Kristalle, F. 130° (Zers.; A.), aus **III** u. 2 Mol Br_2; 80%. — *Triphenylstibindibromid* (**VI**), F. 215 bis 216° (A.-Bzl.), aus vorst. Prod. durch kurzes Erhitzen. — *Tetraphenylstiboniumchlorid*, F. 204—205° (Essigester), analog aus Cl_2 u. **III** in CCl_4; 76%. Mit überschüssigem Cl_2 entstand kein Tetraphenylstiboniumtrichlorid, sondern **VII**; 90%. — **III** gab beim Kochen mit 40%ig. HBr zunächst Bzl., das noch bei der Rk. abdest.; aus dem Rückstand krist. **XI** aus; 61%. Der in W. unlösl. Rückstand erwies sich als *Triphenylstibinhydroxybromid* (**XII**), $C_{18}H_{16}OBrSb$, F. 246—249° (Dioxan); 28%. Ein Vergleichspräp. von **XII** wurde durch 1std. Kochen von **VI** mit W. u. A. hergestellt; 89%. Die Rk. von **III**·0,5 C_6H_{12} mit azeotroper wss. HBr ergab neben Cyclohexan u. Bzl. **VI**, F. 217—218°; 90%. **VI** ließ sich auch aus **XI** u. 45%ig. HBr gewinnen; 91%. — Wurde **III** in Eisessig bei 60 bis 70° gelöst u. nach dem Verdünnen mit W. u. NaOH NaJ-Lsg. zugegeben, so fiel *Tetraphenylstiboniumjodid*, F. 225—226° (A.-Ae.) aus; 91%. *Tetraphenylstiboniumacetat* ließ sich gewinnen, wenn man vor der Zugabe von W. bei vorst. Rk. im Vakuum destillierte. — *Tetraphenylstiboniumtetraphenyloborat*, $C_{48}H_{40}BSb$, lange Nadeln, F. 258—260° (Nitromethan), aus **III** u. **X** in Ae.; nach 1—2 Min. begann die Bldg. des Nd.; Ausbeute nach 6 Std. 10%; dieses Prod. erwies sich als ident. mit einem aus **XI** u. Li-Tetraphenyloborat in Methanol hergestellten Vergleichspräparat. (Liebigs Ann. Chem. **577**. 26—39. 1952. Tübingen, Univ., Chem. Inst.) ZIMMER. 1380

Georg Wittig und **Hermann Fritz**, *Tetraphenyltellur*. Vff. versuchen, die Tetraphenylderivv. des S, Se u. Te nach dem im vorst. Ref. beschriebenen Verf. durch Rk. der entsprechenden Triphenyloniumsalze mit Phenyl-Li (**I**) herzustellen. Diese Meth. ist aber nur bei der Synth. des *Tetraphenyltellurs* (**II**) erfolgreich. Beim S wurden statt des erwarteten Tetraphenylschwefels nur dessen Zerfallsprodd. *Diphenylsulfid* u. *Diphenyl* (**III**) erhalten. Die große Abneigung des S, sich tetraalkylieren zu lassen, folgt auch aus der Rk. zwischen Trimethylsulfoniumbromid (**IX**) u. Methyl-Li; statt des erwarteten Ylids $(CH_3)_2\overset{(+)}{S}-\overset{(-)}{C}H_2$ entstanden unter Methanentw. *Dimethylsulfid* u. ein Polymethylengemisch. Triphenylselenoniumchlorid lieferte mit **I** auch nicht das erwartete Tetraphenylselen, sondern *Diphenylselenid* u. **III**. Auch der Umsatz der Triphenyloniumsalze von S u. Se mit Trityl-Na statt **I** gab nicht die erwarteten Prodd. sondern *Tetraphenylmethan* u. *Diphenylsulfid* bzw. *-selenid*. Dagegen ließen sich Triphenyltelluroniumchlorid (**VI**) oder auch Diphenyltellurdichlorid mit **I** glatt zu **II** umsetzen. Da der GILMAN-Test erst bei einem Überschuß von **I** positiv wurde, wird geschlossen, daß eine Komplexbldg. nach **II** + **I** ⇌ $[(C_6H_5)_5Te]Li$ (**IV**) eintritt; allerdings gelingt es nicht, das *Lithiumpentaphenyltellurat* (**IV**) in Substanz zu fassen. Die therm. Zers. von **II** verläuft über einen radikal. Mechanismus unter Bldg. von *Diphenyltellurid*, *Bzl.*, **III** u. harzigen Prodd.; für das Auftreten von freien Radikalen spricht auch das Verh. von **II** in erhitztem Styrol, denn dieses polymerisiert schneller als ohne Zusatz von **II**. Mit W. wird **II** sofort zu *Triphenyltelluroniumhydroxyd* u. *Bzl.* zers., während es mit Triphenylbor rasch zu *Triphenyltelluroniumtetraphenyloborat* (**V**) reagiert. **V** wurde auch aus Triphenyltelluroniumbromid u. Na-Tetraphenyloborat hergestellt. Mit halogenierten KW-stoffen reagiert **II** wie folgt: mit CH_2Cl_2 entstanden **VI** u. *Benzylchlorid*, mit Chlf. bildeten sich **VI** u. *Benzalchlorid*; an Benzaldehyd addiert sich **II** wie eine GRIGNARD-Verb.; es konnte hierbei **VI** u. *Benzhydrol* isoliert werden.

Versuche (alle Rkk. unter N_2): Eine äther. Suspension von Triphenylsulfoniumbromid (**VII**) wurde mit Phenyl-Li (**I**) umgesetzt, anschließend mit W. zers. u. der Rückstand einer Vakuumsublimation unterworfen, wobei *Diphenyl* (**III**), F. 68—70°, erhalten wurde; 37% (Ausbeute); der Rückstand hiervon ließ sich mit Perhydrol zu *Diphenylsulfon* (**VIII**), F. 123—124° (Ligroin), oxydieren; 43%. Ein bei —70° durchgeführter Ansatz verlief ebenso. — Zu einer äther. Suspension von **VII** wurde ein äther. Trityl–Na-Lsg. zugetropft, bis die rote Färbung bestehen blieb; es wurde von nicht umgesetztem **VII** dekantiert, aus der Ae.-Lsg. fiel beim Einengen *Tetraphenylmethan*, F. 280—282° (Bzl.) (6%), aus; aus der Mutterlauge konnte *Diphenylsulfid*, $Kp._{15}$ 153—158°, herausdest. werden; es wurde zu **VIII** oxydiert; 81%. — Eine äther. Suspension von **IX** wurde mit CH_3Li umgesetzt, wobei CH_4 entwich; 64% im Laufe von 5 Tagen; das außerdem gebildete *Dimethylsulfid* — im Ae. gelöst enthalten — wurde zur Identifizierung mit CH_3Br zu **IX** umgesetzt u. als **IX**·$HgCl_2$, F. 181—183°, identifiziert; 45%, im Ae. ungelöst blieb ein *Polymethylen*, $(CH_2)_x$; 46%; ein ähnliches Prod., F. 128—131°, entstand beim Umsatz von **IX** mit **I**; 70%. — Eine äther. Suspension von Triphenylselenoniumchlorid reagierte mit **I** zu **III**; 23%; das als Öl anfallende *Diphenylselenid* wurde durch konz. HCl in Diphenylselendichlorid, F. 181—183° (Bzl.), übergeführt; 31%. — *Tetraphenyltellur* (**II**), aus einer äther. Suspension von **VI** mit **I** im Doppelschlenkrohr, beim Abkühlen auf —10° fiel **II** aus; 33,6%; nach dieser Meth. konnte **II** nur unrein erhalten werden; in sd. W. wird **II** sofort zu *Triphenyltelluroniumhydroxyd*, das nach Zusatz von KBr als *Triphenyltelluroniumbromid*, F. 256—258°, identifiziert werden konnte. **II**, $C_{24}H_{20}Te$, F. 104—106° (Ae.), ließ sich am besten aus Diphenyltellurdichlorid u. **I** in Ae. herstellen; 51,8%. **II** konnte auch aus $TeCl_4$ u. **I** bei —70° in Ae. hergestellt werden. **II** zers. sich schlagartig bei 115° (Bad) zu Bzl. (→ *m-Dinitrobenzol*, F. 89—90°) u. einem Gemisch aus **III** u. *Diphenyltellurid* (→ *Diphenylditellurdibromid*, F. 196—198°). — *Triphenyltelluroniumtetraphenyloborat* (**V**), $C_{42}H_{35}BTe$, F. 217—219° (Nitromethan), aus **II** u. Triphenylbor in Ae.; **V** entstand auch aus Triphenyltelluroniumbromid u. Na-Tetraphenyloborat; 30,6%. — *Triphenyltelluroniumchlorid* (**VI**), Kristalle, F. 242—244°, aus **II** u. CH_2Cl_2 oder aus **II** u. Chlf. nach 24 Std.; 36,9%; aus der mit W. durchgeschüttelten Mutterlauge wurde (bei der Rk. mit Chlf.) *Benzalchlorid* (→ *Benzaldehydphenylhydrazon*, F. 151—153°) isoliert. — *Benzhydrol*, F. 64—66° (Ligroin), aus **II** u. Benzaldehyd in Ae.; Zers. mit W. u. Durchschütteln mit Bisulfit; 47,3%. (Liebigs Ann. Chem. **577**. 39—46. 1952.) ZIMMER. 1380

Franz Wille und Fritz Knörr, *Beitrag zur Polymerisation von Acetylenverbindungen. Propargylaldehyd* (**I**) verwandelt sich, wie Vf. fand (vgl. C. **1951**. I. 3028), unter Einfl. bas. Katalysatoren wie *Triäthylamin* (**III**), *Dimethylanilin* (**IV**) u. *Piperidin* (**V**)-*Acetat* in *4.6-Diformyl-2-äthinyl-α-pyran. Methyläthinylketon* (**II**) polymerisiert unter Einfl. von **III** in heftiger Rk.; wird diese durch ein Lösungsm. gemäßigt, resultiert nach Hochvakuumsublimation wenig *symm.-Triacetylbenzol* (**VI**). Mit **V** u. *Diäthylamin* (**VII**) werden ebenfalls schlechte Ausbeuten erhalten, die jedoch durch Verwendung von **V**- oder **VII**-Acetat wesentlich gebessert werden können. *Phenylpropargylaldehyd* (**VIII**) polymerisiert ebenfalls besser unter Einfl. von Aminsalzen als mit den freien Basen selbst, weil wohl diese Aldehyde unter Wrkg. der freien Basen leicht verharzen oder die Base an die Acetylenbindung addiert wird. Es entsteht hierbei aus **VIII** das *2.4.6-Tris-[phenyläthinyl]-trioxan-(1.3.5)* (**IX**). Die besten Ausbeuten werden mit den Acetaten von **V** u. **VII** erhalten, geringe mit den Acetaten von *Morpholin* (**X**) u. **III**, unwirksam sind die Acetate von *Anilin* (**XII**), *n-Butylamin* (**XIII**), **IV** u. das **VII**-Hydrochlorid. Ebenso führt die Verwendung von *Dicarbonyl-bis-[triphenylphosphino]-nickel* (**XIV**) zu keinem definierten Produkt. Die Konst. von **IX** wurde aus folgenden Ergebnissen angenommen: Oxydation mit $KMnO_4$ in Aceton liefert Benzoesäure, katalyt. Hydrierung liefert entweder **VIII** oder amorphe Prodd., das Mol.-Gew. ist das dreifache dessen von **VIII**, Red. mit $LiAlH_4$ liefert Zimtalkohol, der auch auf diesem Wege aus **VIII** entsteht, Erhitzen mit W. auf 210° gibt Acetophenon, Ameisensäure u. CO, die im gleichen Mengenverhältnis auch aus **VIII** entstehen. **VIII** liefert mit **VII** bzw. **V** *β-Diäthylamino-β-phenylacrolein* (**XV**) bzw. *β-Piperidino-β-phenylacrolein* (**XVI**), beide Verbb. wurden auch aus **IX** erhalten. Gegenüber tert. Aminen hingegen ist **IX** stabil. Ferner ist das Absorptionsspektr. von **IX** dem des **VIII**-Diäthylacetals sehr ähnlich. Die drei Phenyläthinylgruppen in **IX** sind jedoch nicht völlig unabhängig voneinander, da die Extinktion des Trimeren nicht das Dreifache der des Acetals beträgt. *Tolylpropargylaldehyd* (**XVII**) verhält sich wie **VIII** u. polymerisiert zum

2.4.6-Tris-[p-tolyläthinyl]-trioxan-(1.3.5) (**XVIII**). Auch hier wirken sek. Amine ringaufspaltend unter Bldg. von Aminoacroleinen. *Tetrolaldehyd* (**XIX**) liefert zwar mit Aminen *β-Amino-β-methylacrolein,* mit ihren Acetaten jedoch kein Paraldehydderivat. Auch **XIV** bedingte keine Polymerisation. Damit sind **VIII** u. **XVII** die bisher einzigen ungesätt. Aldehyde, die zu Trioxanderivv. polymerisieren.

V e r s u c h e: *symm.-Triacetylbenzol* (VI), $C_{12}H_{12}O_3$, F. 163° (Methanol), aus 2 g **II** in Ae. u. 10 Tropfen **III**, dabei Erwärmung u. Dunkelbraunfärbung der Lsg., nach 24std. Stehen Abdampfen des unveränderten **II**, Trocknen des Rückstandes auf Ton u. anschließende Hochvakuumsublimation. 30 mg (Ausbeute). **II** gibt in methanol. Lsg. mit **V** oder **VII** nach 2monatigem Stehen schlechte Ausbeuten an **VI**, mit **VII**-Acetat nach 4tägigem Stehen 14%, mit **VII**-Acetat nach 10 Min. Erwärmen auf dem Wasserbade 34%, mit **V**-Acetat nach 8tägigem Stehen 28% **VI**. — *Phenylpropargylaldehyd* (**VIII**), nach Org. Syntheses **25.** 92 unter folgender Modifizierung: *α-Bromzimtaldehyddimethylacetal,* $Kp._{11}$ 151°; aus α-Bromzimtaldehyd in absol. Methanol, Dimethylsulfit u. etwas 8%ig. methanol. HCl nach 8—10std. Kochen u. Vakuumdestillation; 91%. **VIII**-*2.4-Dinitrophenylhydrazon,* $C_{15}H_{10}O_4N_4$, F. 193° (Eisessig). **VIII**-*Anil,* $C_{15}H_{11}N$, F. 57°, aus **VIII** u. Anilin unter äußerer Kühlung, Abpressen der **M.** auf Ton u. Hochvakuumdestillation. — *2.4.6-Tris-[phenyläthinyl]-trioxan-(1.3.5)* (**IX**), $C_{27}H_{18}O_3$, F. 181° (Eisessig), Nädelchen, aus **VIII** in A. mit **VII**-Acetat, 24std. Stehen u. Abfiltrieren des **IX**; 34%. (Hinsichtlich der Ausbeuten an **IX** mit anderen Katalysatoren vgl. Tabelle im Original.) *Rkk. von* **IX**: mit $KMnO_4$–$Ca(NO_3)_2$ in kochendem Aceton, Abdampfen, Red. mit schwefliger Säure u. Ausäthern entsteht *Benzoesäure,* mit $LiAlH_4$ in sd. Ae. u. Rk. mit 3.5-Dinitrobenzoylchlorid *Zimtalkohol-3.5-dinitrobenzoat,* $C_{16}H_{12}O_6N_2$, F. 121° (n-Heptan); mit W. 1 Std. im Autoklaven bei 210° *Acetophenon,* neben *Ameisensäure, CO* u. etwas Harz. Die gleichen Verbb. entstehen aus **VIII** unter den gleichen Bedingungen. — *β-Diäthylamino-β-phenylacrolein* (**XV**), $C_{13}H_{17}ON$, $Kp._1$ 160—162°, $Kp._{0,01}$ 142—144°, goldgelbes Öl, gibt rote $FeCl_3$-Rk. in Methanol; aus **IX** oder **VIII** in A. mit **VII** in A. bei 75° oder beim Stehen in der Kälte; ca. 100%. — *β-Piperidino-β-phenylacrolein* (**XVI**), $C_{14}H_{17}ON$, F. 95° (Bzl.–PAe.), citronengelbe Nadeln, analog **XV** aus **IX** bzw. **VIII** u. **V**, durch Hochvakuumdest. gelboranges, schnell erstarrendes Öl, gibt rote $FeCl_3$-Rk. in Methanol; 62,5% bzw. 15—17%. — *β-Morpholino-β-phenylacrolein,* $C_{13}H_{15}O_2N$, F. 112° (PAe.–Bzl.), blaßgelbe Kristalle, aus **VIII** u. **X** in A. unter Rückfluß, Abdest. des A. unter vermindertem Druck u. Hochvakuumdest. des Rückstandes. Bald erstarrendes Öl; rote $FeCl_3$-Rk.; 44,5%. — *β-Diphenylamino-β-phenylacrolein,* $C_{21}H_{17}ON$, F. 148°, durch 14std. Kochen von **VIII** u. Diphenylamin in Methanol u. Abfiltrieren der gebildeten Kristalle; rote $FeCl_3$-Reaktion. — *β-Isobutylamino-β-phenylacrolein,* $C_{13}H_{17}ON$, $Kp._1$ 129°, aus **VIII** u. Isobutylamin in A., hellgelbes Öl. — *p-Tolylpropargylaldehyd* (**XVII**), aus *p-Methylzimtaldehyd* → *α-Brom-p-tolylacrolein,* $C_{10}H_9OBr$, F. 74—76°, Nadeln aus 80%ig. A., nicht sehr beständig; 74%. → *α-Brom-p-tolylacroleindiäthylacetal,* $Kp._1$ 140—143°, Fl.; 86%. → *p-Tolylpropargylaldehyd* (**XVII**)-*diäthylacetal,* $Kp._1$ 128—131°, hellgelbes Öl; 62%. → **XVII,** $C_{10}H_8O$, $Kp._1$ 92 bis 95°, Öl; 69,5%. *Semicarbazon,* $C_{11}H_{11}ON_3$, F. 146° (wss. A.), *2.4-Dinitrophenylhydrazon* $C_{16}H_{12}O_4N_4$, F. 186° (Eisessig). — *2.4.6-Tris-[p-tolyläthinyl]-trioxan-(1.3.5)* (**XVIII**), $C_{30}H_{24}O_3$, F. 232° (Eisessig), feine Nädelchen, aus **XVII** u. **V**- bzw. **VII**-Acetat nach 24std. Stehen, Verreiben mit A. u. Filtrieren. — *β-Diäthylamino-β-tolylacrolein,* $C_{14}H_{19}ON$, $Kp._1$ 164°, F. 61° (Bzl.–PAe.), aus **VII** in A. u. **XVII** bzw. **XVIII**, 1std. Erhitzen auf dem Wasserbade, Abdest. des A. u. Dest. des Rückstandes im Hochvakuum, blaßgelbe Kristalle, mit $FeCl_3$ zinnoberrote Rk.; 81,4% bzw. fast quantitativ. — *β-Diäthylamino-β-methylacrolein,* $C_8H_{15}ON$, $Kp._1$ 121°, blaßgelbes Öl; aus **XIX** u. **VII** in A. unter Kühlung (Temp. $< 40°$), abdest. des A. u. Hochvakuumdest.; mit $FeCl_3$ violette Reaktion. — *β-Piperidino-β-methylacrolein,* $C_9H_{15}ON$, $Kp._1$ 138°, $Kp._3$ 142°, analog vorst. Verb. aus **XIX** u. **V**, gelbes Öl; mit $FeCl_3$ violette Reaktion. (Chem. Ber. **85.** 841—51. 14/10. 1952. München, Univ., Chem. Labor.) RUSKE. 1520

P. Karrer und **J. Kebrle,** *Über die Konstitution einiger aus β-Jonon früher hergestellter ungesättigter Verbindungen.* Der kürzlich von verschied. Seiten erbrachte Nachw., daß es sich bei dem aus β-Jonon (**I**), Bromessigester u. Zn neben der krist. β-Jonylidenessigsäure (**II**) erhaltenen nicht krist. Isomeren (vgl. KARRER u. Mitarbeiter, Helv. chim. Acta **15.** [1932.] 878) nicht um ein Stereoisomeres von **II**, sondern um ein Strukturisomeres **III** handelt, das durch Allylumlagerung der intermediären Oxysäure vor der Wasserabspaltung entstanden ist, veranlaßt die Vff., die Strukturen verschied. früher auf ähnlichem Wege aus **I** dargestellter Verbb. zu überprüfen.

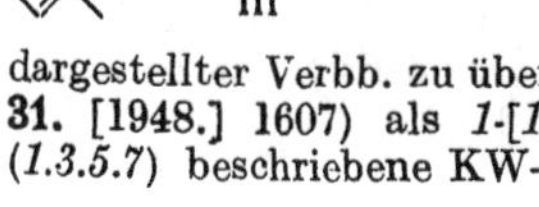

III

So hat der von KARRER u. BENZ (Helv. chim. Acta **31.** [1948.] 1607) als *1-[1'.1'.5'-Trimethylcyclohexen-(5')-yl-(6')]-3.7-dimethyloctatetraen-(1.3.5.7)* beschriebene KW-stoff in Wirklichkeit die Struktur *1-[1'.1'.5'-Trimethylcyclo-*

hexen-(4')-yliden-(6')]-3.7-dimethyloctatrien-(2.4.6), denn es entsteht bei der O_3-Oxydation kein HCHO. Ebenso ist das von Karrer u. Benz (C. **1950**. I. 1739, 1740) analog dargestellte „*Axerophten*" *1-[1'.1'.5'-Trimethylcyclohexen-(4')-yliden-(6')]-3.7-dimethylnonatrien-(2.4.6)* u. *15-Äthylaxerophten* von Karrer, Patel u. Benz (C. **1950**. II. 1008) entsprechend *1-[1'.1'.5'-Trimethylcyclohexen-(4')-yliden-(6')]-3.7-dimethylundecatrien-(2.4.6)*. Auch das sogenannte „*β-Jonylidenäthan*" von Karrer u. Benz (C. **1950**. I. 1739) entspricht nicht den früher vorgeschlagenen Formeln, sondern ist *1-[1'.1'.5'-Trimethylcyclohexen-(4')-yliden-(6')]-3-methylpenten-(2)*, denn es liefert bei der Ozonolyse Methyläthylketon. Dagegen scheinen die Formeln für *O-Methyljonylidenäthylalkohol* u. für die „*isomere Form des Vitamin-A-methyläthers*" (vgl. Karrer u. Karanth, C. **1951**. I. 2734) keiner Änderung zu bedürfen, ebensowenig die früher (Karrer, Karanth u. Benz, Helv. chim. Acta **32**. [1949.] 436, 1036) für *Isoaxerophten* u. *Isodesmethylaxerophten* aufgestellten Formeln; bei den beiden letzten Verbb. deswegen, weil bei α-Jononderivv. eine Wanderung der OH-Gruppe von der Seitenkette zum Ring hin unter Allylumlagerung nicht möglich ist, da $C_{(6)}$, in gesätt. Zustand vorliegt. (Helv. chim. Acta **35**. 2570—73. 1/12. 1952. Zürich, Univ., Chem. Inst.) Spaeth. 1960

A. W. Johnson, *Tropolone.* **Übersicht über das *Tropolon*, seine natürlichen u.** künstlich dargestellten Derivate. — Zahlreiche Literaturangaben. (Sci. Progr. **39**. 495 bis 501. Juli 1951. Cambridge, Univ., Chem. Labor.) Nitzschke. 1980

David Craig, *Die Umlagerung von endo-3.6-Methylen-1.2.3.6-tetrahydro-cis-phthalsäureanhydrid.* Beim Erhitzen von *endo-3.6-Methylen-1.2.3.6-tetrahydro-cis-phthalsäureanhydrid* (**Ia**) (F. 165°) auf 190° wird es im Gegensatz zu früheren Angaben nicht in die Ausgangskomponenten Cyclopentadien-(1.3) (**II**) u. Maleinsäureanhydrid (**III**) gespalten, sondern es wird die isomere *exo-Verb.* (**Ib**) (F. 143°) gebildet, welche nicht unmittelbar aus **II** u. **III** zugänglich ist. Die Rk. ist reversibel u. wird in ihrem Verlauf mit Hilfe von F.-Diagrammen verfolgt. Beim Erhitzen von **Ib** wird ein Prod. vom F. 109° erhalten, welches ungefähr der Zus. des eutekt. Gemisches (57% **Ib**) entspricht, während der etwas niedrigere F. des aus reinem **Ia** erhaltenen Prod. auf Neben-Rkk. hindeutet.

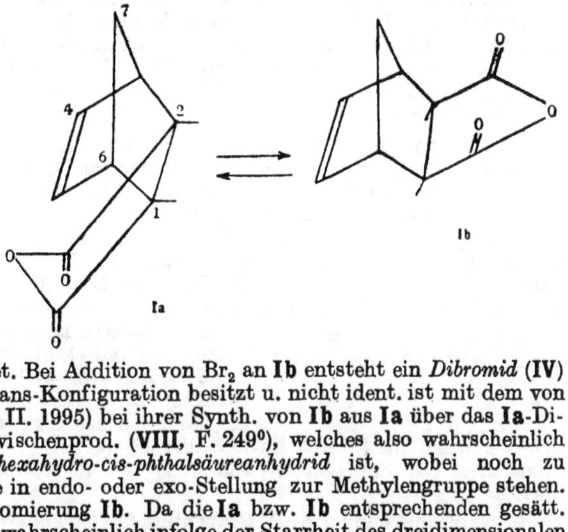

Ia Ib

Bei Addition von Br_2 an **Ib** entsteht ein *Dibromid* (**IV**) (F. 184°), das wahrscheinlich trans-Konfiguration besitzt u. nicht ident. ist mit dem von Alder u. Stein (vgl. C. **1933**. II. 1995) bei ihrer Synth. von **Ib** aus **Ia** über das **Ia**-Dibromid (F. 209°) erhaltenen Zwischenprod. (**VIII**, F. 249°), welches also wahrscheinlich *cis-4.5-Dibrom-exo-3.6-methylenhexahydro-cis-phthalsäureanhydrid* ist, wobei noch zu klären bleibt, ob die Br-Atome in endo- oder exo-Stellung zur Methylengruppe stehen. **IV** u. **VIII** geben bei der Debromierung **Ib**. Da die **Ia** bzw. **Ib** entsprechenden gesätt. Verbb. ebenso wie **IV** u. **VIII** — wahrscheinlich infolge der Starrheit des dreidimensionalen Mol. — Verss. zur Umlagerung Widerstand entgegensetzen, muß im Falle der Rk. **Ia** ⇌ **Ib** die Doppelbindung beteiligt sein. Vf. diskutiert 5 verschied. Reaktionsmechanismen, von denen 3 auf Grund von Versuchsergebnissen u. theoret. Überlegungen ausgeschieden werden. Am wahrscheinlichsten erscheint der über ein nicht isolierbares Zwischenprod. verlaufende Weg; dabei wird **Ib** aus **Ia** gebildet durch Lösen der Bindung zwischen $C_{(1)}$- u. $C_{(6)}$, Wanderung eines H-Atoms von $C_{(7)}$ nach $C_{(4)}$ u. Errichten einer Bindung zwischen $C_{(1)}$ u. $C_{(3)}$. In Betracht kommt auch die Dissoziation von **Ia**, obwohl weder **II** oder **III** noch das hypothet. Zwischenprod. Cyclopentadienylbernsteinsäureanhydrid bei 190° in nachweisbaren Mengen entstehen. Bei 200° geht **Ia** mit 2.3-Dimethylbutadien (**V**) eine Dienaustausch-Rk. ein; das gebildete **II** wird nachgewiesen durch Umsetzung mit **III** zu **Ia**. Auch mit Fumarsäure (**VI**) reagiert **Ia** bei 200° unter Bldg. von **Ib** u. **III**; daneben entsteht *3.6-Methylen-1.2.3.6-tetrahydro-trans-phthalsäure.*

Versuche: *exo-3.6-Methylen-1.2.3.6-tetrahydro-cis-phthalsäuremonohydrat*, $C_9H_{10}O_4 \cdot H_2O$, F. 153—154° (Zers.) (W.) (vgl. dagegen l. c. u. Bartlett u. Schneider, J. Amer. chem. Soc. **68**. [1946.] 6), auch durch Hydrolyse aus **Ib**; daraus durch ½std. Erhitzen bei 0,5 Torr auf dem Dampfbad die wasserfreie *Säure*, $C_9H_{10}O_4$, F. 161—162° (Zers.); entsteht auch durch Einw. von Zn + Essigsäure auf **IV**; 66% (Ausbeute); gibt mit Essigsäureanhydrid bei 100° quantitativ *exo-3.6-Methylen-1.2.3.6-tetrahydro-cis-*

phthalsäureanhydrid (**Ib**), F. 142—143° (Bzl.); dieses entsteht auch bei 1½std. Erhitzen von **Ia** auf 190° u. Umkristallisieren des Reaktionsgemisches von **Ia** u. **Ib** (F. 105°) aus Bzl.; nach Eindampfen der Mutterlauge, weiterem Erhitzen des Rückstands auf 190° u. mehrmaliger Wiederholung der Rk. mit den von **Ib** befreiten Lsgg.; 77%; der Rückstand enthält kein **III** u. gibt beim Destillieren **Ia** u. **Ib**; die Ggw. von 1% Di-n-butylanilin (**VII**) oder $C_6H_5SO_3H \cdot H_2O$ beeinflußt die Rk. nur unwesentlich. — *endo-3.6-Methylen-1.2.3.6-tetrahydro-cis-phthalsäureanhydrid* (**Ia**): Ein 18% **Ib** enthaltendes Prod. (F. 148°) wird bei der Einw. von **III** auf **II** gebildet, wenn die Temp. 5 Min. lang ca. 190° beträgt; entsteht auch bei 1½std. Erhitzen von 5 g **Ib** auf 190°; nach Entfernung von 1,45 g **Ib** wird **Ia** durch Kochen der Mutterlauge mit W. hydrolysiert zu 0,78 g *endo-3.6-Methylen-1.2.3.6-tetrahydro-cis-phthalsäure*, $C_9H_{10}O_4$, F. 193—194° (Zers.) (W.). — *trans-4.5-Dibrom-exo-3.6-methylenhexahydro-cis-phthalsäureanhydrid* (**IV**), $C_9H_8O_3Br_2$, F. 183—184° (Essigester), durch Bromierung von **Ib**; 68%; bleibt bei 250° unverändert; reagiert langsam mit heißer 1nNaOH u. Ansäuern unter Bldg. des *Säuremonohydrats*, $C_9H_{10}O_4Br_2 \cdot H_2O$, F. 160—161° (Zers.). — *exo-3.6-Methylenhexahydro-cis-phthalsäure*, $C_9H_{12}O_4$, F. 158—159° (Zers.), als Nebenprod. bei der Debromierung der cis-4.5-Dibromverb. (**VIII**) oder durch Hydrieren von 4,15 g **Ib** in Essigester in Ggw. von PtO_2, Aufnehmen in Cyclohexan u. Kochen des gebildeten *Anhydrids* (F. 83—84°; 87%) mit W.; 3,06 g. — *endo-3.6-Methylenhexahydro-cis-phthalsäureanhydrid*, F. 167°, analog vorst. Verb. aus **Ia**; bleibt unverändert bei kurzem Erhitzen mit **VII** auf 280°; daraus die *Säure*, F. 173—174° (W.). — *4.5-Dimethyl-1.2.3.6-tetrahydrophthalsäureanhydrid*, F. 73—76° (Bzl.-Cylohexan), Kp. 275°, bei 20 Min. Erhitzen von 1,64 g **Ia** mit **V** in Ggw. von Hydrochinon auf 200° im Rohr u. Dest.; 0,15 g; im Vorlauf (Kp. 50—65°) **II**, nachgewiesen durch Rk. mit **III** zu **Ia** (F. 163—164°). — *3.6-Methylen-1.2.3.6-tetrahydro-trans-phthalsäure*, F. 180—183°, bei ¼std. Erhitzen von 8,2 g **Ia** mit **VI** auf 200° bei 100 Torr, Vakuumdest., Kochen des Rückstands mit W. u. Abfiltrieren von der unveränderten **VI**; 0,2 g; daneben im Vorlauf 1,8 g **III** (F. 54°) u. 0,25 g **Ib**. (J. Amer. chem. Soc. **73**. 4889—92. Okt. 1951. Brecksville, O., B. F. Goodrich Res. Center.) W. HOFFMANN. 2020

T. J. Kealy und **P. L. Pauson**, *Eine neue Art von Organoeisenverbindung*. Mit *Dicyclopentadienyleisen* (**I**) stellen Vff. eine *Organoeisenverb.* des Typs R_2Fe her. **I** bildet sich bei der Rk. zwischen Cyclopentadienyl-MgBr (aus 11 g Cyclopentadien, 18 g C_2H_5Br u. 4 g Mg) in Bzl. u. 9,05 g $FeCl_3$ in Ae.; nach Stehen über Nacht wurde 1 Std. gekocht u. mit NH_4Cl-Lsg. zers., nach der Abdest. des Lösungsm. hinterblieben 3,5 g **I**, $C_{10}H_{10}Fe$, orangefarbene lange Nadeln aus Methanol, F. 173—174°. **I** sublimiert bei 100° u. ist resistent gegenüber W., 10%ig. NaOH u. sd. konz. HCl, ist in Ae. u. Bzl. lösl.; ebenso löst es sich in verd. HNO_3 u. konz. H_2SO_4 unter Bldg. tiefroter, blau fluorescierender Lsgg.;

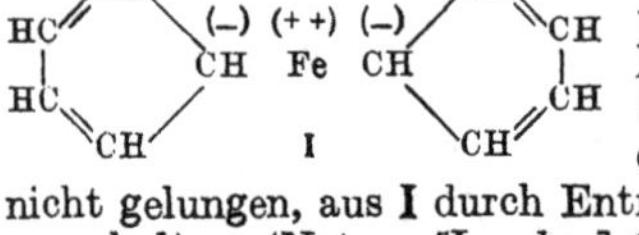

aus der letzteren kann es nach Stehen über Nacht teilweise unverändert wieder isoliert werden. In Bzl. zeigt **I** einfaches Mol.-Gewicht. Vff. diskutieren für **I** nebenst. Struktur. Diese salzartige Resonanzformel soll für einige der beschriebenen Eigg. verantwortlich sein. Es ist noch nicht gelungen, aus **I** durch Entmetallierung das bisher noch nicht hergestellte *Fulvalen* zu erhalten. (Nature [London] **168**. 1039—40. 15/12. 1951. Pittsburgh, Pa., Duquesne Univ.) ZIMMER. 2180

N. G. Ssidorowa und **A. D. Grebenjuk**, *Cycloalkylierung aromatischer Verbindungen*. 5. Mitt. *Synthese von trans-1-Methyl-4-phenylcyclohexan*. (4. vgl. C. **1951**. II. 3581.) *4-Methyl-1-phenylcyclohexan* (**I**) wurde, abweichend von der früheren Methodik, nicht aus 4-Methylcyclohexanol-(1) durch Kondensation mit Bzl., sondern aus 4-Methyl-1-phenylcyclohexanol-(1) durch Dehydratation u. Hydrierung des entstehenden 4-Methyl-1-phenylcyclohexens-(1) bei 180° in Ggw. von Ni gewonnen. Wegen der hohen Hydrierungstemp. ist für **I** vorherrschend die trans-Konfiguration wahrscheinlich. Von PINES, EDELEANU u. IPATIEFF (J. Amer. chem. Soc. **67**. [1945.] 2193) ist **I** auf dem gleichen Wege, aber bei einer Hydrierungstemp. von 36°, synthetisiert worden. Für dieses Präp. ist vorherrschend cis-Konfiguration anzunehmen. Zu dem gleichen Schluß führt der Vgl. der durch Nitrierung u. Red. aus den beiden **I**-Präpp. erhaltenen Amine: *Acetyl-* u. *Benzoylderiv.* von *p-[4-Methylcyclohexyl-(1)]-anilin* schm. bei der trans-Verb. höher. **I** soll als Vergleichspräp. bei den durch „Cycloalkylierung" gewonnenen Methylphenylcyclohexanen dienen.

V e r s u c h e : *4-Methylcyclohexanon-(1)*, $Kp._{725}$ 169—169,5°; aus 4-Methylcyclohexanol-(1) mit $Na_2Cr_2O_7$ u. H_2SO_4 bei 40—50°; 61,7% (Ausbeute). — *4-Methyl-1-phenylcyclohexanol-(1)*, aus vorst. Verb. u. C_6H_5MgBr in Äther. — *4-Methyl-1-phenylcyclohexen-(1)*, $Kp._{15}$ 130—134°; durch Dehydratation vorst. Alkohols durch Überleiten über Al_2O_3 auf ungebranntem Ton bei 320—330°; 60% (auf das Keton bezogen). — *trans-4-Methyl-1-phenylcyclohexan* (**I**), $C_{13}H_{18}$, $Kp._{727}$ 249—250°; aus 15 g vorst. Verb. in 10 ml A.

durch Hydrierung in Ggw. von 1,5 g RANEY-Ni im Rührautoklaven bei 180°/65 at; $D.^{20}_4$ 0,9277; n_D^{20} 1,5180; Mol.-Refr. 56,88 (enthält etwas *4-Methyl-1-cyclohexylcyclohexan*). — *p-[4-Methylcyclohexyl-(1)]-anilin*, $Kp._{38}$ 190—198°; durch Nitrierung vorst Verb. u. Red. des Nitroderiv. mit Sn + HCl; 50,7%. *Acetylderiv.*, F. 157—158°; aus wss. Alkohol. *Benzoylderiv.*, $C_{20}H_{23}ON$, F. 207—208°; aus Alkohol. (Журнал Общей Химии [J. allg. Chem.] **22.** (**84.**) 1550—52. Sept. 1952. Zentralasiat. Univ., Labor. für organ. Chem.) H. FRÖHLICH. 2210

George P. Mueller und Carl B. Honaker, *1.3-Bis-[p-methoxyphenyl]-cyclohexan.* (Vgl. auch C. **1952.** 2658.) Im Zusammenhang mit dem Aufbau von Diarylcycloalkanen, die zu synth. Östrogenen in strukturellen Beziehungen stehen, wird *1.3-Bis-[p-methoxyphenyl]-cyclohexan* (**I**) ausgehend von *Dihydroresorcinäthyläther* (**II**) dargestellt. Die Umsetzung von **II** mit p-Methoxyphenyl-MgBr liefert *3-[p-Methoxyphenyl]-Δ^2-cyclohexenon* (**III**), das mit einem zweiten Mol in *1.3-Bis-[p-methoxyphenyl]-$\Delta^{1,3}$-cyclohexadien* (**IV**) u. beim Hydrieren in *3-[p-Methoxyphenyl]-cyclohexanon* (**V**) übergeht; **V** ergab bei der weiteren Umsetzung mit p-Methoxyphenyl-MgBr direkt eine Mischung von *1.3-* u. *2.4-Bis-[p-methoxyphenyl]-cyclohexen* (**VI** u. **VII**). **IV, VI** u. **VII** liefern beim Hydrieren **I**. Die Stellung der Doppelbindung in **VI** ergab sich aus der Oxydation zu dem bekannten *1.3-Bis-[p-methoxybenzoyl]-propan* (**VIII**); die Ozonisation von **VII** ergab aldehyd. Spaltprodukte.

V e r s u c h e: *3-[p-Methoxyphenyl]-Δ^2-cyclohexenon* (III), $Kp._2$ 183—190°; F. 80 bis 82° (aus Ligroin), aus **II** u. p-Methoxyphenyl-MgBr in sd. Ae. (45 Min.); 33% (Ausbeute). *Semicarbazon*, F. 215—217°. — *1.3-Bis-[p-methoxyphenyl]-$\Delta^{1,3}$-cyclohexadien* (**IV**), $C_{20}H_{20}O_2$, F. 199—201°, aus **III**, wie **III** aus **II**; 57%. λ_{max} 265 mμ (ε = 28200 in A.). — *4.4''-Dimethoxy-m-terphenyl*, F. 194—199°, durch Dehydrieren von **IV** in sd. p-Cymol in Ggw. von Pd-Kohle, aus Bzl. Tafeln; λ_{max} 262 mμ (ε = 38350, in A.). — *1.3-Bis-[p-methoxyphenyl]-cyclohexan* (I), $C_{20}H_{24}O_2$, F. 103—104°, durch Hydrieren von **IV** in A. in Ggw. von RANEY-Ni bei Zimmertemp. (6 Std.), aus A. Nadeln, neben unverändertem **IV** (Tafeln); 50%, oder durch Hydrieren von **VI** u. **VII** in A. in Ggw. von Pd-Kohle (72 Std.), λ_{Infl} 225 mμ (ε = 23330), 227 mμ (ε = 5110) u. 284 mμ (ε = 4230 in A.). — *2.4-Bis-[p-methoxyphenyl]-cyclohexen* (**VII**), $C_{20}H_{22}O_2$, F. 93,5—95°, aus **V** mit p-Methoxyphenyl-MgBr in Ae., Kristallisation des erhaltenen Prod. vom F. 78—87°, aus A. u. Einengen der methanol. Lsg. bei Zimmertemp. als Fraktion B vom F. 87—91°; λ_{max} 256 mμ (ε = 17200), λ_{max} 226 mμ (ε = 15500 in A.). — *1.3-Bis-[p-methoxyphenyl]-cyclohexen* (**VI**), $C_{20}H_{22}O_2$, F. 92 bis 93,5°, neben **VII** als Fraktion C; λ_{max} 224 mμ (ε = 14030) u. 258 mμ (ε = 16760 in A.). — *4.4'-Dimethoxydiphenyl* in der Fraktion A vom F. 91—185°, als Nebenprodukt. — *1.3-Bis-[p-methoxybenzoyl]-propan* (**VIII**), F. 98,8—100°, durch Oxydation von **VI** mit $KMnO_4$ in Aceton bei Zimmertemp., neben Anissäure. — *Aldehyd $C_{20}H_{22}O_4$*, F. 115—116°, durch Ozonisieren von **VII** wie früher (C. **1951.** I. 2006) beschrieben, aus Methanol Kristalle. — *1.3-Bis-[p-oxyphenyl]-cyclohexan*, $C_{18}H_{20}O_2$, F. 233—236° (aus wss. Methanol) aus I in A. mit KOH bei 200° (24 Std.). (J. Amer. chem. Soc. **73.** 2377—79. Mai 1951. Knoxville, Tenn., Univ., Dep. of Chem.) GOLD. 2260

P. Karrer, J. Kebrle und U. Albers-Schönberg, *Dibenzoylcarbinol, [p.p'-Dimethyldibenzoyl]-carbinol, Dianisoylcarbinol.* (Vgl. auch Helv. chim. Acta **33.** [1950.] 1711.) In Erweiterung ihrer Arbeiten oxydieren Vff. [p.p'-Dimethyldibenzoyl]- u. [p.p'-Dimethoxydibenzoyl]-methan u. erhalten *[p.p'-Dimethyldibenzoyl]* (**II**)- u. *[p.p'-Dimethoxydibenzoyl]-carbinol* (**III**). Während Dibenzoylcarbinol (**I**) gegenüber $NaHCO_3$-Lsg. instabil ist u. entweder zers. oder in *Benzoylcarbinolbenzoat* umgewandelt wird, ist **II** u. vor allem **III** wesentlich beständiger gegen OH^--Ionen. Wie die reduktometr. Titration zeigt, ist die Enolisierung von **II** u. vor allem **III** kleiner als bei **I**, desgleichen ist bei **II** u. **III** die Enolisierungsgeschwindigkeit geringer (Jodtitration). UV-Spektrenvgll. erweisen, daß die Endiolform bei 360 mμ ein instabiles aber charakterist. Maximum zu haben scheint. Die Abhängigkeit der Enolisierung vom Lösungsm. ergibt bei Verss. mit **I**, daß diese von Methanol, A. über Chlf. nach Hexan abnimmt. Infolge geringerer Enolisierung ist die 360 mμ-Bande bei **III**, je nach Lösungsm., entweder gar nicht oder nur schwach ausgebildet. Vff. schließen aus den Befunden, daß positive Substituenten in p.p'-Stellung auf die Enolisierung schwächend wirken. — Ferner wird versucht, aus Benzoylcinnamoylmethan durch Oxydation Cinnamoylbenzoylcarbinol zu gewinnen, jedoch ist die Verb. unbeständig, u. es läßt sich nur das Umlagerungsprod., der *Zimtsäureester* des *Benzoylcarbinols* fassen. Analoge Oxydation von Benzoylaceton mit Perphthalsäure liefert eine krist. Substanz, die zufolge der Titration zu 80% aus *Benzoylacetylcarbinol* besteht (UV-Spektren u. Versuchsergebnisse **vgl.** Original).

V e r s u c h e: *[p.p'-Dimethoxydibenzoyl]-carbinol* (**III**), $C_{17}H_{16}O_5$, F. 81° (unter Gelbfärbung), aus [p.p'-Dimethoxydibenzoyl]-methan (aus Anissäureester u. p-Methoxyacetophenon durch CLAISEN-Kondensation) durch 10std. Oxydation in Chlf. mit Benzopersäure, Abdampfen, Ausziehen mit Methanol (Rücsktand = **A**); aus dem Abdampfrückstand durch Aufnehmen in Ae. nach Auswaschen durch Zufügen von Ligroin bis zur Trübung, wattefeine Nadeln; methanol. Lsg. bei p_H 6 farblos, bei p_H 8 gelb. Daneben aus **A** *Anisoylcarbinolanisoat*, $C_{17}H_{16}O_5$, F. 142°, Prismen aus Methanol. — *[p.p'-Dimethyldibenzoyl]-carbinol* (**II**), $C_{17}H_{16}O_3$, F. 95—97°, analog der vorst. Rk. bei 15°; Ausschütteln der Chloroformlsg. mit Bicarbonat u. fraktionierte Kristallisation. Daneben *[p-Toluylcarbinol]-toluylsäureester*, F. 145°, Nadeln aus Alkohol. — Oxydation von Benzoylcinnamoylmethan wie oben liefert nicht das entsprechende Carbinol, sondern das Umlagerungsprod., *Zimtsäure-[benzoylmethyl]-ester*, F. 138°, aus A. in Nadeln. — *Benzoylacetylcarbinol*, $C_{10}H_{10}O_3$, durch Oxydation von Benzoylaceton mit Perphthalsäure (Perbenzoesäure hier ungeeignet) in Ae., Abdampfen, Auswaschen mit W. (bis TILLMANN-Reagens keine Red. anzeigt); aus den wss. Auszügen durch Aussalzen u. Ausäthern; TILLMANN-Rk. zeigt zu niedrigen Endiolgeh., wahrscheinlich verunreinigt durch Umlagerungsprodukte. — *2-Phenyl-3-oxychinoxalin*, $C_{14}H_{10}ON_2$, F. 247°, aus vorst. Präp. u. o-Phenylendiamin. (Helv. chim. Acta **34**. 1014—21. 15/6. 1951. Zürich, Univ., chem. Inst.) LEHWALD. 2380

P. Karrer, U. Albers-Schönberg und **J. Kebrle**, *Über [p.p'-Dichlordibenzoyl]-carbinol und verwandte Verbindungen.* (Vgl. vorst. Ref.) In Fortführung ihrer Arbeiten, die sich bisher mit der Darst. u. Enolisierung von *Dibenzoylcarbinol* (**II**), *[p.p'-Dimethyldibenzoyl]* (**III**)- u. *[p.p'-Dimethoxydibenzoyl]-carbinol* (**IV**) befaßten, stellen Vff. nun durch Oxydation von [p.p'-Dichlordibenzoyl]-methan (**V**) *[p.p'-Dichlordibenzoyl]-carbinol* (**I**) dar, dessen Phenylringe negative Substituenten enthalten. Vergleicht man den Enolisierungsgrad der einzelnen Verbb., so erkennt man, daß dieser von **I** nach **IV** abnimmt, ebenfalls abnehmend ist die Enolisierung nach kleineren p_H-Werten, jedoch glauben Vff., daß diese Abnahme nur scheinbarer Natur ist, da im alkal. Medium Salzbldg. hinzukommt u. die so gebildeten Anionen das gleiche Chromophor wie die Enolform besitzen. Die Enolisierungsgeschwindigkeit nimmt von **I** nach **IV** zu, mit wachsendem p_H-Wert ab. Bei der Messung der Umlagerungsgeschwindigkeit der Enolform in den Ester bleibt auch hier die Reihe mit einer Abnahme der Absorptionsmaxima von **I** nach **IV** bestehen. In der Abhängigkeit der Enolisierung von der Polarität des Lösungsm. folgen die Verbb. der VAN'T HOFF-DIMROTHschen Regel (kleinere Enolisierung in unpolarem Lösungsm.). In konz. H_2SO_4 oder HCl gesätt. Eisessig lösen sich die Verbb. mit gelber Farbe, was auf Halochromie u. Oxoniumkationbldg. zurückgeführt wird, da aus einer Lsg. in konz. H_2SO_4 **II** bei Verdünnen mit W. zunächst in gelber Form ausfällt, die sich langsam infolge Rückwandlung in die Carbonylform, entfärbt. Mit steigender Temp. wird eine zunehmende Enolisierung festgestellt.

Versuche: *[p.p'-Dichlordibenzoyl]-carbinol* (**I**), $C_{15}H_{10}O_3Cl_2$, F. 125—127° (nach Gelbfärbung bei 118°), aus **V** u. Benzopersäure in 20std. Rk. (l. c.), Blättchen oder verzweigte Nädelchen aus Ligroin. Die Enolisierung wurde durch Titration mit 0,01n Jodlsg. gemessen; es trat Entfärbung nach Verbrauch von 80% der für die Oxydation der Enolform notwendigen Jodmenge ein. (Helv. chim. Acta **35**. 1498—1502. 1/8. 1952.)
LEHWALD. 2380

Irwin J. Pachter und **Milton C. Kloetzel**, *Methylierung einiger Amide in Aceton.* Die Meth. zur Alkylierung von Amiden unter Verwendung von NaOH an Stelle von Na (vgl. FONES, J. org. Chemistry **14**. [1949.] 1099) wurde dadurch verbessert, daß KOH in Aceton angewandt wurde. Sie bewährte sich dann auch bei der Methylierung eines Amids in Ggw. einer Aminogruppe u. einer Aminogruppe in Ggw. einer zweiten.

Versuche: *N-Methyl-p-nitroacetanilid*, F. 153—154°, aus p-Nitroacetanilid u. CH_3J in sd. Aceton in Ggw. von gepulvertem KOH nach 1 Min ; 81% (Ausbeute). — Die folgenden Methylierungen wurden analog durchgeführt: *N-Methyl-p'-nitrobenzanilid*, F. 110,5—111,5°, nach 5 Min (Reaktionszeit); 86%. — *N-Methylacetanilid*, F. 99—100°, 15 Min.; 80%. — *p-[N-Methylbenzamido]-diphenylamin*, $C_{20}H_{18}ON_2$, F. 125°, aus p-Benzamidodiphenylamin ($C_{19}H_{16}ON_2$, F. 162—163°, dieses aus p-Aminodiphenylamin u. Benzoylchlorid); 20 Min.; 90%. — *p-Nitrodiphenylmethylamin*, $C_{13}H_{12}O_2N_2$, gelbe Prismen, F. 68—68,5°, aus p-Nitrodiphenylamin u. CH_3J; 90,5%. Red. mit RANEY-Ni bei 3 at lieferte 85% *p-Aminodiphenylmethylamin*, $C_{13}H_{14}N_2$, F. 68—69°, anschließende Benzoylierung 95% *p-Benzamidodiphenylmethylamin*, $C_{20}H_{18}ON_2$, F. 154°; daraus *p-[N-Methylbenzamido]-diphenylmethylamin*, $C_{21}H_{20}ON_2$, F. 106°, mit Dimethylsulfat nach 30 Min.; 90%. — *p-Amino-p'-nitrodiphenylamin*, gelbe Kristalle, F. 207—208°, aus p-Amino-p'-nitrodiphenylamin-o'-sulfonsäure durch Hydrolyse mit H_2SO_4 bei 100—105°; 66%; Reinigung chromatographisch. — Daraus mit KOH + CH_3J in Aceton + Bzl. *p-Amino-p'-nitrodiphenylmethylamin*, $C_{13}H_{13}O_2N_3$, F. 157—158°; 83%; bildet ein alklilösl. *Benzolsulfonamid*, $C_{19}H_{17}O_4N_3S$, F. 213—214°. Red. mit RANEY-Ni lieferte 89% *Bis-[p-aminophenyl]-methylamin*, $C_{13}H_{15}N_3$, Prismen, F. 174—175°, das auch durch Methylieren von

Bis-[p-nitrophenyl]-amin über *Bis-[p-nitrophenyl]-methylamin*, $C_{13}H_{11}O_4N_3$, aus Aceton gelbe Platten, F. 180,5°; 98%, durch dessen Red. erhalten wurde. (J. Amer. chem. Soc. **74**. 1321—22. 5/3. 1952. Los Angeles, Calif., Univ. of Southern California, Dep. of Chem.) FAASS. 2510

A. C. Kjær und **P. V. Petersen**, *Einige Derivate von basisch substituierten Phenylalkylcarbinolen.* Es wird die Darst. von 7 *α.α-Diphenyl-* oder *α-Phenyl-α-cyclohexyl-γ-dimethylamino-* oder *-γ-piperidinopropyl-* oder *-butylalkoholen* beschrieben, die keine analget. oder spasmolyt. Wrkg. zeigen. Mit CH_3COCl, CH_3CH_2COCl, $CH_3CH_2CH_2COCl$ u. C_6H_5COCl werden einige dieser Alkohole in *Esterhydrochloride* übergeführt, die (ebenso wie die Esterbasen) in wss. Lsg. leicht hydrolysieren. Die entsprechenden Alkyläther konnten nicht dargestellt werden. Verss., mit $SOCl_2$ die OH-Gruppe durch Cl zu ersetzen, führten in den meisten Fällen zu den stabilen *ungesätt. Verbb.*, die auch durch Dehydratation der Carbinole erhalten wurden u. spasmolyt. Eigg. haben, manche in hohem Grade. Nur *1.1-Diphenyl-1-chlor-2-methyl-3-dimethylaminopropanhydrochlorid* konnte isoliert werden, das aber auch schnell hydrolysiert. Seine Behandlung mit Propylat lieferte neben HCHO nur *1.1-Diphenylpropen-(1)*; dagegen konnte das zugehörige Carbinol mit Bromaceton in das Hydrobromid des entsprechenden Äthers übergeführt werden. Diese in wss. Lsg. instabile Verb. zeigt starke spasmolyt. Eigenschaften.

Versuche: *α-Methyl-β-piperidinopropiophenon* (I), $C_{15}H_{21}ON$, Kp.$_{30}$ 174—180°, aus 80 g Propiophenon, 100 g Piperidinhydrochlorid u. 20 g Paraformaldehyd in 96%ig. A u. einer Spur HCl; 67 g (Ausbeute). — Ebenso *α-Methyl-β-dimethylaminopropiophenon* (II), $C_{12}H_{17}ON$, Kp.$_{10}$ 160—164°; 75%. *Hydrochlorid*, F. 147—149°. — *1-Cyclohexyl-1-phenyl-2-methyl-3-piperidinopropanol-(1)* (III), F. 112°; *Hydrochlorid*, $C_{21}H_{34}ONCl$, F. 267°: I wurde in Ae. mit Cyclohexylmagnesiumbromid umgesetzt. Nach Zers. mit Eis u. HCl schied sich das *Hydrobromid* in hellgelben Kristallen, F. 264—268°, ab; daraus mit 25%ig. NH_4OH die Base. — Analog wurden erhalten: *1-Cyclohexyl-1-phenyl-2-methyl-3-dimethylaminopropanol-(1)* (IV), F. 94°, aus II; *Hydrochlorid*, $C_{18}H_{30}ONCl$, F. 244°. — *1.1-Diphenyl-2-methyl-3-piperidinopropanol-(1)* (V), F. 115°; *Hydrochlorid*, $C_{21}H_{28}ONCl$, F. 266°. — *1.1-Diphenyl-2-methyl-3-dimethylaminopropanol-(1)* (VI), F. 92°; *Hydrochlorid*, $C_{18}H_{24}ONCl$, F. 238°. — *1.1-Diphenyl-3-dimethylaminopropanol-(1)* (VII), F. 161°; *Hydrochlorid*, $C_{17}H_{22}ONCl$, F. 204°. — *1.1-Diphenyl-3-dimethylaminobutanol-(1)* (VIII), hellgelbe Kristalle, F. 123°; *Hydrochlorid*, $C_{18}H_{24}ONCl$, F. 202°: 44,5 g 3-Dimethylaminobuttersäureäthylester wurden mit Phenylmagnesiumbromid umgesetzt. Nach Versetzen mit Eis u. HCl schied sich das *Hydrobromid*, F. 208°, aus; daraus mit NH_4OH die freie Base; 45 g. — Analog *1.1-Diphenyl-3-piperidinobutanol-(1)* (IX), F. 76°; *Hydrochlorid*, $C_{21}H_{28}ONCl$, F. 213°. — *Propionsäureesterhydrochloride*: Von **VI**, $C_{21}H_{28}O_2NCl$, F. 187°, (Aceton–Ae.): **VI** wurde mit Propionylchlorid in Ae. umgesetzt. — Von **VII**, $C_{20}H_{26}O_2NCl$, F. 183°. — Von **VIII**, $C_{21}H_{28}O_2NCl$, F. 158°. — **VI**-*Essigsäureesterhydrochlorid*, $C_{20}H_{26}O_2NCl$, F. 102°. — **VI**-*Buttersäureesterhydrochlorid*, $C_{22}H_{30}O_2NCl$, F. 80°. — **VIII**-*Benzoesäureesterhydrochlorid*, $C_{25}H_{28}O_2NCl$, F. 176°. — *1.1-Diphenyl-1-chlor-2-methyl-3-dimethylaminopropanhydrochlorid*, $C_{18}H_{23}NCl_2$, F. 131° (Aceton–Ae.), aus 10 g **VI**-*Hydrochlorid* u. $SOCl_2$ in Chlf.; 10,5 g. — *Acetonyl-[1.1-diphenyl-2-methyl-3-dimethylaminopropyl]-ätherhydrobromid*, $C_{21}H_{28}O_2NBr$, F. 107—110° (Aceton–Ae.): 10 g **VI** wurden in Ae. mit 8 g Bromaceton versetzt u. 72 Std. stehen gelassen; 8 g. — *1-Phenyl-1-cyclohexyl-2-methyl-3-dimethylaminopropen-(1)*; 30 g **IV** wurden in Chlf. mit HCl u. $SOCl_2$ 3 Std. gekocht. Nach Abdest. des Lösungsm. u. $SOCl_2$ wurde mit Pyridin erhitzt. *Hydrochlorid*, $C_{18}H_{28}NCl$, aus Aceton–Ae. Nadeln, F. 158°; 19 g — Analog wurden erhalten: *1.1-Diphenyl-2-methyl-3-dimethylaminopropen-(1)*, F. 56°, aus **VI**; *Hydrochlorid*, $C_{18}H_{22}NCl$, F. 184°. — *1.1-Diphenyl-3-dimethylaminobuten-(1)*, aus **VIII**; *Hydrochlorid*, $C_{18}H_{22}NCl$, F. 161°. — *1.1-Diphenyl-2-methyl-3-piperidinopropen-(1)*, aus **V**; *Hydrochlorid*, $C_{21}H_{26}NCl$, F. 222°. — *1.1-Diphenyl-3-piperidinobuten-(1)*, aus **IX**; *Hydrochlorid*, $C_{21}H_{26}NCl$, F. 88°. — *1-Phenyl-1-cyclohexyl-2-methyl-3-piperidinopropen-(1)*, aus **III**; *Hydrochlorid*, $C_{21}H_{32}NCl$, F. 183°. (Acta chem. scand. **5**. 1145—50. 1951. Copenhagen, Denmark, H. Lundbeck & Co., Res. Labor.) FAASS. 2520

Richard C. Gilmore jr., *Cyclisierung arylaliphatischer Ester mit Phosphorpentoxyd in Phosphorsäure.* Nach der Meth. von GILMORE u. HORTON (C. **1953**. 212) gelingt es auch, statt der arylaliphat. Säuren die zugehörigen Ester mittels Polyphosphorsäuren zu cyclisieren. Methyl-β-phenylpropionat gibt *α-Hydrindon* u. Methyl-δ-phenylvalerat gibt *Benzosuberon*. Aus γ-Phenylbuttersäuremethylester wurde *α-Tetralon* erhalten.

Versuche: Ringschlußverf. vgl. l. c. *α-Hydrindon*, aus Methyl-β-phenylpropionat; 93% (Ausbeute); *Oxim*, F. 143—144°; *Semicarbazon*, F. 237° (Zers.). — *α-Tetralon*, aus Methyl-γ-phenylbutyrat; 72%; *Oxim*, F. 101—102°; *Semicarbazon*, F. 213—215°. — *Benzosuberon*, aus Methyl-δ-phenylvalerat; 90%; *Oxim*, F. 107—108°; *Semicarbazon*,

F. 206—207°. (J. Amer. chem. Soc. **73.** 5879—80. Dez. 1951. Dallas, Tex., Univ. of Texas, Southwestern Med. School, Dep. of Biochem.) ZIMMER. 2600

Leonard E. Miller und **D. J. Mann**, *Phenylmaleinsäureanhydrid als ein Dien in der Diels-Alder-Reaktion.* Bei der Umsetzung von Phenylmaleinsäureanhydrid (I) mit 1-Vinylnaphthalin (II) in Propionsäure kommt es nicht zur Bldg. der in Analogie zu den Rkk. mit anderen Dienen (vgl. J. Amer. chem. Soc. **72.** [1950.] 1484) erwarteten Tetrahydrophenanthrenderivv., sondern I reagiert selbst als Dien, u. es entsteht *1.2.3.4-Tetrahydro-1.1'-binaphthyl-3.4-dicarbonsäure* (III) u. ein Nebenprod., welches wahrscheinlich das entsprechende *Anhydrid* ist. Die Konst. von III wird bewiesen durch Decarboxylierung u. Dehydrierung zu *1.1'-Binaphthyl* (IV) sowie durch unabhängige Synth. aus 1-Phenyl-1-[naphthyl-(1')]-äthylen (V) u. Maleinsäureanhydrid nach einem abgewandelten Verf. von SZMUSZKOWICZ u. BERGMANN (C. **1948.** I. 812). Zum Vgl. werden auch die in A. bestimmten UV-Spektren von III, *2-Phenylphenanthren, 3.4-Dihydro-1.1'-binaphthyl* (VI) u. *1.2.3.4-Tetrahydro-1.1'-binaphthyl* (VII) herangezogen.

Versuche: *1.2.3.4-Tetrahydro-1.1'-binaphthyl-3.4-dicarbonsäure* (III), $C_{22}H_{18}O_4$, F. 230—232°, a) durch 48std. Kochen von I u. II in Propionsäure unter N_2 in Ggw. einer Spur p-tert.-Butylbrenzcatechin, Einengen, Aufnehmen in verd. KOH, Reinigen u. Versetzen mit HCl; aus A. Prismen; 36,6% (Ausbeute); b) analoge Darst. aus V u. Maleinsäureanhydrid, aber in 17std. Reaktionsdauer, Lösen in 5%ig. $NaHCO_3$-Lsg., Fällen mit HCl u. Zentrifugieren; 4,6%. — Als Nebenprod. bei der Darst. von III nach a) durch Einengen der alkoh. Lsg. *Verb.* $C_{22}H_{16}O_3$, wahrscheinlich *Anhydrid*, F. 182—184°, Prismen, unlösl. in 5%ig. $NaHCO_3$-Lsg.; 2%. — *3.4-Dihydro-1.1'-binaphthyl* (VI), $C_{20}H_{16}$, F. 117 bis 118,5°, $Kp._{0,5}$ 204—206°, durch 1std. Kochen von α-Naphthylmagnesiumbromid u. α-Tetralon in Ae., 12std. Stehenlassen u. Zugabe von verd. H_2SO_4; aus PAe. Prismen; 25,3%. — *1.2.3.4-Tetrahydro-1.1'-binaphthyl* (VII), $C_{20}H_{18}$, F. 105—106°, a) durch 6std. Kochen von 1 g VI mit RANEY-Ni in absol. A.; aus A. Prismen; 0,03 g; daneben 0,015 g IV; b) durch Erhitzen von 1,5 g III über Cu-Bronze bei 240—250° u. 0,2 Torr u. Aufnehmen des Destillats in Ae.; 0,03 g; c) durch $^1/_4$std. Kochen von 1 g III in Chinolin in Ggw. von Cu-Bonze u. Aufnehmen in Ae.; $Kp._3$ 250—260°; 0,1 g. Gibt bei 1std. Erhitzen auf 310—350° mit 10%ig. Pd-Kohle unter N_2 *1.1'-Binaphthyl* (IV), F. 149—154°; dieses entsteht auch durch Eindampfen einer Lsg. von III in NaOH, Erhitzen des Rückstandes mit CaO auf 450°, Aufnehmen des Kondensats in Bzl. u. Dest. bei 180—200°/0,2 Torr; aus Bzl. Blättchen; 34%. (J. Amer. chem. Soc. **73.** 45—48. Jan. 1951. Urbana, Ill., Univ. of Illinois, Noyes Chem. Labor.) W. HOFFMANN. 2700

Hans Behringer und **Hermann Weissauer**, *Zur Darstellung des Oxindolaldehyds-(3) (Oxymethylenoxindols) und einiger funktioneller Abkömmlinge.* Vff. erhalten den *Oxindolaldehyd-(3)* (I), der vorwiegend in der tautomeren Oxymethylenform reagiert, durch Umsatz von Oxindol (II) mit Orthoameisensäuretriäthylester (III) u. Acetanhydrid (IV) u. Alkalispaltung des gebildeten *N-Acetyl-3-äthoxymethylenoxindols* (V). Orthoessigsäuretriäthylester (VI), IV u. II geben auch *N-Acetyl-3-[α-äthoxyäthyliden]-oxindol* (VII), durch dessen Alkalispaltung *3-Acetyloxindol* erhalten wird. Ameisensäureäthylester u. $NaOC_2H_5$ hingegen reagieren mit II nicht unter Bldg. von I, mit N-Acetyloxindol (VIII) entsteht I nur in sehr geringfügiger Menge. Die Kondensation von II oder VIII mit Orthothioestern ist ebenfalls nicht möglich. *3-Alkyl (Aryl)-mercaptomethylenoxindole* lassen sich jedoch durch einfachen Austausch der Äthoxygruppe in V durch Erhitzen mit Mercaptanen darstellen. Dieser Austausch läßt sich als Umesterung vinyloger Säureester des Typs —CO—[CR=CH]—OR auffassen. Je nach den Versuchsbedingungen bleibt dabei die N-Acetylgruppe erhalten oder wird abgespalten. Das gleiche gilt für die Rk. von V mit sek. oder prim. Aminen. Diese Verbb. sind auch aus I zugänglich. Mit Methyljodid liefern die Dialkylaminomethylenoxindole zwar keine quartären Salze, aber ihre bas. Eigg. sind noch so groß, daß Hydrochloride u. Pikrate erhalten werden können. Auch aus den N-Acetylderivv. lassen sich (wenn auch sehr instabile) Pikrate darstellen, was seine Erklärung in den Mesomeriemöglichkeiten dieser Systeme finden dürfte, die für die Kationen Stabilisierung durch Chelatbldg. gestatten. Alle diese vinylogen Ester, Thioester u. Säureamide liefern mit Alkalien I.

Versuche: *N-Acetyl-3-äthoxymethylenoxindol* (V), $C_{13}H_{13}O_3N$, F. 149°, aus II u. IV durch 5std. Kochen u., nach Abkühlen auf 100°, ohne Isolierung des gebildeten VIII mit III u. weiterem IV 8 Std. auf 110—120° erhitzen; aus A. Blättchen; 85% (Ausbeute). — *Oxindolaldehyd-(3)-anil*, $C_{15}H_{12}ON_2$, F. 253° (Zers., Sintern ab 246°), durch Erhitzen von V mit Anilin auf 120°; goldgelbe Nadeln aus Eisessig. — *3-[Oxindolyl-(3')-methylen]-oxindol*, $C_{17}H_{12}O_2N_2$, Zers. 282°, durch ½std. Erhitzen von V mit 1 Mol Alkoholat auf dem Wasserbad, Ansäuern u. Erhitzen des Nd. mit doppelter Menge IV; rote Kristalle aus Eisessig. — *N-Acetyl-3-[α-äthoxyäthyliden]-oxindol* (VII), $C_{14}H_{15}O_3N$, F. 152°, aus

VIII, **VI** u. **IV** durch 5std. Kochen; schwach rosastichige, glänzende Nadeln aus Eisessig. — *3-Acetyloxindol*, $C_{10}H_9O_2N$, F. 205°, aus **VII** in A. durch Kochen mit wss. NaOH oder aus **VII** in Xylol durch Kochen mit $NaNH_2$; aus A. Nadeln. — *Oxindolaldehyd-(3)* (**I**), Zers. 213°, durch Lösen von **V** in sd. A. u. Zutropfen von wss. NaOH, wobei sich das Na-Salz des **I** abscheidet, daraus in wss. Suspension mit verd. HCl; hellgelbe Nadeln aus stark verd. A., dunkelblaue $FeCl_3$-Rk.; 100%. *Thiosemicarbazon*, $C_{10}H_{10}ON_4S$, Zers. 220°, blaßgelbe Nadeln aus verd. Essigsäure. *Thioharnstoffderiv.*, $C_{10}H_9ON_3S$, Zers. 268°, aus A. Nadeln. *Harnstoffderiv.*, $C_{10}H_9O_2N_3$, Zers. 263°, aus verd. A. feine gelbe Nadeln. — *3-[Thio-p-kresylmethylen]-oxindol*, F. 189°, durch Zusammenschmelzen von **I** u. Thio-p-kresol u. 1std. Erhitzen unter N_2 auf 120°; ~100%. — *N-Acetyl-3-[benzylmercaptomethylen]-oxindol*, $C_{18}H_{15}O_2NS$, F. 110° (Sintern ab 100°), durch 1std. Erhitzen von **V** mit Benzylmercaptan unter N_2 auf 130°; feine gelbstichige, stark lichtbrechende Nadeln aus Cyclohexan; ~100%. — *4-[Thio-p-kresylmethylen]-mercaptothiazolon-(5)*, $C_{11}H_9ONS_3$, F. 194°, aus 4-[Äthoxymethylen]-mercaptothiazolon-(5) u. Thiokresol analog vorst. Verb.; gelbe Nadeln aus Eisessig. — *N-Acetyl-3-[diäthylaminomethylen]-oxindol*, $C_{15}H_{18}O_2N_2$, F. 74°, aus **V** u. wasserfreiem Diäthylamin durch 1std. Erhitzen auf dem Wasserbad, Abdest., Aufnehmen in Ae. u. Durchschütteln mit 2nHCl; aus A. blaßgelbe Prismen; lösl. nur in konz. HCl. *Pikrat*, $C_{15}H_{18}O_2N_2 \cdot C_6H_3O_7N_3$, Zers. ~90°, aus absol. A. oder Bzl. sehr lange, dünne, rote Nadeln. — *3-[Diäthylaminomethylen]-oxindol*, $C_{13}H_{16}ON_2$, F. 126° (Sintern ab 120°), aus der vorst. HCl-Lsg. durch Überschichten mit Ae., Alkalischmachen mit verd. NaOH, Durchschütteln u. rasches Abtrennen; aus Bzl. Blättchen. *Hydrochlorid*, an der Luft zerfließlich. *Pikrat*, $C_{13}H_{16}ON_2 \cdot C_6H_3O_7N_3$, Zers. 210°, aus A. feine gelbe Nadeln. — *3-[Dimethylaminomethylen]-oxindol* („*Dehydrooxygramin*"), $C_{11}H_{12}ON_2$, F. 202°, durch 2std. Erhitzen von **V** mit wasserfreiem Dimethylamin im Autoklaven auf 120—130°; aus A. blaßgelbe, glänzende Blättchen. *Pikrat*, $C_{11}H_{12}ON_2 \cdot C_6H_3O_7N_3$, Zers. 195°, aus A. braungelbe Prismen. — *N-Acetyl-3-[diphenylaminomethylen]-oxindol*, $C_{23}H_{18}O_2N_2$, F. 196°, aus **V** u. Diphenylamin; aus Eisessig u. A. gelbe Prismen. — *3-[(β-Diäthylaminoäthyl)-aminomethylen]-oxindol*, $C_{15}H_{21}ON_3$, F. 123°, aus **I** u. überschüssigem N.N-Diäthyläthylendiamin; aus Bzl. blaßgelbe Nadeln. — *3-[(β-Carbäthoxyäthyl)-aminomethylen]-oxindol*, $C_{14}H_{16}O_3N_2$, F. 107°, aus **I** u. β-Aminopropionsäureäthylesterhydrochlorid durch ½std. Erhitzen in Pyridin auf dem Wasserbad; aus A. bräunliche Blättchen. — *3-[(β-Phenyläthyl)-aminomethylen]-oxindol*, $C_{17}H_{16}ON_2$, F. 158°, analog vorst. Verb. aus **I** u. Phenyläthylaminhydrochlorid; aus A. blaßgelbe Nadeln. (Chem. Ber. **85**. 774—79. 1952. München, Univ., Chem. Labor.) RUSKE. 3081

R. H. Martin, *Über Gefahren beim Arbeiten mit N-Halogenimiden bei organischen Reaktionen.* Vf. weist anläßlich eines tödlichen Unfalls auf die Explosionsgefahr beim Umgang mit N-Halogenimiden in Ggw. oder ohne Peroxyde hin. Die erwähnte Explosion trat beim Chlorieren von Xylol mit *1.3-Dichlor-5.5-dimethylhydantoin* ein. Die Rkk. zwischen *N-Chlorsuccinimid* (I) u. Benzylamin, I u. aliphat. Alkoholen, *3-Nitro-N-bromphthalimid* u. *Tetrahydrofurfurylalkohol* können ebenfalls explosionsartig verlaufen. Weiter weist Vf. eindringlich auf die große Explosionsgefahr beim Umkristallisieren von *Benzoylperoxyd* aus Chlf. hin, wie es in Org. Syntheses **1**. [1941.] 432 angegeben ist. (Nature [London] **168**. 32. 7/7. 1951. Brüssel, Univ. libre, Organ. Chem. Dep.) ZIMMER. 3122

Ken'ichi Takeda und **Hiroshi Osaka**, *Thiazolderivate.* 3. Mitt. *Synthese von 2-Acetamidothiazol-5-carbonsäurenitril.* Bromierung von 2-Acetamidothiazol in Eisessig liefert das *5-Bromderiv.* mit 76% Ausbeute, das sich mit CuCN in Pyridin oder Picolin (Chinolin oder Nitrobenzol sind als Lösungsmittel nicht geeignet) zu *2-Acetamidothiazol-5-carbonsäurenitril* umsetzen läßt, daraus durch Hydrolyse u. Veresterung *2-Aminothiazol-5-carbonsäureäthylester.* (Annu. Rep. Shionogi Res. Lab. [Osaka] **1951**. 13. [Orig.: japan., Auszug: engl.]) SPAETH. 3142

Richard Kuhn und **Dietrich Jerchel**, *Kristallisiertes 2.3-Diphenylen-5-phenyltetrazolium-Radikal.* Das blaufluorescierende Bestrahlungsprod. von 2.3.5-Triphenyltetrazoliumchlorid (**III**), das *2.3-Diphenylen-5-phenyltetrazoliumchlorid* (**I**; *Photo-TTC*) lieferte bei Einw. von Reduktionsmitteln kein Formazan, sondern eine Substanz, die aus der wss. Reaktionslsg. mit olivgrüner Farbe in das Chlf. ging (vgl. C. **1950**. II. 1811). Die Darst. der Verb. aus **I** kann erfolgen: a) durch Rk. mit einer Lsg. von K in fl. NH_3 u. Ausziehen mit Bzl., b) durch Schütteln mit 1%ig. Na/Hg in Dioxan bei 60° (es tritt Benzaldehydgeruch auf), c) durch Verwendung von $Na_2S_2O_4$ in verd. $NaHCO_3$-Lsg. u. Zusatz von Bzl., d) mit wss. Lsg. von NaH_2PO_2 (3 Std.) u. Ausschütteln mit Bzl. (48% Ausbeute), e) mit alkal. $NaSnO_2$-Lsg. u. Benzol. Aus den benzol. Extrakten wird die Verb. durch Zusatz von Bzn. zur Abscheidung gebracht. Es handelt sich hier um das *2.3-Diphenylen-5-phenyltetrazolium-Radikal* (**II**), $C_{19}H_{13}N_4$, F. 160—161° (Berlblock), dunkelgrüne, lange Nadeln. **II** ist lösl. in Bzl., Toluol, Dioxan u. Chlf. (braungrün), unlösl. in Bzn. u. H_2O.

UV-Spektr.: λ_{max} 290, 335, 400, 515 mμ (vgl. Original). II ist im Vakuum haltbar (an der Luft tritt Entfärbung ein) u. gegen O_2 in benzol. Lsg. stabil, nicht aber in Chloroformlösung. UV-Bestrahlung sowie Zusatz von HCl, Eisessig oder A. führt zur Entfärbung. Mit J_2 bildet sich *2.3-Diphenylen-5-phenyltetrazoliumjodid* ($C_{19}H_{13}N_4^+J^-$). Eine benzol. Lsg. von II wird ferner entfärbt durch: Triphenylmethyl in Bzl., Pentaphenylcyclopentadienyl in Ae., Pentaphenylpyrroliumperchlorat in Chlf., Tridipyridyl-Ag(II)-perchlorat in Bzl., sowie durch Einleiten von NO. Die Messung der magnet. Susceptibilität ergab den für ein freies Radikal erwarteten Paramagnetismus. Direkte Synth. von II aus III gelang nicht. Diskussion der Formulierung von II vgl. Original. (Liebigs Ann. Chem. **578**. 1—5. 1952. Heidelberg, Max-Planck-Inst. für med. Forsch., Inst. für Chemie.)

LEHWALD. 3184

Richard H. Wiley und **Newton R. Smith**, *Darstellung und Decarboxylierung von C-acylierten β-Methylglutaconsäureanhydriden.* Nach der Meth. von GOGTE (C. **1938**. II. 1585) acylieren Vff. *β-Methylglutaconsäureanhydrid* (**I**) mit Acetyl-, Propionyl- u. Butyrylchlorid bzw. -anhydrid u. decarboxylieren die erhaltenen 5-Acyl-4-methyl-6-oxy-2-pyrone zu den entsprechenden 6-Alkyl-4-methyl-2-pyronen. Die Konst. der erhaltenen Verbb. wird durch Überführen in Verbb. bekannter Konst. sichergestellt. Der Mechanismus der Decarboxylierungs-Rk. wird diskutiert.

Versuche (FF. korr.): *β-Methylglutaconsäureanhydrid* (I), F. 86° (Acetessigester), durch Kondensation von Acetessigester mit HCl zu Isodehydracetsäureäthylester, Hydrolyse mit NaOH u. Cyclisation mit Acetylchlorid; 40% (Ausbeute). — *5-Acetyl-4-methyl-6-oxypyron-(2)* (II), $C_8H_8O_4$, F. 131—132°, aus I + Pyridin, a) mit Acetylchlorid; 42%, oder b) mit Essigsäureanhydrid; 68%. — *5-Propionyl-4-methyl-6-oxypyron-(2)* (III), $C_9H_{10}O_4$, F. 114—115°, nach a) 54%. — *5-Butyryl-4-methyl-6-oxypyron-(2)* (IV), $C_{10}H_{12}O_4$, F. 67°, nach b); 61%. — *4.6-Dimethylpyron-(2)* (V), F. 45—47°, durch therm. Zers. von II; 72%. — *4-Methyl-6-äthylpyron-(2)*, $C_8H_{10}O_2$, Kp.$_4$ 110—115°, durch therm. Zers. von III, n_D^{25} 1,5176; 68%. — *4-Methyl-6-propylpyron-(2)*, $C_9H_{12}O_2$, Kp.$_5$ 110—120°, durch therm. Zers. von IV, n_D^{25} 1,5094; 57%. — *3-Brom-4.6-dimethylpyron-(2)*, durch Bromierung von V, F. u. Misch-F. mit authent. Präp. 104—105°. — Analog: *3-Brom-4-methyl-6-äthylpyron-(2)*, $C_8H_9O_2Br$, F. 57°, u. *3-Brom-4-methyl-6-propylpyron-(2)*, $C_9H_{11}O_2Br$, F. 65°. (J. Amer. chem. Soc. **74**. 3893—94. 5/8. 1952. Louisville, Ky., Univ., Chem. Dep. of Coll. of Arts and Sci.)

E. BECKER. 3211

H. Leon Bradlow und **Calvin A. Vanderwerf**, *Austauschreaktionen α-halogenierter Pyridine.* Die *Jodmethylate* u. *-äthylate* einiger *substituierter Pyridine* werden dargestellt; dabei wird festgestellt, daß α-ständiges Cl bzw. Br, nicht dagegen F, bei der Jodalkylierung durch J ersetzt wird. Dies steht im Gegensatz zu den an halogeniertem Nicotinsäureamid gemachten Beobachtungen (vgl. J. org. Chemistry **14**. [1949.] 509). Eine Hypothese zur Aufklärung des Reaktionsmechanismus wird aufgestellt u. durch Verss. teilweise bewiesen; der Halogenaustausch tritt nach der Bldg. des Jodalkylates ein. Die Ester der halogenierten Nicotinsäure verhalten sich anders als das halogenierte Amid u. geben Austauschreaktionen. Verss., aus α-bromierten Pyridinen über die entsprechenden Methosulfate mit KJ zu den α-bromierten Jodmethylaten zu gelangen, waren erfolglos, da stets Br gegen J ausgetauscht wurde. — Die UV-Spektren von 12 der dargestellten Verbb. wurden aufgenommen.

Versuche (FF. korr.): *2-Jod-5-methylpyridinjodäthylat* (I), $C_8H_{11}NJ_2$, F. 214,5 bis 215,1° (A.-W.-Ae.), durch 12std. Erhitzen von 2-Brom-5-methylpyridin (II) mit C_2H_5J auf 90°; 98% (Ausbeute). — *2-Jodpyridinjodmethylat* (III), $C_6H_7NJ_2$, F. 209,5 bis 210,1° (A.-W.-Ae.), durch 4std. Erhitzen von 3 g 2-Brompyridin (IV) u. CH_3J auf 50°; 2 g; nach Einengen der Mutterlauge weitere 0,6 g; entsteht auch aus 12 g 2-Chlorpyridin, wovon 9,1 g durch fraktionierte Dest. (Kp.$_{740}$ 163—166°) zurückgewonnen werden; 5,8 g; daneben etwas *2-Chlorpyridinjodmethylat.* — Analog I oder III wurden folgende Verbb. in besserer als 90%ig. Ausbeute (falls nicht anders vermerkt) dargestellt: *Jodmethylate* von: *3-Methylpyridin,* $C_7H_{10}NJ$, F. 79,1—80,2°. — *3-Brompyridin,* C_6H_7NBrJ, F. 159,1—159,9°. — *3-Cyanpyridin,* $C_7H_7N_2J$, F. 194,5—196,1°. — *Nicotinsäuremethylester,* $C_8H_{10}O_2NJ$, F. 129,5—130,2°. — *2-Jod-3-methylpyridin,* $C_7H_9NJ_2$, F. 210,5—211,2°, aus 2-Brom-3-methylpyridin (V). — *2-Jod-5-methylpyridin,* $C_7H_9NJ_2$, F. 211,1—212,2°, aus II. — *2-Jodnicotinsäuremethylester,* $C_8H_9O_2NJ_2$, F. 187,8—188,6°, aus 2-Bromnicotinsäuremethylester. — *2-Jodpyridin-5-carbonsäuremethylester,* $C_8H_9O_2NJ_2$, F. 193,1—194,2°, aus 2-Brompyridin-5-carbonsäuremethylester. — *2-Fluorpyridin,* F. 71,1—72,0°; daraus mit Jod in A. *Perjodid,* $C_6H_7NJ_3F$, F. 49,5—50,2°, stahlblaue Kristalle. — *2-Fluor-3-methylpyridin,* C_7H_9NJF, F. 211,1—214,2°, färbt sich nach einigen Std. gelb. — *2-Fluor-5-methylpyridin,* C_7H_9NJF, F. 179,1—180,2°, zers. sich innerhalb 2—3 Wochen. — *2-Jodchinolin,* $C_{10}H_9NJ_2$, F. 210,1—211,0°, aus 2-Chlorchinolin (VII), wovon der größte

Teil durch fraktionierte Dest. (Kp.$_4$ 119—121°) zurückgewonnen wird. — *5-Methylthiazol*, F. 67,1—68,3°; daraus *Perjodid*, $C_5H_8NJ_3S$, F. 75,1—76°, orangerote Nadeln. — *Jodäthylate* von: *2-Jodpyridin* (**VIII**), $C_7H_9NJ_2$, F. 160,6—161,7°, aus **IV**. — *2-Jod-3-methylpyridin* (**IX**), $C_8H_{11}NJ_2$, F. 181,9—183,1°, aus **V**. — *2-Jod-5-methylpyridin* (**VI**), $C_8H_{11}NJ_2$, F. 214,5—215,1°, aus **II**. — *2-Fluor-3-methylpyridin*, $C_8H_{11}NJF$, F. 186,0 bis 186,5°. — *2-Jodchinolin*, $C_{11}H_{11}NJ_2$, F. 201,0—201,5°, aus **VII**; 30—35%. — Gemisch von **III** u. **IV**-*Jodmethylat*, F. 201,8—204,5° (Zers.), durch 12std. Erhitzen von **II** mit $(CH_3)_2SO_4$ auf dem Dampfbad, Extraktion mit Chlf. u. Zugabe von KJ im Überschuß; Nadeln; 90%. — **IV**-*Bromäthylat*, $C_7H_9NBr_2$, F. 194,0—194,9° (A.–Ae.), durch 72std. Erhitzen von **IV** u. C_2H_5Br; 42%; gibt bei 48std. Erhitzen mit KJ in Methyläthylketon oder mit C_2H_5J im Rohr bei 100° **VIII**. — **V**-*Bromäthylat*, $C_8H_{11}NBr_2$, F. 184,2—184,9°, analoge Darst. aus **V**; gibt mit C_2H_5J **IX**. — *1-Äthyl-3-methylpyridon-(2)*, $C_8H_{11}ON$, Kp.$_2$ 92—95°, aus **IX** mit 25%ig. NaOH durch 1std. Kochen u. Extrahieren mit Chlf.; rotes Öl; n_D^{25} 1,5401; 75%. — *1-Äthyl-5-methylpyridon-(2)*, $C_8H_{11}ON$, Kp.$_{1,5}$ 109—112°, analoge Darst. aus **VI**; n_D^{25} 1,5413; 62%; entsteht auch durch 24std. Kochen von **VI** mit 6nHCl u. Extraktion mit Essigester u. Chlf.; Kp.$_2$ 111—114°; 47%. — *1-Methylpyridon-(2)*, Kp.$_2$ 90—110°, durch 24std. Kochen von **III** mit 6nHCl, Einengen, Neutralisieren u. Extrahieren mit Chlf.; 80%; *Hydrochlorid*, F. 167—168° (A.–Ae.). — Gemisch von 85% **VI** u. 15% *2-Jod-3-methylpyridinchloräthylat*, ($C_8H_{11}NClJ$), F. 173 bis 174,5°, entsteht bei der sauren Hydrolyse von **VI**; daneben orangefarbene Kristalle unbekannter Zus., F. 103,1—104,2°. (J. org. Chemistry **16**. 1143—52. Juli 1951. Lawrence, Univ. of Kansas, Chem. Labor.) W. HOFFMANN. 3231

Floyd E. Anderson, Charles J. Duca und **John V. Scudi**, *Einige heterocyclische Thiosemicarbazone*. Vff. synthetisierten 20 *Thiosemicarbazone*, die möglicherweise als Chemotherapeutica Verwendung finden können. Das Testergebnis gegen Tuberkelstämme in vitro wird tabelliert.

Versuche: Die Meth. von HEID u. LEVINE (C. **1949**. I. 50) wurde auf die Darst. von *2.5-Dimethyl-3-acetylthiophen* (50% [Ausbeute]), *2.5-Dimethyl-3-acetylfuran* (**I**) (70%) u. *2-Butyrylpyrrol* (16,5%) ausgedehnt. **I** gibt mit überschüssigem NH_4OH im Rohr bei 145° *2.5-Dimethyl-3-acetylpyrrol*. *3-Butyrylpyridin* wurde in Erweiterung des Verf. von BURRUS u. POWELL (C. **1947**. 32) durch Decarboxylierung der entsprechenden Ketosäure gewonnen; 15%. — *4-Acetylpyridinthiosemicarbazon*, $C_8H_{10}N_4S$, F. 219—222° unter Zers. (A.), durch 7std. Kochen von 4-Acetylpyridin u. Thiosemicarbazid in dest. W.; 96%. — Analog wurden folgende *Thiosemicarbazone* in wss. Lsg. oder in 60%ig. A. dargestellt: *Furan-2-aldehyd-*, $C_6H_7ON_3S$, F. 152—154°. — *2-Acetylfuran-*, $C_7H_9ON_3S$, F. 142—144°. — *2-Butyrylfuran-*, $C_9H_{13}ON_3S$, F. 127—129°. — **I**-, $C_9H_{13}ON_3S$, F. 162 bis 163°. — *Furoin-*, $C_{11}H_{11}O_3N_3S$, F. 144—145°. — *Thiophen-2-aldehyd-*, $C_6H_7N_3S_2$, F. 185 bis 186°. — *2-Acetylthiophen-*, $C_7H_9N_3S_2$, F. 148—149°. — *2-Propionylthiophen-*, $C_8H_{11}N_3S_2$, F. 127—128°. — *2-Butyrylthiophen-*, $C_9H_{13}N_3S_2$, F. 170—171°. — *2.5-Dimethyl-3-acetylthiophen-*, $C_9H_{13}N_3S_2$, F. 157°. — *Pyridin-3-aldehyd-*, $C_7H_8N_4S$, F. 213° (Zers.). — *2-Acetylpyridin-*, $C_8H_{10}N_4S$, F. 158—160°. — *3-Acetylpyridin-*, $C_8H_{10}N_4S$, F. 217° (Zers.). — *3-Butyrylpyridin-*, $C_{10}H_{14}N_4S$, F. 183—184°. — *3-Benzoylpyridin-*, $C_{13}H_{12}N_4S$, F. 175—176° (80std. Reaktionsdauer). — *2.2.6.6-Tetramethylpiperidon-(4)-*, $C_{10}H_{20}N_4S$, F. 190—193° (Zers.). — *Pyrrol-2-aldehyd-*, $C_6H_8N_4S$, F. 195—197°. — *2-Butyrylpyrrol-*, $C_9H_{14}N_4S$, F. 171—172,5°. — *2.5-Dimethyl-3-acetylpyrrol-*, $C_9H_{14}N_4S$, F. 200° (Zers.). (J. Amer. chem. Soc. **73**. 4967—68. Okt. 1951. Yonkers, N. Y., Nepera Chem. Co., Inc., Res. Labors.) W. HOFFMANN. 3231

W. K. Detweiler und **E. D. Amstutz**, *Darstellung einiger heterocyclischer Biurete*. *1-[Pyridyl-(2)]-biuret*, $C_7H_8O_2N_4$, F. 197—198° (Zers.), entsteht in 33,8%ig. Ausbeute durch 2³/₄std. Erhitzen von 2-Aminopyridin mit Nitrobiuret in W. auf 65—75° u. 1std. Erhitzen auf 90° nach beendeter Gasentw.; aus A., dann W. Blättchen, die ebenso wie Phenylbiuret mit verd. $CuSO_4$-Lsg. u. NaOH eine blauviolette Farb-Rk. geben. — Analog wird in 12,5%ig. Ausbeute *1-[Thiazolyl-(2)]-biuret*, $C_5H_6O_2N_4S$, F. 217—218° (Zers.), synthetisiert, welches eine smaragdgrüne Farb-Rk. gibt. (J. Amer. chem. Soc. **73**. 5451—52. Nov. 1951. Bethlehem, Pa., Lehigh Univ., Dep. of Chem.)
W. HOFFMANN. 3231

Shirô Ouchi, *Kondensation von Formanilid mit Paraldehyd*. Bei der Kondensation von Formanilid mit Paraldehyd nach E. P. 333 087 (C. **1933**. II. 3195) entstand *Chinaldin* nur in geringer Ausbeute, das Ausgangsmaterial wurde größtenteils unverändert zurückgewonnen. 6-Methoxylepidin u. 6-Methoxy-8-nitrochinolin konnte nach der l. c. angegebenen Meth. überhaupt nicht erhalten werden. (Annu. Rep. Shionogi Res. Lab. [Osaka] **1951**. 14. [Orig.: japan., Auszug: engl.]) SPAETH. 3231

Helmut Zahn und **Hans Wilhelm**, *Über Bis-[α-iminosäurenitrile] und -säuren*. 1. Mitt. Nach der von ZELINSKY u. STADNIKOW [1906] modifizierten STRECKERschen

Synth. werden aus mit HCl nahezu neutralisierten Polymethylendiaminen, KCN u. Carbonylverbb. (Formaldehyd, Acetaldehyd, Benzaldehyd, Phenylacetaldehyd [II], Anisaldehyd, Acetophenon) *Polymethylen-bis-[α-iminosäurenitrile]*, $NC\cdot C(R_1)(R_2)\cdot NH\cdot (CH_2)_n\cdot NH\cdot C(R_1)(R_2)\cdot CN$, dargestellt, die als sek. Amine bas. Rkk. zeigen. Die Hydrochloride zers. sich schneller als die freien Dinitrile in HCN, Carbonylverb. u. Diaminhydrochlorid. Mit konz. H_2SO_4 lassen sich die Dinitrile in die *Diamide* überführen, durch Verseifung mit $Ba(OH)_2$, konz. HCl oder konz. HCl/H_2SO_4 in die *Dicarbonsäuren*; bei den Phenylalaninderivv. wurde als Nebenprod. *β-Phenylnaphthalin* erhalten, dessen Bldg. aus **II** bekannt ist. Bei dem Vers., *Tetra-* (**IV**) oder *Hexamethylen-bis-[iminophenylessigsäurenitril]* (**V**) durch Erhitzen mit NH_3 u. H_2S in CH_3OH in die Thioamide überzuführen, entstanden *Dibenzyldisulfid* u. das entsprechende *Diamin*; **IV** gab mit NH_3 u. H_2S in A. bei 80° das *Monothioamid*. Bei der therm. Zers. von *Hexamethylen-bis-[α-imino-β-phenylpropionsäurenitril]* (**VII**) entstehen HCN, Hexamethylendiamin, NH_3, KW-stoffe . eine noch nicht identifizierte tert. Base. Bei dem Vers. der Darst. von N.N'-Trimet vlendiglycindinitril analog N.N'-Tetramethylendiglycindinitril (**I**) entstand eine andere, noch nicht identifizierte Verb., die völlig andere als die erwarteten Eigg. aufwies.

Versuche: Alkylen-bis-[α-iminosäurenitrile] wurden hur gestellt aus 0,1 Mol Diamin in A., neutralisiert mit 0,195 Mol 5nHCl, durch Zutropfen der alkoh. Lsg. von 0,2 Mol Carbonylverb. unter Kühlung mit Eis/NaCl u. Rühren während 2 Std., ½std. Schütteln nach Versetzen mit Eis, Verdünnen mit W. u. Extraktion mit Bzl. nach Zugabe von K_2CO_3. *Tetramethylen-bis-[iminoessigsäurenitril]* (**I**), $C_8H_{14}N_4$, F. 58,5°; 48% (Ausbeute). *Dihydrochlorid*, $C_8H_{16}N_4Cl_2$, F. 158—159°. *Diflavianat*, $C_{28}H_{26}\cdot O_{16}N_8S_2$, Zers. bei 241°. — *Tetramethylen-bis-[α-iminopropionsäurenitril]*, $C_{10}H_{18}N_4$, F. 65,5°; 42,3%. *Dihydrochlorid*, $C_{10}H_{20}N_4Cl_2$. — *Hexamethylen-bis-[α-iminopropionsäurenitril]* (**III**), $C_{12}H_{22}N_4$, F. 54°; 48,2%. *Dihydrochlorid*, $C_{12}H_{24}N_4Cl_2$, F. 164—167°. — *Tetramethylen-bis-[iminophenylessigsäurenitril]* (**IV**), $C_{20}H_{22}N_4$, F. 88° (Ae.); 96%. *Dihydrochlorid*, $C_{20}H_{24}O_4N_2Cl_2$, F. 159°. — *Hexamethylen-bis-[iminophenylessigsäurenitril]* (**V**), $C_{22}H_{26}N_4$, F. 68° (Ae.); 83%. *Dihydrochlorid*, $C_{22}H_{28}N_4Cl_2$, F. 162,5°. — *Tetramethylen-bis-[α-imino-β-phenylpropionsäurenitril]* (**VI**), $C_{22}H_{26}N_4$, F. 72° (Ae.); 94%. — *Hexamethylen-bis-[α-imino-β-phenylpropionsäurenitril]* (**VII**), Öl; 99%. — *Tetramethylen-bis-[α-imino-α-phenylpropionsäurenitril]* (**VIII**), Öl, läßt sich im Hochvakuum wegen Zers. nicht reinigen. *Dihydrochlorid*, $C_{22}H_{28}N_4Cl_2$. — *Tetramethylen-bis-[imino-p-oxyphenylessigsäurenitril]* (**IX**), $C_{20}H_{22}O_2N_4$, F. 159° (A.); 98%. — *Tetramethylen-bis-[iminoessigsäure]*, $C_8H_{16}O_4N_2\cdot 4H_2O$, F. 258° (W.), durch 12std. Kochen von **I** mit $Ba(OH)_2$ in W. u. Einengen der mit $2nH_2SO_4$ neutralisierten u. mit Kohle ausgekochten Lsg.; 61,1%. — *Hexamethylen-bis-[α-iminopropionsäure]*, $C_{12}H_{24}O_4N_2$, F. 275° (W.), wie vorst. aus **III**; 69%. — *Tetramethylen-bis-[iminophenylessigsäure]*, $C_{20}H_{24}O_4N_2$, F. 279° (Zers.; Sodalsg./Essigsäure), aus **IV** durch Eintragen in kalte konz. HCl, Verdünnen nach 24 Std. mit W., 2std. Kochen u. Isolierung durch isoelektr. Fällung oder durch Einengen der neutralisierten Lsg.; 79,3%. *Dihydrochlorid*, $C_{20}H_{26}O_4N_2Cl_2$, F. 279°. *Diamid*, $C_{20}H_{26}O_2N_4$, F. 182° (A.); 90%. *Diamiddisulfat*, $C_{20}H_{30}O_{10}N_4S_2$, F. 221°. — *Hexamethylen-bis-[iminophenylessigsäure]*, $C_{22}H_{28}O_4N_2$, F. 262° (Sodalsg./Essigsäure), wie vorst. aus **V**; 81,1%. *Dihydrochlorid*, $C_{22}H_{30}O_4N_2Cl_2$, F. 264° (Zers.). *Diäthylesterdihydrochlorid*, $C_{26}H_{38}O_4N_2Cl_2$, F. 228°, durch Einleiten von HCl in die Suspension von **V** in A. zunächst bei Raumtemp., dann 1 Std. beim Kp.; 88%; der *freie Ester* ist ein gelbliches Öl. *Diamid*, $C_{22}H_{30}O_2N_4$, F. 161,5° (A.); 95%. *Diamiddisulfat*, $C_{22}H_{34}O_{10}N_4S_2\cdot 2H_2O$, F. 208°. — *Tetramethylen-bis-[α-imino-β-phenylpropionsäure]*, $C_{22}H_{28}O_4N_2$, F. 236° (Sodalsg./Essigsäure), durch Verseifung von **VI** mit konz. H_2SO_4/konz. HCl (10:1,2) während 2 Tagen bei Raumtemp., danach 3std. Schütteln, Verdünnen nach weiteren 2 Tagen mit W., 1,5std. Kochen, Wasserdampfdest. u. Ausfällen mit Sodalsg.; 50,4%. *Diamid*, $C_{22}H_{30}O_2N_4$. Bei der Wasserdampfdest. des Filtrats des Hydrolysats geht eine kleine Menge *β-Phenylnaphthalin* über. — *Hexamethylen-bis-[α-imino-β-phenylpropionsäure]*, $C_{24}H_{32}O_4N_2$, F. 225°, wie vorst. aus **VII**; 77,5%. — *Tetramethylen-bis-[α-imino-α-phenylpropionsäure]*, $C_{22}H_{28}O_4N_2\cdot H_2O$, F. 280° (Sodalsg./Essigsäure), wie vorst. aus **VIII**; 91,5%. — *Tetramethylen-bis-[imino-p-oxyphenylessigsäure]*, $C_{20}H_{24}O_6N_2$, F. 218°, durch Hydrolyse von **IX** mit gekühlter konz. HCl während 24 Std., Verdünnen u. 2std. Kochen; 74,7%. *Dihydrochlorid*, $C_{20}H_{26}O_6N_2Cl_2$, F. 220°. — *Hexamethylen-bis-[2.4-dinitrophenylaminoessigsäure]*, $C_{22}H_{24}O_{12}N_6$, F. 146°, aus Hexamethylen-bis-[iminoessigsäure] u. 2.4-Dinitrofluorbenzol in A. + wss. $NaHCO_3$-Lsg. u. Ausfällen mit HCl; aus A. gelbe Nadeln; 86%. — Bei der Rk. von **V** mit NH_3 u. H_2S in CH_3OH während 1 Std. im Rohr bei 70° u. Eingießen in W. bildet sich *Dibenzyldisulfid*, $C_{14}H_{14}S_2$, F. 71°, aus A. Nadeln oder Blättchen; 71%; im Filtrat ließ sich *Hexamethylendiamin* papierchromatograph. nachweisen. — *Tetramethylen-[iminophenylessigsäurenitril]-iminophenylessigsäurethioamid*, $C_{20}H_{24}N_4S$, F. 128° (A.), durch Einleiten von NH_3 in die Suspension von 3 g **IV** in A. unter Kühlung, anschließend Einleiten von H_2S u. 1std.

Erhitzen im Rohr auf 80°; 1,5 g. — Bei der therm. Zers. von **VII** bei 345°/20 mm bildeten sich *HCN* (isoliert als AgCN), *Hexamethylendiamin*, NH_3, ein Gemisch. *fl. KW-stoffe* u. eine *Base* $C_{16}H_{13}N$, F. 135°; *Hydrochlorid*, F. 187°. — Bei der Umsetzung von Trimethylendiamin, mit 5nHCl nahezu neutralisiert, mit KCN u. 40%ig. HCHO unter Zusatz von K_2CO_3 in der Kälte bildeten sich Kristalle vom F. 101°. (Liebigs Ann. Chem. **579**. 1—13. 1953. Heidelberg, Univ., Chem. Inst.) SPAETH. 3272

Helmut Zahn, Hans Wilhelm und Adolf Räuchle, *Über Bis-[α-iminosäurenitrile] und -säuren.* 2. Mitt. *Bildung von Imidazolidinen und Hexahydropyrimidinen.* (1. vgl. vorst. Ref.) Es wird die Kondensationsfähigkeit von Äthylen- (**I**) u. Trimethylen-bis-[α-iminophenylacetonitril] (**II**) mit Aldehyden zu den entsprechenden Imidazolidinen bzw. Hexahydropyrimidinen untersucht. Während **I** u. **II** in 50% ig. schwach salzsaurer oder schwach alkal. alkoh. Lsg. mit CH_2O, Acetaldehyd oder Benzaldehyd (**III**) bei Zimmertemp. nur verharzten u. sich beim Erwärmen schnell zersetzten u. beim Zusammenschmelzen mit **III**, Furfurol, p-Oxybenzaldehyd oder Paraformaldehyd ebenfalls Zers. unter HCN-Abspaltung erlitten, trat unter den Bedingungen der Kondensation von Diaminen mit Aldehyden nach RIEBSOMER (C. **1950**. II. 2429) die gewünschte Kondensation ein; wichtig hierbei ist die sofortige Entfernung des gebildeten W., die Vermeidung höherer Tempp. als 120° u. der Ausschluß von Laugen oder Säuren. Wegen der Empfindlichkeit gegenüber Säuren gelingt die Verseifung der Nitrilgruppe nicht ohne Ringspaltung, die zu den offenkettigen Dicarbonsäuren bzw. ihren Diamiden führt. Das aus **I** u. **III** erhaltene *1.3-Bis-[cyanbenzyl]-2-phenylimidazolidin* bildet sich auch aus **I** allein beim mehrstd. Erhitzen in Bzl.; Vff. nehmen an, daß **I** in der Hitze in Äthylendiamin, HCN u. **III** zerfällt, das so gebildete **III** reagiert dann mit unverändertem **I**. Einw. von Chloral auf **I** gab eine noch nicht identifizierte Verb. vom F. 245°, deren Cl-Geh. nicht mit dem erwarteten übereinstimmte.

Versuche: *1.3-Bis-[cyanbenzyl]-2-phenylimidazolidin*, $C_{25}H_{22}N_4$, F. 164°, durch Erwärmen von **I** u. **III** in Bzl. während 2 Std. auf 60°, 3std. Erhitzen auf 110° u. Einengen; aus A. Blättchen; 81% (Ausbeute). — *1.3-Bis-[cyanbenzyl]-2-phenylhexahydropyrimidin*, $C_{26}H_{24}N_4$, F. 202°, aus **II** u. **III** in Bzl., Anwärmen während 3 Std. auf 60°, dann während 2 Std. auf 80° u. 2 Std. bei 100—110°; aus A. Blättchen; 62%. — *1.3-Bis-[cyanbenzyl]-hexahydropyrimidin*, $C_{20}H_{20}N_4$, F. 136°, wie vorst. aus **II** u. Paraformaldehyd; aus A. Blättchen; 41%. (Liebigs Ann. Chem. **579**. 14—16. 1953.) SPAETH. 3272

Ss. B. Sserebrjanyi und W. P. Tschernetzki, *Synthese von 1-Oxyphenazinderivaten.* 2. Mitt. *1.6- und 1.8-Dialkoxyphenazin.* (1. vgl. C. **1952**. 4139.) Durch Kondensation von o-Nitroanisol (**I**) mit m-Anisidin (**II**) unter den früher angegebenen Bedingungen wurde ein Gemisch von *1.6-* (**III**) u. *1.8-Dimethoxyphenazin* (**IV**) erhalten. Beide Verbb. sind noch nicht bekannt. Die Trennung der Isomeren gelang durch fraktionierte Extraktion wie mit Ligroin, ihre Identifizierung durch Synth. von **IV** auf anderem Wege. **IV** wurde im Gemisch mit dem früher beschriebenen *1.5-Dimethoxyphenazin* (**V**) durch Kondensation von 3-Methoxy-o-benzochinon (**VI**) mit 3-Methoxy-o-phenylendiamin (**VII**) erhalten. Die Abtrennung von **IV** erfolgte in A. über das Pikrat. Da **V** in alkoh. Lsg. kein Pikrat bildet, so mußte das isolierte Pikrat **IV** zugeordnet werden. — Analog Vorst. wurde durch Kondensation von o-Nitrophenetol mit m-Phenetidin ein Gemisch von *1.6-* (**VIII**) u. *1.8-Diäthoxyphenazin* (**IX**) erhalten, deren Identifizierung mittels des aus **III** u. **IV** gewonnenen *1.6-* u. *1.8-Diacetoxyphenazins*, in welche auch **VIII** u. **IX** übergeführt wurden, möglich war.

Versuche: Rk. von o-Nitroanisol (**I**) mit m-Anisidin (**II**). Die aus 30 g **I** u. 30 g **II** in Ggw. von 120 g KOH bei 72std. Einw. erhaltene Reaktionsmasse wurde mit Wasserdampfdest., der harzige Rückstand mit heißer 15%ig. HCl ausgezogen u. aus dem Auszug das Basengemisch durch Alkali gefällt. Hierbei wurden zuerst ausfallende Verunreinigungen verworfen. Zur Trennung von **III** u. **IV** diente die Extraktion mit Ligroin im SOXHLET-App. (**III** ist leichter lösl.). Weitere Reinigung erfolgte bei **III** durch Umfällen aus saurer Lsg. mit NH_3 u. Kristallisation aus Ligroin oder Acetanhydrid, bei **IV** durch Überführung in das Pikrat u. Kristallisation aus Ligroin. Erhalten wurden 1,2 g **III** u. 2,8 g **IV**. — *1.6-Dimethoxyphenazin* (**III**), $C_{14}H_{12}O_2N_2$, F. 175°; gelbe Nadeln. Die Lsg. in verd. HCl ist orange. *Pikrat*, $C_{14}H_{12}O_2N_2 \cdot C_6H_2(NO_2)_3OH$, F. 258° (Zers.); aus Bzl. orange Nadeln. — *1.8-Dimethoxyphenazin* (**IV**), $C_{14}H_{12}O_2N_2$, F. 259—260°; fadenförmige, gelbe Nadeln. Die Lsg. in verd. HCl ist dunkelrot. *Pikrat*, F. 258° (Zers.); aus A. dunkelrote Nadeln. — Rk. von 3-Methoxy-o-benzochinon (**VI**) mit 3-Methoxy-o-phenylendiamin (**VII**). Durch 10 Min. langes Schütteln von 2,5 g Pyrogallol-1-methyläther in 750 cm³ Bzl. mit 50 g PbO_2, Filtrieren u. Nachwaschen mit 100 cm³ Bzl. wurde eine Lsg. von **VI** in Bzl. hergestellt. Hierzu wurde eine Lsg. von **VII** (aus 1,75 g **VII**-Hydrochlorid) in ca. 40 cm³ Bzl. + 20 cm³ Eisessig hinzugefügt. Reaktionsdauer 2 Stunden. Nach einigen Reinigungsoperationen wurde ein Gemisch von **IV** u. **V** erhalten, aus dem in alkoh. Lsg. **IV**-Pikrat (1,1 g) isoliert wurde; die alkoh. Mutterlauge enthielt **V** (0,35 g). — *1.6-Diäthoxyphenazin* (**VIII**), $C_{16}H_{16}O_2N_2$, F. 153°; aus gleichen Mengen (je 20,6 g) o-Nitrophenetol u. m-Phenetidin in Ggw. von KOH; aus Ligroin oder Acetanhydrid gelbe Nadeln; 1,5 g neben 3,2 g nächst. Verbindung. *Pikrat*, $C_{16}H_{16}O_2N_2 \cdot C_6H_2(NO_2)_3OH$, F. 225—226°; aus A. orange Nadeln. — *1.8-Diäthoxyphenazin* (**IX**), $C_{16}H_{16}O_2N_2$, F. 174°; aus Ligroin gelbe Nadeln, aus A. Blättchen. *Pikrat*, $C_{16}H_{16}O_2N_2 \cdot C_6H_2(NO_2)_3OH$, F. 253—254° (Zers.); aus Bzl. rote Nadeln. — *1.6-Diacetoxyphenazin*, F. 148—149°; durch Entalkylieren von **III** oder **VIII** mittels HBr u. Acetylieren des 1.6-Dioxyphenazins mit $(CH_3CO_2)_2O$. — *1.8-Diacetoxyphenazin*, F. 256—258°; analog Vorst. aus **IV** oder **IX**. (Журнал Общей Журна: [J. allg. Chem.] **21**. (**83**.) 2033—37. Nov. 1951. Inst. für organ. Chem. der Akad. der Wiss. der UkrSSR.) QUECK. 3272

Hans Heinrich Schlubach und Hermann Müller, *Untersuchungen über Polyfructosane. 27. Mitt. Über das Avenarin.* (26. vgl. C. **1950**. I. 2109.) Aus unreifen Haferhalmen konnte ein bisher unbekanntes Polyfructosan isoliert werden, dem der Name „*Avenarin*" (**I**) gegeben wird. **I** besteht aus 7—8 Fructoseeinheiten (Mol.-Gew.-Best.) u. gehört zum Phleintyp, da bei der Hydrolyse der Methylverb. *1.3.4-Trimethylfructose, 1.3.4.6-Tetramethyl-* u. eine *Dimethylfructose* im Verhältnis 1:5:1 (berechnet auf Fructose) gefunden wurde. **I** kann als ein aus 6 Fructofuranoseresten aufgebauter Ring aufgefaßt werden, dessen Glieder durch 2.6-O-Brücken verbunden sind u. von denen eines am C^4 einen Fructofuranoserest gebunden enthält. — Die Polyfructosane der 4 Getreidesorten unterscheiden sich nur durch den Grad der Verzweigung u. durch ihre Teilchengröße.

Versuche: *Avenarin* (**I**) aus Haferhalmen (21. Juni) durch Extraktion mit A., Entfernen des Eiweißes aus der Lsg. mit Pb-Acetat, Eindampfen der Pb-freien Lsg. u. mehrfaches Ausfällen mit 95%ig. A., *Rohprod.* (10,5% der Trockensubstanz) $[\alpha]_D^{20}$ —16° (c = 1 in W.). Acetylierung des Rohprod. u. Vorreinigung durch diskontinuierliche Gegenstromverteilung nach JANTZEN in Bzl./Bzn./CH_3OH-Gemisch, mehrfaches Umfällen der **I**-Fraktion in Bzl. mit PAe. **I**-*Acetyl*, $[\alpha]_D^{26}$ +10,2° (c = 1 in Chlf.); 35% (Ausbeute); nach Entacetylieren **I**, F. 205—215° (Braunfärbung); $[\alpha]_D^{20}$ —38,2° (c = 1 in W.); keine Red. FEHLINGscher Lsg.; Halbumsatzzeit der Säurehydrolyse nach KNOOP 233 Min., $[\alpha]_D^{20}$ —86,2° (24 Std.); kein Aldosegeh. nach AUERBACH-BODLÄNDER; Mol.-Gew. der Acetylverb. 2060 (kryoskop.). — *Methyl*-**I**, $[\alpha]_D^{20}$ —36,5° (c = 1 in Chlf.), aus Acetyl-**I** mit Methylsulfat u. NaOH u. mit CH_3J u. Ag_2O, OCH_3 = 45,08%. — Hydrolyse von Methyl-**I** in 96% A. durch 28std. Erwärmen mit Oxalsäure in W. auf 85°, Trennung an Silicagelsäule, gefunden: *Tetramethylfructose*, $[\alpha]_D^{20}$ +31,0° (c = 1 in W.); +18° → 18,5° (2 Std.; c = 1 in Chlf.); n_D^{20} 1,4509; OCH_3 = 52,2%. — *Trimethylfructose*, F. 75°; —41° → 49° (8 Std.; c = 0,8 in W.); —17° → —24,8° (24 Std.; c = 0,8 in CH_3OH); OCH_3 = 41,5%. — *Dimethylfructose*, $[\alpha]_D^{20}$ —12,5 → —18° (4 Std.; c = 0,5 in CH_3OH); → —6,4° (11 Std.; c = 0,5 in Chlf.); OCH_3 = 29,4%. (Liebigs Ann. Chem. **572**. 106—14. 10/4. 1951. Hamburg, Univ., Chem. Staatsinst.) ROSSOW. 3400

Frank H. Stodola, Harold J. Koepsell und Eugene S. Sharpe, *Ein neues von Leuconostoc mesenteroides gebildetes Disaccharid.* Bei der enzymat. Synth. von *Dextran* aus *Saccharose* durch *Leuconostoc mesenteroides* werden unter bestimmten Bedingungen 3% der Saccharose zur Bldg. eines neuen *Disaccharids*, $C_{12}H_{22}O_{11}$, mit folgenden Eigg. verbraucht: Aus CH_3OH-Äthylacetat Stangen, F. 161—163°; $[\alpha]_D^{25}$ —8,8° (3 Min.), —6,8° (24 Std.; c = 4 in W.), Reduktionsvermögen nach SOMOGYI 46% von dem der Fructose, geringe Rk. mit Hypojodid (9% nach WILLSTÄTTER-SCHUDEL, *Turanose* gab 11%), positiver SELIWANOFF-Test für Fructose, Hydrolyse zu Glucose u. Fructose (Papierchromatographie), *Phenylosazon*, $C_{24}H_{32}O_9N_4$, aus feuchtem Äthylacetat Nadeln, F. 186 bis 188°, ergibt ein amorphes *Phenylosotriazol*, das zu D-Glucose ($[\alpha]_D^{25}$ +52°) u. *D-Glucosephenylosotriazol* (F. 197°; $[\alpha]_D^{25}$ —81°) hydrolysiert wird. Hiernach scheint der Zucker eine *D-Glucosyl-D-fructose* zu sein mit der Glucosyleinheit in Pyranoseform, da nur 1% Hydrolyse in 24 Std. bei Zimmertemp. in 0,2nHCl beobachtet wird. CHARGAFF u. MAGASANIK (C. **1948**. II. 613) fanden, daß Glucosephenylosazon durch Na-Perjodat rasch gespalten wurde u. 85% der Verb. **I** lieferte. Vff. dehnten diese Technik auf die Disaccharide aus u. stellten fest, daß das Phenylosazon des neuen Zuckers, sowie die der *Isomaltose* (*6-[α-D-Glucopyranosyl]-D-glucose*) u. der *Gentiobiose* (*6-[β-D-Glucopyranosyl]-D-glucose*) eine schnelle Fällung von 70—80% **I** ergaben. Andererseits gaben die Phenylosazone von *Turanose* (*3-[α-D-Glucopyranosyl]-D-fructose*), *Laminaribiose* (*3-[β-D-Glucopyranosyl]-D-glucose*, *Maltose* (*4-[α-D-Glucopyranosyl]-D-glucose*) u. *Cellobiose* (*4-[β-D-Glucopyranosyl]-D-glucose*) auch nach Stehen über Nacht keinen Niederschlag. Dieses Verh. ist nur mit der Glucosidbindung in Stellung 5 oder 6 zu erklären. Weitere Unterss. er-

I

gaben, daß der neue Zucker wahrscheinlich *5-[D-Glucopyranosyl]-D-fructopyranose* ist. Vff. schlagen den Namen „*Leucrose*" vor. (J. Amer. chem. Soc. **74**. 3202—03. 20/6. 1952. Peoria, Ill., Northern Reg. Res. Labor., Fermentation Div.) AMELUNG. 3400

Roy L. Whistler und Charles G. Smith, *Eine kristalline Mannotriose aus der enzymatischen Hydrolyse von Guaran.* Bei der enzymat. Hydrolyse von *Guaran* wurde in 7,5%ig. Ausbeute ein krist. Trisaccharid erhalten, dessen Struktur durch partielle Säurehydrolyse u. Perjodatoxydation als *β-D-Mannopyranosyl-(1→4)-β-D-mannopyranosyl-(1→4)-β-D-mannopyranose* (I) erkannt wurde. Dazu konnte in 0,5%ig. Ausbeute *6-α-D-Galaktopyranosyl-β-D-mannopyranose* isoliert werden, das mit der früher (C. **1952.** 5424) bei der Säurehydrolyse erhaltenen Verb. ident. ist. — Die Red. von I ergibt in quantitativer Ausbeute den *Glycit*, der in die krist. *Dodekaacetylverb.* umgewandelt wurde.

Versuche: Hydrolyse von in W. homogenisiertem Guaran mit einem aus gekeimten Guarsamen gewonnenen Enzympräp. bei p_H 5 u. 35° 70 Std. bis zur 65%ig. Umwandlung in Monosaccharide. Chromatograph. Trennung an einer Darco/Celit (1:1)-Säule durch Eluierung der Monosaccharide mit W., der Mannobiose mit 2,5%ig. A., der Galaktomannose mit 5%ig. A. u. der Mannotriose I mit 7,5%ig. A.: *6-α-D-Galaktopyranosyl-β-D-mannopyranose,* F. u. Misch.-F. 200—201° (CH_3OH/Butanol 2:1); $[\alpha]_D^{25}$ +120°, c = 1,6 in W.). I, $C_{18}H_{32}O_{16}\cdot 3H_2O$, F. 137—137,5°, durch Einengen des Eluates u. Zugabe von absol. A. $[\alpha]_D^{25}$ −24,7° → −23,3° (c = 1,29 in W.); bei der Perjodoxydation werden pro Mol I 5,9 Mol HJO_4 verbraucht, 2,9 Mol HCOOH u. 1,1 Mol HCHO gebildet. Hydrolyse von I mit 0,05nHCl bei 100°; nach 24 Std. kann nur noch *D-Mannose* nachgewiesen werden. Hydrolyse von I mit 0,2nHCl bei 100°; nach 3 Std. chromatograph. Analyse: Nachw. von *D-Mannose* u. *4-β-D-Mannopyranosyl-β-D-mannopyranose,* F. u. Misch.-F. 192—193°; $[\alpha]_D^{25}$ −2,3 (Endwert) c = 1,0 in W.). Für beide glykosid. Bindungen von I wurden die gleichen Hydrolysenwerte gefunden. — 5tägige Red. von I mit Pt-Oxyd als Katalysator ergibt 100% hygroskop. *Glycit,* identifiziert als *Dodekaacetylglycit,* $C_{42}H_{58}O_{28}$, F. 113—114° (absol. A.); −21° (c = 1,18 in Chlf.). (J. Amer. chem. Soc. **74**. 3795—96. 5/8. 1952. Lafayette, Ind., Purdue Univ., Dep. of Agric. Chem.) ROSSOW. 3400

A. Danilowa und R. Konowalowa, *Über die Alkaloide aus Plantago indica.* Aus der im Kaukasus u. europäischen Teil der UdSSR wachsenden Pflanze wurden 3 neue Alkaloide zu 0,25% vom Trockengewicht isoliert. *Plantagonin* (I), $C_{10}H_{11}O_2N$, ist kristallisiert. *Indicamin* (II) entspricht ziemlich genau der Formel $C_{14}H_{23}ON$ u. ist flüssig. Ebenso ist *Indicain* (III), $C_{10}H_{11}ON$, flüssig.

Versuche: 14 kg der trockenen, oberird. Pflanzenteile wurden mit 10%ig. NH_3 durchfeuchtet, mit $C_2H_4Cl_2$ extrahiert, die Alkaloide in 10%ig. H_2SO_4 aufgenommen, hieraus mit 25%ig. NH_3 frei gemacht u. mit Ae., dann Chlf. extrahiert. Aus dem äther. Auszug schieden sich 1,22 g I in Kristallbüscheln ab. Die äther. Mutterlauge enthielt 27,8 g fl. Basen, aus denen durch Dest. mit Wasserdampf 1,46 g eines Gemischs von II u. III, trennbar durch Vakuumdest., übergetrieben wurden; aus dem harzigen Rückstand der Wasserdampfdest. ließen sich keine definierten Verbb. gewinnen. Der Chloroformauszug enthielt 6 g nicht krist. u. nicht näher untersuchter Basen, die große Neigung zur Verharzung zeigten. — *Plantagonin* (I), $C_{10}H_{11}O_2N$, F. 218—220°; aus Aceton (1:100) oder 96%ig. A. Kristalle; $[\alpha]_D$ +30,8° (0,2206 g in 4 ml 1,1%ig. HCl). Enthält 1 OH-Gruppe; CH_3O- bzw. CH_3N- ist nicht vorhanden. Entfärbt nicht $KMnO_4$ in verd. H_2SO_4. *Hydrochlorid,* $C_{10}H_{11}O_2N\cdot HCl$, F. 228—230° (Zers.); aus A. + Äther. *Pikrat,* $C_{10}H_{11}O_2N\cdot C_6H_3O_7N_3$, F. 159—160°; aus W. Kristalle. *Chloroaurat,* $C_{10}H_{11}O_2NHAuCl_4$; F. 151—152°; aus verd. HCl Nadeln. *Jodmethylat,* Kristalle. — *Indicamin* (II) ist in der Fraktion Kp.$_{0,4}$ 75—92° enthalten; entfärbt sofort $KMnO_4$. *Pikrat,* $C_{14}H_{23}ON\cdot C_6H_3O_7N_3$, F. 127 bis —29°; aus A. Kristalle. — *Indicain* (III) ist in der Fraktion Kp.$_{0,4}$ 92—105° enthalten. *Pikrat,* $C_{10}H_{11}ON\cdot C_6H_3O_7N_3$, F. 151—153°; aus Essigester Kristalle. (Журнал Общей Химии [J. allg. Chem.] **22.** (**84.**) 2237—39. Dez. 1952. Moskau, Allunions Wiss. Chem.-Pharmazeut. Ordshonikidse-Forschungsinst., Labor. für Alkaloidchem.) R. KNOBLOCH. 3500

P. Karrer und W. Forter, *Über die physikalischen Konstanten des Crocetans und Bixans.* Auf Grund einer Mitt. von SÖRSENSEN u. Mitarbeitern (C. **1952.** 2349), nach der der Brechungsindex (n) von *Crocetan* (I) von dem von Vff. dargestellten Prod. (Helv. chim. Acta **13.** [1930.] 707) wesentlich abweicht, red. Vff. Perhydrobixinmethylester bzw. Perhydrocrocetindimethylester mit $LiAlH_4$ u. erhalten *3.8.13.17-Tetramethyleikosandiol-(1.20)* (II) bzw. *2.6.11.15-Tetramethylhexadecandiol-(1.16)* (III), verwandeln diese mit HBr + Eisessig in die entsprechenden Dibromide u. spalten die Br-Atome mit verkupfertem Zn + Säure ab. Der so erhaltene KW-stoff, *Bixan,* stimmt in seinem n-Wert mit dem der Literatur überein, während der n-Wert von I niedriger als der in der früheren

Mitt. (l. c.) liegt, jedoch höher ist, als der von SÖRENSEN angegebene Wert. Vff. bezweifeln, daß auf diesem Weg ein I gewonnen werden kann, dessen n-Wert noch niedriger ist.

V e r s u c h e: *1.20-Dioxybixan* (**II**), $C_{24}H_{50}O_2$, Kp.$_{0,03}$ 172—176° (Bad), durch Zutropfen von II zu einem Gemisch von $LiAlH_4$ in Ae., nach 3std. Sieden Zers. mit W. (wenig), Auswaschen mit Ae. u. Dest.; 90% (Ausbeute). — *Bixan*, $C_{24}H_{50}$, Kp.$_{0,04}$ 145°, aus vorst. Verb. (Helv. chim. Acta **12**. [1929.] 914); n_D^{21} 1,4506. — *1.16-Dioxycrocetan* (**III**), Kp.$_{0,03}$ 169—172°, aus **III** analog vorst. Verb.; 96,6%. — *Crocetan* (I), $C_{20}H_{42}$, Kp.$_{0,02}$ 103° (Bad), aus vorst. Verb. durch 7std. Erhitzen mit 30%ig. HBr–Eisessig-Lsg. bei 150° Erhitzen des Dibromids mit 60%ig. Eisessig u. verkupfertem Zn 15 Std. bei 150°; n_D 1,4431; $D.^{20}_4$ 0,7923. (Helv. chim. Acta **35**. 1494—96. 1/8. 1952. Zürich, Univ., chem. Inst.) LEHWALD. 3550

D. Tischtschenko und **K. Kissel**, *Neuer Typus der Terpeneumwandlungen*. 9. Mitt. *Einführung von Chlorterpenen in die magnesiumorganische Synthese*. (8. vgl. C. **1953**. 1655.) Durch Umsetzung von Myrtenylchlorid (**I**) mit Mg-Spänen wurde die entsprechende GRIGNARD-Verb. erhalten u. durch Rk. mit Benzophenon, CO_2, Aceton, Acetaldehyd u. Benzaldehyd *Diphenylmyrtenylcarbinol, Dimyrtenylketon, Dimethylmyrtenylcarbinol, Methylmyrtenylcarbinol* u. *Myrtenylphenylcarbinol* dargestellt. Orthoameisensäuretriäthylester, Essigester, Acetylchlorid u. Formaldehyd gaben komplizierte Gemische, aus denen keine definierte Verbb. erhalten werden konnten. Zur Erzielung guter Ausbeute ist es in den meisten Fällen notwendig, das Mg zunächst mit Br_2 reagieren zu lassen. Es wird angenommen, daß sich das entstehende $MgBr_2$ mit **I** zum Teil unter Bldg. von Myrtenylbromid umsetzt, das mit Mg leichter als **I** reagiert. Die Ausbeuten schwankten in weiten Grenzen; daher mußte die beste Arbeitsweise in eingehenden Unterss. ermittelt werden.

V e r s u c h e: *Diphenylmyrtenylcarbinol*, $C_{23}H_{26}O$, F. 172—178°; beim Behandeln von Mg mit C_2H_5Br in Ae. u. Zusatz eines Gemisches von Benzophenon u. **I**, 14 Std. unter Rühren; aus A., dann Ae. Kristalle. — Darst. der GRIGNARD-Verb. aus **I**, $C_{10}H_{15}Mg$ (X = Cl u. Br). Zu 50 g Mg-Spänen (Reinheitsgrad mindestens 99,8%; gesiebte Späne mittlerer Größe, Maschenzahl der Siebe 30 u. 60/cm³, bei ersterer passierend, bei letzterer nicht passierend) in 400 ml Ae. werden langsam unter Rühren u. Kühlen 30 g Br_2 zugegeben; dann wird bei Zimmertemp. in 4 Std. eine Lsg. von 17 g **I** in 135 ml Ae. zugefügt u. noch 1 Std. weiter gerührt. Der Geh. der Lsg. wird durch Titration mit 0,1n Säure (Methylorange) festgestellt; die Ausbeute beträgt ca. 70%. — Aus vorst. GRIGNARD-Verb. wurden mit CO_2 bzw. Aceton, Acetaldehyd u. Benzaldehyd die folgenden Verbb. hergestellt. *Dimyrtenylketon*, $C_{21}H_{30}O$, Kp.$_{0,1}$ 120—125°; dicke Fl.; $D.^{20}_4$ 0,972; n_D^{20} 1,5143. — *Dimethylmyrtenylcarbinol*, $C_{13}H_{21}OH$, Kp.$_{0,1}$ 69—71°; $D.^{20}_4$ 0,977; n_D^{20} 1,5023; Mol.-Refr. ([MR]$_D$) 58,7. — *Methylmyrtenylcarbinol*, $C_{12}H_{20}O$, Kp.$_5$ 83—85°; $D.^{20}_4$ 0,9775; n_D^{20} 1,4998; [MR]$_D$ 54,15. Nebenprod. ist *Dimyrtenyl*, $C_{20}H_{30}$, Kp.$_5$ 135—140°; $D.^{20}_4$ 0,953; n_D^{20} 1,5142; [MR]$_D$ 85,37. — *Myrtenylphenylcarbinol*, $C_{17}H_{22}O$, Kp.$_{0,1}$ 120—121°; $D.^{20}_4$ 1,003; n_D^{20} 1,5321; [MR]$_D$ 74,83. (Журнал Общей Химии [J. allg. Chem.] **22**. (**84**.) 1587—91. Sept. 1952. Forsttechn. Kirow-Akad.) H. FRÖHLICH. 3600

D. Tischtschenko und **W. Foliadow**, *Neuer Umwandlungstypus der Terpene*. **10**. Mitt. *Synthese von Homoterpenen*. (9. vgl. vorst. Ref.). Aus 6-Chlordipenten u. GRIGNARD-Verbb. (Methyl-, Äthyl-, Propyl- u. Butylmagnesiumhalogenid) wurden *6-Alkyldipentene*, Fll. von angenehmem Geruch, hergestellt. Nebenprodd. sind *gesätt.* u. *ungesätt.*, gasförmige *KW-stoffe, Dipenten* u. *Bis-*[*dipentenyl-*(*x.x'*)].

V e r s u c h e: Zu einer Lsg. von Propyl-MgBr (5 g Mg; 29 g Propylbromid; 50 ml Ae.) werden 20 g 6-Chlordipenten in 30 ml Ae. zugefügt; danach wird 2 Std. gekocht. Die Fraktionierung des Reaktionsprod. ergab *6-Propyldipenten*, $C_{13}H_{22}$, Kp.$_{0,4}$ 56,5 bis 57,5°; $D.^{20}_4$ 0,8469; n_D^{20} 1,4755; ca. 30% (Ausbeute). Als Nebenprodd. wurden identifiziert *Propylen, Dipenten* u. *Bis-*[*dipentenyl-*(*x.x'*)], $C_{20}H_{30}$, Kp. ca. $_{0,001}$ 118—125°; $D.^{20}_4$ 0,920; n_D^{20} 1,5134; 3,9 g. — Analog wurden nachst. 6-Alkyldipentene $C_{10}H_{15}R$ mit 40 bis 60%ig. Ausbeute dargestellt. *R* = *Methyl*, Kp.$_{14}$ 74—76°; $D.^{20}_4$ 0,8466; n_D^{20} 1,4748. *R* = *Äthyl*, Kp.$_{0,75}$ 46—47°; $D.^{20}_4$ 0,8489; n_D^{20} 1,4760. *R* = *Butyl*, Kp.$_{1,3}$ 79—80°; $D.^{20}_4$ 0,8488; n_D^{20} 1,4757. (Журнал Общей Химии [J. allg. Chem.] **22**. (**84**.) 1591—93. Sept. 1952.) H. FRÖHLICH. 3600

Gaston Vavon und **Albert Antonini**, *Asymmetrische Synthese durch funktionellen Austausch. Verhalten der Phenyl- und α-Naphthylglyoxylsäure gegenüber aktivem Menthol, Neomenthol und Isoborneol*. In Erweiterung der früher (C. **1951**. I. 1439) beschriebenen Red. von Phenylglyoxylsäure (I) mit Brommagnesiummenthylat (**III**), bei der *Mandelsäure* (II) mit [α] +54° entsteht, also zu 33% eine asymm. Synth. stattfindet, wird die Einw. von Brommagnesiumneomenthylat [**IV**; aus Neomenthol ([α] +21°) analog **III**], -bornylat [**V**; aus Borneol ([α] +34°)] u. -isobornylat [**VI**; aus Isoborneol ([α] —29°)] auf **I** untersucht. Mit **V** tritt überhaupt keine Red. von **I** zu **II** ein, bei Verwendung von **IV**

bilden sich 90% II mit [α] —27,3° (17%ig. asymm. Synth.), mit VI 25% II mit [α] +24° (15%ig. asymm. Synth.). *α-Naphthylglyoxylsäure* (VII) (F. 107—108°, aus α-Naphthyl-MgBr u. Oxalsäurediäthylester) liefert mit III *α-Naphthylglykolsäure* mit [α] —2,8 bis —3,5° (reine opt.-akt. Säure hat ±193°), asymm. Synth. hat also nur zu 1—2% stattgefunden; bei Verwendung des VII-Äthylesters ($Kp._{15}$ 210°) oder VII-Menthylesters verläuft die asymm. Synth. zu 6—11%, mit VII u. IV zu 15%. (C. R. hebd. Seances Acad. Sci. **232**. 1120—22. 12/3. 1951.) ROSDORFF. 3600

Louis F. Fieser, Josef E. Herz und Wei-Yuan Huang, *11-Ketolithocholsäure und 11-Ketocholestanol aus den $\Delta^{7,9,11}$-Dienen.* 3α.7α-Diacetoxy-12-keto-$\Delta^{9,11}$-cholensäuremethylester u. 12-Keto-$\Delta^{7,9,11}$-lithocholadiensäuremethylester liefern beide bei der WOLFF-KISHNER-Red. *$\Delta^{7,9,11}$-Lithocholadiensäure* [F. 201° (Zers.), $[\alpha]_D$ +121°; *Methylester*, F. 120°, $[\alpha]_D^{22}$ +119°, λ_{max} 244,5 mμ (log ε = 4,2 in A.); *Methylesteracetat* (I), $C_{27}H_{40}O_4$, F. 149—150°, $[\alpha]_D$ +123°, λ_{max} 244,5 mμ (log ε = 4,2 in A.)]; Oxydation von I mit $Na_2Cr_2O_7 \cdot 2\,H_2O$ in Eisessig gibt *3α-Acetoxy-7.11-diketo-Δ^8-cholensäuremethylester* [II; $C_{27}H_{38}O_6$, F. 115°, $[\alpha]_D$ +36°, λ_{max} 271 mμ (log ε = 3,85 in A.)] u. *3α-Acetoxy-7.8-oxido-$\Delta^{9,11}$-cholensäuremethylester* ($C_{27}H_{40}O_5$, F. 185°, $[\alpha]_D$ +22°), letzteres ist auch durch Perbenzoesäureoxydation erhältlich u. gibt durch Isomerisierung mit Zn u. CH_3COOH in wss. Dioxan bei 160° oder mit methanol. KOH u. Wiederveresterung *3α-Acetoxy-7-keto-Δ^8-cholensäuremethylester* [F. 182,5°, $[\alpha]_D$ —15°, λ_{max} 254 mμ (log ε = 4,04 in A.)]. Red. von II mit Zn u. CH_3COOH führt zu *3α-Acetoxy-7.11-diketocholansäuremethylester* ($C_{27}H_{40}O_6$ F. 162°, $[\alpha]_D$ +25°), daraus entstehen durch WOLFF-KISHNER-Red., Veresterung, Acetylierung u. Chromatographie *Lithocholsäureacetatmethylester* (F. 134°, $[\alpha]_D$ +44°) u. *3α-Acetoxy-11-ketocholansäuremethylester* ($C_{27}H_{42}O_5$, F. 131°, $[\alpha]_D$ +67°). — In analoger Reaktionsfolge liefert Cholesterin über *7-Dehydrocholesterin* durch Hydrierung mit RANEY-Ni *Δ^7-Cholestenol* (F. 123—125°), das mit Hg(II)-Acetat u. nachfolgend Benzoylierung *$\Delta^{7,9,11}$-Cholestadienylbenzoat* [III; $C_{34}H_{48}O_2$, F. 134°, $[\alpha]_D$ +32°; *$\Delta^{7,9,11}$-Cholestadienol*, λ_{max} 243 mμ (log ε = 4,0 in A.)] gibt. Oxydation von III mit $Na_2Cr_2O_7$ in CH_3COOH–Bzl. bei 25° u. chromatograph. Trennung führt zu einem nicht identifizierten Prod. u. *Δ^8-Cholesten-3β-ol-7.11-dion-3-benzoat* [$C_{34}H_{46}O_4$, F. 150°, $[\alpha]_D$ ∼ +6°, λ_{max} 268 mμ (log ε = 3,8 in A.), 5,95 μ (Chlf.)], daraus entsteht durch Red. mit Zn-Staub u. CH_3COOH *Cholestan-3β-ol-7.11-dion-3-benzoat* (IV; $C_{34}H_{48}O_4$, F. 200°, $[\alpha]_D$ +3°). Wird das rohe Oxydationsprod. von III direkt mit Zn u. CH_3COOH red., so entsteht außer IV *7-Keto-Δ^8-cholestenylbenzoat* [$C_{34}H_{48}O_3$, F. 150°, $[\alpha]_D$ —13°, λ_{max} 252 mμ (log ε = 3,8 in A.)]. WOLFF-KISHNER-Red. von IV liefert schließlich *Cholestanol-11-on* [$C_{27}H_{46}O_2$, F. 151°, $[\alpha]_D$ +49°, λ_{max} 5,89 μ (Chlf.)]. (J. Amer. chem. Soc. **73**. 2397. Mai 1951. Cambridge, Mass., Harvard Univ., Converse Mem. Labor.) SPAETH. 3700

N. Polgar und R. Robinson, *Die Konstitution der Mycolipensäure-I.* Aus dem Gemisch fester rechtsdrehender Säuren aus Lipoiden der Tuberkelbakterien (vgl. CHANLEY u. POLGAR, C. **1952**. 2525) läßt sich eine α.β-ungesätt. Säure abtrennen ($[\alpha]_D$ +11 bis 12°, die als *Mycolipensäure-I* (I) bezeichnet wird u. bei der Oxydation nach KUHN-ROTH 3 Mol Essigsäure liefert; Zus. $C_{27}H_{52}O_2$; es liegt vermutlich die trans-Modifikation vor. Der andere Hauptbestandteil des Säuregemisches ist eine *verzweigte gesätt. Säure.* Das Gemisch liefert bei der Ozonspaltung *Brenztraubensäure*, enthält also die Gruppe $C{=}C(CH_3) \cdot COOH$. Die Oxydation der Methylester des Gemisches mit Ozon bzw. $KMnO_4$, wobei die gesätt. Säure intakt bleibt, liefert eine *Säure $C_{24}H_{48}O_2$* u. wenig *Keton $C_{21}H_{43} \cdot CO \cdot CH_3$*; letzteres entsteht auch beim Abbau nach WIELAND. Daraus wird auf die Ggw. der Gruppe $CH(CH_3) \cdot CH{=}C(CH_3) \cdot COOH$ geschlossen. Die $C_{24}H_{48}O_2$-Säure liefert nach Bromierung u. Abspaltung von HBr die *α.β-ungesätt. Säure $C_{24}H_{46}O_2$* (*Methylester*, $[\alpha]_D^{21}$ +13,3°) mit einer Verzweigung an der Doppelbindung; bei der Oxydation entstehen daraus eine *Säure $C_{21}H_{42}O_2$* ($[\alpha]_D$ +7°) u. *ein Keton $C_{18}H_{37} \cdot CO \cdot CH_3$* (*Semicarbazon*, F. 122°). Für I ergibt sich die wahrscheinliche Konst. $CH_3(CH_2)_nCH(CH_3) \cdot CH_2 \cdot CH(CH_3) \cdot CH{=}C(CH_3) \cdot COOH$, wobei n vermutlich 17 ist. Biosynthet. Betrachtungen über den Aufbau der I (Methyl an $C_{(2)}$, $C_{(4)}$ u. $C_{(6)}$) im Vgl. mit dem der Tuberculostearinsäure (Methyl an $C_{(10)}$) führen zum Schluß, daß die sonst eingesetzten C_2-Einheiten (Essigsäure) durch C_3-Einheiten (Propionsäure) ersetzt sind. (Chem. and Ind. **1951**. 685—86. 11/8. Oxford, Univ., Dyson Perrins Labor.) TÄUFEL. 3950

Claudio Pasini, Alberto Vercellone und Vittorio Erspamer, *Synthese des Murexins (β-[Imidazolyl-4(5)]-acrylylcholin).* Zur Synth. von *Murexin* (*Urocanylcholin*, I) verestern Vff. β-[Imidazolyl-4(5)]-α-chlorpropionsäure mit Äthylenchlorhydrin in Ggw. von HCl zum *β-Chloräthylester*, aus dem durch Rk. mit 2 Mol Trimethylamin I entsteht. Das 2. Mol dient hierbei der Abspaltung von HCl. Wegen der Hygroskopizität des Chlorids von I erfolgt die Aufarbeitung u. Reinigung über das *Dipikrat* durch Einw. von 2.4-Diguanidinphenylauryläther (II).

Versuche: *β-[Imidazolyl-4(5)]-α-chlorpropionsäure-[β-chloräthyl]-ester*, durch Kochen von 10 g Säure mit 50 g HCl-gesätt. Äthylenchlorhydrin; 7 g (Rohausbeute); wird langsam hydrolyt. gespalten. — *Urocanylcholinchlorid*, $C_{11}H_{18}O_2N_3Cl \cdot H_2O$, durch 40std. Schütteln von vorst. Verb. in Aceton u. Trimethylamin bei 80—90°/4 at; sehr hygroskopisch. *Hydrochlorid*, als Hemihydrat, F. 219—221° (Zers.), aus nachst. Dipikrat, durch Vermischen mit II-HCl u. Eintragen in sd. W.; 90%; zeigt gleiches UV-Spektr., gleiches Verh. gegenüber Diazoniumsalzen u. gleiche pharmakol. Wrkg. wie das salzsaure Chlorid aus natürlichem **I.** *Dipikrat*, F. 221—222° (Zers.), gelbe Nadeln aus Wasser. — *Urocaninsäure* (*β-[Imidazolyl-4(5)]-acrylsäure*), $C_6H_6O_2N_2 \cdot 2\ H_2O$, F. 217—218° (Zers.), aus vorst. Verb. durch Sieden in 1nHCl; Abhängigkeit des UV-Spektr. vom p_H s. Original. (Liebigs Ann. Chem. **578.** 6—10. 1952. Bari, Univ., Pharmakolog. Inst., u. Mailand, Farmitalia S. p. A., Gruppo Montecatini, Forschungslabor.) LEHWALD. 3950

D_3. Makromolekulare Chemie.

Haruo Takenaka, *Fragen der plastischen Eigenschaften von Hochmolekularen.* An Hand von 37 Literaturangaben werden diskutiert: Plastizitätsfragen in der chem. Industrie u. in Nachbargebieten, Elastizitäts- u. Viscositätserscheinungen, deren Bestimmungsmethoden u. mol. Theorie. (Chem. and chem. Ind. [Kagaku to Kogyo] **4.** 434/38. Nov. 1951 [Orig.: japan.].) SCHULER. 4000

Pierre Girard, Paul Abadie und **Robert Charbonniere,** *Ermittlung des mittleren Molekulargewichts von Vinylpolymeren an weichgemachten Formkörpern.* Vff. zeigen, daß die von ihnen (C. **1951.** II. 2050) vorgeschlagene Meth. zur Kennzeichnung des Mol.-Gew. polarer Makromoll. mittels dielektr. Messungen (tg δ/Frequenzkurven) auch auf weichgemachte Vinylpolymere anwendbar ist [Polyvinylchlorid (osmot. Mol.-Gew. 23000, 46000, 72000 u. 125000) mit 35—40% Dioctylphthalat]. (J. Chim. physique Physico-Chim. biol. **48.** 569—70. Nov./Dez. 1951. Paris, Inst. Biol. Phys.-Chim.) SCHÄFF. 4010

A.-M. Jung, *Die experimentelle Bestimmung des 2. Virialkoeffizienten in Lösungen linearer Makromoleküle.* Der 2. Virialkoeff. B (Funktion der Wechselwrkg. der Makromoll. in Lsg. u. ihres Vol., wenn die Makromoll. starr sind, bzw. der Statistik der Konfiguration bei Kettenmoll.) wurde für Kettenmoll. (Polystyrol in Toluol u. Polyvinylacetat in Aceton) osmot. bzw. durch Trübungsmessungen experimentell ermittelt. Die Anwendbarkeit beider Methoden wird verglichen u. erörtert. Bei osmot. Messungen muß besondere Sorgfalt aufgewendet werden, da die Frage noch nicht entschieden ist, ob die Unterschiede bei (stat. u. dynam.) osmot. Messungen durch Adsorption der Moll. auf der Membranoberfläche oder durch Diffusion kleiner Moll. durch die Membran hindurch hervorgerufen werden. (J. Chim. physique Physico-Chim. biol. **48.** 571—73. Nov./Dez. 1951. Strasbourg, Centre d'Études Phys. Macromol.) SCHÄFF. 4010

M. F. Schosstakowski, F. P. Ssidelkowskaja und **W. A. Gladyschewskaja,** *Synthese und Eigenschaften des polymeren Vinyläthyläthers.* Vinyläthyläther (**I**) wird unter der Einw. katalyt. Mengen $FeCl_3 \cdot 6\ H_2O$ in A. erst in der Nähe seines Kp. polymerisiert. Die gleiche, früher an Vinylbutyläther (**II**) gemachte Beobachtung läßt annehmen, daß sich das aus Katalysator u. dem betreffenden Äther bildende Addukt erst in der Nähe des Kp. des Äthers in Katalysator u. ein akt. polymerisationsfähiges Mol. zerfällt. Liegen **I** u. **II** im Gemisch vor, so wird zuerst **I**, dann erst **II** polymerisiert. Die Polymerisationsfähigkeit von **I** ist stark von der Reinheit abhängig. Das höchste Mol.-Gew. wird erreicht, wenn **I** nach Dest. 5mal mit W. gewaschen, über K_2CO_3 u. Na getrocknet u. dest. wird. Befriedigende Ergebnisse werden schon nach sorgfältigem Waschen u. Trocknen über K_2CO_3 erreicht. Polymerisationshemmend wirken Beimengungen, die zur Bldg. von Peroxyden neigen.

Versuche: Zur Polymerisation wird in einen vorgelegten Teil von **I** ($^1/_{10}$ der Gesamtmenge) unter Rühren 5%ig. alkoh. $FeCl_3 \cdot 6\ H_2O$-Lsg. zugetropft (0,03 cm^3/80 bis 100 cm^3 **I**), bis 36—38° erreicht sind. Danach wird bei 45—50° (Erwärmen oder Zutropfen von Katalysator) weiter **I** zugegeben. Das Polymerisat wird 6 Std. auf 60—70°/15 bis 20 mm erwärmt; es enthält dann noch ca. 1% **I.** n_D^{20} 1,4520—1,4540; η_{20} 1,13—1,20 cPoise; Mol.-Gew. ~4000; 70—80% (Ausbeute). Durchsichtige, viscose M., unlösl. in W., lösl. in organ. Lösungsmitteln. Die Viscosität wird durch Erwärmen im Vakuum nicht verändert, sinkt dagegen beim Erhitzen auf ca. 100° in offner Schale, wahrscheinlich durch O_2-Einwirkung. Bei 3std. Erhitzen auf 250—260° tritt unter Bräunung 0,3% Gewichtsverlust ein, wobei der Geruch nach Acetaldehyd festzustellen ist. Durch W. wird das Polymerisationsprod. nicht verändert. (Журнал Прикладной Химии [J. angew. Chem.] **25.** 102—04. Jan. 1952. Inst. für organ. Chem. der Akad. der Wiss. der UdSSR, Labor. für Vinylverbb.) QUECK. 4010

J. E. Hansen, M. G. McCarthy und **T. J. Dietz,** *Osmotische Druckmessungen an Polymeren des Acrylsäureäthylesters.* 1. Mitt. *Abhängigkeit des Molekulargewichts vom Um-*

satz. Acrylsäureäthylester wurde in Lsg. unter O_2-Ausschluß in Ggw. von Benzoylperoxyd polymerisiert. Es entstand ein Polymeres, das in verschied. organ. Lösungsmitteln leicht lösl. war. Bei Verwendung von Bzl. als Lösungsm. entstanden Polymere von hohem Mol.-Gew. ($>10^6$). Die Polymerisate wurden nach verschieden langer Polymerisation ausgefällt. Die Neigung der osmot. Druckkurven war in der Hauptsache für alle Polymerisate dieselbe. Es wird hieraus geschlossen, daß Kettenübertragung unerheblich ist u. daß das Polymere keine Verzweigungen enthält. Die bei Polyacrylsäureäthylester oft angetroffene Unlöslichkeit ist vor allem durch die außerordentlich hohen Mol.-Geww. bedingt. (J. Polymer Sci. **7.** 77—82. Juli 1951. Philadelphia, Pa., Easton Regional Res. Labor.) LANTZSCH. 4010

Marcello de Maldè und **Roberto Pirani,** *Untersuchungen über polymere Polymethylpolysiloxane. Viscosität der Micellen der höheren Gleichgewichtspolymeren.* Beziehungen zwischen Viscosität u. mittlerem Mol.-Gew. einer Micelle von polymerem *Methylsiloxan* $(CH_3)_3SiO[Si(CH_3)_2O]xSi(CH_3)_3$ u. dem Molverhältnis zwischen bi- u. monofunktionellen Einheiten. Aus der Viscosität eines Siloxanöles im Gleichgewicht läßt sich die Zus. aus bi- u. monofunktionellen Einheiten berechnen. Von Bedeutung für die Praxis ist die Möglichkeit, die relativen Mengenverhältnisse von $[(CH_3)_2SiO]$ u. $[(CH_3)_3Si]_2O$ zu berechnen, die für ein Öl von bestimmter Viscosität erforderlich sind. (Chim. e Ind. [Milano] **33.** 345—47. Juni 1951.) SCHEIFELE. 4010

J. Bischoff, E. Catsiff und **A. V. Tobolsky,** *Elastoviscose Eigenschaften amorpher Polymerer im Übergangsgebiet.* 1. Mitt. Das elastoviscose Verh. amorpher Polymerer kann auf Grund der Größe des Relaxationsmoduls $E_{r,T}$ (t) bei der Temp. T in 3 verschied. Gebiete unterteilt werden: Ein glasartiges Gebiet bei $E_{r,T}$ (t) $\sim 10^{10,5}$ dyn/cm², in dem die mechan. Eigg. von der therm. Vorbehandlung abhängen, ein Übergangsgebiet bei $E_{r,T}$ (t) $= 10^7—10^{10,5}$ dyn/cm², in dem die Eigg. weder von der therm. Vorbehandlung noch vom Mol.-Gew. des Polymeren abhängen, u. ein gummiartiges Gebiet bei $E_{r,T}$ (t) $< 10^7—10^{7,5}$ dyn/cm², in dem die Eigg. vom Mol.-Gew. u. der Abwesenheit oder dem Vork. von Vernetzungen abhängen. Vff. untersuchen das Verh. von *GR–S-Gummivulkanisat* (I) u. *Polymethylmethacrylat* (II) im Übergangsgebiet u. vergleichen die erhaltenen Werte mit denen aus einer früheren Arbeit (TOBOLSKY u. ANDREWS, J. chem. Physics **13.** [1945.] 3). Sie ermitteln die Abhängigkeit des log $E_{r,T}$ (t) von log t bei verschied. Tempp. u. leiten daraus eine allg. gültige Kurve log Q (t/K) gegen log (t/K) für I u. II ab, worin K die charakterist. Relaxationszeit bedeutet. Für Q (t/K) wird eine mathemat. Analyse gegeben. Vff. finden, daß die Kurve: Aktivierungsenergie gegen 1/T ein Maximum aufweist. Die diesem Maximum entsprechende „distinktive Temp.“ T_d beträgt für I -53^0 u. scheint mit der Übergangstemp. 2. Ordnung für I bei -61^0 zusammenzuhängen, für II beträgt sie 111^0 (Übergangstemp. 2. Ordnung 105^0). Vff. definieren eine mittlere Relaxationszeit K_d für den entsprechenden Wert T_d. log K_d beträgt für I sowie auch für II $-1{,}5$; jedoch müssen Unterss. an anderen Polymeren entscheiden, ob diese Übereinstimmung nur zufällig ist oder nicht. Für die Unters. der Temperaturabhängigkeit von K ist die Einführung einer red. Temp. u. einer red. charakterist. Relaxationszeit günstig. Abschließend wird eine red. Gleichung für das viscoelast. Verh. von I u. II abgeleitet. (J. Amer. chem. Soc. **74.** 3378—81. 5/7. 1952. Princeton, N. J., Univ., Frick Chem. Labor.) RUSKE. 4030

Jakob Blom und **Birgi Schwarz,** *Bindungstypen in der Stärke.* Vff. verfolgen durch gleichzeitige Messungen von Drehungs- u. Reduktionsvermögen die Hydrolyse von Kartoffelstärkekleister durch 0,08 n HCl bei 100^0. Die Drehungsänderungen bei der Spaltung einer Glucosidbindung in der Stärke werden von Gleichgewichtszustand zu Gleichgewichtszustand gemessen. Aus den erhaltenen Ergebnissen geht hervor, daß die Stärke neben den Bindungen vom 1–4- u. 1–6-Typus noch Bindungen vom 1–5-Typus enthält, da die Säurehydrolyse methylierter Stärke 85—90% *2.3.6-Trimethylglucose* (I) liefert. Nebenbei werden noch ca. 5% *2.3.4.6-Tetramethylglucose* (II) u. ca. 5% *2.3-Dimethylglucose* (III) gefunden. I läßt auf die Anwesenheit von Glucofuranoseresten schließen, während II aus endständigen Pyranoseresten u. III aus verzweigten, mittleren Kettengliedern herrührt. Auch der Abbau von Kartoffelstärkekleister durch *β-Gerstenamylase* wird untersucht, wobei ausschließlich das Disaccharid *Maltose* gebildet wird. Hieraus folgt, daß in dem Teil der Stärke, der von β-Amylase angegriffen wird, Pyranose u. Furanosereste alternieren, da β-Amylase nur die 1–5-Bindung zwischen einem Pyranose- u. einem Furanoserest spaltet. (Acta chem. scand. **6.** 697—708. 1952. Kopenhagen, Labor. der Tuborg-Brauereien.) FAHRNLAENDER. 4050

J. Voß, *Über den enzymatischen Abbau von Stärke.* 23 g *Kartoffelstärke* (I) wurde mit 300 cm³ W. zum Kochen erhitzt, schnell unter Rühren abgekühlt, mit einem in wenig W. gelösten Enzym (deutsche Bakterienamylase mit 0,4, ein Pankreaspräp. mit 0,96 u. Malz mit 1,05 WILLSTÄTTER-Einheiten/g) versetzt, nach bestimmten Zeiten Proben von 20 cm^3 entnommen u. diese mit je 300 cm^3 Methanol ausgefällt. Zur Charakterisierung des I-Abbaues diente die J-Farbe der Lsg. u. die Löslichkeit der Fällungsprodd. in Wasser. Es zeigte sich, daß die Pankreasamylasen in ihrer Temperaturabhängigkeit zwischen Malz u. Bakterienamylasen stehen (Verss. bei 30 u. 50°). Die Geschwindigkeit des Abbaues bei verschied. Tempp. steht im Zusammenhang mit dem Verzuckerungsvermögen der Enzyme, u. zwar wächst bei Enzymen mit hohem Verzuckerungsvermögen die Abbaugeschwindigkeit mit steigender Temp. schneller als bei Enzymen mit geringem Verzuckerungsvermögen. Wie Vf. findet, bewirken die β-Amylasen diesen Unterschied, die, wenn sie im Gemisch mit α-Amylasen auftreten, nur bei höherer Temp. eine zusätzliche Abbauwrkg. entfalten. Aus Verss. mit β-Amylasen allein schließt Vf., daß in I-Lsgg. Assoziationen von Einzelmoll. bestehen, die um so größer sind, je höher die Konz. dieser Lsgg. ist. Bei Anwendung von Präpp., die aus durch neutrale $(NH_4)_2SO_4$-Lsg. aus kochender Lsg. ausgefällter u. nach Abkühlen mit Methanol u. Aceton behandelter u. bei 40—50° getrockneter I erhalten wurden, zeigte sich, daß diese von β-Amylasen bei höherer Temp. nur zu einem geringeren Teil, bei niederer Temp. prakt. überhaupt nicht angegriffen werden. Von α-Amylasen wird derartige I weitgehend, aber nicht vollständig in Lsg. gebracht. Vf. führt letztere Tatsache auf eine beim Ausfällen u. Trocknen eingetretene starke Vernetzung der Einzelmoll. zurück. Lyophil getrocknete I zeigt diese Erscheinung nicht. (Stärke **4.** 192—200. Juli 1952. Wiesbaden.) Ulmann. 4050

Robert F. Steiner, *Reversible Assoziationsprozesse bei Globularproteinen.* 1. Mitt. *Insulin.* Die theoret., mathemat. u. experimentellen Unterss. des Vf. an einer einheitlichen Probe von *Zn-Insulin* (I) führen zu folgenden Ergebnissen: Die Dissoziation von I wird begünstigt durch ein Anwachsen der Ladung, durch eine Abnahme der Ionenstärke u. durch steigende Temperatur. Die Dissoziationskurven können am besten durch stufenweise Konstanten angepaßt werden. Die Dissoziationswärme fällt mit zunehmender Ladung. Nach Ansicht des Vf. tritt bei I Assoziation bis zu Pentameren auf. (Arch. Biochem. Biophysics **39.** 333—54. Aug. 1952. Bethesda, Md., Naval Med. Res. Inst.) Nehring. 4070

Daniel Steinberg, *Die Wirkung von Carboxypeptidase auf Ovalbumin.* (Vgl. auch Porter, C. **1951.** I. 876.) Mit der Sangerschen Dinitrofluorbenzolmeth. lassen sich im *Ovalbumin* (I) keine endständigen α-Aminogruppen nachweisen. Vf. prüft die Nachweisbarkeit freier Carboxylgruppen durch Einw. von *Carboxypeptidase* (II) auf I. Nach verschieden langer Inkubation (30—120 Min.) bei 25 u. 37° ließ sich in der Hauptsache nur *Alanin* (III) papierchromatograph. nachweisen, sowie sehr schwach *Valin, Asparaginsäure, Glykokoll, Glutaminsäure* u. *Leucin* (oder *Isoleucin*). Endständige Aminogruppen ließen sich auch nach Einw. von II nicht nachweisen. Vf. schließt daraus, daß die endständigen Aminogruppen nicht durch Cyclisierung des Mol. durch Verknüpfung der endständigen Amino- u. Carboxylgruppen inaktiviert sind, sondern vermutlich durch Maskierung mit dem Nichtproteinanteil des Moleküls. Zumindest enthält I als endständige Carboxylgruppe III im Mol., möglicherweise aber auch einige oder alle der erwähnten Aminosäuren, jedoch muß dies erst durch kinet. Unterss. völlig geklärt werden. (J. Amer. chem. Soc. **74.** 4217—18. 20/8. 1952. Bethesda, Md., Nat. Inst. of Health, Nat. Heart Inst., Sect. on Cellular Physiol.) Nehring. 4070

Linus Pauling und Verner Schomaker, *Über eine Phosphotrianhydridformel für Nucleinsäuren.* Vff. ziehen ihre im Zusammenhang mit der Diskussion der von Ronwin (C. **1952.** 4623) vorgeschlagenen Phosphotrianhydridformel der Nucleinsäuren vorgebrachte Behauptung (C. **1953.** 3576), daß an 1 P-Atom keine 5 O-Atome gebunden sein können, zurück, da derartige Verbb. bereits von Anschütz (Liebig's Ann. Chem. **454.** [1927.] 71) beschrieben worden sind. Es spricht für die vorgeschlagene Formel, daß die von Anschütz synthetisierten Verbb., z. B. $P(OC_6H_5)_5$, extrem feuchtigkeitsempfindlich sind. (J. Amer. chem. Soc. **74.** 3712—13. 20/7. 1952. Pasadena, Calif., Inst. for Technol., Gates and Crellin Labors. of Chem.) K. F. Müller. 4090

Theodor Lieser, Kurzes Lehrbuch der Cellulosechemie. Berlin: Bornträger. 1953. (288 S. m. 88 Abb. u. 4 Taf.) 8°. DM 36,—.

E. Biologische Chemie. Physiologie. Medizin.

E_1. Allgemeine Biologie und Biochemie.

E. E. Polli und A. Bestetti, *Aminosäurebestandteile von Zellkernen und isolierten Chromosomen aus normalen und pathologischen Leukocyten.* Aus n. Leukocyten (I) gewonnene *Histone,* sowie Zellkerne (II) u. Chromosomen (III) wurden mit HCl hydrolysiert. II u. III wurden isoliert aus Hühnererythrocyten, aus Pferde-I (n. u. aus chem. Abscessen gewonnene), aus n. menschlichen I, aus I von Kranken mit chron. myeloischer Leukämie, aus Lymphocyten von Fällen mit chron. lymphat. Leukämie. In den Hydrolysaten ließen sich durch chromatograph. Analyse folgende Aminosäuren nachweisen: *Asparaginsäure, Glutaminsäure, Serin, Glycin, Threonin, Alanin, Prolin, Valin, Tyrosin, Leucin, Phenylalanin, Arginin, Lysin* u. *Histidin.* (Experientia [Basel] **8.** 345—47. 15/9. 1952. Milan, Univ., Inst. of Clinical Med.) RUTKOWSKI. 4150

N. M. Ssissakjan und **M. Ss. Tschernjak,** *Über die Nucleinsäuren der Plastiden.* Zur Unters. des Proteidkomplexes der Plastiden wurden aus den etiolierten Blättern u. Wurzeln der Zuckerrübe im 2. Vegetationsjahr sowie aus den Blättern der Pflanzen des 1. Vegetationsjahres die Chloro- u. Leukoplasten auf der Überzentrifuge isoliert. Alle daraus gewonnenen *Nucleoproteide* (I) gaben beim Kochen mit Orcinreagens eine blaugrüne Färbung (Ggw. von Pentosen). Die luminescenzmkr. Unters. nach MEISSEL mit Hilfe von Acridinorange (rote oder orange Luminescenz der Ribosenucleinsäure u. ihrer Eiweißverbb., hellgrüne Luminescenz der Desoxyribonucleinsäure u. ihrer Verbb.) ergab, daß in allen Fällen I in der Hauptsache aus Ribonucleinsäure neben wenig Desoxyribonucleinsäure bestanden. Die Vorstellungen vom Lipoproteidcharakter der Plastiden sind demnach zu revidieren. (Доклады Академии Наук СССР [Ber. Akad. Wiss. UdSSR] [N. S.] **87.** 469—70. 21/11. 1952.) LEBTAG. 4150

Christine Pearce und **Edith Paterson,** *Die Verwendung von Cellulosefasern und -filmen bei der Gewebekultur.* Viscose Filme, koll. gemahlene Baumwolle u. Durafil erwiesen sich techn. als brauchbar u. verbesserten das Wachstum bös- u. gutartiger Zellkulturen in fl. Gewebekulturen. (Brit. J. Cancer **6.** 93—98. März 1952. Manchester, Christie Hosp., u. Holt Radium Inst., Dep. of Radiobiol.) ITZEROTT. 4160

Charles Huggins, *Endokrine Faktoren beim Krebs.* Die hormonalen Regulationssysteme werden mit physikal. „Reglern" (feedback) verglichen. Die Entstehung von Krebs läßt sich danach in manchen Fällen durch Störung der Reglervorgänge deuten. Sie läßt sich experimentell entweder durch exzessive Hormongaben oder durch Unterbrechung des Reglerkreises verifizieren. Als Beispiel für den letztgenannten Fall dient die experimentell mögliche Erzeugung von Ovarialgeschwülsten durch bloße Transplantation der Drüsen in die Milz, da nun die hemmende Wrkg. der Ovarialhormone auf die Hypophyse fortfällt. Andererseits läßt sich die Krebsentstehung auch verhindern, wenn der Reglervorgang wiederhergestellt wird, z. B. durch Gabe eines geeigneten Hormons. Die von HUGGINS gefundene gute therapeut. Wrkg. von *Östrogenen* beim Prostatakrebs wird so gedeutet. (J. Urology **68.** 875—84. Dez. 1952. Chicago, Ill., Univ., Ben May Labor. for Cancer Res.) DRUCKREY. 4160

E. Roelsen und **A. Søeborg Ohlsen,** *Myelophthisische Anämie als Endzustand der Polycythaemia vera. Myelosklerotisches Syndrom nach mehrjähriger Röntgenbestrahlung.* Vff. diskutieren den Krankenbericht einer an *Polycythaemia vera* (P.) erkrankten Patientin, bei der nach mehrjähriger Strahlentherapie mit Röntgenstrahlen (30000 r gesamt) eine Besserung in Form einer Abnahme der Erythrocytenzahl auf unternormale Werte eintrat. Nach weiteren 10 Jahren trat Myelosklerose ein, an der Patientin starb. Die Entw. dieser Krankheit aus der P. wird diskutiert, sie stellt den Endzustand der P. dar, ihr Eintritt ist unabhängig von der vorhergehenden Röntgenbestrahlung. (Acta med. scand. **142.** 239—48. 19/3. 1952. Silkeborg, Central Hosp., Med. Dep., u. Gentofte, Kopenhagen County Hosp., Patholog. Hosp.) REUSSE. 4160

Y. Chiung Puh Lee, Joseph T. King und **Maurice B. Visscher,** *Einfluß der Protein- und Calorienaufnahme auf verschiedene reproduktive Funktionen und auf die Carcinogenese bei der Maus.* Unterss. über den Einfl. der Protein- u. Calorienaufnahme auf verschied. Funktionen bei weiblichen Mäusen des C_3H- u. A-Stammes. Bei calorienarm ernährten Tieren (Caloriengeh. um $^2/_3$ gegenüber n. Fütterung beschränkt) wird der Östrus unabhängig von der Höhe des Proteingeh. des Futters unterdrückt. Nachträgliche reichliche Fütterung mit einer 5 bzw. 29% Protein enthaltenden Nahrung bewirkt Wiedereinsetzen des Östrus, wobei die Zeit vom Beginn der Fütterung bis zum Östrus unabhängig vom Proteingeh. des Futters ist. Ovulation, Kopulation u. Imprägnationskapazität werden durch den Eiweißgeh. der Nahrung gleichfalls nicht beeinflußt. Die freiwillig aufgenommene Futtermenge nach Calorienbeschränkung ist am größten bei Tieren, die proteinarme Nahrung erhalten; Gewichtszunahme steht hierzu im umgekehrten Verhältnis. Die Bldg. von Mammatumoren wird durch den Proteingeh. der Nahrung nicht beeinflußt, jedoch verkürzt sich die Zeit bis zum Auftreten des Carcinoms um so mehr, je höher der Eiweißgeh. des Futters ist. (Amer. J. Physiol. **168.** 391—99. 1/2. 1952. East Lansing, Mich., State Coll., Dep. of Physiol. and Pharmacol.) REISS. 4160

Per Ekwall, *Über carcinogene Substanzen und chemische Carcinogenese.* Zusammenfassender Vortrag über carcinogene KW-stoffe u. das Problem der Krebsentstehung. (Finska Kemistsamfundets Medd. **61.** 6—29. 1952. Åbo, Akad., Inst. für physikal. Chem.) BECKMANN. 4160

R. A. Malmgren, B. E. Bennison und **T. W. McKinley jr.,** *Verminderter Antikörpertiter bei Mäusen, die mit cancerogenen Stoffen oder mit Krebschemotherapeuticis behandelt wurden.* Vff. untersuchten bei Mäusen den Hämolysintiter nach subcutaner Gabe folgender Verbb. verschied. Konzz.: *Methylcholanthren, 1.2.5.6-Dibenzanthracen, 1.2-Benzanthracen, Phenanthren, Buttergelb, p-Diäthylaminoazobenzol, Urethan, β-Chloräthylcarbamat, Isopropylcarbamat, Methylcarbamat, α-Peltatin, A-methopterin, Bzl., Colchicin, 2.6-Diaminopurin, Furacin, Podophyllotoxin, Na-Arsenit, Triäthylenmelamin.* Sie stellten fest, daß sämtliche Verbb. mit Ausnahme des Furacins u. der den cancerogenen Verbb. analogen nichtcancerogenen Verbb. den Antikörpertiter senken. (Proc. Soc. exp. Biol. Med. **79.** 484—88. März 1952. Bethesda, Md., Nat. Cancer Inst.) H. SCHEURLEN. 4160

Mario Fiore, *Verhalten des Lysozyms beim Krebs.* 2. Mitt. *Lysozym im neoplastischen Gewebe.* (1. vgl. C. **1953.** 713.) 64 epitheliale neoplast. Gewächse verschied. Natur u. Lokalisation u. 71 mesenchymale Tumoren wurden mit n. Gewebe hinsichtlich ihres Geh. an *Lysozym* verglichen. Es stellte sich heraus, daß keine Beziehungen des *Lysozym*-Geh. zur Wachstumsgeschwindigkeit oder zur quantitativen Ausdehnung der Gewächse bestehen. Benigne Geschwülste hatten im allg. einen höheren Geh., der sich aber wie bei den bösartigen Tumoren in der Größenordnung n. Gewebes bewegte. Mesenchymale Gewächse wiesen auch durchschnittlich einen etwas erhöhten Geh. auf. (Tumori **38.** 57—66. 1952. Roma, Ist. Regina Elena per lo Studio e la Cura dei Tumori.) P. G. SCHEURLEN. 4160

E_2. Enzymologie. Gärung.

Thomas P. Singer, *Ein Fall von teilweiser asymmetrischer enzymatischer Synthese.* (Vorl. Mitt.) Hochgereinigte, elektrophoret. einheitliche *α-Carboxylase* aus Weizenkeimen bildet aus Acetaldehyd oder aus Acetaldehyd + Pyruvat vorwiegend die (+)-Form von *Acetylmethylcarbinol* (*Acetoin*; I), $[\alpha]_D^{29} = 34—37^0$; das erhaltene **I** besteht danach aus 72% der (+)-Form u. 28% der (—)-Form; sonst wird bei der enzymat. Synth. von I durch Fermente aus Filaria, Nematoden, Aerobacter aerogenes, Schweineherzen u. anderen tier. Organen eine $[\alpha]_D$ von -81 bis -84^0 erhalten. Es wird die Möglichkeit besprochen, daß das Enzym mehrere akt. Zentren besitzt, die die (+)- bzw. (—)-Form erzeugen; doch wird für wahrscheinlicher gehalten, daß ein Mol. Acetaldehyd auf den aktivierten Acetaldehyd–Ferment-Komplex von 2 verschied. Seiten auftrifft. (Biochim. biophysica Acta [Amsterdam] **8.** 108—09. Jan. 1952. Cleveland, O., Western Reserve Univ., School of Med., Dep. of Biochem.) LOHMANN. 4210

J. F. Burton und **A. G. E. Pearse,** *Kritische Untersuchung der Methoden zur histochemischen Lokalisierung von β-Glucuronidasen.* Die vergleichende Unters. der 4 bekannten Methoden zum exakten histochem. Nachw. von *β-Glucuronidasen,* wobei *Naphthyl-(1)-, Naphthyl-(2)-, 6-Bromnaphthyl-(2)-, 1-[o-Oxyphenylazo]-naphthyl-(2)-glucuronid* u. *Chinolyl-(8)-glucuronid* (**I**) als Substrat dienen, ergab lediglich die Brauchbarkeit der **I**-Meth. von FRIEDENWALD u. BECKER (Bldg. von *Preußischblau*; J. cellular comparat. Physiol. **31.** [1948.] 303), die in einer modifizierten Form unter Verwendung formalinfixierter Gefrierschnitte (10—15 μ) in Verbindung mit einem abgewandelten Incubationsmedium bei verschiedenartigen Geweben befriedigende Ergebnisse lieferte. (Brit. J. exp. Pathol. **33.** 87—97. Febr. 1952. London, Hammersmith Hosp., Postgraduate Med. School.) K. MAIER. 4210

G. A. Deborin und **G. B. Gorbatschewa,** *Untersuchung der Oberflächenfilme von Fermenten, die hydrophobe Stoffe aufgenommen haben.* Untersucht wurde die Aufnahme von *Sudan III* (**I**) durch *Trypsin* (**II**) u. *Chymotrypsin* (**III**) auf einer Unterlage aus 5%ig. $(NH_4)_2SO_4$ (**IV**) bei p_H 5,7 für **III** u. p_H 7,9 für **II**. **IV** bildet keine monomol. Schicht. Die Kurve Oberflächendruck–Fermentfläche wird bei **II** durch **I** nach den größeren Flächen verschoben. Die von den **II**-Moll. bedeckte Fläche in der Monoschicht wird hierbei verdoppelt. Bei der Oberflächenkonz. 0,43 mg/m² beträgt das Mol.-Gew. von **II** in der Oberflächenschicht ca. 98000. Demnach bildet **II** in der Monoschicht Dimere. Das Mol.-Gew. von **III** beträgt unter den gleichen Bedingungen ebenfalls 98000. Die Fläche des Films von **II** nach Aufnahme von **I** erreicht maximal 1,62 gegen 0,46 m²/mg bei reinem **II**. Bei der Aufnahme von **I** durch **II** tritt nur eine Assoziation von Dimeren ein. Bei **III** bewirkt die Einführung von **I** in die Monoschicht je nach der Ausgangskonz. von **III** die Bldg. von Dimeren u. Tetrameren. Dies wird dadurch bestätigt, daß mit steigender Oberflächenkonz. von **III** das Mol.-Gew. zunimmt. Während das Mol.-Gew. von **III** in der Monoschicht (Ausgangskonz. von **III** = 0,270) in Ggw. von **I** 160000 beträgt, ist es bei reinem **III** gleich 80000. Hieraus ist zu schließen, daß bei Zugabe von **I** das dimere **III** in tetrameres **III** übergeht. Bei der **III**-Ausgangskonz. von 0,540 mg/m² entstehen Assoziate vom Mol.-Gew. 160000. Hier bewirkt **I** keine Veränderung des Mol.-Gewichtes, u. es tritt keine weitere **III**-Assoziation in der Oberflächenschicht ein. (Доклады Академии Наук СССР [Ber.

Akad. Wiss. UdSSR] [N. S.] **85.** 843—46. 1/8. 1952. Bach-Inst. für Biochem. der Akad. der Wiss. der UdSSR.) LEBTAG. 4210

Elizabeth P. Steyn-Parvé und **Th. Gerritsen,** *Die Darstellung von Myosin-Adenosintriphosphatphosphatase aus Rattenmuskulatur.* Die Muskulatur der Hinterbeine von decapitierten Ratten wird schnell entfernt u. in Eis gekühlt, dann 25—40 g zerschnittene Muskulatur mit 8 Voll. eiskalter Lsg. von 0,5 mol. KCl u. 0,03 mol. $NaHCO_3$ nach 1 Min. langer Homogenisierung 20 Min. unter langsamem Rühren extrahiert. Die Rk. soll zwischen p_H 7,0—7,5 liegen. Die Suspension wird zentrifugiert u. die geklärte, opalisierende Lsg. in 20 Voll. eiskaltes glasdest. W. eingerührt. Die *Myosin-Adenosintriphosphatphosphatase* (I) setzt sich bei p_H 6,0—6,5 gut ab. Nach Abhebern der Fl. wird I abzentrifugiert u. der Nd. im gleichen Vol. 1 mol. KCl bei p_H 7,0 gelöst u. wieder durch Einrühren in das 20fache Vol. eiskaltes dest. W. umgefällt; das p_H soll 6,2 sein. Der Nd. wird mit festem KCl (0,5 mol.) u. bei p_H 7,0 gelöst, wieder im 20fachen Vol. W. gelöst (p_H 6,2). Insgesamt 4 Umfällungen. Aufheben von I bei p_H 7,0 u. 0° unter Toluol. Die Haltbarkeit beträgt mehrere Wochen. (Biochim. biophysica Acta [Amsterdam] **8.** 104—07. Jan. 1952. Utrecht, Netherlands, Univ., Labor. für Physiol. Chem.) LOHMANN. 4210

Je. W. Gorjatschenkowa, *Das Allicin bildende Ferment von Knoblauch (Alliinase), — ein Proteid des Phosphopyridoxals.* Verss. mit synthet. *Alliin* (I) ergaben, daß dessen Spaltung durch *Alliinase* (II) in Allicin, NH_3 u. Brenztraubensäure in 10 Min. zu 60—70% erfolgt. Durch 10^{-3} mol. Lsgg. von *Hydroxylamin, Phenylhydrazin* u. *Semicarbazid* wird die Wrkg. von **II** fast völlig aufgehoben, am wirksamsten ist Hydroxylamin. Im teilweise gereinigten **II**-Extrakt nimmt der Geh. an Ammoniak-N durchschnittlich um 4,5 mg/g Knoblauchzwiebel zu. Die starke Abnahme der Aktivität von **II** bei der Dialyse gegen 0,01 mol. Acetatpuffer (p_H 5,0) oder bei Aufbewahrung unter Toluol bei 1—3° wird durch Zugabe von *Phosphopyridoxal* (**III**) fast völlig aufgehoben. Weniger wirksam ist die **III**-Zugabe bei der **II**-Inaktivierung durch UV-Bestrahlung. Die Kurve **I**-Spaltung/zugesetzte **III**-Menge erreicht in der 5 ml-Probe ihr Maximum bei 5 γ/5 ml **III**. Die hohe Empfindlichkeit von **II** gegenüber den Fermentgiften mit blockierender Wrkg. auf die Carbonylgruppe u. die Aktivierung der durch Alterung, Dialyse oder UV-Bestrahlung erhaltenen Apofermente von **II** durch Zugabe von **III** sind als Beweis dafür anzusehen, daß **II** ein Proteid von **III** ist. (Доклады Академии Наук СССР [Ber. Akad. Wiss. UdSSR] [N. S.] **87.** 457—60. 21/11. 1952.) LEBTAG. 4210

W. B. Ssotschawa und **M. A. Bokutschawa,** *Einige Angaben über den Wuchs des Tees und die Eigenschaften des Teeblattes.* Die colorimetr. Best. der Aktivität der *Peroxydase* u. die gasometr. Best. der Aktivität der *Polyphenoloxydase* u. *Katalase* im WARBURG-Gerät zeigten, daß die Teeblätter von Pflanzen, die an einem Waldabhang in Moldawien gezogen wurden, in bezug auf die Aktivität der Oxydationsfermente keine wesentlichen Unterschiede gegenüber den Teeblättern aus Grusien u. Aserbaidshan aufwiesen. (Доклады Академии Наук СССР [Ber. Akad. Wiss. UdSSR] [N. S.] **85.** 1169—71. 11/8. 1952.) LEBTAG. 4230

A. Tissières, *Oxydation von Glucose durch ein zellfreies Präparat von Aerobacter aerogenes.* Durch Zerreiben mit Glaspulver u. Ultrazentrifugieren konnte Vf. aus Aerobacter aerogenes 3 Fraktionen erhalten, die *Glucose, Glucose-6-phosphat, Hexosediphosphat, Brenztraubensäure* u. *Bernsteinsäure* oxydieren. Je höher *g* beim Zentrifugieren ist, desto niedriger wird der Q_{O_2} der überstehenden Flüssigkeit. *Coenzym I* hat keinen Einfl. auf die Glucosegärung, verstärkt jedoch die Oxydation von *Brenztraubensäure* auf das 300fache. Das Cytochromsyst. bei A. aerogenes besteht aus 3 atyp. Komponenten, enthält jedoch kein *Cytochrom c* u. keine *Cytochromoxydase.* (Nature [London] **169.** 880—81. 24/5. 1952. Cambridge, Univ., Molteno Inst.) H. SCHEURLEN. 4230

B. A. Rubin, Je. W. Arzichowskaja, W. Je. Ssokolowa und **T. M. Iwanowa,** *Zur Frage der Rolle einzelner Oxydasen bei der Atmung der Äpfel.* (Vgl. auch C. **1953.** 4390.) Bei 10, 20 u. 30° untersuchten Vff. den Einfl. von 1, 5, 10 u. 21% O_2 auf die Tätigkeit der Oxydationsfermente u. die Atmungsintensität des Apfels. Zwischen Atmungsintensität u. Aktivität der *Polyphenoloxydase* (I) wurde keine gesetzmäßige Beziehung festgestellt. Zwischen der O_2-Konz. u. der Tätigkeit von I bestand eine direkte Beziehung. Während das Maximum der Atmungsintensität je nach Entwicklungsstadium der Frucht bei 5, 10 oder 21% O_2 lag, wurde das Maximum der I-Aktivität sowohl in der Fruchtschale als auch im Fruchtfleisch immer bei 21% O_2 beobachtet. Während die Atmungsintensität in Fruchtschale u. Fruchtfleisch mit steigender Temp. ständig zunahm, bestand zwischen Temp. u. I-Aktivität keine gesetzmäßige Beziehung. Die *Cytochromoxydase*-Aktivität wurde bei 10° völlig unterdrückt, so daß bei dieser Temp. die Atmung der Frucht vorwiegend durch I gesichert wurde. Mit steigender Temp. nahm die Aktivität der Citochromoxydase zu. Die O_2-Konz. war ohne Einfl. auf ihre Aktivität. Die verschied. Beteiligung der Flavoproteinfermente an der Atmung erklärt die verschied. Atmungsintensität von

Fruchtschale u. Fruchtfleisch. (Доклады Академии Наук СССР [Ber. Akad. Wiss. UdSSR] [N. S.] **85.** 1123—26. 11/8. 1952. Biochem. Inst. der Akad. der Wiss. der UdSSR.) LEBTAG. 4230

T. M. Iwanowa, *Über oxydierende Fermente der keimenden Kartoffelknolle.* Durch Best. der Atmungsintensität des Gewebes von Augen u. Parenchym der Kartoffelknolle u. Unters. der gegenüber NaN_3 stabilen u. labilen Atmung unter der Einw. von ***Äthylenchlorhydrin*** (I) wird festgestellt, daß eine hohe Aktivität der metallhaltigen *Oxydasen* in den Augen charakterist. für die Knollen im Ruhezustand ist. Nach einer vorübergehenden Abnahme der Atmungsintensität durch **I** tritt bei beginnender Keimung eine verstärkte Atmung ein, die jetzt vorwiegend durch die Flavoproteide (im Ruhezustand Metallproteide) erfolgt. Die Gesamtaktivität von *Polyphenoloxydase* (**II**) u. *Cytochromoxydase* (**III**) bleibt konstant u. nimmt nur gegen Schluß des Vers. ab. Die Aktivität der *Peroxydase* nimmt gegen Schluß ebenfalls ab. Die Änderungen bei den Metallproteiden beruhen vorwiegend auf der Änderung der Aktivität der *Ascorbinase* (**IV**). Bei natürlicher Keimung (ohne **I**-Einw.) nimmt die Aktivität der metallhaltigen Fermente ständig zu, bedingt durch die zunehmende Aktivität von **II** u. **III** in den ersten 4 Tagen. Nach beginnendem Wachstum nimmt die Aktivität von **II** u. **III** ab, während die von **IV** ansteigt. **II, III** u. **IV** können wahrscheinlich als terminale Oxydasen auftreten. (Доклады Академии Наук СССР [Ber. Akad. Wiss. UdSSR] [N. S.] **86.** 373—76. 11/9. 1952. Inst. für Biochem. der Akad. der Wiss. der UdSSR.) LEBTAG. 4230

N. A. Krassilnikow, *Die Ausscheidung von Fermenten durch die Wurzeln höherer Pflanzen.* Steril gezogene Pflanzen von Weizen, Mais u. Erbse wurden samt ihrem Wurzelsyst. (oder die Wurzeln allein) in Saccharose (**I**), Stärke (**II**) oder Gelatine (**III**) getaucht u. die Ggw. von *Invertase, Amylase* oder *Protease* bestimmt. Die **II**-Zers. war bei den isolierten Wurzeln nur wenig stärker als bei den nichtisolierten. Sie war bei Erbse u. Mais nur schwach, bei Weizen sehr stark. Bei natürlichem Wachstum nahm die Intensität der **II**-Zers. ebenfalls von Weizen über Mais nach Erbse ab. Die **I**-Invertierung war bei Weizen, Mais u. Erbse von der gleichen Intensität u. unabhängig von sterilen oder natürlichen Wachstumsbedingungen. Beim Eintauchen der Wurzeln in 10%ig. wss. **III** konnte in 15 Tagen nur in einzelnen Fällen eine geringe Abnahme der **III**-Viscosität beobachtet werden. Eine Verflüssigung von **III** konnte in keinem Fall erzielt werden. Die Ergebnisse zeigen, daß die Pflanzenwurzeln ähnlich den heterotrophen Mikroorganismen mit Hilfe ihrer Fermente organ. Stoffe zersetzen u. wahrscheinlich auch assimilieren können. (Доклады Академии Наук СССР [Ber. Akad. Wiss. UdSSR] [N. S.] **87.** 309—12. 11/11. 1952. Inst. für Mikrobiol. der Akad. der Wiss. der UdSSR.) LEBTAG. 4230

Edith J. Krugelis, J. S. Nicholas und **Marjorie E. Vosgian,** *Aktivität der alkalischen Phosphatase und Nucleinsäuren während der Embryonalentwicklung von Amblystoma punctatum bei verschiedenen Temperaturen.* In wss. Extrakten verschied. Entwicklungsstufen des Salamanderembryos (*Amblystoma punctatum*) wurde die Aktivität der *alkal. Phosphatase* (**I**) bestimmt. Sie stieg (pro mg Trockengewicht des Embryos) während der Entw. stetig an. Temperaturänderungen zwischen 10—20° übten auf die **I**-Aktivität keine nachweisbare Wrkg. aus. Der Geh. an *Pentosenucleinsäure* (**II**) u. *Desoxypentosenucleinsäure* (**III**) pro mg Trockengewicht stieg während der Entw. an, wobei die **II**-Zunahme geringer als die von **III** war. Bei niederen Tempp. war die Geschwindigkeit der **II**-Bldg. bei den einzelnen Entwicklungsstufen größer (höherer **II**-Geh. als n.), während dies für **III** nicht zutrifft. (J. exp. Zoology **121.** 489—504. Dez. 1952. New Haven, Conn., Yale-Univ., Osborn Zool. Labor.) K. MAIER. 4230

A. N. Petrowa, *Über den Mechanismus des Cofaktors, der den Zerfallsprozeß des Glykogens in den Muskeln beschleunigt.* Der phosphorolyt. Zerfall von *Glykogen* (**I**) u. *β-Dextrin* (**II**) in Abhängigkeit von der Einw. des von Vf. früher (vgl. C. **1951.** II. 3039) beschriebenen Cofaktors (Cof.) wurde in Verss. mit autolysiertem u. dialysiertem Muskelextrakt als Quelle der *Phosphorylase* (**III**) untersucht. Es zeigte sich, daß bei Zugabe des Cof. oder von *Amyloseisomerase* (**IV**) zum Extrakt keine Intensivierung des Zerfalls von **I** u. **II** eintritt. Nur bei gleichzeitiger Zugabe von **IV** u. Cof. wird die Spaltung von **I** u. **II** verstärkt. Das gegen die Wrkg. von **III** resistente **II** wird von diesem erst dann angegriffen, wenn die α-1.6-Bindungen in den Polysacchariden durch die Wrkg. von **IV** gesprengt sind. Verss. mit gereinigten Fermenten zeigten, daß die Spaltung von **I** in Ggw. von **III** oder *β-Amylase* (**V**) genau so verläuft wie in Ggw. des Cofaktors. Völlig anders verhält sich **IV**. Durch Zugabe des Cof. zum Gemisch **IV** + **III** oder **IV** + **V** wird der Zerfall von **II** stark intensiviert. In den Ergebnissen sieht Vf. den Beweis dafür, daß der Cof. die Aktivität von **III** nicht verändert, die Wrkg. von **IV** verstärkt. Der Cof. beteiligt sich an der Sprengung der β-1.6-Bindungen in den Polysacchariden, die durch **IV** aktiviert werden. (Доклады Академии Наук СССР [Ber. Akad. Wiss. UdSSR] [N. S.] **86.** 133—36. 1/9. 1952. Labor. für physiol. Chem. der Akad. der Wiss. der UdSSR.) LEBTAG. 4230

E_3. Mikrobiologie. Bakteriologie. Immunologie.

P. L. Narasimha Rao und **R. Venkataraman,** *Stickstoffstoffwechsel von Penicillium chrysogenum-Q 176.* Die täglichen Veränderungen in den freien *Aminosäuren* des Kulturfiltrates u. des Mycels von *Penicillium chrysogenum-Q 176,* der auf dem Nährboden von JOHNSON u. JARVIS (J. Amer. chem. Soc. **69.** [1946.] 3010) gewachsen ist, werden mit Hilfe der Papierchromatographie untersucht. Zum Zeitpunkt der maximalen *Penicillin*-Bldg. (5.—8. Tag) verschwinden fast alle freien Aminosäuren aus dem Kulturfiltrat, während im Mycel keine entsprechende Veränderung zu bemerken ist. (Experientia [Basel] **8.** 350—53. 15/9. 1952. Bangalore, Indian Inst. of Sci., Dep. of Biochem., Antibiotics Labor.) RUTKOWSKI. 4320

M. Earl Balis, Daniel H. Levin, George Bosworth Brown, Gertrude B. Elion, Henry Vanderwerff und **George H. Hitchings,** *Der Einbau von exogenen Purinen in Pentosenucleinsäure durch Lactobacillus casei.* Verss. mit $^{14}C_{(8)}$-Adenin, $^{14}C_{(8)}$-Guanin, $^{14}C_{(2)}$-2.6-Diaminopurin u. ^{14}C-Formiat. Es wird bestätigt, daß aus *2.6-Diaminopurin* (I) bei Lactobacillus casei *Adenin* (II) u. *Guanin* (III) der Nucleinsäuren entstehen können, wobei bei geringen Mengen I gleiche Mengen II u. III gebildet werden, während bei größeren Mengen I bevorzugt III entsteht. I kann zwar nicht die einzige Quelle für Purine sein, ist aber ebenso wirksam wie II u. III. In Ggw. von *Folsäure* werden bevorzugt vorhandene Purine in die Nucleinsäuren eingebaut, wobei das Purinskelett erhalten bleibt. Unter Bedingungen, bei denen I das Bakterienwachstum hemmt, nimmt auch die Umwandlung von Guanin in Adenin u. umgekehrt ab. Wahrscheinlich greift I hier in prim. Stoffwechselfunktionen des II ein, wie vielleicht bei der Bldg. der Desoxyribonucleinsäure, des Adenosintriphosphats oder anderer Coenzyme. (J. biol. Chemistry **196.** 729—47. Juni 1952.) LOHMANN. 4320

A. Je. Kriss und **A. Ss. Tichonenko,** *Korpuskelbau der Bakteriophagen.* Die elektronenmkr. Unters. von über 500 Präpp. der Bakteriophagen von Bac. mycoides u. Bact. lactis aerogenes ergibt, daß die Phagenkorpuskeln eine spiralförmige Kette von kugelförmigen Makromoll. des Proteins darstellen. Diese übermol. Struktur bezeichnen Vff. als Spiraltyp der Aggregation von globularen Proteinmakromolekülen. Die kugelförmigen Proteinmakromoll. besitzen einen Durchmesser von 15—25 mμ, entsprechend dem Mol.-Gew. 100000—300000. Sie sind die Elementarteilchen des Phagen, dadurch bestätigt, daß ein Phagenpräp. aus vereinzelten kugelförmigen Makromoll. dieselbe hohe lyt. Aktivität besitzt wie ein Präp. mit einer großen, in einer Kette angeordneten Korpuskelzahl. (Доклады Академии Наук СССР [Ber. Akad. Wiss. UdSSR] [N. S.] **86.** 421—23. 11/9. 1952.) LEBTAG. 4331

N. A. Ssewasstjanowa, *Inaktivierung und Reaktivierung von Phagen.* Nach Inaktivierung des Phagen der Salmonella enteritidis GÄRTNER durch verschied. Verbb. (HNO_3, H_2SO_4, Citronensäure, Oxalsäure, Ätzkali, Kupferacetat, Eisensulfat) in bestimmten Konzz. ist dessen, wenn auch nicht immer vollständige, Reaktivierung durch Neutralisation, Fällung oder Verbringen in Pufferlsg. (p_H 7,4) oder in seitzfiltrierten Harn möglich. (Ветеринария [Tierheilkunde] **29.** Nr. 12. 18—21. Dez. 1952. Allunions Inst. für exper. Veterinärmed.) RENTZ. 4331

Norma Martin und **David Gottlieb,** *Bildung und Bedeutung der Antibiotica im Boden.* 3. Mitt. *Terramycin und Aureomycin.* (2. vgl. GOTTLIEB u. Mitarbeiter, C. **1953.** 2622.) *Terramycin* u. *Aureomycin* werden durch Illit- u. Bentonit-Tone inaktiviert. Im Boden werden die Antibiotica (I) aus der wss. Lsg. eluiert. Starke Konz. der I wirken abtötend auf die wichtigen Bodenmikroorganismen; desgleichen wirkt die Einimpfung von S. rimosus u. S. aureofaciens stark schädigend auf die Bodenmikroflora. (Phytopathology **42.** 294—96. Juni 1952. Urbana, Ill.) GRIMME. 4340

E. Krüger-Thiemer, R. B. Kuhn und **A. Lembke,** *Die Hemmwirkung von Streptomycin, Solvoteben und Pasalon auf avirulente Mycobakterien.* Zur Klärung der Erscheinung, daß verschied. Stämme derselben Art in ihrer Empfindlichkeit gegenüber Hemmstoffen differieren können, wurden *Streptomycin* (I), *Solvoteben* (II) u. *PAS* (III) auf ihre Wrkg. auf 11 saprophytäre Mycobakterien, 2 virulente Tuberkelstämme u. den BCG-Stamm untersucht. Alle Stämme wurden durch I gehemmt; die Hemmkonz. lag für die virulenten Stämme um mindestens eine Zehnerpotenz höher als für die anderen Stämme. III hemmt weniger als I, aber mehr als II, dessen Hemmwrkg. wesentlich geringer als diejenige von I ist. 4 der untersuchten Stämme wurden weder durch II noch durch III beeinflußt. (Kieler milchwirtschaftl. Forschungsber. **4.** 377—82. 1952. Kiel, Bundes-Versuchs- u. Forschungsanst., Bakteriol. Inst.) DOSSMANN. 4340

Warren P. Iverson und **Selman A. Waksman,** *Natürliche und erworbene Resistenz von Escherichia coli gegen Neomycin.* 8 Kulturen von *Escherichia coli,* darunter 2 *streptomycin* (I)-resistente Stämme, wurden nach der Agar-Ausstrichmeth. (agar-streak method) auf ihre *Neomycin* (**II**)-Empfindlichkeit getestet. 7 Kulturen wurden durch 0,5 E./ml teilweise u. durch 5 E./ml **II** völlig gehemmt. Bei einer Kultur lag eine natürliche Resistenz bis mindestens 10 E./ml **II** vor. Einzelne Zellen einer Kultur waren **II**-resistenter als die Kultur als Ganzes. Ein geringer Prozentsatz der Zellen war gegenüber **II** empfindlicher als gegen **I**. In natürlichen Populationen von *E. coli* wurden keine hoch **II**-resistenten oder **II**-abhängigen Zellen gefunden. *E. coli*-Kulturen mit erworbener **II**-Resistenz zeigten die Neigung, wieder empfindlich zu werden. Das Wachstum leicht **II**-resistenter Stämme in Ggw. von **II**-Konzz. ohne Hemmwrkg. war sehr gering, wobei auffällige Änderungen in der Morphologie der Zellen festgestellt wurden. (Proc. nat. Acad. Sci. USA **38.** 843—49. Okt. 1952. New Jersey Agric. Exp. Stat., Rutgers Univ., Dep. of Microbiol.) DOSSMANN. 4340

W. L. Ryshkow und **G. I. Loidina**, *Die Reaktion von Albumin und Tabakmosaikvirus (TMV) mit Adenyl- und Nucleinsäuren* (vgl. C. **1951.** I. 1891). Durch P-Best. im zentrifugierten Nd. u. in der überstehenden Lsg. bei der Rk. zwischen Tabakmosaikvirus (TMV) u. Hefenucleinsäure (**I**) bei p_H 2,0—2,1 sowie zwischen Albumin (**II**) u. **I** (p_H 3,5) wurde versucht, die Menge der vom Eiweiß in den Nd. mitgerissenen **I** zu ermitteln. Es ergaben sich schwankende Werte. Die Abnahme des Geh. an TMV oder **II** war von geringem Einfl. auf die Menge der mitgerissenen **I**. Es zeigte sich, daß im Zwischengebiet der isoelektr. Punkte die Rk. zwischen **I** u. den Eiweißstoffen nicht erforscht werden kann. Aus der Unters. des Einfl. von **I** u. Thymonucleinsäure (**III**) auf die biol. Aktivität von TMV, gemessen an der Nekrosenzahl der Blätter von Nicotiana glutinosa, ergab sich mit **I** eine stärkere Abnahme der Aktivität als mit **III**. Die unterdrückende Wrkg. von **I** bleibt auch bei einem p_H erhalten, wo TMV in den Nd. übergeht. In 2 Fällen war **III** in alkal. Lsg. aktiver als in saurer. Bei p_H 2,0 wird durch Adenylsäure (**IV**) die Aktivität des TMV in vielen Fällen, statt vermindert, sogar erhöht (hier wirkt **IV** infolge Dissoziation nicht mehr als Säure). Oberhalb des isoelektr. Punktes (p_H 2,5) wird die Aktivität des TMV durch **IV** stark unterdrückt. Die Ergebnisse bestätigen die Bedeutung der Kationenzentren für die biol. Aktivität des TMV-Teilchens. (Доклады Академии Наук СССР [Ber. Akad. Wiss. UdSSR] [N. S.] **86.** 181—84. 1/9. 1952. Inst. für Mikrobiol. der Akad. der Wiss. der UdSSR.) LEBTAG. 4374

W. L. Ryshkow und **N. K. Martschenko**, *Der Einfluß von Inhibitoren des Nucleinstoffwechsels auf die Vermehrung des Tabakmosaikvirus (TMV)*. Verss. mit Blättern von Nicotiana glutinosa über die Beeinflussung der Vermehrung des Tabakmosaikvirus (TMV) ergaben in den meisten Fällen eine Stimulierung der Vermehrung durch *Folsäure* (**I**), deren Schwankungen nicht geklärt werden konnten. *4-Dimethylaminopteroylglutaminsäure* (**II**) blieb ohne Einfl., während *4-Aminopteroylglutaminsäure* (**III**) die TMV-Vermehrung unterdrückte. Dieser Effekt konnte durch **I** beseitigt werden. *2.6-Diaminopurin* (**IV**) u. *Thiouracil* (**V**) wirkten ebenfalls als Inhibitor. Die Wrkg. von **V** konnte durch *Uracil* aufgehoben werden. *Desthiobiotin* war ohne Wrkg. auf die TMV-Vermehrung. In vitro zeigten **III** u. **IV** in den die Virusvermehrung unterdrückenden Konzz. keine Wrkg., ein Beweis für ihre virostat. Wirkung. **V** zeigte bei starker Unterdrückung der TMV-Vermehrung keine Abschwächung der nekrot. Rk., **III** nur eine geringe Verminderung. Die fehlende Übereinstimmung zwischen den Werten der Inhibierung u. Anreicherung wird theoret. gedeutet. Aus den Versuchsergebnissen wird geschlossen, daß bei der Bldg. von TMV keine Anlagerung der fertigen Nucleinsäure erfolgt, sondern ihr Aufbau aus niedrigmol. Verbindungen. Vff. sehen in den Ergebnissen eine Bestätigung der These von RYSHKOW, wonach der TMV sich wie ein wahrer Parasit verhält u. als parasit. Protein bezeichnet werden kann. Die Betrachtung der Reproduktion von TMV als Biokatalyse ist deshalb abzulehnen. (Доклады Академии Наук СССР [Ber. Akad. Wiss. UdSSR] [N. S.] **86.** 637—39. 21/9. 1952. Iwanowski-Inst. für Viruskunde der Akad. der Med. Wiss. der UdSSR, Labor. für Physiol. der Viren.) LEBTAG. 4374

E₄. Pflanzenchemie. Pflanzenphysiologie. Pflanzenpathologie.

Lajos Felföldy, *Über den Calciumgehalt der Blätter von Waldbäumen*. Es wird festgestellt, daß der Ca-Geh. des Laubes mit dem Alter im Laufe einer Wachstumsperiode zunimmt. Die einzelnen Arten sind durch einen spezif. Ca-Geh. ausgezeichnet, welcher weniger vom Ca-Geh. des Bodens als vom Standort abhängig ist u. sich innerhalb gewisser Variationsgrenzen ändert. Verwandte Arten zeigen vergleichbaren Ca-Gehalt. — Tabellen, Literaturhinweise. (Agrokémia és Talajtan **1.** 77—82. Nov. 1951. Tihany, Ungarn, Magy. Tudományos Akad., Tihanyi Kutatóint.) V. PILINSZKY. 4410

Lajos Felföldy, *Vergleichende Untersuchung natürlicher polyploider Pflanzen*. 2. Mitt. *Über die chemische Zusammensetzung natürlicher polyploider Gräser*. Lebende Grummetblätter unter gleichen Bedingungen gezogener polyploider Gräser wurden untersucht, um festzustellen, ob Beziehungen der Chromosomenzahl zur chem. Zus. (Trockensubstanz, Gesamt-N, Rohprotein, Rohfaser, Rohasche, Ca, Mg u. K) nachweisbar sind. Die Chromosomenzahl ist zwar charakterist. bzgl. der Rasseneigg., jedoch konnten aus ihr keine Schlüsse bzgl. der chem. Zus. gezogen werden. (Agrokémia és Talajtan **1.** 181—186. Dez. 1951. Budapest, Agrokém. Kutató Int., Talajkém. oszt.) V. PILINSZKY. 4420

Anna M. MacLeod, *Untersuchungen über freie Zucker im Gerstenkorn.* 1. Mitt. *Historische Übersicht.* (J. Inst. Brewing **58.** ([N. S.] 49.) 270—76. Juli/Aug. 1952. Edinburgh, Heriot-Watt Coll.) HAEVECKER. 4420

Anna M. MacLeod, *Untersuchungen über freie Zucker im Gerstenkorn.* 2. Mitt. *Verteilung der einzelnen Zuckerfraktionen.* (1. vgl. vorst. Ref.) Die freien Zucker aus 10 Mustern ungekeimter Gerste wurden chromatograph. getrennt u. nach der SOMOGYI-Mikrokupfermeth. bestimmt. Die absoluten Werte der einzelnen Muster zeigten große Schwankungen. Jedoch war Rohrzucker stets am häufigsten (durchschnittlich 0,92% des Kornes u. 49% der gesamten freien Zucker), darauf folgten Raffinose u. Glucodifructose. Hexosen betrugen weniger als 10% der Gesamtzucker. In einem Gerstenmuster (Spratt-Archer) waren annähernd 75% des Rohrzuckers u. 80% der Raffinose im Keimling u. der Aleuronschicht lokalisiert, während 65% der Hexosezucker im Endosperm enthalten waren. (J. Inst. Brewing **58.** ([N. S.] 49.) 363—71. Sept./Okt. 1952. Edinburgh, Heriot-Watt-Coll.) HAEVECKER. 4420

A. L. Kurssanow, N. N. Krjukowa und **B. B. Wartapetjan,** *Die Fortbewegung der durch die Wurzel eintretenden Kohlensäure in der Pflanze.* Werden die Wurzeln junger Bohnenpflanzen in eine Lsg. von $Na_2{}^{14}CO_3$ (I) oder $^{14}CO_2$ (II) getaucht, die Blätter hierbei belichtet, die Stengel verdunkelt u. der CO_2-Zutritt aus der Luft verhindert, dann wird bereits nach wenigen Min. (bes. bei **II**) ^{14}C im oberen Blattpaar festgestellt. **I** u. **II** wandern direkt in das obere Blattpaar u. sammeln sich erst später auch in den tiefer liegenden Blättern. Enthält der Stengel Chlorophyll, dann wird CO_2 vorwiegend hier festgehalten. Aus den Radioautographien ist zu schließen, daß die Bewegung von **I** u. **II** vorwiegend in den Gefäßbündeln erfolgt. Die Rolle des Chlorophylls im Stengel besteht demnach in der Assimilation des durch die Wurzeln aufgenommenen CO_2. Die Wurzelaufnahme von **I** u. **II** erfolgt unabhängig von der Wasseraufnahme. Bei Belichtung der Blätter wird die CO_2-Aufnahme durch die Wurzeln erhöht. Bei guter Photosynth. wird aus der Luft durch die Blätter die 4fache Menge des durch die Wurzeln aufgenommenen CO_2 aufgenommen. (Доклады Академии Наук СССР [Ber. Akad. Wiss. UdSSR] [N. S.] **85.** 913—16. 1/8. 1952. Bach-Inst. für Biochem. der Akad. der Wiss. der UdSSR.) LEBTAG. 4450

N. I. Prosskurjakow und **I. M. Mossolowa,** *Die Dynamik des Glutathions beim Keimen der Erbse.* Im Zentrifugat der Suspension aus den Cotyledonen u. Keimlingen von Erbse, erhalten durch Verreiben mit 2%ig. Sulfosalicylsäure, wurde die Gesamtmenge der SH-Verbb. entweder direkt durch Titration mit 0,001 n KJO_3 ermittelt oder erst nach der Elektrored., bei der daneben der Geh. an ***Glutathion*** (I) nach der Glyoxalasemeth. bestimmt wurde. In den Cotyledonen blieb der **I**-Geh. 8 Tage fast unverändert u. nahm nach 21 Tagen stark ab. Die Menge der ohne Red. bestimmten J-reduzierenden Substanzen wurde fast verdoppelt. Im Keimling wurde der **I**-Geh. verdoppelt. Er erreichte nach 8 Tagen sein Maximum. Im Keimling u. in den Keimblättern entsprach die **I**-Menge nicht dem Gesamtgeh. an jodreduzierenden Stoffen. Die niedrigeren Werte ohne vorherige Red. waren durch die Ggw. von Cystein bedingt. Bei den 21 Tage alten Keimlingen war der Geh. in Stengel u. Blatt der gleiche, in der Wurzel geringer. Bei der Autolyse von Erbsenmehl trat keine **I**-Zunahme ein, wodurch die Möglichkeit der **I**-Bldg. durch Abspaltung vom Eiweißmol. oder von Peptiden widerlegt wurde. Verss. mit tier. Gewebe ergaben eine rasche Biosynth. von **I** aus seinen Aminosäuren. Vakuuminfiltrationsverss. mit Erbsenblättern unter Verwendung von Cystein, Glutaminsäure u. Glykokoll führten zu keinem positiven Ergebnis. (Доклады Академии Наук СССР [Ber. Akad. Wiss. UdSSR] [N. S.] **87.** 465—68. 21/11. 1952. Moskau, Lomonossow-Univ.) LEBTAG. 4455

W. A. Brilliant und **T. A. Krupnikowa,** *Über den Einfluß von KCN auf den Gasstoffwechsel von Wasserpflanzen bei verschiedenen Belichtungsverhältnissen.* Bei diskontinuierlicher Belichtung wurde bei 20° u. beim p_H 5,6—5,8 die Wrkg. von $5 \cdot 10^{-5}$ mol. u. $5 \cdot 10^{-8}$ mol. KCN (**I**) auf den Gasstoffwechsel von Algen u. Makrophyten untersucht. Im Durchschnitt wurde die Photosynth. bei hoher **I**-Konz. bei den Algen um 41%, bei den Makrophyten um 49% gesenkt. Bei geringer **I**-Konz. betrug die Photosynth. 92 bzw. 100% der Kontrolle. Hierbei betrugen das Dunkelintervall 0,011 Sek., die Zeitdauer des Lichtblitzes 0,0059 Sekunden. Wurde das Dunkelintervall auf 0,085 Sek. erhöht, dann war bei geringer **I**-Konz. bei den Algen u. Makrophyten die Photosynth. gegenüber der Kontrolle in allen Fällen, bei hoher Konz. in vielen Fällen, erhöht. Die geringe **I**-Konz. bewirkte bei Algen in allen Fällen eine Unterdrückung der Atmung, bei Makrophyten daneben in einigen Fällen eine Intensivierung derselben. In einigen Verss. mit Algen wurde in der Dunkelheit eine bisher nicht bekannte O_2-Ausscheidung statt der Aufnahme beobachtet. Dies wurde nur unter dem Einfl. von I u. nach vorheriger intensiver Belichtung beobachtet, nicht dagegen bei diskontinuierlicher Belichtung u. bei Pflanzen, bei denen die Atmung direkt nach abgeschwächtem Tageslicht untersucht wurde. (Доклады Академии Наук СССР [Ber. Akad. Wiss. UdSSR] [N. S.] **85.** 1383—86. 21/8. 1952.) LEBTAG. 4460

A. I. Oparin und **N. Ss. Gelman,** *Zur Frage eines Zusammenhanges zwischen Atmung und synthetischen Prozessen bei höheren Pflanzen.* An Weizen, Johannisbeere, Elodea canadensis u. Ligustrum wurden die Beziehungen zwischen Wrkg. von Atmungsfermenten, Atmungsenergie u. Synth. der *Saccharose* (I) im Blatt nach der Meth. der Vakuuminfiltration untersucht. Durch 0,01 mol. *KCN* u. 0,01 mol. *2.4-Dinitrophenol* (**II**) wurde die Blattatmung um 50—60% gesenkt, die Synth. von **I** völlig unterdrückt. Die Unterdrückung der Atmung durch N_2 führte zur Abnahme der **I**-Synth. u. zur Verstärkung des hydrolyt. Zerfalls von **I**. Durch $1 \cdot 10^{-4}$ mol. u. $2 \cdot 10^{-4}$ mol. **II** wurde die Atmung von Weizen um 10—15% verstärkt, die **I**-Synth. unterdrückt. Durch *Guanidinnitrat* wurde zwar die Atmung intensiviert, die Synth. von **I** jedoch nicht beeinflußt. *Methylenblau* verstärkte die Atmung von Elodea um 70%, war jedoch ohne Einfl. auf die Synth. von **I**. Durch Zufuhr von $6 \cdot 10^{-2}$ mol. KH_2PO_4 zusammen mit *Glucose* wurde die Blattatmung von Elodea um 10—11% gesteigert, die Synth. von **I** um 17—18% intensiviert. Durch *Adenosintriphosphorsäure* wurde die aerobe Synth. von **I** verstärkt, bei Anaerobiose nicht ganz bis zum Wert an der Luft erhöht. Durch 0,01 mol. *Nicotinamid,* 0,02 mol. *Glykokoll* u. $1 \cdot 10^{-4}$ mol. *Thiamin* wurden Atmung u. **I**-Synth. bei Ligustrum u. Weizen verstärkt. (Доклады Академии Наук СССР [Ber. Akad. Wiss. UdSSR] [N. S.] **85.** 1357—60. 21/8. 1952.) LEBTAG. 4462

B. A. Rubin, W. Je. Ssokolowa und **Je. W. Arzichowskaja,** *Über die Anpassung des Atmungsstoffwechsels der Äpfel an die Bedingungen der Umgebung.* (Vgl. auch C. **1953.** 4385.) Durch Unters. der Atmung von Fruchtfleisch u. Fruchtschale des Apfels von den Anfängen des Wachstums bis zur Ernte sowie während der Lagerung wird festgestellt, daß das O_2-Optimum für die Atmung von der Temp. der Umwelt u. von dem Entwicklungsstadium der Pflanze bestimmt wird u. für verschied. Gewebe desselben Organs verschieden ist. Die Atmung der Fruchtschale gehorcht denselben Gesetzmäßigkeiten wie die des Fruchtfleisches, ist jedoch bei der Fruchtschale mehr dem höheren O_2-Geh. angepaßt. Während beim Fruchtfleisch das O_2-Optimum bei 10 bzw. 5% liegt, atmet die Fruchtschale am intensivsten bei 21 bzw. 10% O_2. Die Intensität der Atmung an der Luft sinkt bei der Fruchtschale, im Gegensatz zum Fruchtfleisch, in keinem Fall bis unterhalb der Intensität bei 1% O_2. (Доклады Академии Наук СССР [Ber. Akad. Wiss. UdSSR] [N. S.] **85.** 859—62. 1/8. 1952.) LEBTAG. 4462

O. A. Pawlinowa, *Über die Beteiligung von phosphorylierten Zuckern an der Atmung von Rübenpflanzen.* Vf. untersuchte die Intensität der Gewebsatmung u. die Synth. von *Saccharose* (I) in Blatt u. Wurzel der Zuckerrübe in Ggw. von *Glucose-1-phosphat* (**II**), *Fructose-6-phosphat* (**III**) u. *Fructose-1.6-diphosphat* (**IV**). Beim Eintauchen des Blattes in 0,1 oder 0,01 mol. **II** wird die Atmung weniger intensiviert als durch **IV** u. einfache Zucker. Die geringe Atmungsintensivierung erklärt sich aus der teilweisen Umwandlung von **II** in Fructosephosphorsäureester. **II** wird vorwiegend in Stärke umgewandelt. Durch **IV** wird die Blattatmung in Ggw. von Invertzucker stärker aktiviert als in Ggw. von Glucose (**V**) u. Fructose (**VI**). **IV** wird weder allein noch in Ggw. von **V** u. **VI** für die Synth. von **I** verbraucht. **IV** ist demnach ein starkes Atmungssubstrat. Die Atmungsintensität ist proportional der Konz. von **IV**. Die mittlere Erhöhung der Atmungsintensität des Blattes durch **IV** beträgt in 30 Min. 60 μLiter O_2 gegenüber 48 μLiter durch **III**. **III** wird offenbar im Blatt zunächst in **IV** umgewandelt u. erst dann für die Atmung verwendet. Die Atmung der Wurzel wird durch **II**, **V** u. **VI** nicht, durch **IV** stark intensiviert. Die Wurzel verfügt demnach über kein Fermentsyst. zur Umwandlung von **II** in Fructosephosphate. Die Ergebnisse werden als Bestätigung des früheren Befundes von KURSSANOW u. PAWLINOWA (vgl. C. **1953.** 394) betrachtet, wonach die bekannten Phosphorsäureester der Zucker in der Pflanze nicht unmittelbar für die Synth. von **I** verwendet werden. (Доклады Академии Наук СССР [Ber. Akad. Wiss. UdSSR] [N. S.] **85.** 851—54. 1/8. 1952. Bach-Inst. für Biochem. der Akad. der Wiss. der UdSSR.) LEBTAG. 4462

E₅. Tierchemie. Tierphysiologie. Tierpathologie.

J. D. Duerr und **W. J. Dyer,** *Eiweiß im Fischmuskel.* 4. Mitt. *Denaturierung durch Salz.* (3. vgl. DYER u. Mitarbeiter, J. Fisheries Res. Board Canada **7.** [1950.] 585.) Unterss. am Muskelfleisch vom Kabeljau. 2 cm dicke Filetstücke wurden in NaCl-Lsgg.

verschied. Konz. eingelagert u. die Veränderungen der Eiweißstruktur bestimmt. Beeinflußt wurde dabei nur der *Myosin-Anteil* (I), während das *Albumin* nicht verändert wurde. I wird bei ca. 8—10%ig. NaCl-Konz. im Gewebe denaturiert. Bei diesem Vorgang tritt starke Salzaufnahme u. Flüssigkeitsverlust ein. Die krit. Konz. ist unabhängig von der Temp. u. der Konz. des umgebenden Mediums. Bei tiefer Temp. wird die Denaturierung zwar verzögert, aber nicht aufgehoben. (J. Fisheries Res. Board Canada **8.** 325—31. Jan. 1952. Halifax, N. S., Atlantic Fisheries Exp. Stat.) LÜPNITZ. 4520

W. J. Dyer, F. E. Dyer und **J. M. Snow,** *Amine im Fischmuskel.* 5. Mitt. *Bestimmung von Trimethylaminoxyd.* Beschreibung von Verff. zur Best. von *Trimethylaminoxyd* im Muskelgewebe von Fischen sowie Unterss. über die geeignetste Meth. zum Aufschließen des Gewebes. (J. Fisheries Res. Board Canada **8.** 309—13. Jan. 1952. Halifax, N. S., Atlantic Fisheries Exp. Stat.) LÜPNITZ. 4520

W. J. Dyer, *Amine im Fischmuskel.* 6. Mitt. *Trimethylaminoxydgehalt von Fischen und marinen Wirbellosen.* (5. vgl. vorst. Ref.) Best. des Geh. an *Trimethylaminoxyd* (I) in den Muskeln von 60 Fischarten u. 9 marinen Wirbellosen (Mollusken u. Stachelhäutern). Während bei Süßwasserfischen I nicht nachgewiesen werden konnte, steigt dessen Geh. bei den marinen Fischen mit deren systemat. Stellung. Verwandte Arten haben auch in verschied. Regionen nahezu den gleichen Geh. an I. (J. Fisheries Res. Board Canada **8.** 314—24. Jan. 1952. Halifax, N. S., Atlantic Fisheries Exp. Stat.) LÜPNITZ. 4520

M. Ratzenhofer und **E. Schauenstein,** *Zur Struktur von Präkollagen, Kollagen und Hyalin nebst Bemerkungen über die Hyalinentstehung in verschiedenen Organen und in Carcinomen.* Auf Grund mikroskop., histochem. u. UV-spektroskop. Unterss. werden die Eigg. u. Struktur von *Kollagen* (I), seiner embryonalen, undifferenzierten Vorstufe *Präkollagen* u. von patholog. entstandenem *Hyalin* (II) diskutiert (Einzelheiten vgl. Original). In II scheint je nach seiner Art neben der Grundstruktur des I noch mehr oder weniger einer globulinartigen Nebenstruktur vorzukommen (vgl. auch SCHAUENSTEIN u. RUMPF, C. **1953.** 394). (Verh. dtsch. Ges. Pathol. **1952.** Nr. 35. 233—44. Graz.) GIBIAN. 4525

Th. Berwind und **R. Holländer,** *Prüfung des Pfortaderkreislaufes mit Hilfe der enteralen Acetylenresorptionsprobe.* Man bringt *Acetylen* in das Duodenum von Schwangeren ein u. stellt die Zeit fest, nach der das Acetylen in der Ausatmungsluft erscheint. In den untersuchten 20 Fällen ist die Ausscheidung verzögert im Vgl. zu der im n. Zustand. Das wird neben Stauungen u. Resorptionsstörungen auf eine Leberfunktionsstörung zurückgeführt. (Arch. Gynäkol. **182.** 49—51. 1952. Würzburg, Univ., Frauenklinik.) BAUMANN. 4550

F. Grasenick, A. Probst und **M. Ratzenhofer,** *Elektronenmikroskopische Untersuchung krankhafter Verkalkungsherde in menschlichen Geweben.* Elektronenmkr. Unters. von 4 Proben verschied. Verkalkungsherde, in einem Falle auch spektralanalyt. Nachw. sublichtmkr. Kristalle. Es lassen sich zwei verschied. Kristalltypen unterscheiden: Nadeln, wahrscheinlich Ca-Carbonat oder -Phosphat; kub. Form, wahrscheinlich organ. Ca-Verbindungen. (Mh. Chem. **83.** 1062—68. 15/8.; S.-B. österr. Akad. Wiss., math.-naturwiss. Kl., Abt. IIb. **161.** 1062—68. 1952. Graz, Univ., Pathol.-anat. Inst., u. TH, Physikal. Inst.) LOCH. 4552

Dorothy I. Biesinger und **D. F. Miller,** *Jahreszeitlich bedingte und durch Hormone hervorgerufene Änderungen in den Testes von Rana pipiens.* Die Verss. ergaben, daß der männliche Frosch *Rana pipiens* nicht gleichmäßig im ganzen Jahr für eine Frühdiagnose der menschlichen Schwangerschaft heranzuziehen ist, da bei ihm in den Sommermonaten eine Periode verminderter Empfindlichkeit vorliegt. Die Verss. wurden ein Jahr lang mit demselben Schwangerenurin aus dem ersten Drittel der Schwangerschaft durchgeführt; der Urin hält sich über ein Jahr im Kühlschrank bei 10°. Das Urinkonzentrat wurde den Fröschen injiziert u. das Vorhandensein von Spermatozoen in den resezierten Testes nachgewiesen. Die Wrkg. ist analog den Hypophysenvorderlappeninjektionen. (Ohio J. Sci. **52.** 169—75. Mai 1952. Columbus, Ohio State Univ., Dep. of Zool. and Entemol.) DOSSMANN. 4559

E. O. Höhn, *Steroide mit einer direkten Progesteronwirkung auf das Kaninchenendometrium.* In Ergänzung einer früheren Arbeit (vgl. C. **1952.** 2694) fand Vf., daß *3α.20β-Pregnandiol* u. die entsprechende *3β-Verb.* bei der Implantation in den Uterus von Kaninchen in Dosen von 20 mg keine Progesteronwrkg. zeigen. Wirksam waren *Äthinyltestosteron, Desoxycorticosteron, 17-Methyltestosteron, Pregnenolon* u. *Dihydrotestosteron. Androsteron* u. *Dehydroisoandrosteron* erwiesen sich wie die beiden Pregnandiole als unwirksam. Als Kriterien für die Wirksamkeit muß nach Ansicht des Vf. das Mol. einen Steroidkern mit einer Seitenkette von mindestens 1 C-Atom an $C_{(17)}$ u. außerdem eine $C_{(3)}$-Oxogruppe oder eine $\Delta^{5,6}$- oder $\Delta^{4,5}$-Doppelbindung besitzen. (Nature [London] **169.** 84. 17/5. 1952. Edmonton, Alberta, Univ., Dep. of Physiol.) H. SCHEURLEN. 4559

A. Jacquelin, J. Turiaf, P. Blanchon und **L. Zizine**, *Gleichzeitiges Auftreten von Asthma, hormonal bedingten Störungen des Geschlechtsapparates und Fettleibigkeit bei Frauen.* Atembeschwerden, Störungen im Verlaufe des Monatscyclus u. starke Gewichtszunahme werden, abgesehen von einer geeigneten Diät, durch eine Hormontherapie wesentlich verbessert. Man verabreicht 20—40 mg *Progesteron* u. *Testosteron* pro Woche u. außerdem, statt eines Thyroxinpräp., jodierte Peptone, die besser verträglich sind. (Semaine Hôpitaux Paris **28**. 2979—83. 6/10. 1952.) BAUMANN. 4559

Noboru Sibano und **Sigeki Kikukawa**, *Untersuchungen über die Wirkung verschiedener Verabfolgungsformen von Testosteronpropionat auf den Kapaunenkamm. Testosteronpropionat* (0,5 bzw. 1,0 mg) wurde an Kapaune a) als Pillen, b) in öliger Lsg., c) als Mikrokristallsuspension verabfolgt. Die Wirksamkeit war am größten bei a), dann folgten c) u. b). (Folia endocrinol. japon. **28**. 230—34. 254. 20/10. 1952. Tokyo, Tachikawa [Orig.: japan., Auszug: engl.].) LOCH. 4559

G. Schaible und **E. Schlüren**, *Ist die Urinprobe mittels Jodtinktur ein neuer Schwangerschaftstest?* Die Jod-Probe kann nicht als Schwangerschaftstest geeignet erscheinen, da sie nicht schwangerschaftsspezif. u. auch nicht geschlechtsgebunden (bei Männern in 37% positiv) ist. Da sie bei Graviden 3—4mal so häufig positiv ausfällt wie bei Nichtgraviden, so sind die chem. Vorgänge dieser Rk. jedoch von Interesse. Die Flüchtigkeit der Rotfärbung erschwert die Fixierung des roten Körpers. Eine hormonale Rk. ist auszuschalten. Der unbekannte Stoff wird durch Kochen nicht zerstört, jedoch durch längere Hitzeeinwirkung. Vff. lassen die Möglichkeit offen, daß die Rk. durch einen histidinähnlichen Körper verursacht wird. (Dtsch. med. Wschr. **77**. 628—29. 9/5. 1952. Reutlingen, Geburtshilfliche-gynäkolog. Abt. des Kreiskrankenhauses.) ITZEROTT. 4559

T. Nicol und **A. A. Zikry**, *Wirkung von Östradiolbenzoat und Orchitomie auf die Toxizität von Trypanblau.* Verss. an Meerschweinchen zeigten, daß die Toxizität von *Trypanblau* (I; gemessen durch Mortalität bzw. Gewichtsabnahme) zu einem großen Teil durch Gabe von *Östradiolbenzoat* oder durch Entfernen der Hoden aufgehoben wird. Auch bei ovario- u. orchitomierten Tieren bewirkt Hormongabe eine Senkung der I-Toxizität. Vff. glauben, daß die Schutzwrkg. des Östradiolbenzoates gegen I durch seine stimulierende Wrkg. auf das reticuloendotheliale Syst. bedingt ist. (Nature [London] **170**. 239—40. 9/8. 1952. London, King's Coll., Dep. of Anatomy.) H. SCHEURLEN. 4559

Wilbur H. Sawyer und **Marian K. Sawyer**, *Anpassungsreaktionen an neurohypophysäre Fraktionen bei Vertebraten.* Ausgedehnte Unterss. an Fröschen (*Rana pipiens*, ♂, 30 g), Ochsenfröschen (*Rana catesbiana*, ♂ u. ♀, 350—650 g), Kröten (*Bufo marinus*, ♂ u. ♀, 360—775 g) sowie jungen Alligatoren (445—765 g). Messung der Diurese nach Injektion von 100 cm^3 0,05n NaCl-Lsg. (*Rana pipiens*), 50 cm^3 W. (*Rana catesbiana* u. *Bufo marinus*)/kg Körpergewicht bzw. Verabfolgung eines ähnlichen Vol. W. mittels Schlundsonde (Alligator). Best. der *Inulin*- u. *Kreatinin*-Clearance, des *Chlorid*-Geh. des Urins u. Blutdruckmessung in Nembutalnarkose oder an enthirnten Tieren. — Bei Fröschen bewirkte *Oxytocin* (I) eine glomerulär bedingte antidiuret. u. eine vasodepressor. Wrkg.; die Chloridausscheidung wurde gesteigert. *Vasopressin* (II) war bei diesen Tieren unwirksam in bezug auf die Erzeugung einer ausgeprägten Blutdrucksteigerung. Bei Kröten riefen dagegen sehr kleine II-Dosen eine glomeruläre antidiuret. Wrkg. u. I eine Blutdrucksenkung hervor. Eine blutdrucksteigernde Wrkg. von II konnte nicht nachgewiesen werden. Ähnliche Befunde wurden auch an Alligatoren erhalten. — Es wird geschlossen, daß die mit der Regulation des Körperwassers zusammenhängenden Wirkungen wichtige homöostat. Mechanismen bei Amphibien, Reptilien, Vögeln u. Säugetieren sind. Es sind dies die glomerulär u. tubulär bedingten antidiuret. Wirkungen. Nach Vff. sind die Wirkungen auf den Blutdruck bei niederen Vertebraten so gering, daß sie höchstwahrscheinlich für die Aufrechterhaltung des n. Gefäßtonus bedeutungslos sind. (Physiologic. Zoöl. **25**. 84—98. Jan. 1952. Cambridge, Harvard Univ., Biol. Labors.) VINCKE. 4560

R. C. de Bodo, M. Kurtz, M. W. Sinkopp und **S. P. Kinag**, *Wirkungen von ACTH, Cortison und Nebennierenrindenextrakt auf den Kohlenhydratstoffwechsel hypophysektomierter Hunde.* Die bei Hunden durch Hypophysektomie hervorgerufene Insulinhypersensibilität wird durch längere Behandlung mit *ACTH* (I) u. *Cortison* (II) vermindert u. teilweise aufgehoben. Ebenso wird durch I u. II die sek. Hypoglykämie nach dem intravenösen Glucosetoleranztest aufgehoben u. der Blutzuckerspiegel nach Adrenalingaben erhöht. Diese Wrkg. der Normalisierung des gestörten Kohlenhydratstoffwechsels wird auch in geringerem Maße als bei I u. II durch Nebennierenrindenextrakt bewirkt. Bei I u. II traten bei einigen Tieren Überdosierungs- bzw. Übersekretionseffekte auf, wodurch eine gewisse Insulinresistenz, eine diabet. Glucosetoleranz u. eine übernormale glykäm.

Rk. nach Adrenalingaben hervorgerufen wurden. (Proc. Soc. exp. Biol. Med. **80.** 345—50. Juni 1952. New York City, N. Y., Univ., Coll. Med., Dep. of Pharmacol.) H.-J. KOCH. 4561

Leon J. Warshaw, Norman Molomut und David M. Spain, *Wirkung von Cortison auf Pneumonie nach Einwirkung einer reinen Sauerstoffatmosphäre bei Mäusen.* Durch Gaben von *Cortison* (I; 1 mg pro die) wird die Anfälligkeit von Mäusen gegen die durch längere Einw. einer reinen O_2-Atmosphäre hervorgerufene akute Pneumonie bedeutend verstärkt. Die histolog. Befunde der Lungen der behandelten u. unbehandelten Tiere sind qualitativ ähnlich, doch treten bei den mit I behandelten Tieren die patholog. Veränderungen früher u. stärker auf, u. die Sterblichkeit ist größer. (Proc. Soc. exp. Biol. Med. **80.** 341—44. Juni 1952. Brooklyn, N. Y., Waldemar Med. Res. Found.; Valhalla, N. Y., Westchester County, Dep. of Labor. and Res.) H.-J. KOCH. 4561

M. T. Sinowjewa-Golizynskaja, *Adrenalin und Acetylcholin bei experimenteller reflexogener Hypertonie.* In Verss. an Kaninchen beträgt der auf unblutigem Wege gemessene Blutdruck durchschnittlich 72 mm Hg u. schwankt zwischen 60 u. 100 mm. Der Geh. des Blutes an *Adrenalin* (I) bzw. an *Acetylcholin* (II) wurde an den Blutegelmuskeln getestet. Resektion der Blutdruckregulatoren rief eine anhaltende Steigerung des Blutdruckes hervor. Diese war durch Vermehrung von I u. II im Blute begleitet. I war stärker vermehrt. Mit dem Absinken des Blutdruckes ging auch der Blutgeh. an I u. II zurück. Manchmal jedoch blieb I erhöht, dann stieg allerdings auch II stark an. Diese Ergebnisse bestätigen die klin. Erfahrungen des Vf., daß die Blutdruckerhöhung u. -verminderung nicht nur auf dem Wege über das Nervensyst., sondern auch humoral geregelt werden. Die Veränderung des Geh. an I u. II im Blut erschöpft die Frage nicht, da noch andere Faktoren, wie Hormone, Ionen, an diesem Vorgang teilnehmen. (Архив Патологии [Arch. Pathol.] **14.** Nr. 5. 58—65. Sept./Okt. 1952. Leningrad, 1. Med. Pawlow-Inst., Lehrstuhl für pathol. Physiol.) DU MANS. 4561

H. Küchmeister und G. Assmann, *Eine neue Methode zur Auswertung von Nebennierenrindenextrakten.* Als geeignetes Versuchstier zur Testung von Nebennierenrindenextrakten erwies sich der doppelseitig adrenalektomierte Goldhamster (*Cricetus auratus*). Die Operationssterblichkeit war prakt. null, die Sterblichkeit 100%, die Überlebensdauer $6 \pm 0{,}3$—$7{,}5 \pm 0{,}5$ Tage (<45 g bis >80 g). 250 operierte Tiere konnten durch Organextrakte, z. B. *Pancortex* (2mal täglich) viele Wochen am Leben erhalten werden. (Klin. Wschr. **30.** 1043. 15/11. 1952. Hamburg-Eppendorf, Univ., II. Med. Klin. u. Poliklinik.) K. MAIER. 4561

Nicholas Stephen Halmi, *Die Wirkungen abgestufter Thyroxindosen auf den Hypophysenvorderlappen von männlichen Albinoratten mit Schilddrüseninsuffizienz.* In Fortsetzung früherer Verss. (C. **1951.** I. 2907) über das Verh. zweier Arten der basophilen Hypophysenzellen (β u. δ-Zellen) der Ratte nach Thyreoidektomie wurden Unterss. an insgesamt 107 jungen erwachsenen Ratten ausgeführt, bei denen der Einfl. abgestufter *Thyroxin* (I)-Dosen geprüft wurde. Es zeigte sich, daß schon die Fütterung mit einem Gemisch zweier handelsüblicher Futterformen histolog. Änderungen (niedrige β-Zellenzahl, erhöhter prozentualer Anteil der δ-Zellen, n. Acidophilenzahl) herbeiführte, wie sie für Hypothyreoidismus charakterist. sind. Es wird vermutet, daß das verwendete Futter eine antithyreoide Substanz enthielt. — Einem Teil der Tiere wurden 5, 10, 20, 100, 200 oder 400 γ DL-I/Tag (in 0,0166n *NaOH* gelöst u. mit *NaCl* isoton. gemacht) subcutan 20 Tage lang injiziert. 24 Std. nach der letzten Injektion wurden die Tiere getötet. Dosen von 10—400 γ I bewirkten eine Senkung der Zahl der β-Zellen u. eine Verminderung ihrer Granulation. Der prozentuale Anteil an δ-Zellen war bei höheren I-Dosen mäßig erhöht. Hier nahmen auch die acidophilen Zellen deutlich an Größe ab. — Vf. betont ausdrücklich die Bedeutung der Ernährungsbedingungen für derartige Versuche. Diskussion der These über die *Thyreotropin*-Bldg. in den β-Zellen. Vgl. auch HALMI (Endocrinology [1951], noch nicht veröffentlicht). (Anatom. Rec. **112.** 17—35. Jan. 1952. Iowa City, State Univ. of Iowa, Coll. of Med., Dep. of Anat.) VINCKE. 4562

A. de Minjer, *Kälteeinfluß auf Schilddrüse und Leberglykogen.* Die Ergebnisse der Autopsie einiger Fälle tödlicher Kälteeinw. während der Kriegsjahre 1939—1945 ließen vermuten, daß eine Schilddrüseninsuffizienz die Ursache für die Unfähigkeit der Patienten zur ausreichenden Regulierung der Körpertemp. war. Verss. an n. u. thyreoidektomierten Meerschweinchen ergaben, daß bei letzteren, wie bei den tödlichen Fällen, in der Leber *Glykogen* (I) noch in beträchtlichen Mengen vorhanden war, obwohl die Abkühlung ein beträchtliches Absinken der Körpertemp. ausgelöst hatte. Bei n. Tieren verschwand I bei Kälteeinw. ziemlich rasch aus der Leber. Schilddrüsenlose Meerschweinchen, die vor dem Vers. mit *Thyroxin* behandelt wurden, verhielten sich wie n. Tiere; **n. Tiere**, die mit *Thiouracil* vorbehandelt waren, zeigten bei Abkühlung den

Temperaturabfall wie thyreoidektomierte. Anscheinend wird bei unzureichender Schilddrüsenfunktion die I-Oxydation nicht oder nur mangelhaft bei Kälteeinw. angeregt, so daß trotz vorhandenem I Hypothermie eintritt. (J. Pathol. Bacteriol. **64**. 741—50. Okt. 1952. Utrecht, Holland, Univ., Pathol. Inst.) K. Maier. 4562

Johannes Hiller, Ernst Strauß und **Alfons Jakob,** *Wirkung und Wirkungsbestimmung antithyreoidaler Substanzen mit Radiojod.* Bei Patienten mit Hyperthyreosen wurde das Schilddrüsenverh. unter längerer Einw. der thyreostat. Substanzen *4-Methylthiouracil* (I), *4-Propylthiouracil* (II) u. *5-Jodthiouracil* (III; *Itrumil,* Ciba Akt.-Ges.) mittels des Radiojodtestes nach Astwood u. Stanley untersucht (I u. II: 1. Woche 0,4 g täglich, 2. 0,2 g, 3. 0,1 g; III: 3 Wochen halbe Dosierung). Bei 17 Personen unter I erfolgte zunächst bis zu 3 Wochen eine Zunahme (ca. 20%) des Schilddrüsenjodumsatzes, dann eine Abnahme (ca. 20%), bei 20 Personen unter II eine weniger deutliche Anfangssteigerung u. eine größere Senkung (ca. 40%), bei 15 Personen unter III nur eine stetige Senkung (ca. 60%). III zeigt demnach gegenüber den alkylierten Thiouracilen eine 1phas. Wirkung. Die strumigene Wrkg. (gemessen am Halsumfang) von I—III nahm in dieser Reihenfolge ab. Die laufende Mitbestimmung des Grundumsatzes ließ keine Wirkungsunterschiede erkennen. Die dem *Thyreotropin* (IV)-Mechanismus zuzuordnende anfängliche Schilddrüsenproliferation u. Jodumsatzsteigerung fehlen bei III. Der Wirkungsunterschied gegenüber I u. II ist daher nur durch einen IV-inaktivierenden Effekt deutbar, der III über die Hemmung der Thyroxinsynth. hinaus zukommt. III wird im Organismus prakt. nicht abgebaut, kommt demnach als Gesamtmol. zur Wirkung. (Verh. dtsch. Ges. inn. Med. **58**. 393—95. 1952. Nürnberg, Städt. Krankenanstalten, I. Med. Klinik, u. Strahlen-Inst.) K. Maier. 4562

Paul Hugo Schulitz, *Zur Frage des Restkohlenstoffes bei Gesunden und Diabetikern.* Vf. hat nach der von ihm entwickelten Meth. (vgl. C. **1953**. 3291) Bestimmungen des Restkohlenstoffs (RC), d. h. Summe aus Blutzuckerkohlenstoff (BC) u. Nichtzuckerkohlenstoff (NZC) in enteiweißtem Blutfiltrat bei Gesunden, nicht diabet. Erkrankten u. Diabetikern vorgenommen. Dabei konnte er mit RC-Werten von 90—120 mg-% u. NZC-Werten von 60—80 mg-% bei Gesunden u. einem großen Teil der Diabetiker die viel höheren Ergebnisse von Steff nicht bestätigen, auch wenn der Einfl. der verschied. Enteiweißungsverff. berücksichtigt wurde. Auch für die Ggw. unbekannter C-Träger, bes. die von Deutschberger vermuteten Oxyproteinsäuren, im n. Blutfiltrat ergaben sich in 200 Fällen keine Anhaltspunkte. Bei bestimmten Diabetesfällen wurde Senkung des NZC bis auf 50 mg-% beobachtet; eine Erhöhung des NZC zeigten schwere u. dekompensierte Diabetesfälle sowie nicht ausreichend mit Insulin versorgte Diabetiker. In letzterem Fall ist wahrscheinlich die Ggw. von Oligosacchariden für den Anstieg verantwortlich. (Hoppe-Seyler's Z. physiol. Chem. **288**. 149—54. Nov. 1951. Hamburg-Barmbeck, Allg. Krankenhaus.) Frühwald. 4564

Friedrich Bahner und **Stephan Hornstein-Haraszti,** *Glykogengehalt und Kohlenhydratbilanz der Leber bei alloxandiabetischen Ratten.* Das Verh. des *Leberglykogens* (I) u. der Kohlenhydratbilanz der Leber wurde an Albinoratten untersucht, welche mit *Alloxan* (II) diabet. gemacht waren. Abklingender II-Diabetes kann aber durch wiederholte II-Gaben oder durch Hypophysenvorderlappenrohextrakt in einen permanenten Diabetes verwandelt werden. Zur Prüfung des I wurden die Tiere mit sicher patholog. Nüchternblutzucker bei 25° gehalten, mit einer 27% Eiweiß u. 5% Fett enthaltenden Kost gefüttert u. nach Tötung die Rattenleber nach Good auf I, nach Hagedorn-Jensen auf Glucose u. nach Kumagawa u. Suto auf Fett untersucht. Bei permanent diabet. Tieren ist der I-Geh. höher als bei den Kontrollen, nach 36 Std. Hungern ist der Unterschied gering. Für das langsamere Absinken von I wird vorwiegend der verminderte Kohlenhydrat-Verbrauch in der Peripherie verantwortlich gemacht. Steigerung der Gluconeogenese u. I-Synth. sind nur unwesentlich beteiligt. Da der permanente II-Diabetes der Ratte nur ein partieller ist, erscheint die Mitwirkung einer geringen endogenen Insulinsekretion an den im Hunger erhöhten I-Werten notwendig. Eine deutliche Veränderung des Leberfettes konnten Vff. nicht feststellen. (Z. ges. exp. Med. **119**. 23—35. 1952. Heidelberg, Univ., Med. Poliklinik.) Wolfgang Albrecht. 4564

E. Geiger, *Ernährungsprobleme bei Diabetes mellitus.* Es werden sowohl Vorbeugung als auch Behandlung von Diabetes durch Diätmaßnahmen diskutiert. Eine calorien- u. fettreiche Kost ist zumindest ein für das Auftreten von Diabetes verantwortlicher Faktor. Die Heildiäten müssen in erster Linie darauf hinzielen, daß die Glucoseverwertung wenigstens teilweise normalisiert wird. (J. Amer. dietet. Assoc. **28**. 905—11. Okt. 1952. Los Angeles, Calif., Univ. of Southern California, Dep. of Pharmacol., u. Terminal Island, Van Camp Seafood Comp.) Nehring. 4564

L. Schiavetti und **C. Longo,** *Das Hormon Kallikrein in der Behandlung der primär chronischen Arthrose mit Bluthochdruck.* Vff. untersuchten an 12 Patienten mit verschied.

stark ausgeprägten, meist polyarthrot. ausgebildeten Gelenkveränderungen die Wrkg. des *Kallikreins* (I). Es wurden im Verlauf von 10—30 Tagen ca. 100—300 E. intramuskulär verabfolgt. Gleichzeitig bestehender Bluthochdruck wurde mäßig stark, aber nicht statist. sicher beeinflußt. Die Schmerzhaftigkeit ließ in den meisten Fällen deutlich nach, auch die Bewegungseinschränkungen wurden durch I günstig beeinflußt. (Rass. Clin., Terap. Sci. affini **51**. 278—85. Okt./Dez. 1952. Roma, Univ., Ist. di Semeiotica Med.) P. G. SCHEURLEN. 4569

Vittorio Rindi, *Kallikrein (Kalikreasi Serono) in der Behandlung der Dysmenorrhoe.* Bei der prim., durch keinerlei anatom. Veränderungen bedingten Dysmenorrhoe zeigte Kallikrein (I) eine günstige Wirkung. Gut war der Effekt vor allem bei jenen Formen, die durch Schmerzhaftigkeit zu Beginn der Menses ausgezeichnet waren, was offenbar auf eine antispasmod. Wrkg. des I auf den Uterus hinweisen soll. Kasuistik von 20 Personen. (Rass. Clin., Terap. Sci. affini **51**. 273—77. Okt./Dez. 1952. Firenze, Univ., Clin. Obstetr. Ginecol.) P. G. SCHEURLEN. 4569

M. A. Gohar und M. Makkawi, *Blutzuckerspiegel in bezug auf Histamin und allergischen Schock.* Kaninchen, bei denen der Blutzuckerspiegel erhöht wurde, waren gegenüber *Histamin* u. allerg. Schock widerstandsfähiger als solche mit n. Blutzuckerspiegel. Bei Verabreichung von Antihistaminicis erhöhte sich der Blutzuckerspiegel beim Kaninchen u. Menschen. (Z. Hyg. Infektionskrankh. **134**. 591—97. 1952. Cairo, Fac. of Med., Dep. of Bacteriol.) BRATFISCH. 4572

William Elliott Smith und Robert B. Pennell, *Hämoglobintrocknung.* Bei Gefriertrocknung von Oxyhämoglobinlsgg. werden Prodd. erhalten, die sich schwer wieder lösen u. 50—60% Methämoglobin enthalten. Durch Zufügen von Glucose (I) nach Hämolyse der Blutkörperchen (BK.) werden nach Gefriertrocknung Präpp. mit weniger Methämoglobingeh. erhalten. I, vor Lysis der BK. zugesetzt, senkt den Methämoglobingeh. auf weniger als 5% bei gefriergetrockneten Präparaten. (Blood **7**. 368—72. März 1952. Glenolden, Pa., Sharp and Dohme, Inc., Res. Div., Dep. of Immunochem.) BRATFISCH. 4572

H.-A. Thies und D. Boecker, *Klinische Erfahrungen mit einem neuen Antithromboticum aus der Gruppe der Seltenen Erden.* Vff. berichten über gute Erfolge mit *Thrombodym* (I) (*Neodymsalz der Sulfoisonicotinsäure*; AUER-GESELLSCHAFT, Berlin) bei Thromboseprophylaxe u. -therapie. Diskussion über Vor- u. Nachteile von I-Therapie gegenüber Heparin- u. Dicumaroltherapie. Angabe eines Dosierungsschemas. (Dtsch. med. Wschr. **78**. 222—24. 13/2. 1953. Hamburg, Allg. Krankenhaus Heidberg, Chirurg. Klinik.) BRATFISCH. 4574

J. Bekaert und G. Demeester, *Niedrige Kaliumspiegel im Serum unter experimentellen Bedingungen.* Ergebnisse an 14 nicht anästhesierten Hunden zeigen, daß unter dem Einfl. von Glucose (intravenös, 1—1,75 Liter einer 15%ig. Lsg.) u. Insulin (intravenös, 200—320 I.E.) sehr niedrige Spiegel für das Serumkalium erreicht werden können, u. zwar bis zu 5,5 mg-%. Irgendwelche klin., mit diesen niedrigen Werten in Verbindung zu bringende Symptome konnten nicht beobachtet werden. (Arch. int. Physiol. **60**. 211—12. Juni 1952. Ghent, Univ., Labor. of gen. Pathol. and gen. Therap.) KÖNIGSDORF. 4574

W. N. Schwyikowskaja, *Die Bedeutung der Eisenbestimmung im Blutplasma bei einigen inneren Krankheiten.* Bei der Virushepatitis nimmt der Fe-Geh. des Blutplasmas zu u. normalisiert sich nach Heilung der Krankheit als Zeichen der Wiederherst. der Leberfunktionen (klin. Paralellismus zwischen Bilirubin- u. Fe-Geh. im Plasma). Eine Abnahme des Fe-Geh. findet sich bei Hypertoniekranken im Stadium der Sklerose, bei Nephritiden u. sept. Endocarditiden, nicht jedoch bei Dekompensation allein. Bei malignen Tumoren (Magen-, Leber-, Lungenkrebs) sinkt der Fe-Geh. im Blutplasma schon bei gutem Allgemeinzustand u. noch n. Hämoglobinwerten bes. stark ab. Die Fe-Best. im Blutplasma ist demnach vielfach von diagnost. u. prognost. Bedeutung. (Клиническая Медицина [Klin. Med.] **30**. (**33**.) Nr. 10. 61—66. Okt. 1952. Tschkalow, Med. Inst., Therapeut. Fak.-Klinik.) RENTZ. 4574

John E. Lucas und Albert B. Hagedorn, *Die intravenöse Verwendung von hochmolekularer Eisenkohlenhydratverbindung bei der Behandlung von hypochromer Anämie.* Behandlung von 20 Patienten mit Teilerfolgen. Diskussion der hämatolog. Gegenwrkg. u. tox. Reaktionen. (Blood **7**. 358—67. März 1952. Rochester, Minn., Mayo Clinic.) BRATFISCH. 4575

Dietrich Remy, Hans Goldeck und Eberhard Krüger, *Eisenmangel bei häufigem Blutspenden.* Unterss. an 40 Patienten, die laufend Blut spenden, zeigten gehäuftes Vorliegen eines larvierten Eisenmangels, während ein Eiweißdefizit nicht festgestellt wurde. Neben zusätzlicher medikamentöser Eisenzufuhr sollen ausreichende Intervalle zwischen den Blutentnahmen eingehalten werden. (Dtsch. med. Wschr. **77.** 1253—54. 10/10. 1952. Hamburg-Eppendorf, Univ., II. Med. Klinik.) Reichle. 4576

Pat Roche jr., Richard A. Dodelin und Walter L. Bloom, *Die Wirkung von Dextran auf die Blutgruppenbestimmung und auf serologische Kreuzreaktion.* Partiell hydrolysiertes Dextran, das zum Auffüllen des Plasmavol. verwendet wird, hat keine Wrkg. auf die Blutgruppenbest., serolog. Kreuz-Rk. u. Rh-Best. des Blutes von Normalpatienten oder von solchen mit Schockwirkung. (Blood **7.** 373—75. März 1952. Atlanta, Ga., Emory Univ., School of Med., Dep. of Biochem.) Bratfisch. 4576

I. G. Besspalow, W. M. Krutikowa und L. P. Ssirotkina, *Zur Frage der Anwendung von Blutersatzstoffen.* Nach vorausgegangenen Tierverss. u. nachfolgender klin. Erprobung empfehlen Vff. die folgende Blutersatz-Fl. für die Chirurgie: Fructose–Glucose 18%, A. 10%, NaCl 0,9%, KCl 0,01%, $CaCl_2$ 0,01% u. Glutaminsäure 0,5%. Davon 100 bis 300 cm^3 intravenös (Tropfmeth.) nicht häufiger als alle 48 Stunden. (Клиническая Медицина [Klin. Med.] **30.** (**33.**) Nr. 11. 78—81. Nov. 1952. Moskau, Wiss. Sklifossowski-Forschungsinst. für erste Hilfe.) Rentz. 4576

T. I. Nowgorodskaja und N. W. Trojan, *Zur Frage der intraarteriellen Infusion von konserviertem Blut bei obliterierender Endarteriitis.* 14 Patienten mit Endarteriitis obliterans wurden 100—225 cm^3 konserviertes Blut (I), vorwiegend der Gruppe 0, intraarteriell injiziert (insgesamt 2—7 mal). Bei Patienten mit spast. Erkrankung verschwanden die Schmerzen gleich nach der Injektion meist für 2—3 Tage, bei troph. Störungen u. bei sklerot. Form der Erkrankung wurde Schmerzfreiheit nur für ca. 2—3 Std. erzielt. Hier sind zusätzlich weitere therapeut. Maßnahmen erforderlich (intravenöse Injektionen von Vitaminen u. 5%ig. NaCl-Lsg., intraarterielle Injektion von Novocain–Morphin usw.) (Клиническая Медицина [Klin. Med.] **30.** (**33.**) Nr. 12. 66—69. Dez. 1952. Moskau, 1. Med. Inst., Hosp. Chir. Klinik.) Rentz. 4576

M. Lora-Tamayo, J. L. Leon und Carmen Estada, *Vitamin-A_1- und -D_2-Addukte mit p-Benzochinon.* Vff. benutzen das von ihnen modifizierte dienometr. Verf. (vgl. J. chem. Soc. [London] **1948.** 1499) mit *Benzochinon* (I) zur quantitativen Best. von Vitamin A_1 u. D_2. Die optimalen Bedingungen (Zeit, Temp., Mol-Verhältnisse) für die Bldg. der Addukte werden ermittelt: *Vitamin-D_2-Addukt,* 3 Std. in absol. A. bei 100° mit 15 Mol I im Einschmelzrohr, $C_{34}H_{48}O_3$, gelbes Pulver, F. 95—100°. *Oxim,* $C_{34}H_{49}O_3N$, F. 140° (Zers.). — *Vitamin-A_1-Acetat-Addukt* (1 : 2) unter gleichen Bedingungen mit 5 Mol I, $C_{34}H_{40}O_6$, F. 148—150°. *Oxim,* $C_{34}H_{41}O_6N$, F. 135—140°. — Angabe des Verf. zur Best. von Vitamin-D_2- u. -A_1-Acetat für sich u. als Gemisch. (J. org. Chemistry **17.** 812—15. Juni 1952. Inst. „Alonso Barba" (C. S. I. C.), Dep. Quim. Organ.) Wunderlich. 4587

Ss. I. Teresa, *Einfluß der Vitamine der Gruppe B auf den Eierstock infantiler Weibchen.* Die histolog. Unterss. der Ovarien infantiler Weibchen weißer Ratten nach kürzerer oder längerer Verabreichung von Hefeextrakt (I) subcutan in verschied. Dosen (0,02—1 cm^3) ergab, daß durch I Wachstum, Reifung u. Segmentierung der Ovocyten in den Primordialfollikeln deutlich stimuliert werden. (Доклады Академии Наук СССР [Ber. Akad. Wiss. UdSSR] [N. S.] **87.** 693—96. 1/12. 1952.) Rentz. 4587

Alastair N. Worden, C. E. Waterhouse und H. Partington, *Die urinale Exkretion von Vitamin B_1, Riboflavin und Nicotinsäure beim Hund.* Die in 24 Std. von 6 Hunden ausgeschiedenen Mengen lagen bei *Aneurin* zwischen 16 u. 1080 γ, bei *Riboflavin* zwischen 93 u. 804 γ u. bei *Nicotinsäure* zwischen 264 u. 3420 γ. Die sehr stark schwankenden Werte sind nach Ansicht der Vff. bes. auf die Beeinflussung der Tiere durch den 7—10 Tage dauernden Aufenthalt im Stoffwechselkäfig zurückzuführen. (Veterin. Rec. **64.** 836—40. 20/12. 1952. Huntingdon, Cromwell House; Southport, Bob Martin Ltd.) Krusen. 4587

Hideaki Sasaki, *Der Einfluß von Gallensäuren auf den Vitamin-B_1-Gehalt der Gewebe und auf die Ausscheidung von injiziertem Vitamin B_1 mit dem Harn.* Subcutane Injektion von *Gallensäuren* (I) läßt bei Mäusen den *Vitamin-B_1* (II)-Geh. der Leber u. Muskeln ansteigen, während er in der Niere fällt. Beim Menschen rufen intravenöse I-Injektionen verminderte Ausscheidung von injiziertem II mit dem Harn hervor. Der n. II-Geh. des Blutes wird durch I merklich erniedrigt, ohne daß sich der Geh. im Harn ändert. Wahrscheinlich werden dabei Muskel u. Leber mit II angereichert u. der II-Abbau verstärkt. (Folia endocrinol. japon. **28.** 238—41. 255. 20/10. 1952. Hiroshima, Med. Coll., Internal Dep. [Orig.: japan., referiert nach engl. Auszug].) Loch. 4587

Hideaki Sasaki, *Der Einfluß von Gallensäuren auf den Vitamin-B_2-Gehalt des Blutes und des Harns.* Intravenöse Injektionen von *Gallensäuren* rufen beim Menschen nach 1—3 Std. ein leichtes Ansteigen des *Vitamin-B_2*-Geh. im Blut u. Harn hervor. (Folia endocrinol. japon. **28.** 242—46. 256. 20/10. 1952. Hiroshima, Med. Coll., Internal Dep. [Orig.: japan., referiert nach engl. Auszug].) Loch. 4587

Hideaki Sasaki, *Der Einfluß von Gallensäuren auf den Nicotinsäurestoffwechsel.* Durch intravenöse Injektion von *Gallensäuren* wird der Geh. des Blutes an *Nicotinsäure* u. *Codehydrase* erniedrigt, gleichzeitig auch in wesentlich geringerem Maße (oder gar nicht) die *N'-Methylnicotinamid*-Ausscheidung mit dem Harn. (Folia endocrinol. japon. **28.** 247—52. 256. 20/10. 1952 [Orig.: japan., referiert nach engl. Auszug].) LOCH. 4587

Ss. I. Chajess, *Änderungen des Zucker-, Glykogen- und Milchsäureblutspiegels nach Einnahme von Nicotinsäure.* Prakt. gesunde Versuchspersonen erhielten nüchtern 200 mg *Nicotinsäure* (I) per os. Die Schwankungen des Blutzuckers betragen n. 1—10 mg-%, nach Verabreichung von I jedoch 8—36 mg-%, u. zwar sowohl bzgl. der Erhöhung als auch der Herabsetzung der Konzentration. Die entsprechenden Zahlen für das Blutglykogen sind: 0,15—9,61 mg-% bzw. 1,29—28,7 mg-%. Die Milchsäure nahm nach I-Gaben stets bis zum 3—4fachen ihres n. Wertes zu. (Клиническая Медицина [Klin. Med.] **30.** (**33.**) Nr. 11. 88. Nov. 1952. Archangelsk, Med. Inst., Lehrstuhl für Biochem.) RENTZ. 4587

—, *Die lokale Anwendung von Vitamin PP.* Hinweis auf die von DAINOW (Praxis [Bern] **41.** [1952.] 464) festgestellte antipruriginöse, keratolyt. u. keratoplast. Wrkg. von *Vitamin PP* (*Nicotinsäureamid*) bei lokaler Applikation. (Presse méd. **60.** 1324. 4/10. 1952.) KRUSEN. 4587

Sedgwick E. Smith, Berl A. Koch und **K. L. Turk,** *Die Reaktion von Lämmern mit Kobaltmangel auf Leberextrakt und Vitamin B_{12}.* Injektionen von antiperniciösem Leberextrakt heben die Co-Mangelerscheinungen bei Lämmern auf. Bei Aufteilung des Extrakts in 24 Fraktionen zeigte sich eine enge Beziehung zwischen Vitamin-B_{12}-Aktivität u. kurativer Wirkung. Auch bei Injektion von reinem B_{12} (150 γ u. mehr) reagieren die Tiere günstig in bezug auf Appetit, Körpergewicht u. Hb-Spiegel. (J. Nutrit. **44.** 455—64. 10/7. 1951. Ithaca, N. Y., Cornell Univ., Dep. of Animal Husbandry.) H.-J. KOCH. 4587

Hedley R. Marston und **H. John Lee,** *Kobalt in der Ernährung der Wiederkäuer. Das Verhalten von Schafen mit Kobaltmangel gegenüber starken Gaben von Vitamin B_{12}.* In Bestätigung der Ergebnisse anderer Autoren (vgl. vorst. Ref.) wurde gefunden, daß bei Schafen, die 1 Jahr auf Weide mit Co-Mangel gehalten worden waren, durch intramuskuläre Injektion von 15 γ *Vitamin B_{12}* (I) wöchentlich keine Besserung eintritt, durch 300 γ I dagegen eine starke Heilwrkg. (Gewichtszunahme, O_2-Aufnahmevermögen des Blutes). Das Syndrom des Co-Mangelzustandes bei Wiederkäuern ist demnach die Folge eines I-Mangels, wobei diese Tierart wahrscheinlich erheblich größere I-Mengen benötigt als andere Tierarten. (Nature [London] **170.** 791. 8/11. 1952. Adelaide, Univ., Commonw. Scient. and Ind. Res. Organisat., Div. of Biochem. and Gen. Nutrit.) SCHWAIBOLD. 4587

Hedley R. Marston und **Richard M. Smith,** *Die Heilung des Kobaltmangelzustandes bei Schafen durch Injektion von Vitamin B_{12}.* (Vgl. vorst. Ref.) Es wurden Unterss. an Schafen durchgeführt, die nach Haltung auf n. Weide als Versuchsfutter 1 kg Co-armes Weizenheu u. 50 g gewaschenes Weizengluten täglich erhielten, wodurch den Tieren $<$ 25 γ Co täglich zugeführt wurde. Bei dieser Nahrung nahmen die Tiere zum Teil noch mehrere Monate an Gewicht zu, worauf sich allmählich ein starker Rückgang der Nahrungsaufnahme entwickelte u. ein entsprechender Gewichtsabfall eintrat. Durch Zulagen von 1 mg Co oder 50 γ *Vitamin B_{12}* (I) täglich wurden diese Erscheinungen beseitigt oder verhindert. Bei Tieren mit Co-Zulagen wurde in den Fäces eine starke Zunahme der I-Wirksamkeit festgestellt, z. B. von 490 auf 3700 γ I täglich (bestimmt mit *Escherichia coli*) bzw. von 245 auf 720 γ (*Lactobacillus leichmannii*). Bei Tieren mit I-Zulagen wurde keine Zunahme der I-Wirksamkeit der Fäces beobachtet. Die Verdaulichkeit des Futters war bei den Tieren mit Co-Mangel im Vgl. zu denen mit Co- oder I-Zulagen nicht verringert. Die Befunde bestätigen die Hypothese, daß das Syndrom des Co-Mangelzustandes beim Wiederkäuer die Folge einer Stoffwechselstörung auf Grund eines I-Mangels ist, u. daß Co keine sonstigen physiol. Funktionen in den Geweben besitzt. (Nature [London] **170.** 792—93. 8/11. 1952.) SCHWAIBOLD. 4587

Mary C. Dawbarn, Denise C. Hine und **Patricia Hughes,** *Der Einfluß von Kobalt auf die Bildung von Faktoren mit Vitamin-B_{12}-artiger Wirksamkeit in den Fäces von Schafen.* Harn u. Fäces von Tieren der vorhergehenden Arbeit (vgl. vorst. Ref.) wurden während 14 Tagen nach einer 35 Wochen dauernden Co-Mangelernährung sowie während 14 Tagen nach 2 Wochen dauernder Behandlung mit Co oder *Vitamin B_{12}* (I) gesammelt u. mikrobiol. untersucht. Die Unters. des Harns mit *Lactobacillus leichmannii* 313 (II) ergab geringe Werte (0,15—1,03 γ täglich), die aber durch die Behandlung deutlich erhöht wurden. Die Fäces wurden mit II u. mit *Escherichia coli* (III) untersucht. Bei der Unters. mit III enthielten die Fäces in der Mangelperiode 100—400 γ I-wirksame Stoffe täglich, bei der Unters. mit II 50—270 γ, das Verhältnis der Ergebnisse mit III u. II schwankte zwischen 1,4 u. 2,4 : 1. Durch Co-Behandlung wurde der Geh. der Fäces an I-wirksamen Stoffen stark erhöht (maximal 3700 γ) u. das Verhältnis stieg auf 5 oder höher. Durch I-Behandlung wurde der Geh. der Fäces an I-wirksamen Stoffen nicht merklich beeinflußt. Es scheinen mindestens 2 I-ähnliche Faktoren in den Fäces von Schafen enthalten zu sein, deren Konzz. von der Menge an verwertbarem Co im Darm abhängen. (Nature [London] **170**. 793. 8/11. 1952.) SCHWAIBOLD. 4587

E. Lieschke, *Testung des Antiperniciosawirkstoffes*. Vf. gibt eine Übersicht über die verschied. Methoden zur Wirksamkeitsbest. von Leberextrakten u. Vitamin-B_{12}-Präparaten. Er hält die klin. Testung den mikrobiol. Verff. für überlegen u. fordert eine Deklarierung jeder einzelnen Charge solcher Präpp., die die Ergebnisse der klin. Testung an zwei verschied. Kliniken u. der Toxizitätsprüfung am Kaninchen enthalten soll. (Pharmazie **7**. 203—05. April 1952. Dresden.) IPPEN. 4587

Norbert Gerlich und Rudolf Remy, *Die Bleianämie unter dem Einfluß von B_{12}, Leberextrakt und Folinsäure*. Zur Testung antiperniciös wirksamer Stoffe, wie *Vitamin B_{12}*, *Leberextrakte*, *Folsäure* (I), wird die Bleianämie am Kaninchen herangezogen. Intravenöse Injektion von 4—6 mg Pb-Acetat/kg an 3 aufeinanderfolgenden Tagen bewirkt Absinken des *Hämoglobins* u. der Erythrocyten. Die Anämie bleibt nach Erreichen eines Minimums wochenlang bestehen. Leberextrakte verzögern den Eintritt der Anämie oder bessern eine bestehende. B_{12} besitzt bei höherer Dosierung (3—4fach) die gleichen Wirkungen, d. h. die Gesamtleberextrakte enthalten noch andere hämatopoet. wirksame Faktoren. 30 mg I übten auf die Bleianämie nur einen relativ schwachen Effekt aus. Da bei der Bleianämie die gleichen Stoffe wie bei der perniciösen Anämie wirksam sind, kann mit dieser die hämatopoet. Wirksamkeit antiperniciös aktiver Stoffe bestimmt werden. JÜRGENS (Basel): An der Ratte experimentell hervorgerufene Kuhmilchanämie konnte mit *Fe*-Präpp. (*Ferroredoxon*), Ziegenmilchanämie mit B_{12} u. I oder Leber geheilt werden. Die Rolle weiterer Wirkstoffe für die Genese hyperchromer Anämien ergab sich bei experimentellem *Biotin* (II)-Mangel durch Hühnereiweißverfütterung an der Ratte. Die sich zum Teil entwickelnde schwere hyperchrome makrocytäre Anämie mit Makroblasten ist durch II heilbar. (Verh. dtsch. Ges. inn. Med. **58**. 757—58. 1952.) K. MAIER. 4587

Hideaki Sasaki, *Der Einfluß der Gallensäuren auf den Vitamin-C-Gehalt des Blutes und des Urins*. Intravenöse Injektionen von *Taurocholat* (I) oder *Glykocholat* (II) senken den *Ascorbinsäure* (III)-Geh. des Blutes von Versuchspersonen mehr als *Dehydrocholat* (IV)-Injektion, wobei im letzten Falle auch das Verhältnis von Dehydro-III zu III erhöht wird. I u. II verursachen ein Ansteigen des III-Geh. im Harn, mehr als IV, wobei gelegentlich sogar ein Absinken des III-Geh. beobachtet wurde. (Folia endocrinol. japon. **28**. 235—37. 255. 20/10. 1952. Hiroshima, Med. Coll., Internal Dep. [Orig.: japan., referiert nach engl. Auszug].) LOCH. 4587

Cl. Launay, A. Hadengue und **Ollivier-Gros**, *Zur Rachitisprophylaxe*. Vff. empfehlen für Säuglinge tägliche Zufuhr von 600—800 E. *Vitamin D* (I) u. den massiven I-Stoß nur für schwere Rachitisfälle, die schnelle Besserung erfordern. (Presse méd. **60**. 1324. 4/10. 1952.) KRUSEN. 4587

W. Glauner, *Blutdrucksenkende Wirkung des Vitamins E bei essentieller Hypertension*. Durch *Vitamin-E*-Gaben können die subjektiven Beschwerden der Patienten bei der reinen essentiellen Hypertonie erheblich gebessert u. eine gute Senkung des systol. u. diastol. Druckes bewirkt werden. Nur rein zentrale Hypertensionen sprechen auf die Behandlung an. Die Vitamin-E-Behandlung bei zentraler Hypertension scheint ohne Schonung u. bei freier Kost befriedigende Ergebnisse zu liefern. (Dtsch. med. Wschr. **77**. 627. 9/5. 1952. Böblingen, Kreiskrankenhaus.) ITZEROTT. 4587

L. Tomme, *Anwendung von Vitaminpräparaten bei der Schweinemast*. Verabreicht man rachitiskranken Jungschweinen täglich pro 100 kg Lebendgewicht 3000 I.E. Vitamin A, 100 I.E. Vitamin D, 1 mg Vitamin B_1, 2 mg Vitamin B_2, 30 mg Vitamin C, 20 mg Vitamin PP, so erhält man einen Gewichtszuwachs von ca. 20% im Vgl. zu den Kontrollen. Am wirksamsten ist die gleichzeitige Verabreichung von Vitamin A, D u. PP. (Мясная Индустрия СССР [Fleisch-Ind. UdSSR] **23**. Nr. 6. 68—69. Nov./Dez. 1952.) RENTZ. 4587

M. E. Coates, G. F. Harrison, S. K. Kon, J. W. G. Porter und **S. Y. Thompson**, *Antibiotica bei der Kükenernährung und bei Vitamin-A-Aufnahme*. Die widersprechenden Mitteilungen über den Wert oder Unwert der Beifütterung von *Penicillin* bei wachsenden Junghühnern konnten durch die Verss. der Vff. noch nicht eindeutig geklärt werden. Es scheinen auch Umweltfaktoren mitzusprechen. Die Verss. werden fortgesetzt. (Chem. and Ind. **1952**. 149. 16/2.) GRIMME. 4589

C. E. Allen und **Dorothy S. Dow**, *Biologische Wertbestimmung von Rapsmehl als Futtermittel*. Küken bekommen bei Verfütterung von Rapsmehl leicht Schilddrüsenhyperplasie. Vff. empfehlen als Gegenmittel die vorherige Heißwasserextraktion des Rapsmehls oder eine Beifütterung von anorgan. Jodiden. (Sci. Agric. **32.** 403—10. Juli 1952. Ottawa, Ontario, Can.) GRIMME. 4589

F. Whiting, S. B. Slen und **L. M. Bezeau,** *Menge und Güte von Schafsmilch unter Einfluß des Proteingehalts der Futterration.* Frischmilchende Schafe benötigen zur guten Milchgebung u. zur Lieferung einer proteinreichen Milch eine tägliche Zufuhr von ca. 0,25 lbs. verdaulichem Rohprotein je Lamm. (Sci. Agric. **32.** 365—74. Juli 1952. Lettsbridge, Ala.) GRIMME. 4589

J. Partanen, *Über die Verwendung von Magermilch bei reichlicher Kartoffelfütterung.* Fütterungsverss. an Ferkeln ergaben, daß bei Kartoffelfütterung unter Anwendung von Magermilch zur Eiweißergänzung, ohne Beeinträchtigung des Wachstums u. ohne den relativen Futterverbrauch zu erhöhen, kleinere Mengen an verdaulichem Eiweiß ausreichen, als nach HANSSONs Normen auf der Grundlage von Getreide berechnet. Das wird, außer auf den hohen biol. Wert des Kartoffelproteins, auch darauf zurückgeführt, daß ein Teil der Amidfraktion der Kartoffel vermutlich aus Aminosäuren besteht, die den Eiweißbedarf decken können. (Karjatalous **28.** 404—06. 12/9. 1952.) BECKMANN. 4589

H. Dörner, *Brot und Zahncaries.* Übersicht an Hand der Literatur. Wenn auch die Carieshäufigkeit eng verbunden ist mit der Ernährungsform, so ist doch das Brot, weder Weiß- noch Vollkornbrot, nicht verantwortlich für die Cariesfrequenz. (Brot u. Gebäck **6.** 172—74. Nov. 1952. Detmold, Bundesanst. für Getreideverarbeitung.) KLESSE. 4589

Marguerite G. Mallon und **Evelyn M. Jones,** *Wirkung von Orangen- und Limonensaft auf den Calciumstoffwechsel.* Verss. an wachsenden ♀ Ratten zeigten, daß frischer Saft sowohl von California Nabel-Orangen als auch von Limonen keinen Einfl. auf die Ca-Retention hat. (J. Amer. dietet. Assoc. **28.** 939—42. Okt. 1952. Los Angeles, Univ. of California, Dep. of Home Econ.) NEHRING. 4596

G. W. Nikolajewa, *Die Untersuchung des Kohlenhydrat- und Pigmentstoffwechsels bei mit Gelbsucht einhergehenden Erkrankungen der Leber.* Bei den meisten Patienten mit akuter parenchymatöser Hepatitis wird der Ausgangswert des Blutzuckers nach Zuckerbelastung (50 cm^3 40%ig. Glucoselsg. intravenös) in ca. 2 Std. wieder erreicht. In klin. schweren Erkrankungsfällen fixiert die Leber den Zucker so langsam, daß selbst 3 Std. nach der Belastung der Ausgangswert noch nicht erreicht ist, während bei der Cholecystis der Blutzucker sich bereits nach 45—60 Min. normalisiert. Bilirubinbestimmungen im Blut nach subcutaner Injektion von 2 cm^3 Tetanusserum geben weniger sichere Hinweise auf eine Parenchymschädigung der Leber als die Zuckerbelastung. (Клиническая Медицина [Klin. Med.] **30.** (**33.**) Nr. 10. 78—79. Okt. 1952. Iwanowo, Med. Inst., Hosp. Therapeut. Klinik.) RENTZ. 4597

R. G. Ljudkowskaja und **G. M. Frank,** *Optische Veränderungen im Myelinnerven bei der Reizung.* Die Reizverss. wurden an einem dünnen Ast (100 μ) des in Zusammenhang mit dem Musculus sartorius befindlichen Nervus ischiadicus von Rana temporaria durchgeführt. Bei Tetanisierung des Nerven (Induktionsstrom) nimmt nach der photoelektr. Registrierung die Intensität des durch den Nerven hindurchtretenden Lichtes deutlich zu, wobei die opt. Veränderungen in der Nähe der Elektroden beginnen u. sich dann über den ganzen Nerven ausbreiten. Durch Ermüdung des Präp. u. Verschlechterung des funktionellen Zustandes nimmt der opt. Effekt ab. Bei Frühjahrsfröschen (im Vgl. zu Winterfröschen) läßt sich die Aufhellung schon durch unterschwellige Reize erzielen. Durchschneidung des Nerven in der Nähe des Muskels führt zu einer Erhöhung der Durchsichtigkeit für einige Min., wobei die Reizschwelle erhöht ist. Es muß sich bei der Aufhellung um eine Strukturänderung der submkr. Elemente des Axoplasmas handeln (Veränderung von Dispersität u. Orientierung der Kolloidteilchen), nicht jedoch um eine Nervenverdickung durch Quellung, die von HILL (J. Physiology **111.** [1950.] 304) festgestellt wurde. (Доклады Академии Наук СССР [Ber. Akad. Wiss. UdSSR] [N. S.] **87.** 389—92. 21/11. 1952. Inst. für Biophys. der Akad. der Wiss. der UdSSR.) RENTZ. 4598

R. Koch und **A. Böhländer,** *Studien zum Glykogenabbau (Postmortale Glykogenolyse-Ferment-Hemmung durch Ascorbin- und Pantothensäure).* Der Einfl. von *Ascorbinsäure* (I) u. *Pantothensäure* (**II**) auf die postmortale Glykogenolyse wurde untersucht. Mäusen, welche 24 Std. gehungert hatten, wurde die Leber entnommen u. je 500 mg in einer Phosphatpufferlsg. p_H 7,6 zerrieben. Überspülen in ein Reagensglas. Beim Leerwert wurde nach dem Glykogenzusatz der *Glykogen* (**III**)-Abbau durch Zusatz von 60%ig. KOH sofort unterbrochen, während der Ansatz zur Best. des **III**-Abbaus für 20 Min. bei 37,5° mit **III**-Lsg. incubiert u. mit O_2 durchströmt wurde. Unterbrechen der Rk. durch KOH-Zusatz. **III**-Best. wie üblich. Vff. stellten fest, daß durch **I** u. **II** eine deutliche Hemmung des **III**-Abbaus bewirkt wird. Die postmortale **III**-Lyse verläuft in 2 deutlich voneinander trennbaren Phasen, reaktionskinet. in jeder Phase als Rk. erster Ordnung. Die durch I u. II bewirkte Hemmung wird als Fermenthemmung angesprochen u. besteht bei vorbehandelten Tieren wie nach Zusatz von I u. II zum Reaktionsgemisch. I u. II hemmen den III-Abbau noch in „physiol." Konzz., ihre Wrkg. ist stärker als die Wrkg. von Phlorrhizin. — Die Frage nach 2 verschied. Formen des Leberglykogens wird diskutiert. (Z. ges. exp. Med. **119.** 36—44. 1952. Marburg/Lahn, Univ., Kinderklinik.)

WOLFGANG ALBRECHT. 4599

John R. Mote, Proceedings of the Second Clinical ACTH Conference, Vol. 1: Research, Vol. 2: Therapeutics. Philadelphia: Blakiston. 1951. (531 + 716 S.) je $ 8,50.

E_6. Pharmakologie. Therapie. Toxikologie. Hygiene.

I. Huszák, B. Mezei und **A. Sóóky**, *Die Entfernung von jodiertem Kontrastöl durch den Canalis sacralis.* An 12 Patienten, die zur Myelographie verschied. Kontrastmittel erhalten hatten, wurde eine Injektionsnadel von 2 mm Stärke u. 14,5 cm Länge in den *Canalis sacralis* eingeführt u. nach Infiltration mit Novocain das Kontrastmittel (*Lipiodol*) abgesaugt. Diese Meth. erlaubt die Anwendung höherer Dosen u. die Vermeidung der Folgen durch den Verbleib von Kontrastmittel im Canalis vertebralis. (Acta med. scand. **142.** 293—96. 19/3. 1952. Szeged, Ungarn, Univ., Med. School, Dep. of Neurology and Mental Diseases.) REUSSE. 4601

J. C. B. Serjeant und **J. A. Raymond**, *Perforation eines anscheinend normalen Dickdarms nach einer Bariumkontrastmahlzeit.* Bericht über Perforation eines unverletzten gesunden Dickdarms nach Bariumkontrastmahlzeit. (Lancet **263.** 1245—46. 27/12. 1952. London, Royal Northern Hosp.) BERGER. 4601

C. P. Fonseka, *Akute Perforation eines Duodenalgeschwürs unmittelbar nach einer Bariumkontrastmahlzeit, kompliziert durch Darmverschluß.* Vf. glaubt, daß man bei akuten Krankheitserscheinungen eines Magen- oder Zwölffingerdarmgeschwürs erst eine Besserung des klin. Bildes abwarten sollte, ehe man *Bariumkontrastmittel* verabreichen darf. (Lancet **263.** 1246—47. 27/12. 1952. Rochester, St. Bartholomew's Hosp.) BERGER. 4601

B. M. Beresowskaja, *Über einige Wirkungen von Sauerstoffbädern bei Hypertoniekranken.* Bei Hypertonikern wurde die Differenz zwischen dem Blutdruck vor u. 30 Min. nach einem O_2-Bad (45—55 mg O_2 in 1 Liter) von 34—35° u. 10 Min. Dauer gemessen. Es ergab sich, daß vor dem Bad bei 33 von 56 Patienten ein „zusätzlicher" systol. Druck von 10—30 mm vorhanden war, während ein solcher nach dem Bad nur noch bei 21 Patienten festgestellt wurde. (Клиническая Медицина [Klin. Med.] **30.** (**33.**) Nr. 10. 80—81. Okt. 1952. Ukrain. Inst. für Kurortologie, Cardiolog. Klinik.) RENTZ. 4603

A. G. Kan, *Schlammlösung und therapeutischer Wert bei der Behandlung gynäkologischer Krankheiten.* Eine Schlammlsg. (SL) erhält man, indem man den Schlamm in Leinensäckchen unter der Presse ausdrückt. Behandelt wurden 105 Kranke von 22 bis 48 Jahren mit Adnexitiden, Metroendometritiden u. Paraperimetritiden. Bei 68 war die übliche Schlammbehandlung ohne Erfolg, 37 vertrugen diese schlecht. Ein Teil der Kranken wurde sowohl mit Schlammbädern als auch mit intramuskulären bzw. subcutanen Injektionen von 5—10 cm³ SL, der andere nur mit SL behandelt. Diese wurde auch in Form von Scheidenspülungen, Tampons oder Einläufen verwendet. Nach 3—4 Behandlungen trat gewöhnlich eine Verschlimmerung ein, worauf dann eine stabile Besserung erfolgte. SL soll die akt. Komponente des Heilschlammes enthalten. Da sie auch regulierend auf die Störungen der Menstruation wirkt, glaubt Vf., daß sie therapeut. wirksame hormonähnliche Bestandteile enthält. (Акушерство и Гинекология [Geburtshilfe u. Gynäkol.] **1952.** Nr. 5. 83—84. Sept./Okt.) DU MANS. 4603

M. W. Kochanowitsch, *Zur Frage des Wirkungsmechanismus von Saki-Heilschlamm.* Verss. an 5 Hunden mit entwickelten bedingten Reflexen ergaben bei Anwendung von Heilschlamm von 48° (Applikation auf die hintere Körperhälfte der Tiere für 10 Min.) ganz verschied. Erscheinungen in Abhängigkeit vom Typus des Nervensystems. Bei ruhigen Hunden nahm die Intensität des irradierenden hemmenden Prozesses in der Großhirnrinde allmählich zu, so daß nach 12 Schlammapplikationen das Tier schläfrig wurde u. nur zur Futterzeit erwachte. Bei lebhaften Hunden überwogen die erregenden Wirkungen über die hemmenden. Hunde mit ausgeglichenem Nervensyst. zeigten erst Steigerung, dann Herabsetzung der bedingten Reflexe u. schließlich ein Gleichgewicht zwischen Erregung u. Hemmung. (Клиническая Медицина [Klin. Med.] **30.** (**33.**) Nr. 10. 80. Okt. 1952. Krim, Med. Stalin-Inst., Lehrstuhl für n. Physiol. u. Lehrstuhl für Fakult.-Therap.) RENTZ. 4603

G. Carboncini, *Pharmakodynamik und Toxikologie des Kobalts.* Vf. prüfte das Co-Präp. *Cobasol* (FARMASELECTA, Mailand) auf seine Wrkg. bei täglicher Injektion von

1 ml über 7 bzw. 20 Tage bei je 3 Kaninchen von 1100—1250 g. Dabei zeigten gegenüber den Kontrollen (3 Tiere) die behandelten Tiere eine etwas schnellere Gewichtszunahme, während in keinem Fall ein Einfl. auf das Blutbild feststellbar war. Auch bei der Sektion war bei keinem der behandelten Tiere gegenüber den Kontrollen irgendein makro- oder mkr. Unterschied an Leber, Niere, Milz oder Myocard feststellbar. (Boll. chim. farmac. **90.** 350—52. Sept. 1951. Bologna, Univ., Ist. di Clin. Med. Gen. e Terap. Med.) IPPEN. 4606

A. J. Henry, R. Mansour, A. G. Watson und A. H. Zaki, *Die Speicherung von Stilbamidin im Tierkörper.* Vff. beschreiben eine Meth., mit deren Hilfe es gelingt, in einer relativ geringen Gewebemenge absorbiertes *Stilbamidin* (I), den gesuchten verseifbaren u. unverseifbaren Anteil u. die Mineralbausteine zu bestimmen. Noch Monate nach der Injektion von I wird es in größeren Mengen in der Schafsleber gefunden, während die Rattenleber in der gleichen Zeit fast alles I wieder ausgeschieden hat. Beim Kaninchen wurde 2 Monate nach der Injektion I über den ganzen Körper verteilt gefunden. (Nature [London] **169.** 835—36. 17/5. 1952. Khartoum, Ministry of Health, Wellcome Chem. Labor.
H. SCHEURLEN. 4607

E. Weston Hurst, *Die Wirkung von 2.6-Diaminoanthrapyrimidin auf die Leber.* Zuführung (mittels Magenschlauchs) von *2.6-Diaminoanthrapyrimidin* (I) bewirkt bei Mäusen eine tiefe blauschwarze Färbung der Leber, wobei zunächst das Cytoplasma der Leberzellen angefärbt wird. I oder ein sich rasch bildendes Umwandlungsprod. ist für die Zellen tox. u. tötet bereits innerhalb weniger Std. nach der Zuführung einige derselben, die in der Umgebung der Zentralvenen liegen, ab, bevor es zur Bldg. eines blauen I-Umwandlungsprod. (II) kommt. Die mehrere Std. überlebenden Zellen führen I in II über, das im Gegensatz zu I einen *Redox*-Indicator darstellt u. sehr lange in den Zellen liegenbleibt, wobei deren Funktion mäßig gestört ist (keine Glykogenspeicherung). Im Laufe der Zeit sterben die betroffenen Zellen ab u. II unterliegt der Phagocytose. Die Phagocyten wandern in die regionalen Lymphknoten, zur Milz oder sammeln sich bei den Zentralvenen an u. bilden vielkernige Riesenzellen (letztere auch in Lymphknoten u. Milz). Ob II auf andere Weise als angegeben aus der Leber entfernt wird, ist unbekannt. (J. Pathol. Bacteriol. **64.** 785—90. Okt. 1952. Manchester, Imp. Chem. Ind. Ltd., Biol. Labors., Hexagon House.) K. MAIER. 4607

I

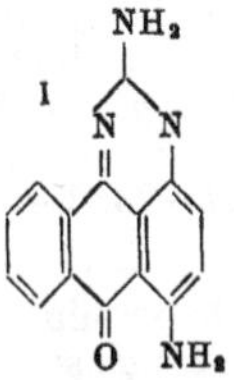

J. M. Essenberg, *Chronische Vergiftung der endokrinen Drüsen weiblicher Albinomäuse mit Zigarettenrauch.* Vf. setzt 36 Albinomäuse dem Rauch von täglich 12 Zigaretten 14 Monate lang aus. Es wird eine starke patholog. Veränderung (Zellenatrophie) der Schilddrüse u. Nebennierenrinde festgestellt. Dagegen zeigen Pankreas, Hypophyse u. Nebenschilddrüsen nur geringe oder keine histolog.-patholog. Abweichungen; jedoch wird eine funktionelle Schädigung des Hypophysenvorderlappens beobachtet, der sich in Sterilität (Atrophie der Ovarien) u. Wachstumsverlangsamung bermerkbar macht. *Nicotin* wird als die tox. wirksamste Substanz des Rauches angesehen. (Western J. Surgery, Obstetr. Gynecol. **60.** 635—38. Dez. 1952. Chicago, Ill., Chicago Med. School, Dep. of Anatomy.) FAHRNLAENDER. 4608

Raymond-Hamet, *Vergleich der Toxizität des Quebrachins und der Quebrachinsäure bei zwei Teleostiern aus verschiedenen Familien. Quebrachin,* das Stereoisomere des *Corynanthins,* ist für Rhodeus amarus L (Bitterling, aus der Familie der Cyprinoideae) u. Gasterosteus aculeatus L. (Stichling, aus der Familie der Gasterosteideae) toxischer als die *Quebrachinsäure.* (C. R. Séances Soc. Biol. Filiales **146.** 409—11. März 1952.)
PATZSCH. 4608

S. M. Rosenthal, E. R. Fisher und E. F. Stohlman, *Nephrotoxische Wirkung von Spermin. Spermin,* zu 0,5% als Phosphat oder Hydrochlorid in 0,9%ig. NaCl-Lsg. gelöst, bewirkte bei intraperitonealer Injektion von 60 mg/kg bei Mäusen u. 33 mg/kg bei Kaninchen den Tod nach 5—7 Tagen. Die toten Versuchstiere sowie die bei geringeren Dosen überlebenden Tiere zeigten schwere Nierenschäden, die sich in Proteinurie u. Erhöhung des Nichteiweißstickstoffs im Blut auf das 7—8fache der n. Werte äußerten. *Spermidin, Putrescin* u. *Cadaverin* in gleichen oder höheren Dosierungen bewirkten keine Nierenschäden. (Proc. Soc. exp. Biol. Med. **80.** 432—34. Juli 1952. Bethesda, Md., Nat. Inst. of Health.) KRUSEN. 4609

A. W. Klementow, *Gewebstherapie mit autoklaviertem Eiereiweiß.* Das Eiweiß eines 10—12 Min. gekochten Hühnereies wird 45 Min. bei 1 at autoklaviert u. bis zur Operation bei 4—7° aufbewahrt. In die Bauchwand unterhalb der Rippen wird im subcutanen Gewebe eine Tasche formiert u. in diese ein 2×1×0,5 cm großes Stück Eiweiß von 2—2,5 g genäht. Diese „Gewebstherapie" erwies sich in Verss. an 25 Patienten als recht brauchbar zur Auflösung von Narbengewebe, Beseitigung narbiger Kontrakturen usw. (Стоматология [Stomatologie] **1952.** Nr. 4. 38—40. Militär-Med. Kirow-Akad., Klinik für Kiefer-Gesichts-Chir. u. Stomatologie.) RENTZ. 4609

G. A. Babuschkin, *Die Behandlung der Dysenterie bei Kindern mit Phytonciden.* Dysenteriekranke Kinder wurden 4—15mal mit Knoblauchklysmen (50 cm³ eines 10%ig. Aufgusses) behandelt. Die besten Erfolge erzielte man in akuten Fällen bei Anwendung der Therapie beginnend mit dem 4.—5. Tage der Erkrankung, während in chron. Fällen die Wrkg. gering war. Gleichzeitig wurde auch die übliche Sulfonamid-, Hämo- u. Vitamintherapie durchgeführt. (Педиатрия [Pädiatrie] **1952.** Nr. 6. 69. Nov./Dez.) RENTZ. 4610

B. A. Nemzow, *Die Verwendung von Formalin zur Behandlung der Maul- und Klauenseuche.* Die Mundhöhle der an Maul- u. Klauenseuche erkrankten Tiere wurde mit 0,5—1%ig. Formalin (**I**)-Lsg. 3mal täglich mittels Gummispritze behandelt. Die Salivation hörte nach 1—2 Tagen auf. Es erfolgte rasche Heilung der Erosionen u. Verschwinden des Virus aus dem Speichel. Die Klauen wurden mit 1—2%ig. **I**, anschließend mit Teeröl-Emulsion behandelt. (Ветеринария [Tierheilkunde] **29.** Nr. 12. 29—30. Dez. 1952.) RENTZ. 4610

P. A. Owtschinnikow, *Über die therapeutisch-prophylaktische Wirkung des Hämosporidins (LP_2) bei der Pyroplasmose der Pferde.* 23 pyroplasmosekranke Pferde erhielten *Hämosporidin* (LP_2) asept. subcutan (6—10 ml der 1%ig. wss. Lsg.). Die Erreger verschwanden in 24 Std. aus dem Blut. Alle Tiere waren in 6 Tagen klin. geheilt, die Funktion der blutbildenden Organe wiederhergestellt. Bei der prophylakt. Anwendung (0,1 g pro Tier alle 10 Tage, insgesamt 3mal, subcutan) blieben alle 18 behandelten Tiere gesund, während von 17 Kontrolltieren 5 erkrankten. (Ветеринария [Tierheilkunde] **29.** Nr. 12. 21—23. Dez. 1952.) RENTZ. 4610

—, *Daraprim, ein neues Antimalariamittel. Daraprim,* ein Diaminopyrimidinabkömmling mit der Wrkg. eines Antimetaboliten der Folsäure, ist ein neues Malariamittel, das sich sowohl zur Behandlung als auch zur Prophylaxe zu eignen scheint. Die Toxizität ist gering. Es ist gegen verschied. Malariaarten wirksam. (Med. J. Australia **39.II.** 602. 25/10. 1952.) K. BÖHM. 4610

David L. Pugh, Gordon F. Edwards, R. Gordon McLaren und **E. R. Jones,** *Toxisch-psychiatrische Manifestationen bei der Tuberkulosebehandlung mit Natriumparaaminosalicylat.* Bericht über 7 Tuberkulosefälle, die mit *Na-PAS* (**I**) allein oder in Kombination mit anderen Mitteln behandelt wurden, bei denen tox.-psychiatr. Symptome im Verlaufe der **I**-Therapie nach 2 Wochen bis zu 5 Monaten beobachtet wurden. Die Hauptursache wird in einer Reizung der Hypophyse durch das Salicylat gesehen, wodurch das hormonale Gleichgewicht gestört wird; die Symptome können auch durch Störung des Elektrolytgleichgewichtes hervorgerufen werden. Außerdem wird zur Erklärung auf das SELYEsche Adaptionssyndrom hingewiesen. (Tubercle **33.** 369—76. Dez. 1952. Maidstone, Brompton Hosp., Oakwood Hosp. u. Kent County Labor.) DOSSMANN. 4610

A. Allaria, S. Branciforti und **R. Zanasi,** *Eindrücke über die ersten 50 mit Isonicotinsäurehydrazid behandelten Fälle von Knochengelenktuberkulose.* (Vgl. auch C. **1953.** 248.) 50 Patienten mit tuberkulösen Knochen- u. Gelenkläsionen (Spondylitis, Coxitis, Kniefungus, Ellenbogen-Tbc.) wurden 6—10 Wochen mit *Isonicotinsäurehydrazid* (oral, mittlere Tagesgesamtdosis durchschnittlich 200 mg, vereinzelt 300 mg, Kinder 4 mg/kg) behandelt u. hierbei folgende vorläufige Ergebnisse erzielt: wesentlich gebessert 12 Fälle (24%), gebessert 30 (60), stationär geblieben 7 (14), verschlechtert 1 (2). 36 Patienten waren ohne Erfolg bereits mit *Streptomycin* u. *PAS* behandelt worden. Von wenigen Ausnahmen abgesehen, traten als Nebenwrkg. nur leichte, vorübergehende neurovegetative Episoden auf. (Wiener med. Wschr. **102.** 897—98. 8/11. 1952. Cortina d'Ampezzo, Inst. Elioterap. Codivilla-Putti.) K. MAIER. 4610

Gerhard Domagk, *Die experimentellen Grundlagen für eine kombinierte Anwendung von Sulfonamiden und Penicillin.* Vf. berichtet über Verss. in vitro, bei denen die *Penicillin* (**I**)-Hemmung gegenüber Enterokokken, Coli u. Pyocyaneus erheblich gesteigert werden konnte, wenn **I** statt in W. in 1%ig. *Solusupronal* (**II**) gelöst wurde. Wird eine **I** in **II**-Lsg. Kaninchen intravenös injiziert, dann findet man bei den Tieren im Blut Hemmungswerte, die mit **I** bzw. **II** allein nicht zu erzielen sind. Vergleichsverss. mit $2 \cdot 10^4$ E. **I** in 1 cm³ bzw. $4 \cdot 10^4$ E. **I** in 2 cm³ Aqua dest. resp. in 20%ig. **II** gelöst, ergaben im Blutbefund deutliche Überlegenheit der Lsg. **I** in **II** verglichen mit der Lsg. **I** in W. gegenüber hämolyt. Streptokokken, Viridans, Staphylokokken u. Pneumokokken. Analoge Ergebnisse sind mit *Aureomycin* u. *Terramycin* zu erzielen. (Dtsch. med. Wschr. **77.** 1591—93. 19/12. 1952. Wuppertal-Elberfeld.) DOSSMANN. 4610

Friedrich Meythaler und **Hanns-Joachim Lössl,** *Klinische Erfahrungen bei kombinierter Anwendung von Penicillin mit Solusupronal.* (Vorl. Mitt.) (Vgl. vorst. Ref.) Mitt. über Behandlung von 39 Fällen mit Broncho- u. Lobärpneumonien, Cystitiden u. a. mit einer Lsg. von *Penicillin G–K* (I) in 20%ig. *Solusupronal* (II). Verabreicht wurde I intravenös, täglich 2mal $2 \cdot 10^5$ E. in 5 oder 10 cm^3 II. Die Kombination von I mit II zeigte klin. eine sehr gute Wirksamkeit bei Fehlen von Nebenerscheinungen; betont wird die prompte Entfieberung. (Dtsch. med. Wschr. **77.** 1593—95. 19/12. 1952. Nürnberg, Allg. Städt. Krankenhaus.) DOSSMANN. 4610

Helmut Uhde, *Zur Aerosoltherapie bei Lungen-Tbc.* Vf. erläutert die medikamentösen u. techn. Voraussetzungen, die zur Durchführung einer wirksamen Aerosoltherapie notwendig sind. Anschließend berichtet Vf. über gute Erfolge mit dieser Art der Therapie, wobei ca. 70% der Patienten, nach vorheriger erfolgloser Chemotherapie, nach 20 bis 25 Inhalationen bacillenfrei wurden. Großkavernöse Prozesse wurden von dieser Therapie ausgeschlossen. (Dtsch. med. Wschr. **77.** 1259—61. 10/10. 1952. Schwäb.-Gmünd, Heilstätte Schönblick.) REICHLE. 4610

Ss. I. Aschbel und N. G. Stolpetzkaja, *Inhalationstherapie eitriger Prozesse in den Lungen bei Pneumosklerosen toxikochemischer Ätiologie mit Aerosol-Penicillin.* Bei 45 Patienten mit chron. eitrigen Lungenkrankheiten, die sich auf der Basis von Pneumosklerosen toxikochem. Ätiologie entwickelt hatten, wurden mit Aerosol-*Penicillin* (I) (Teilchendurchmesser ca. 1,5 μ) vorzügliche Erfolge erzielt. Die Patienten mußten 12 Tage lang täglich 100000 I.E. I (in 5 cm^3 physiol. NaCl-Lsg.) inhalieren, womit man nicht nur eine lokale Beeinflussung der Atemwege, sondern auch eine Wrkg. über das Blut für 9—10 Std. erreichte (: 0,03 I.E. I/1 Liter Blut). (Клиническая Медицина [Klin. Med.] **30.** (**33.**) Nr. 10. 42—45. Okt. 1952. Gorki, Inst. für Arbeitshyg. u. Berufskrankheiten, Klin. Abt.) RENTZ. 4611

B. G. Clarke, *Ureteritis cystica: Behandlung mit Sulfadiazin, Penicillin und Aureomycin. Bericht eines Falles.* Der Patient wurde 14 Tage lang täglich mit 2 g *Sulfadiazin* u. 1 g *Aureomycin* oral sowie mit $6 \cdot 10^5$ E. *Procain–Penicillin* intramuskulär behandelt. Normalisierung des Zustandes nach 9 Tagen, der günstige Befund hielt über 1 Jahr an. (J. Urology **68.** 815—18. Nov. 1952. New Haven, Conn., Yale Univ., School of Med., Dep. of Urology.) DOSSMANN. 4611

Je. M. Schleifer, *Die Penicillintherapie bei chronischen Pneumonien mit Bronchiektasien bei Kindern.* Die besten Behandlungserfolge erzielt man bei den chron. Pneumonien des Kindes mit intratracheal (nach vorausgegangener Novocainisierung) verabreichtem Penicillin (I) (jedesmal 100000—200000 E. I in 10 cm^3 physiol. NaCl-Lsg., für eine Kur insgesamt $2-7 \cdot 10^6$ E.). Bei Pneumonien mit schwerer Intoxikation ist die intratracheale mit der intramuskulären I-Therapie zu kombinieren. (Педиатрия [Pädiatrie] **1952.** Nr. 6. 56—61. Nov./Dez. Saratow, Med. Inst., Therapeut. Fak., Kinderklinik.) RENTZ. 4611

Alvan L. Barach, Hylan A. Bickerman und Gustav J. Beck, *Antibiotische Therapie bei Infektionen der Atemwege.* Bericht über günstige Ergebnisse bei antibiot. Behandlung verschied. chron. Infektionen der Bronchien mit *Penicillin* (I), *Aureomycin* (II), *Terramycin* (III), *Chloramphenicol* (IV) u. dem *Diäthylaminoäthylester* von I (V); 13 charakterist. Krankengeschichten werden aufgeführt. Bes. eingehend besprochen wird I-Aerosoltherapie, wobei auf den Unterschied in den Blut- u. Sputumspiegeln beim Inhalieren zerstäubter I-Lsgg. u. mikrokristalliner Substanz eingegangen wird. Von 510 mit I behandelten Fällen zeigten 341 deutliche bis mäßige Besserung, mit II, III u. IV wurde ein entsprechendes Ergebnis in 63 von 76 Fällen erzielt. Nach dem klin. Ergebnis ist I das Hauptmittel für lange Behandlungen bei chron. Infektionen, die zuerst meist auf grampositive Erreger zurückzuführen sind. Gelegentlich auftretende gramnegative Flora kann im allg. nach durchgeführter I-Therapie durch kurze Kuren mit II–IV in 5—6 Tagen ohne allerg. Rkk. kontrolliert werden. Während II–IV-Therapie ist die *Penicillinase*-Produktion der gramnegativen Bakterien oder resistenter M. pyogenes var. aureus ausgeschaltet. Eine längere II-, III- oder IV- Therapie schließt durch Ausschaltung der gewöhnlichen grampositiven u. -negativen Bakterien die Gefahr der Entw. hochresistenter Bakterien wie P. vulgaris, Ps. aeruginosa u. Hefeorganismen ein. Die Anwendung von V ist aussichtsreich, weil er in 5—10mal höherer Konz. im Lungengewebe erscheint als *Procain*-I nach intramuskulärer Injektion. Wirksame V-Spiegel wurden auch im Sputum nachgewiesen. (A. M. A. Arch. intern. Med. **90.** 808—49. Dez. 1952. New York, Columbia Univ., Coll. of Phys. and Sur., Presbyterian Hosp., u. Columbia Div., Goldwater, Mem. Hosp.) DOSSMANN. 4611

LeRoy Homer, W. N. Donovan und Ryle A. Radke, *Wirkung von Antibioticis bei abakterieller Pneumonie.* Bei abakterieller Pneumonie erwiesen *Penicillin G* u. *Aureomycin* nur teilweise Wirksamkeit. Die Infiltration wurde nicht beeinflußt, wohl aber in 10% der Fälle die anschließende Fieberperiode kupiert. (U. S. Armed Forces med. J. **3.** 1767—75. Dez. 1952. Fort Knox, Ky., U. S. Army Hosp.) DOSSMANN. 4611

J. P. Jouin, H. Michel-Wolfrom und **M. Robey,** *Anwendung der Antibiotica bei Endocervicitis nach Empfindlichkeitstest der Keime in vitro.* Bericht über 10 Fälle, 4 Gonokokken-, 4 Staphylokokken- u. 2 Enterokokkeninfektionen. Untersuchte *Antibiotica* (I): *Penicillin, Streptomycin* (II), *Aureomycin, Chloromycetin* u. *Terramycin.* Die Verss. ergaben, daß von einer spezif. Wrkg. der I auf bestimmte Keime nicht gesprochen werden kann; die in vitro-Auswahl des Mittels garantiert keinen therapeut. Erfolg. Dieser kann nur erreicht werden, wenn die I nacheinander angewendet werden, da im allg. außer dem isolierten Erreger noch andere pathogene Keime vorhanden sind. Auf diese Weise ergaben sich: 4 Erfolge, 3 vorübergehende Besserungen, 3 Versager. II scheint das zur Zeit wirksamste Mittel zu sein. (Semaine Hôpitaux Paris **28.** 3543—46. 26/11. 1952.) DOSSMANN. 4611

Klaus Seelemann und **Brigitte Kornatz-Stegmann,** *Zur Vermeidung der Jarisch-Herxheimer-Reaktionen bei der Penicillinbehandlung der Lues connata.* Zur Vermeidung der JARISCH-HERXHEIMER-Rkk. bei der *Penicillin* (I)-Behandlung der Lues connata wird ein mit kleinen Dosen beginnendes Dosierungsschema angegeben, das an 4 Säuglingen unter ständiger Kontrolle der Blutspiegelwerte erprobt wurde: unabhängig vom Körpergewicht dreistündliche intramuskuläre Injektionen von je 100 E. wss. I für den 1. Tag, 500 E. am 2. Tag u. 10^3 E. am 3. Tag, anschließend Verabreichung der vollen Dosis Depot-I: alle 2 Tage $3 \cdot 10^5$ E. intramuskulär; Kurdauer 20 Tage, Gesamt-I-Menge $2{,}7 \cdot 10^6$ E. (Mschr. Kinderheilkunde **100.** 472—75. Nov. 1952. Hamburg-Eppendorf, Univ., Kinderklinik.) DOSSMANN. 4611

Erich Langer und **H. Krüger,** *Penicillinbehandlung der Frühlues.* Vff. geben einen Überblick über die serolog. Resultate bei a) florider u. b) latenter Frühlues, 374 bzw. 105 Fälle, nach alleiniger *Penicillin* (I)-Behandlung; zugrunde liegen Beobachtungen nach 3, 6, 12, 24 u. 36 Monaten, wonach noch 248 Fälle erfaßt werden konnten; alle Fälle waren mit wss. I behandelt worden. I-Verabreichung entweder 2stündlich Tag u. Nacht je $5 \cdot 10^4$ E., Gesamtmenge $5—6 \cdot 10^6$ E. mit Wiederholung dieser Kur nach 4 Wochen, oder $10—12 \cdot 10^6$ E. in einer Kur. Bei a) waren nach 3 Monaten 55,6% seronegativ, nach 36 Monaten waren es 96,2%, Rezidive lagen unter 1%; bei b) nach 3 Monaten 7,7% negativ, nach 36 Monaten 63,3%. Vff. erwarten eine Erhöhung des %-Satzes der seronegativen b)-Fälle durch Verwendung von *Depot*-I. Der Einfl. der I-Nachbehandlung auf das Ergebnis wird diskutiert. (Z. Haut- u. Geschlechtskrankh. **13.** 321—26. 1/12. 1952. Berlin, FU, Hautklinik, Rudolf-Virchow-Krankenhaus.) DOSSMANN. 4611

P. Joulia, L. Texier, Leonard und **Tasei,** *Die Schnellbehandlung primärer und sekundärer Syphilis allein durch Penicillin.* Bericht über Erfahrungen mit *Penicillin* (I)-Behandlung von ca. 60 Syphilisfällen, die über 2 Jahre beobachtet wurden. Verwandt wurde *Procain*-I + 2% *Al-Monostearat* (*P. A. M.* = *Flocilline*) entweder in einmaliger Injektion von $1{,}2 \cdot 10^6$ E. oder in 3 Injektionen zu je $6 \cdot 10^5$ E. innerhalb 24 Std., ferner wss. I-*G*, $2{,}7—6 \cdot 10^6$ E. in zweistündliche Verabreichung von je $4—5 \cdot 10^4$ E. über ca. 7 Tage. Die Ergebnisse bestätigen die bekannten Erfahrungen mit I. (J. Méd. Bordeaux Sud-Ouest **129.** 488—94. Juni 1951. Bordeaux, Clin. dermatol.) DOSSMANN. 4611

Erich Ludwig, *Über die Wirksamkeit der Kombination Penicillin–Streptomycin in vitro und bei der Behandlung von Hautkrankheiten.* Eingangs berichtet Vf. über seine Unterss. über den bakteriostat. Effekt von *Penicillin* (I)–*Streptomycin* (II)-Kombination gegenüber Staphylokokken u. hämolyt. Streptokokken. Die Unterss. wurden nach der Röhrchentestmeth. durchgeführt. Das I–II-Gemisch, wie es im *Supracillin* vorliegt, zeigt weder einen additiven noch einen synergist. Effekt, jedoch wird darauf hingewiesen, daß dieser Test über die bactericide Wrkg. nichts aussagt. Klin. wurden Patienten, nach vorhergehender erfolgloser Behandlung mit I oder II, mit dem Kombinationspräp. behandelt. Bei 3 Fällen eines schweren nekrotisierenden Erysipels zeigte die Kombinationstherapie sehr gute Resultate. Bei Furunkeln, Karbunkeln u. sek. infizierten Dermatosen zeigte sich das Kombinationspräp. dem I allein nicht wesentlich überlegen. (Dtsch. med. Wschr. **77.** 1256—59. 10/10. 1952. Hamburg-Eppendorf, Univ., Hautklinik.) REICHLE. 4611

Leon V. McVay jr., *Untersuchungen über die Konzentration und bakterielle Wirkung von Aureomycin in verschiedenen Teilen des Verdauungstraktus.* Bei oraler Verabreichung von täglich 1—3 g *Aureomycin* (I) (2 Tage) wird rasch ein länger anhaltender hoher I-Spiegel im Darmbereich erzielt. Die therapeut. Wrkg. von I bei menschlicher Amöbiasis erfolgt auf Grund dieser Konzz. wahrscheinlich durch einen direkten Effekt auf *E. histolytica.* Eine direkte, auf Änderung der Darmbakterienflora beruhende geringfügige Wrkg. erscheint ebenfalls möglich zu sein. Die Unterss. deuten darauf hin, daß I als wirksames Chemotherapeuticum zur präoperativen Vorbehandlung des Darmes eingesetzt werden kann. (J. clin. Invest. **31.** 27—31. Jan. 1952. Memphis, Tenn., Univ. of Tennessee, Coll. of Med., Div. of Med., u. John Gaston Hospital.) K. MAIER. 4611

K. E. Vogt, *Phagocytosesteigerung unter Omnacillin. Penicillin* (I)-Gaben in gebräuchlichen therapeut. Dosen hemmen beim Menschen die phagocytäre Aktivität des Blutes gegenüber Staphylokokken. Durch gleichzeitige Zufuhr unspezif. Reizkörper (*Omnadin Höchst* + I = *Omnacillin*, II) gelang eine Aufhebung u. sogar Überkompensierung dieses Mechanismus. Die Prüfung der phagocytären Potenz (gemessen durch die Anzahl der von den Phagocyten durchschnittlich eingeschlossenen Keime) bei n. Personen u. Kranken mit Staphylokokkeninfektionen ergab nach I fast stets eine Abnahme, nach II einen schlagartigen Anstieg der Phagocytose. I stellt einen Hemmstoff dar, der seine Wrkg. anscheinend auch auf Körperzellen, die bei der Antikörperausschüttung beteiligt sind, ausübt. *Omnadin* hebt den Hemmungseffekt auf u. überkompensiert diesen. (Verh. dtsch. Ges. inn. Med. **58.** 94—96. 1952. Kassel, Rot-Kreuz-Krankenhaus, Med. Abt.) K. MAIER. 4611

Y. Chabbert, *Betrachtungen über den Widerstand von Keimen gegenüber Antibioticis.* Kurze Besprechung der Resistenzentw. in vitro. Bei der im Verlauf der antiobiot. Therapie auftretenden Resistenz — besprochen werden *Penicillin, Streptomycin, Aureomycin. Chloramphenicol* u. *Terramycin* — sind verschied. Punkte zu berücksichtigen: erworbene Resistenz tritt auf, wenn sich bei einem Kranken resistente Stämme vom selben Typus wie der ursprüngliche empfindliche Stamm entwickeln. Beispiel *Streptomycin.* Die Entw. einer Mikrobenart mit zunehmender Resistenz ist durch von Jahr zu Jahr zunehmende %-Sätze resistenter Stämme bei den Kranken charakterisiert. Diese Entw. ist bes. bei *Staphylokokken* gegenüber der Mehrzahl der Antibiotica zu beobachten. Veränderung der Bakterienflora unter dem Einfl. der Antibiotica ist im intestinalen Trakt, in den Harnwegen, Atmungsorganen u. bei Lungenaffektionen festzustellen. Änderungen in der bakteriellen Ätiologie verschied. Krankheiten wurden ebenfalls beobachtet. (Presse méd. **60.** 1683—86. 13/12. 1952. Paris.) DOSSMANN. 4611

Adamo Dagradi und Dino Rossi, *Verabfolgung eiterlösender Enzyme (Kolliquase) als Aerosol.* Vff. untersuchten an 5 Patienten mit verschied. eitrigen Affektionen des Atemtrakts die Wrkg. von Aerosolen, die *Kolliquase* enthielten. Sie beobachteten eine schon von anderen Autoren beschriebene günstige Beeinflussung zähfl. Exkret- u. Eitermassen durch dieses an den Desoxyribonucleinsäuren ansetzenden Enzyms. Kombination mit Antibioticis empfehlenswert. (Rass. Clin., Terap. Sci. affini **51.** 251—64. Okt./Dez. 1952. Padova, Univ., Ist. di Patologia Chirurgica.) P. G. SCHEURLEN 4614

A. L. Brant, *Die intravenöse Novocaininjektion als Mittel zur Hustenbekämpfung bei Lungentuberkulose.* Kranke mit hämatogen-disseminierender bzw. fibrös-cavernöser Lungen-Tbc. erhielten zur Bekämpfung des „bellenden" Hustens 10—15 Tage lang täglich 1 mal 5 cm^3 0,5%ig. Novocain intravenös. Mit jeder Injektion wurden bei der Mehrzahl der Patienten Husten, Schmerzen u. Auswurf geringer, u. bei ca. $^1/_3$ der Behandelten sank auch die Körpertemperatur. (Клиническая Медицина [Klin. Med.] **30.** (**33.**) Nr. 11. 30—32. Nov. 1952. Jalta, Klin. Tbc-Sanatorium „Dulossy".) RENTZ. 4621

Arno Voelkel, *Untersuchungen über die Beeinflussung der Atmung durch Novocain.* Intravenös gegebenes *Novocain* (I) beeinflußt die Atmungsregulation, bes. deren Phasenverhältnis mit einer die Exspirations–Apnoe-Dauer verlängernden Wirkung. Vf. nimmt an, daß I zentral, wahrscheinlich durch eine Stimulation des pontinen Automatiereizes, neben einer Abschwächung exspirator. Vagusreflexe durch Anästhesie pulmonaler Dehnungsrezeptoren wirkt. Neurovegetative Reizerscheinungen können auch außerhalb des Bereichs der Atmungsregulierung unter I-Einfl. auftreten. (Z. ges. inn. Med. Grenzgebiete **7.** 1046—49. 15/11. 1952. Berlin-Schlachtensee, Krankenhaus Hubertus, Inn. Abt.) K. MAIER. 4621

Oliver F. Bush, *Die klinische Anwendung der Barbiturate.* Kurze Übersicht über die Anwendung der Barbiturate, die nach ihrer Wirkungsdauer in Gruppen eingeteilt werden: Ultrakurzwirkende (Beispiel: Pentothalnatrium), kurzwirkende (Beispiel: Nembutalnatrium) u. lange wirksame (Beispiel: Barbital). (Southern med. J. **45.** 553—55. Juni 1952. Dallas, Tex.) DAUTZENBERG. 4621

R. Rouchy, *Das incoercible Schwangerschaftserbrechen und die Schlafkur mit 4560 RP.* Bericht über 2 Fälle von heftigem Schwangerschaftserbrechen, die durch Schlafkuren mit *4560 RP* (I; *Dimethylaminopropyl-N-chlorphenothiazinhydrochlorid*) in wenigen Tagen geheilt werden konnten. Vf. empfiehlt, am 1. Tage 2 mal 1 Ampulle I in 500 ml Glucoseserum zu perfundieren u. 2—3 mal 0,10 cg *Gardenal* (II) zu injizieren, am 2. Tage 2 Ampullen I u. 10—20 cg II, am 3. Tage 1 Ampulle I u. II peroral oder Eunoctalsuppositorien. (Presse méd. **60.** 1324. 4/10. 1952. Angers, École de Méd., Clin. Obstétr.) KRUSEN. 4621

R. Langer und E. Artmann, *Thoraxchirurgie im gesteuerten Hypotonus.* Bei Thoraxoperationen wurde durch *Pendiomid* (CIBA) in Verbindung mit entsprechender Lagerung des Patienten ein der jeweiligen Operationssituation angepaßter kontrollierter Hypotonus erzielt, wodurch der Blutverlust vermindert sowie Blutkonserve u. Narkotica eingespart wurden. Bericht über 71 Fälle. (Tuberkulosearzt **6.** 699—704. Dez. 1952. Berchtesgaden, Staatl. Versuchsheilstätte.) DAUTZENBERG. 4621

N. A. Laptewa, *Die Behandlung von neurogenem reflektorischem Schnupfen mit Histamin.* 72 Patienten mit allerg. u. vegetativen Rhinitiden erhielten zunächst 3 mal wöchentlich u. nach 2 Monaten alle 7—10 Tage Histaminhydrochlorid subcutan (0,01 γ, allmählich ansteigend bis 100 γ). Geheilt wurden 25, gebessert 35 Patienten. (Клиническая Медицина [Klin. Med.] **30.** (**33.**) Nr. 10. 71—74. Okt. 1952. Moskau, 1. Med. Inst., Klin. für Ohren-, Hals- u. Nasenkrankheiten.) RENTZ. 4625

P. Elsner und **H. Braitenberg,** *Der pharmakodynamische Effekt des Antihistaminicums Antistin auf die Uterusmuskulatur.* An der isolierten Muskelfaser des graviden u. nichtgraviden menschlichen Uterus hemmt *Antistin* die Spontanmotilität u. die durch Histamin u. Hypophysenhinterlappenextrakte ausgelösten Kontraktionen. Am Meerschweinchenuterus (isoliert u. in situ) wirkt es kontraktionsfördernd, am Rattenuterus ist es ohne Einfluß. Klin. Beobachtungen bei Antistinbehandlung von Schwangeren zeigten, daß der wehenbereite gravide menschliche Uterus auf *Antistin* mit stärkeren Kontraktionen reagiert, bes. bei immunisierten Rh-negativen Frauen. Dieser Gegensatz zwischen der Wrkg. an der isolierten Uterusfaser u. am graviden Uterus in situ beim Menschen wird durch die Annahme einer indirekten Wrkg. des *Antistins* (Wehenförderung durch erhöhten Histaminblutspiegel) erklärt. (Klin. Med. [Wien] **7.** 470—78. 1/10. 1952. Wien, Univ., II. Frauenklinik.) DAUTZENBERG. 4625

Gil Soares Bairão und **Salvador Cromberg,** *Über die Anwendung von 3697 R. P. (Flaxedil) bei der Anästhesie.* Vff. berichten über die Wirkungen von *Flaxedil* (**I**) auf 355 anästhesierte Patienten jeden Alters. Die angewendeten anästhesierenden Mittel waren *N_2O, Cyclopropan, Ae., Pentothal-Na,* allein oder kombiniert. Die mittlere notwendige intravenöse **I**-Dosis betrug ca. 60 mg mit einer Wirkungsdauer von 44 Min., Atemlähmung wird mit 95 mg erreicht, diese ist nicht total, das Atmungszentrum muß noch mit anderen Mitteln beeinflußt werden. Mit *d-Tubocurarin* (**II**) ist es leichter, einen völligen Atemstillstand zu erzielen. Die **I**-Wrkg. ist mit *Ae.* zu steigern. Keine schädliche Wrkg. von **I** bei vorliegendem Diabetes, Herzkrankheiten, Anämie, Leber- u. Nierenkrankheiten sowie im Schockzustand. Gesteigerte Wrkg. durch **II**, *M-Curare, Kondrocurare.* **I**-Antagonisten sind *Neostigmin* u. *Ro-2-3198.* (Anesthésie et Analgésie **9.** 29—34. Febr. 1952.) DOSSMANN. 4628

Gil Soares Bairão und **Salvador Cromberg,** *Die Anwendung von O-Methyl-N-methylbebeerin (Kondrocurare) in der Anästhesie.* Vff. berichten über das halbsynthet., aus *Chondrodendron platyphyllum* isolierte *O-Methyl-N-methylbebeerin* (**I**), das in Brasilien in der Neurologie u. bei der Anästhesie Anwendung findet. Die **I**-Lsg. enthält 2,5 mg/cm³. **I** wurde bei 482 Kranken zur Anästhesie angewandt. Bei gleicher Dosis wie *d-Tubocurarin* (**II**) bedingt es die gleiche Erschlaffung des Abdomens, während die Atmung durch **I** weniger unterdrückt wird als durch **II**. Der gewünschte Effekt wird mit einer Dosis von 8,6 mg erzielt u. hält 36—34 Min. an. Atemlähmung tritt bei 15 mg **I** für 22,5 Min. ein, bei **II** mit 14,66 mg für 25,7 Minuten. Keine schädlichen Nebenwirkungen bei n. Dosierung. **I** unterstützt die Wrkg. der Anästhetica *Cyclopropan, N_2O, Pentothal-Na* u. *Ae.*, **I** kann mit *Flaxedil,* **II** u. *M-Curare* angewandt werden. Nach *Dekamethonium* ruft **I** eine gute Erschlaffung hervor, **I**-Antagonisten sind *Neostigmin* u. *Ro-2-3198.* (Anesthésie et Analgésie **9.** 23—28. Febr. 1952. São Paulo, Hôp. des clin. de la Fac. de Méd.) DOSSMANN. 4628

M. D. Maschkowski und **A. I. Brisskin,** *Das sowjetische curareähnliche Präparat „Diplazin" und seine Anwendung in der medizinischen Praxis. Diplazin,* eine synthet., 2%ig. quaternäre Ammoniumverb. (Ampullen zu 5 cm³), erwies sich als Muskelrelaxans in der Chirurgie dem Tubocurarin als gleichwertig. Geringste Dosis für Kaninchen 0,5 mg pro kg, für Hunde u. Katzen 1—1,2 mg pro kg intravenös. Der Mensch benötigt 1,5 bis 2 mg/kg. Durch Erhöhung der Dosis kann die Atmung stillgelegt werden. Keine merkliche Beeinflussung von Herz u. Kreislauf, keine histaminogene Wirkung. Nur anzuwenden, wenn App. für künstliche Atmung bereitsteht. Als Antidot dient *Proserin.* (Клиническая Медицина [Klin. Med.] **30.** (**33.**) Nr. 10. 74—77. Okt. 1952. Moskau, Allunions Wiss. Chem.-Pharmaz. Ordshonikidse-Forschungsinst., Pharmakol. Abt.) RENTZ. 4628

H. Killian, *Die Wirkung von Curare auf den Kreislauf mit Bemerkungen zur Tetanustherapie.* Besprochen werden die Angriffspunkte u. der Einfl. von *Curare* (**I**) auf den Kreislauf. Die Tetanusletalität beträgt trotz **I**-Behandlung immer noch ca. 33%, mit Depot-**I** sind die Ergebnisse etwas günstiger. Es fehlen Präpp., die die Tetanusgifte im Nervensyst. beeinflussen. Man setzt Hoffnungen auf *Polyvinylpyrrolidon, Periston* u. *Subtosan.*

Erwähnt werden noch die Inhalationsanästhetica *Cyclopropan* u. *Avertin*, unter Umständen in Kombination mit *Barbitursäure*-Derivaten. (Anesthésie. et Analgésie **9**. 20—22. Febr. 1952. Freiburg.) DOSSMANN. 4628

K. H. Ginzel und **E. Wayand**, *Die moderne symptomatische Tetanustherapie.* Vf. bespricht die Wrkg. α-substituierter *Glycerinäther* bei der Tetanusbehandlung: Verabreichung von *Myanesin* (I) an 29 Patienten ergab nur 1 Todesfall, während bei einer Gruppe von 34 Fällen, die ohne I behandelt wurden, 20 starben. I hat aber hämolyt. Nebenwirkungen, die zu Anurie u. Urämie führen können. Das weniger tox. *Myocain* (II) = *o-Methoxyphenylglycerinäther* wurde in 20 Fällen geprüft. Eine Dosis von 1—2 g kann je nach Bedarf wiederholt werden, um die Konvulsionen zu unterdrücken, der Bedarf liegt zwischen 6 u. 20 g. Hämoglobinurie wurde bei II nicht beobachtet. (Anesthésie et Analgésie **9**. 14—16. Febr. 1952. Wien, Univ., Pharmakol. Inst., u. Sophienspital.) DOSSMANN. 4628

Ferdinand Frenzel, *Pathogenese und Differentialdiagnose der Abdominalspasmen und ihre Behandlung mit Cyclospasmol.* Vf. berichtet über Erfolge in der Behandlung von Abdominalspasmen, verschied. Genese, mit *Cyclospasmol-Suppositorien*, die *Cyclohexylphenylacetyldiäthylaminoäthanol* als spasmolyt., *Phenyldiäthylacetamid* als sedative u. *Dimethylaminophenazon* als analget. Komponente enthalten. Von 60 Fällen traten bei 54 Schmerzfreiheit bzw. deutliche Linderung ein, bei 8 Patienten wurde eine Linderung der Schmerzen erreicht. Bei 6 Fällen zeigte sich kein Erfolg. Die Wrkg. setzt nach 15 bis 45 Min. ein u. hält 2—3 Std. an. Nebenerscheinungen wurden nicht gesehen. Das Präp. ermöglicht den Verzicht auf Morphin u. seine Derivate. (Dtsch. med. Wschr. **77**. 1325 bis 1326. 24/10. 1952. Berlin-Spandau, Städt. Krankenhaus.) REICHLE. 4628

Stephen Thesleff, *Experimentelle und klinische Untersuchungen mit Celocurin (Succinylcholinjodid).* *Celocurin* (I) wurde in mehr als 1000 Fällen zur Erzielung von Muskelerschlaffung verabreicht. I ist bes. geeignet, wenn kurzzeitiger Effekt erwünscht ist. Ohne Ausnahme gute Erfolge, keine tox. Erscheinungen während der Anästhesie oder nach der Operation, gute Verträglichkeit. Bei I-Intubation 40—80 mg je nach Körpergewicht; am geeignetsten erwies sich I-Verabreichung als intravenöse Dauertropfinfusion, 1 mg/ml I physiol. NaCl-Lsg., 2—3 mg pro Minute. Nach Vf. ist I selbst bei längeren chirurg. Eingriffen den bisher verwendeten Muskelerschlaffungsmitteln überlegen. (Anesthésie et Analgésie **9**. 35—38. Febr. 1952. Stockholm, Caroline Inst., Dep. of Pharmacol.) DOSSMANN. 4628

W. Ullrich, *Über Methoniumverbindungen.* Es werden die *Penta-*, *Hexa-* u. *Dekamethoniumsalze* als Therapeutica, ihre Eigg., pharmakol. Wirkungen u. verschied. Anwendungsgebiete in der Medizin besprochen. 4 Präpp. mit Dosierungen. — 9 Literaturangaben. (Österr. Apotheker-Ztg. **6**. 735—36. 8/11. 1952.) FALENSKI. 4628

Norbert Brock, Franz J. Geks und **Dietrich Lorenz**, *Beiträge zur quantitativen Auswertung von Arzneimitteln.* 1. Mitt. *Statistische Grundlagen der Auswertung von Spasmolyticis am isolierten Organ.* Nach theoret. Unters. der Zusammenhänge zwischen quantitativer u. alternativer Beurteilung (nach MILLER, BECKER u. TAINTER, C. **1949**. I. 1394) mit statist. Mitteln wird über experimentelle Befunde berichtet, die bei Unterss. über spasmolyt. Wirkungen am isolierten Meerschweinchendünndarm erhoben wurden. Die prozentuale Hemmung des $BaCl_2$- u. *Histamin*-Spasmus mit *Papaverin* ergibt eine Normalverteilung über arithmet. Skala, der Grad der Krampflösung ist eine lineare Funktion des Dosenlogarithmus; eine alternative Beurteilung der spasmolyt. Wrkg. des *Papaverins* ist also exakt möglich. — Bei der Beeinflussung des *Doryl*-Krampfes mit *Atropin* dagegen verhindert die sogenannte Auslauf-Rk. die alternative Beurteilung, da eindeutige Abweichungen von der Normalverteilung vorliegen. Eine Annäherung an diese kann durch Auswertung der „3-Min.-Rk." erreicht werden. (Naunyn-Schmiedebergs Arch. exp. Pathol. Pharmakol. **215**. 492—511. 1952. Brackwede/Westf., Chem. Fabrik Asta-Werke A. G., Pharmakol. u. Bakteriol. Abt.) DAUTZENBERG. 4628

Norbert Brock, Dietrich Lorenz und **Hasso Bartling**, *Beiträge zur quantitativen Auswertung von Arzneimitteln.* 2. Mitt. *Quantitative Prüfung von Spasmolytica am Ganztier.* (1. vgl. vorst. Ref.) Beschreibung einer Meth. zur Unters. von Spasmolyticis am Ganztier. Bei Meerschweinchen wird die Bauchhöhle mit $BaCl_2$ bzw. *Prostigmin* in physiol. NaCl-Lsg. durchspült, wodurch ein mindestens 30 Min. lang gleichbleibender Tonusanstieg der Darmmuskulatur erzeugt wird. Die Darmtätigkeit wird nach STRAUB registriert. Geprüft wurden *Papaverin, Atropin* u. *Avacan*. In dieser Anordnung läßt sich bei allen untersuchten Verbb. die Auswertung mit alternativer Dosis-Wirkungskurve durchführen. (Naunyn-Schmiedebergs Arch. exp. Pathol. Pharmakol. **215**. 512—24. 1952. Brackwede/Westf., Chem. Fabrik Asta-Werke A. G., Pharmakol. Abt.) DAUTZENBERG. 4628

M. I. Schubow, *Klinische Beobachtungen über die Wirkung des Glykosids der Nieswurz (Corelborin) bei Kreislaufinsuffizienz.* Corelborin, ein krist. Glykosid aus der kaukas. Nieswurz (Helleborus) mit einer wesentlich höheren biol. Aktivität als das uneinheitliche Helleborein, ist ein wertvolles Cardiotonicum, das hinsichtlich des raschen therapeut. Effektes dem Strophanthin ähnelt, aber auch, wie Digitalis, eine gewisse kumulative Wrkg. hat. Dosierung: 1 mal täglich 0,25—0,3 mg in Form der 0,05%ig. Lsg. in Kombination mit 5—10 cm^3 40%ig. Glucose intravenös oder 3mal täglich zu 0,2 mg in Form von Tabletten per os. (**Клиническая Медицина** [Klin. Med.] **30.** (**33.**) Nr. 11. 25—30. Nov. 1952. Charkow, Ukr. Inst. für Ärztefortbldg., 1. Lehrstuhl für Therapie.) RENTZ. 4630

H. Kullmann, *Über die Möglichkeit der Behandlung von Kreislaufstörungen durch körpereigene Kreislaufwirkstoffe. Nucleoton* (HORMON-CHEMIE, München), ein Präp. aus körpereigenen Kreislaufwirkstoffen der Zellgewebe von Warmblüterorganen (Nucleinderivv.) in Kombination mit dem Gewebshormon des Pankreas in physiol. Verteilung wurde mit Erfolg bei Hypotonien angewandt. Desgleichen wurden bei peripheren Durchblutungsstörungen subjektive u. klin. Besserung erzielt. Bei Anwendung von Nucleoton bei Herzbeschwerden zeigte sich bei Fällen, in denen Therapie mit Digitalisstoffen versagte, auffallende Besserung. Ödeme, Cyanose, Stauungserscheinungen sprachen gut auf gleichzeitige Nucleoton- u. Herzglykosidapplikation an. Gegenregulationen wurden nie beobachtet. (Dtsch. med. Wschr. **77.** 626. 9/5. 1952. Braunfels/Lahn, Kreiskrankenhaus Falkeneck.) ITZEROTT. 4630

Heinz Losse, *Zur Behandlung des frischen Herzinfarktes mit gerinnungshemmenden Substanzen.* Vf. berichtet über Erfahrungen mit *Tromexan* bei 25 Herzinfarktpatienten. Der Prothrombinspiegel wurde zwischen 20—30% der Norm gehalten. Von den Patienten reagierten 18 gut, 2 nicht, u. bei 2 Patienten war der letale Ausgang durch ein Kreislaufversagen bedingt. Diese Art der Behandlung wird nur durchgeführt, wenn die Patienten innerhalb der ersten 3 Tage nach dem Infarkt in die Klinik kommen, die Therapie wird bis nach dem Aufstehen des Patienten weitergeführt. Eine erst später einsetzende Behandlung dieser Art führt nach Ansicht des Vf. leicht zu Embolien, ausgehend von bereits bestehenden Thrombosen. (Dtsch. med. Wschr. **77.** 1323—25. 24/10. 1952. Frankfurt/M., Univ., 1. Med. Klinik.) REICHLE. 4630

E. Warweitzki, *Über den diuretischen Effekt von Uricedin unter vergleichsweiser Berücksichtigung anderer Diuretica.* An gesunden Versuchspersonen konnte im VOLHARDschen Wasserstoß gezeigt werden, daß durch 1 Eßlöffel *Uricedin* (I. E. STROSCHEIN, Bad Ems) eine Diuresesteigerung von 133% erreicht wurde. *Folia Betulae* u. *Nephropur* zeigten Steigerungen von 130 bzw. 111%. Na_2SO_4 hatte eine überwiegend laxierende Wirkung. Nebenwirkungen wurden nicht beobachtet. (Med. Mschr. **6.** 597—98. Sept. 1952. München.) KRUSEN. 4634

T. E. Lowe, *Der Einfluß eines Quecksilberdiureticums auf den Diuresemechanismus bei dekompensierten Herzfehlern.* Bei Behandlung mit einem *Quecksilber*-Präp. (*Mersalyl*) zeigte sich, daß die Flüssigkeitsbilanz, die trotz bestehender Ödeme n. war, mit einer starken Verschiebung in Richtung der Ausscheidung reagierte, wenn die Injektion des Diureticums in eine Phase der Flüssigkeitsretention fiel. Umgekehrt war der Erfolg nicht so gut in der Ausscheidungsphase. Vf. glaubt den Beweis erbracht zu haben, daß beim Menschen ein Regulationsmechanismus für die Flüssigkeitsbilanz besteht, der 2 Komponenten hat: eine Fl. speichernde u. eine Fl. ausscheidende. *Quecksilber* soll in diesen Mechanismus eingreifen, indem es wenigstens teilweise eine dieser Komponenten blockiert. (Lancet **263.** 1238—41. 27/12. 1952. Melbourne, Alfred-Hosp.) BERGER. 4634

W. Lohmüller, *Pathogenese und Therapie der Enuresis nocturna. Noxenur,* Extraktionsprod. aus Atropa Belladonna u. Ephedra vulgaris, Vitamin B_1, Na-glycerinophosphoricum, heilt in 90% (200 Fälle) Enuresis nocturna. Mißerfolge sind auf ungenaue Einhaltung des Dosierungsschemas zurückzuführen. (Dtsch. med. Wschr. **77.** 625—26. 9/5. 1952. Nürnberg.) ITZEROTT. 4634

Florian Prader, *Granulombehandlung mit Apicoflux.* Beschreibung der in 2 Schritten erfolgenden Granulombehandlung (1. Behandlung der apikalen bzw. periapikalen Entzündung u. 2. Behandlung des Wurzelkanals) mit *Apicoflux* (DE TREY; I). I kann mit *Antibioticis* bzw. *Jodoform* kombiniert werden. Bei Infektionen mit serösen Exsudaten ist Vorbehandlung mit *Trikresol-Formalin* angezeigt. — Ausführliche Beschreibung von 9 Fällen mit 24 Röntgenbildern. (Schweiz. Mschr. Zahnheilkunde **62.** 1197—1210. Dez. 1952. Basel, Univ., Zahnärztl. Inst., Konservierende Abt.) KLESSE. 4655

J. Fabre und **W. Bachmann,** *Die Verwendung von Kationenaustauschstoffen bei der Behandlung von Ödemen.* Vff. untersuchen die chem. Eigg., Wrkg. u. klin. Merkmale von *Polystyrolharzen,* die als Kationenaustauschstoffe bes. das in Nahrungsmitteln enthaltene

Na abfangen. Als sek. ungünstige Wrkg. wird eine Adsorption von K u. Ca festgestellt. Der Verlust dieser Elemente wird vermieden, indem das Harz mit 20—25% NH_4 nur in Verb. mit Ca-Gluconat u. $MgCl_2$ zusammen verabfolgt wird. (Schweiz. med. Wschr. **82.** 1313—18. 20/12. 1952. Genf, Clin. thérap.) FAHRNLAENDER. 4670

H. Buess, *Geschichtliches und Aktuelles zur Frage der Schwermetallvergiftung.* Beschreibung der Symptome, Pathogenese u. Prophylaxe der *Blei-*, *Chrom-* u. *Quecksilber*-Vergiftung, Best. von Pb im Urin, Anführung der hauptsächlich gefährdeten Betriebe. Mit steigendem At.-Gew. des Schwermetalles wird eine Zunahme der resorptiven Wrkg. gegenüber der lokalen Wrkg. beobachtet. (Schweiz. med. Wschr. **82.** 1301—07. 20/12. 1952. Basel, Univ., Medizinhistor. Abt., u. fabrikärztl. Dienst der Ciba-Akt.-Ges.) FAHRNLAENDER. 4675

A. Ravina, *Akrodynie und Quecksilbervergiftung.* Besprechung der dieses Problem betreffenden Literaturmitteilungen, auf Grund deren Vf. eine Beteiligung von *Hg* an der Ätiologie der Akrodynie für möglich hält. — 13 Literaturangaben. (Presse méd. **60.** 1322. 4/10. 1952. Paris.) KRUSEN. 4675

R. E. Leighton, K. A. Kuiken und **Hilton A. Smith,** *Toxikologische Wirkungen des Toxaphens auf Milchkühe.* Vff. stellen durch Verss. fest, daß Jersey-Milchkühe ohne nachteilige Wirkungen bis zu 5 g des Insekticides *Toxaphen* (I) pro Tag aufnehmen können. Größere Mengen (über 7,5 g/Tag) rufen schwere Vergiftungserscheinungen (Appetitlosigkeit, bösartige Anfälle, Muskelzuckungen) hervor, die unter Umständen zum Tode führen können. Ferner wird gefunden, daß Kälber nicht geschädigt werden, wenn sie Milch von Kühen erhalten, die mit täglich 0,5 g I gefüttert worden sind. (J. Dairy Sci. 35. 214—18. März 1952. Cincinnati, Ohio, Texas Agricult. Experim. Stat.) FAHRNLAENDER. 4675

Lester Ingle, *Chronische perorale Toxizität von Chlordan bei Ratten.* Verschied. Gruppen von Ratten mit je 20 männlichen u. weiblichen Tieren erhielten im Futter 5, 10, 30, 150 u. 300 p.p.m. *Chlordan* (I = *1.2.4.5.6.7.8.8-Oktachlor-4.7-methano-3α.4.7.7α-tetrahydroindan*). Als erste Symptome wurden Übererregbarkeit, gesteigerte Sensibilität, Krämpfe u. Tremor beobachtet. Bei der Dosis von 300 p.p.m. traten diese Erscheinungen erstmalig nach 12 Wochen, bei 150 p.p.m. nach 26 Wochen auf. Keine Symptome wurden bei Dosen von 30, 10 u. 5 p.p.m. gesehen. I wird durch Milch von Mutter auf Junge übertragen, bei mit 300 u. 150 p.p.m. gefütterten Ratten starben säugende Junge unter typ. Symptomen einer I-Vergiftung. Mengen von 5—10—30 p.p.m. bewirken keine Wachstumshemmung von Ratten, dagegen kommt es bei 150 u. 300 p.p.m. zu verlangsamtem Wachstum u. zu einer größeren Todesrate. Histolog. kam es zu Hypertrophie der Leberzellen, Hyalinisierung der Cytoplasmas u. Gallengangswucherungen, ähnlich dem Bild einer Hungerleber; außerdem wurden Schädigungen an Nieren, Lungen, Myocard, Nebennieren, Milz u. Duodenum (Schleimhaut) beobachtet. (A. M. A. Arch. ind. Hyg. occupat. Med. 6. 357—67. Okt. 1952. Urbana, Ill., Univ. of Illinois, Dep. of Zool.) ZELLER. 4675

H. S. Hopf, *Untersuchungen über die Wirkungsart von Insekticiden.* 1. Mitt. *Injektionsversuche über die Rolle der Cholinesterasehemmung.* Acetylcholin, Cholinchlorid, Acetyl-β-methylcholin, Benzoylcholin, Carbamylcholin, Adrenalin, δ-Tubocurarin u. Prostigmin wirken bei Heuschrecken nicht giftig (Injektion), Eserin dagegen schwächer giftig als beim Menschen. Die tox. Wrkg. von Tetraäthylpyrophosphat (TEPP) kann durch Atropin nicht kupiert, durch δ-Tubocurarin nicht verlangsamt werden. Nach einer TEPP-Injektion hebt eine nachträgliche Acetylcholininjektion die tödliche Wrkg. nicht auf. Vf. folgert aus seinen Verss., daß das physiol. Verh. des Nervensyst. bei Insekten grundverschieden ist von dem der Säugetiere infolge Fehlens von Cholinestern u. Adrenalin, so daß Phosphorinsekticide jede Esterasewrkg. aufheben. (Ann. appl. Biol. **39.** 193—202. Juni 1952. Bracknell, Berks.) GRIMME. 4675

R. Mauclet, *Untersuchungen über die Giftigkeit der Brennstoffe, die für die Motoren der Düsenflugzeuge verwendet werden.* Beschreibung der Krankheitserscheinungen, die beim Umgang mit dem als Brennstoff verwendeten *Kerosin* auftreten (durch Inhalieren der Gase oder durch Sorption durch die Haut). Als Schutz wird entsprechende Schutzkleidung u. Abfüllung im Freien vorgeschlagen. (Ann. belges Méd. militaire **105.** 161—64. Sept./Okt. 1952.) PATZSCH. 4681

F. Pharmazie. Desinfektion.

Nikola Tufegdžić, *Die Anwendung des Tons von Vrdnik für pharmazeutische Zwecke.* Der einzige für pharmazeut. Zwecke geeignete Montmorillonit-Ton Jugoslawiens ist der aus den Kohlengruben von Vrdnik (Kroatien). Er ist dunkelgraubraun u. muß zur Reinigung zu 5%ig. Suspensionen aufgeschlämmt u. von abgesetzten Kohleteilchen abgetrennt werden. Durch W. quillt er u. vergrößert sein Vol. um das 18—30fache. Er enthält 53,42—59,96 (%) SiO_2, 21,74—24,72 Al_2O_3, 2,26—3,00 Fe_2O_3, 1,78—2,20 CaO, 4,28—5,37 MgO, 0,80—1,00 K_2O + Na_2O, 8,80—9,82 Glühverlust u. ist somit als ein Mg-Bentonit anzusprechen. Die Prüfung nach der Vorschrift für Bentonit der U.S.P. XIV ergab folgende Abweichungen: der Vrdnik-Ton ist grauer gefärbt, sein p_H ist niedriger u. liegt zwischen 7,5 u. 9, seine Volumvergrößerung bei der Quellung ist doppelt so groß. (Acta pharmac. jugosl. **2.** 43—52. 1952. Belgrad, Inst. für galen. Pharmazie.) BECKMANN. 4778

Ilse Esdorn, *Methodisches zur Bestimmung des Gehaltes an ätherischem Öl in welkenden Pflanzen.* Vf. teilt ausführlich u. krit. 3 Methoden mit (Einzelheiten im Original), durch die eine Zunahme des Geh. an äther. Öl in welkenden Pflanzen festgestellt werden konnte (C. **1951.** II. 269). Die Zunahme war von WEGNER (C. **1953.** 1527) bestritten worden. Vf. weist nach, daß auch WEGNER eine, wenn auch geringe, Zunahme erhalten hatte, u. diskutiert die Gründe der Abweichungen in den Ergebnissen. (Pharmazie **8.** 79—83. Jan. 1953. Hamburg.) HERRMANN. 4782

K. Brückner, *Untersuchungen an Mentha piperita L. (Sorte Mitcham-Pfefferminze) über den Gehalt an ätherischem Öl, über Ertrag, Düngung und Transpiration.* Vf. empfiehlt zur Best. des äther. Öls (I) bei kleinen Einwaagen (2 g) ein modifiziertes Gerät nach MORITZ (Abb.). Im Laufe der Vegetation nimmt der I-Geh. zu; am höchsten ist er in den kleinsten Blättchen mit Triebspitzen (bis 3,9% beim ersten, bis 4,3% beim zweiten Schnitt). Zur Steigerung des I-Geh. wird Entspitzen der Pflanzen vorgeschlagen, damit sich viele Triebe bilden. Einzelne Mitcham-Pflanzen zeigten maximal 2,98, Pfälzer-Pflanzen 1,87% I. Weiterhin wurden Verss. über Wachstum u. Transpiration angestellt. (Pharmazie **8.** 69—78. Jan. 1953. Leipzig, Sortenamt, Zweigstelle für Heil- u. Gewürzpflanzen.) HERRMANN. 4782

Wolfgang Fahrig, *Veratrum album L., die weiße Nieswurz.* Vf. berichtet über Geschichte, Botanik, Inhaltsstoffe (Germerin, Protoveratridin, Protoveratrin, Protoverin, Jervin, Pseudojervin, Rubijervin, Veratramin, Veratrosin, Germidin, Germitrin), Wrkg. u. Anwendung von Veratrum album u. V. viride. — 54 Literaturstellen. (Pharmazie **8.** 83—90. Jan. 1953. Darmstadt-Kranichstein.) HERRMANN. 4782

Ruth Lindikeit und **Fritz Jung,** *Über die Inhaltsstoffe der Brennhaare von Laportea.* Die Brennhaare enthalten als Wirkstoffe neben *Acetylcholin* u. *Histamin* noch eine dritte Substanz, die glatte Muskulatur kontrahiert. Weiterhin vermag Brennhaarextrakt Bernsteinsäuredehydrase zu hemmen; hämolyt. Wrkg. besitzt er nicht. (Pharmazie **8.** 78—79. Jan. 1953. Berlin, Dtsch. Akad. der Wiss., Inst. für Med. u. Biol.; Humboldt-Univ., Pharmakol. Inst.) HERRMANN. 4782

Paul Orlowski, *Über die spanische Fliege.* Überblick über Geschichte u. Wrkg. der Canthariden. Vor innerer Verordnung wird dringend gewarnt. (Apotheker-Ztg. **5.** 5—7. Jan. 1953. Berlin-Zehlendorf.) ULEX. 4784

Samuel W. Goldstein, *Über Fluorierung.* Pharmazeut. Zubereitungen, für die das Leitungswasser genügt, können auch mit fluoriertem W. hergestellt werden. Lsgg. von Antibioticis sind stabiler mit sterilem dest. W., u. Fll. pro injectione sollen nur mit dest. W. hergestellt werden. (J. Amer. pharmac. Assoc., pract. Pharmacy, Edit. **13.** 323—52. Mai 1952. Amer. Pharmac. Assoc. Labor.) KLESSE. 4786

Betty Louise Lankford und **Charles H. Becker,** *Die Anwendung künstlicher Aromen als Geschmackskorrigenzien für schlecht schmeckende Arzneimittel.* 1. Mitt. *Ammoniumchlorid.* Mit künstlichen Aromen bereitete Fruchtsirupe sind den natürlichen als Geschmackskorrigenzien gegenüber dem salzig u. bitter schmeckenden NH_4Cl gleichwertig bis überlegen. Ihre volle u. befriedigende Wrkg. entfalten sie nach Ansäuern mit *Citronensäure,* deren Acidität die Empfindlichkeit der Geschmackspapillen vorübergehend zum Erliegen bringt. (J. Amer. pharmac. Assoc., sci. Edit. **40.** 77—82. Febr. 1951. Gainesville, Fla., Univ. of Florida, Coll. of Pharm.) M. D. LAUBSCHAT. 4786

Betty Louise Lankford und **Charles H. Becker,** *Die Anwendung künstlicher Aromen als Geschmackskorrigenzien für schlecht schmeckende Arzneimittel.* 2. Mitt. *Chininhydrochlorid.* (1. vgl. vorst. Ref.) Der Geschmack von *Chininhydrochlorid* wird am wirksamsten durch „*Cacao syrup N. F.*" überdeckt. Zusätzliches Ansäuern ist im Gegensatz zu dessen Effekt bei der Korrigierung des NH_4Cl-Geschmacks ohne merkbare Wirkung. (J. Amer. pharmac. Assoc., sci. Edit. **40.** 83—86. Febr. 1951.) M. D. LAUBSCHAT. 4786

Herbert Ritter, *Chlorophyll-Präparate in der Mund-, Zahn- und Kieferheilkunde.* Kurzer Bericht über erfolgreiche Verwendung der *Chlorophyll*-haltigen Präpp. *Vulnophyll-Salbe, -Puder* sowie *Vulnophyll oleosum* u. *Vulnophyll aquosum* (APOTHEKER MÜLLER, G. M. B. H., ARZNEIMITTELFABRIK, Bielefeld) in der zahnärztlichen Praxis;

Indikationsgebiete u. Anwendungsform. — Hinweis auf ausgezeichnete desodorierende Wrkg. u. gute Verträglichkeit der Chlorophyllpillen *Ex-Odor* bei Foetor ex ore et corpore. (Dtsch. zahnärztl. Z. **7.** 1449—50. 15/12. 1952. Herdecke-Ende.) KLESSE. 4790

J. Gerke und **W. Klemt**, *Untersuchungen mit Chlorophyll-Kaugummis.* Zur Unters. gelangten Kaugummis (Hersteller: PENICILLIN-GESELLSCHAFT DAUELSBERG & CO., Göttingen) mit 0,1, 0,3 u. 0,5% *Chlorophyll* (I)-Gehalt. Die Zahl der säurebildenden Bakterien wurde nach 30 Min. langem Kauen durch das 0,5%ig. Präp. um 84%, durch das 0,3%ig. um 74 u. durch das 0,1%ig. um 77% verringert. Die desodorierende Wrkg. ist bei dem 0,5%ig. Präp. am besten. (Dtsch. zahnärztl. Z. **7.** 1437—41. 15/12. 1952. Düsseldorf, Westdeutsche Kieferklinik.) KLESSE. 4790

I. Corubolo, M. Grims und **V. Petričić**, *Stabilisierung von flüssigem Mutterkornextrakt.* Mutterkornextrakte (I) können beim Aufbewahren in vollgefüllten, verschlossenen Flaschen durch Zusatz von 1,5% Ascorbinsäure (II) über 1 Jahr stabilisiert werden, dagegen nur unvollständig durch 1% **II.** In Ggw. von Luft verlieren mit 1% **II** versetzte **I** nach 6 Monaten 40—60%, ohne **II** 77—90% ihres Alkaloidgehaltes. — 1% Chininhydrochlorid stabilisierte **I** prakt. ebenso gut wie 1% **II.** Tempp. zwischen 5 u. 20° sowie ein aktueller Säuregrad zwischen p_H 1,82 u. 6,05 waren auf die Stabilität von **I** ohne Einfluß. (Acta pharmac. jugosl. **2.** 58—67. 1952. Zagreb, Inst. für pharmazeut. Technol.) BECKMANN. 4790

John Rae, *Chlorodyne.* Geschichtlicher Überblick über „Chlorodyne"-Zubereitungen. („Chlorodyne", entstanden aus „Chloroform" u. „anodyne" = schmerzstillend.) Wesentliche Bestandteile sind Morphin. hydr. u. Chloroform. (Pharmac. J. **169.** ([4] **115.**) 387. 29/11. 1952.) ULEX. 4806

John S. Cannell, *Veränderungen in Procainhydrochlorid und Dextrose enthaltenden Injektionslösungen.* Die bei einer 5% *Procainhydrochlorid* u. 5% wasserfreie *Dextrose* enthaltenden Injektionslsg. innerhalb 20 Tagen eintretende Änderung der opt. Drehung von +2,5 bis —1,65 wurde als Bldg. von sehr stabilem *Procain-N-glucosid* (I) erkannt, die gleiche Erscheinung wurde bei Kombination anderer Aldosen mit anderen Lokalanästheticis vom Charakter prim. Amine beobachtet. Die zwischen Amino- u. Aldehydgruppe erfolgende Kondensation führt zum Verlust der Diazo- u. FEHLING-Rk., die (für die Prüfung solcher Verbb. von Bedeutung) erst nach scharfer saurer Hydrolyse wieder zu Tage treten. Zugabe von Alkali führt weder zur Fällung der Base noch ist letztere aus alkal. Milieu mit Chlf. extrahierbar. Darstellungsvorschrift für **I.** F. 140 bis 141°; kleine, farblose Kristalle, leicht lösl. in W.; $[\alpha]_D^{22,5}$ —74,0; Mutarotation; $K = 8{,}51 \cdot 10^{-6}$; pK_b 5,07. (J. Pharmacy Pharmacol. **3.** 741—47. Nov. 1951. Bardsley, Lancs., Thomas Kerfoot & Co.) M. D. LAUBSCHAT. 4806

A. Soldi, F. Gialdi und **R. Ponci**, *Pharmazeutisch-technische Übersicht über das Isonicotinsäurehydrazid.* Nach einer kurzen Übersicht über Eigg. u. Synth. des Isonicotinsäurehydrazids (I) berichten Vff. über eigene Unterss. des **I** in pharmazeut.-techn. Hinsicht. Zur Herst. von injizierbaren **I**-Lsgg. empfehlen Vff. die Verwendung von zweimal aus Glas dest. W. u. Füllung der Ampullen unter N_2. Zur Einstellung der Isotonie solcher Lsgg. ist NaCl geeignet, nicht aber Glucose, da diese mit dem **I** reagiert. Auch mit p-aminosalicylsaurem Na ist **I** nicht verträglich. Geringe **I**-Mengen, die $Cu^{\bullet\bullet}$-Spuren enthaltenden Vitamin-C-Lsgg. zugesetzt wurden, beschleunigten dessen oxydative Zerstörung. Abschließend zählen Vff. eine Reihe von Nachweis- u. Bestimmungsmethoden des **I** auf, sowie Rkk. zum Nachw. von freiem Hydrazin bzw. Isonicotinsäure in **I**-Präparaten. (Farmaco [Pavia] **7.** 200—08. März/April 1952. Pavia, Univ., Ist. di Chim. farmaceut., Sez. tecnica.) IPPEN. 4806

—, *Anautin.* Zus., physikal. u. chem. Eigg., Nachw., Reinheitsprobe, quantitative Best., Dosis u. Aufbewahrungsart von *Anautin* (I; Synonyma: *Amosyt, Dramamin, Dramyl, Neptusan*) [salzartige Verb. aus 1-Dimethylamino-2-diphenylmethoxyäthan u. 1.2.3.6-Tetrahydro-1.3-dimethyl-8-chlor-2.6-purindion] sowie Vorschriften für **I**-Tabletten u. **I**-Coffeintabletten werden angegeben. (Arch. Pharmac. og Chem. **59.** (**109.**) 972—76. 13/12. 1952. Kopenhagen, Danmarks Apotekerforenings Kontrollabor.) GEITZ. 4806

S. Rocchietta, *Über den Zusatz von Alginaten zu Adrenalinlösungen.* (Vgl. auch OUER, Ann. Allergy **1951.** 346.) Kurze Übersicht über Anwendbarkeit u. Vorteile von *Adrenalin*-Lsgg., die hauptsächlich unter Zusatz von Propylenglykolalginat hergestellt sind, mit Angabe von Rezepten. (Minerva med. [Torino] **43.** II. 377. 10/9. 1952.) IPPEN. 4808

P. Finholt und **T. Stokke**, *Einige Untersuchungen über die Haltbarkeit von Adrenalin in solutio ephedrini cum adrenalino (Edralin NAF 1942) und Versuche, die Stabilität des Präparates zu erhöhen.* Nach einer Literaturübersicht über die Haltbarkeit von Adrenalin (I) in wss. Lsgg. (Einfl. von Luft, Licht, Temp., p_H, oxydationsfördernden u.

hemmenden Verbb.) beschreiben Vff. ihre Unterss. über die Haltbarkeit von **I** in Edralin NAF 1942. Das Präp. hält sich gut in ganz gefüllten, braunen Flaschen im Kühlschrank. Mit steigendem p_H nimmt die Oxydationsgeschwindigkeit von **I** zu. Verss. mit Na-Pyrosulfit (**II**), Ascorbinsäure (**III**) u. Thioharnstoff (**IV**) als Stabilisatoren zeigten, daß **II** u. **III** die Haltbarkeit von **I** nicht beeinflussen. Mit der Oxydation von **II** geht der **I**-Geh. rasch zurück. Bei Zusatz von **III** wird die Lsg. mißfarbig; **III** wird rasch oxydiert. Nach 3 Monaten ist der Rückgang von **I** beträchtlich bei $p_H > 4{,}40$. **IV** (0,1%) ist bei $p_H \lesseqgtr 4{,}40$ ein sehr guter Stabilisator. Das Adrenalin wurde bei den Verss. colorimetr. nach v. EULER (Modifikation von THORVIK) bestimmt. — Tabellen. 33 Literaturhinweise. (Norges Apotekerforen Tidsskr. **60.** 323—31. Sept. 363—69. Okt. 395—400. Nov. 412—19. Dez. 1952. Norges Apotekerforenings Forsoks-Labor.) GEITZ. 4808

E. v. Wasielewski, *Die aerogene tuberkulöse Infektion und ihre Bekämpfung durch Aerosole und Glykoldämpfe.* Es werden Verff. zur Abtötung in der Luft suspendierter Tuberkelbacillen (**I**) beschrieben. Neben der Luftentkeimung durch UV-Licht kommt den Desinfektionsaerosolen u. -dämpfen besondere Bedeutung zu. Die Wirksamkeit beider Methoden gegenüber in der Luft schwebenden **I** wird bewiesen durch experimentelle Unterss. über die Aerosilisierbarkeit, Schwebedauer sowie das Verh. wss. u. mucinserumhaltiger **I**-Aerosole gegenüber Desinfektionsaerosolen u. TÄG-Dampf. (Z. Hyg. Infektionskrankh. **135.** 353—64. 1952. Mainz, Univ., Hyg.-Inst.) BOYE. 4834

D. Boocock, *Octylkresol, ein neues Baktericid.* Übersicht über die physikal., bakteriolog. u. tox. Eigg. sowie techn. Einsatzmöglichkeiten von *Octylkresol* (**I**; octyliertes m- u. p-Kresolgemisch mit ca. 10% o-Verb.). **I** ist ein sehr wirksames *Baktericid, Fungicid* u. *Viricid* von sehr geringer Toxizität. **I** zeigt sich stärker fungicid als chlorierte Phenole u. Kresol. Nach Verss. ist **I** bes. aussichtsreich zur hygien. Bekämpfung inhalativer Infektionen mittels Aerosolzerstäubung einer 20%ig. **I**-Lsg. in Triäthylenglykol in Arbeitsräumen u. Krankenhäusern (Dauerwirkungen bis zu ca. 1 Woche). — 10 Literaturzitate. (Manufact. Chemist pharmac. fine chem. Trade J. **22.** 308—10. Aug. 1951.) v. OSTEN. 4834

R. L. Stephens, *Die colorimetrische Bestimmung von Morphin und Diacetylmorphin.* Die der Arbeit zugrundeliegende Meth. des B. Ph. Cod., Verseifung des *Diacetylmorphins* (**I**) u. photometr. Best. des freiwerdenden *Morphins* als *Nitrosomorphin* (**II**), gibt zufolge unzureichender Konz. der zur Bldg. des **II** angewandten Menge *HCl*-Lsg. um 20% zu niedrige Werte. Sie ist dazu wegen ihrer hohen Empfindlichkeit gegenüber Konzentrationsschwankungen der HCl- u. Nitritlsg. eine sehr heikle Methode. Sie wird exakt, wenn nach Verseifung des **I** mit einer ausreichenden Menge HCl das Reaktionsprod. mit NaH_2PO_4 gepuffert, mit ausreichender Menge H_3PO_4 angesäuert u. in diesem Milieu die Bldg. des **II** vorgenommen wird. Die Rk. erfolgt rasch u. quantitativ, ist lange beständig u. weitgehend unabhängig von Konzentrationsschwankungen der Reagenzien. Ähnlich günstig liegen die Verhältnisse bei Verwendung von Oxalsäure an Stelle von H_3PO_4. (J. Pharmacy Pharmacol. **3.** 815—22. Nov. 1951.) M. D. LAUBSCHAT. 4880

Heinrich Mack Nachf., Illertissen (Erfinder: **Gerhard Pooch,** Berlin), *Gewinnung von Spinnengift.* Die in ein beiderseits offenes Rohr eingebrachte Spinne, z. B. Aranea, wird zwischen den Gifthaken mit einer feinen Saugcapillare gereizt u. das Sekret abgesogen. Das Verf. kann täglich wiederholt werden. (**D. B. P. 872 245** Kl. 30h vom 30/1. 1951, ausg. 30/3. 1953.) K. HEINZE. 4791

Adolf Knappwost, Neuhausen bei Urach, *Herstellen alkalischer Zemente für zahnärztliche Zwecke* aus dem Dreistoffsyst. $CaO-Al_2O_3-SiO_2$, dad. gek., daß feinstpulverige Mischungen von CaO, $Al_2O_3 \cdot 2\ SiO_2 \cdot 2\ H_2O$ (Kaolinit) u. SiO_2 bei $< 950°$ gebrannt werden. (**D. B. P. 858 296** Kl. 30h vom 12/8. 1951, ausg. 4/12. 1952.) E. PETERSEN. 4799

Luxema Soc. An., Luxemburg (Erfinder: **Henry Théophile Ledrut,** St. Gilles, Brüssel, Belgien), *Herstellung von Acylderivaten sekundärer Alkohole* der nebenst. allg. Formel, worin X eine gegebenenfalls substituierte Benzoylgruppe, R, R′ u. R″ einen Alkylrest u. NR'''_2 einen sek. Aminrest bedeuten, indem ein sek. Alkohol mit einem gegebenenfalls substituierten Benzoylhalogenid umgesetzt wird. Ein erhaltenes p-Nitrobenzoylderiv. wird zu dem p-Aminobenzoylderiv. reduziert. Z. B. wird der durch Hydrierung von α-Äthyl-α-diäthylaminomethylacetessigsäureäthylester erhaltene sek. Alkohol mittels Benzoylchlorid verestert. Hydrochlorid, F. 138°, Ester, F. 33°. — Ähnliche Prodd. erhält man aus α-Äthyl-α-piperidinomethylbenzoylessigsäureäthylester, α-Methyl-α-diäthylaminomethylacetessigsäureäthylester, α-Äthyl-α-dimethylaminomethylacetessigsäureäthylester oder α-Methyl-α-dimethylaminomethylbenzoylessigsäureäthylester über die daraus erhaltenen sek. Alkohole. Starke *Lokal-*

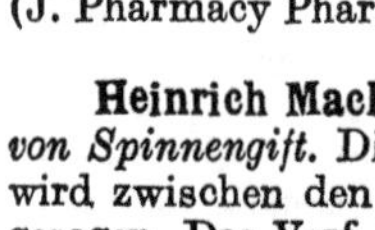

anästhetica. (**D. B. P. 862 014** Kl. 12q vom 30/7. 1949, ausg. 8/1. 1953. Belg. Prior. 27/3. 1948.) GRÄGER. 4807

Bruno Böttcher, Kronach, *Herstellung von 5-Thion-1.2-dithiolen* aus KW-stoffen mit einer >C=CH-Gruppe, deren Derivv. oder Substitutionsprodd. (I) durch Erhitzen mit 3 Atomen S pro Mol I auf >175°. Statt S können auch S-abgebende Stoffe (S_2Cl_2) verwendet werden. Aus Propylen: *5-Thion-1.2-dithiol*, $C_3H_2S_3$, F. 82°; aus Anethol: $C_{10}H_8OS_3$ (vermutlich *3-p-Methoxyphenyl-5-thion-1.2-dithiol*), F. 108,5°; aus Propenylbenzol: *3-Phenyl-5-thion-1.2-dithiol*, F. 126°; aus α-Pinen: Verb. mit F. 106°. — *Desinfizierende Stoffe mit therapeut. Wirkung.* (**D. B. P. 869 799** Kl. 12q vom 8/5. 1940, ausg. 9/3. 1953.) FABEL. 4807

Vial & Uhlmann Inh. Apoth. E. Rath (Erfinder: **Werner Ursum**), Frankfurt/M., *Stabilisieren konzentrierter Sulfonamidlösungen* dadurch, daß die Lsgg., die hydrophile Stoffe enthalten, mehrmals auf mindestens 80—90° erwärmt werden. — Z. B. wird eine Lsg., die neben Formamid in 100 cm³ 22,8 (g) p-Aminobenzolsulfonamidosulfosalicylat u. 10 p-Aminobenzolsulfonamid enthält, auf 90° erhitzt u. die Erhitzung nach 2 u. 4 Tagen wiederholt. (**D. B. P. 871 496** Kl. 30h vom 3/10. 1944, ausg. 23/3. 1953.) K. HEINZE. 4807

Schering Akt.-Ges. (Erfinder: **Hans Priewe und Rudi Rutkowski**), Berlin, *Herstellung von Aminosalicylsäureamiden*, indem Aminosalicylsäuren, bes. p-Aminosalicylsäure, in der Amino- u. Hydroxylgruppe acyliert, dann in der Carboxylgruppe halogeniert, bes. chloriert, u. die Halogenide mit prim. oder sek. Aminoverbb. von aliphat., alicycl., aromat., heterocycl. oder aromat.-heterocycl. Natur umgesetzt werden, worauf gegebenenfalls die freie Amino- u./oder Hydroxylgruppe im Kern wieder hergestellt wird. — Beispiele: N-(N'-Carbäthoxy-4'-aminosalicoyl)-4-amino-1-nitrobenzol, F. 262—263°; N-(4'-Aminosalicoyl)-4-amino-1-nitrobenzol, F. 276—278°; N-(4'-Aminosalicoyl)-2-aminothiazol, F. 247—248°; N-(4'-Aminosalicoyl)-2-amino-5-äthyl-1.3.4-thiodiazol, F. 263—264°; N^4-(4'-Aminosalicoyl)-aminobenzolsulfon-2-amido-5-äthyl-1.3.4-thiodiazol, F. 255 bis 256°; N-(N'-Acetyl-4'-aminosalicoyl)-4-aminobenzoesäure, F. 305—310°, oder deren Äthylester, F. 253—255°. *Arzneimittel.* (**D. B. P. 855 120** Kl. 12q vom 8/10. 1950, ausg. 5/1. 1953.) GRÄGER. 4807

Farbenfabriken Bayer, Leverkusen (Erfinder: **Richard Kuhn**, Heidelberg), *Lösungen von Dihalogendioxybenzilen* durch Verwendung von Borsäure oder deren Salzen als Lösungsvermittler. — Z. B. werden 5 (g) 5.5'-Dibrom-2.2'-dioxybenzil mit 3,1 Borsäure u. 2 NaOH in 50 W. klar gelöst. p_H 9,8. Nach Zugabe von 50 W. u. 2,5 NaH_2PO_4, p_H 7,8. — Injizierbare Flüssigkeit. (**D. B. P. 871 951** Kl. 30h vom 16/12. 1943, ausg. 26/3. 1953.) K. HEINZE. 4807

F. Hoffmann-La Roche & Co. Akt.-Ges., Basel, Schweiz (Erfinder: **Norbert Steiger**, Nutley, Essex, N. J., V. St. A.), *1.2-Naphthochinone und deren Salze* der allg. Formel I [R = H oder SO_3H, R_1 = $-NH(C_6H_4SO_2NH)_x-C_6H_4-SO_2NH-C_6H_4-(NHSO_2C_6H_4)_x-NH_2$ oder $-NH(C_6H_4SO_2NH)_y-C_6H_4-(NHSO_2\cdot C_6H_4)_y-NH_2$, x = 0, 1, 2, 3, 4, y = 1, 2, 3, 4, C_6H_4 in der Klammer enthält NH— u. SO_2— in p-Stellung zueinander] erhält man durch Kondensation einer 1.2-Naphthochinon-4-sulfonsäure, die noch eine weitere SO_3H-Gruppe enthalten kann, oder deren Alkalisalz mit dem R_1 entsprechenden Diamin, zweckmäßig in wss. Lösung. — p.p'-Bis-(p-{p-[p-(p-aminobenzolsulfonamido)-benzolsulfonamido]-benzolsulfonamido}-benzolsulfonamido)-benzolsulfonanilid wird in W. mit 1.2-naphthochinon-4-sulfonsaurem K unter Zusatz von Essigsäure umgesetzt, wobei man eine Verb. mit R = H u. R_1 = $NH(C_6H_4SO_2NH)_4-C_6H_4-SO_2NH-C_6H_4-(NHC_6H_4SO_2)_4-NH_2$ erhält. Ferner werden hergestellt: R = H, R_1 = $NHC_6H_4\cdot NHSO_2C_6\cdot H_4NH_2$; $-NH(C_6H_4SO_2NH)_3-C_6H_4-(NHSO_2C_6H_4)_3NH_2$; R_1 = $NH(C_6H_4SO_2NH)_4-C_6H_4-(NHSO_2C_6H_4)_4NH_2$ u. R = SO_3Na. Verwendung als *Chemotherapeutica*, bes. gegen *Amöben* u. *Viren.* (**D. B. P. 845 512** Kl. 12o vom 6/2. 1951, ausg. 31/7. 1952. A. Prior. 16/2. 1950.) KRAUSS. 4807

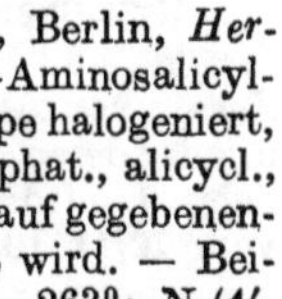

I

Chemiewerk Homburg Akt.-Ges. (Erfinder: **Erwin Kohlstaedt**), Frankfurt/M., *Konzentrierte wässerige Lösungen von Theophyllin oder Coffein* durch Verwendung von anderen Phenylalkylaminen als β-Phenylisopropylamin (oder seinen Derivv.) u./oder Derivv. dieser Phenylalkylamine, bes. N-Alkylaminen als Lösungsvermittler. — Z. B. werden 18 (g) bzw. 33 Theophyllin mit 12,1 bzw. 24,2 Phenyläthylamin in 100 W. klar gelöst. Es können auch 1-Phenyl-3-aminobutan oder 1-Phenyl-3-methylaminobutan verwendet werden. — Injizierbare Lösungen. (**D. B. P. 872 246** Kl. 30h vom 12/3. 1943, ausg. 30/3. 1953.) K. HEINZE. 4807

Rudolf H. Krebs, Berlin, *Herstellung von Salicyl-2-glucopyranose* (I). Äquimol. Mengen d-Glucose u. Salicylsäure werden zusammengeschmolzen; die in der Kälte erstarrte Schmelze wird mit W. ausgekocht, worauf I in der Kälte auskristallisiert. F. 169°. — Mittel *gegen Lyssa.* (**D. B. P. 870 118** Kl. 12q vom 31/7. 1951, ausg. 9/3. 1953.) FABEL. 4807

Farbenfabriken Bayer, Leverkusen, *Vitaminprodukt* durch Rk. von Vitamin B_1 (I) mit Naphthalin-1.5-disulfosäure (II) oder ihren Salzen in W. oder Alkohol. — Z. B. werden 10 (g) I in 100 W. gelöst u. unter Eiskühlung mit 10 II in 100 W. verrührt. Das schwer lösl. Additionsprod. krist. aus u. kann Nahrungsmitteln zugesetzt werden. (**E. P. 685 667** vom 5/12. 1950, ausg. 7/1. 1953. D. Prior. 5/12. 1949.) K. HEINZE. 4809

Research Corp., New York, N. Y., V. St. A., *Herstellung von Alkali- oder Erdalkalisalzen der Pantothensäure.* Man erhitzt Alkali- oder Erdalkalisalze von β-Alanin mit α-Oxy-$\beta.\beta$-dimethyl-γ-butyrolacton auf ca. 95°. Ausbeute ca. 92%. (**Dän. P. 73 138** vom 14/9. 1948, ausg. 1/10. 1951. A. Prior. 8/4. 1940.) JÜRGEN SCHMIDT. 4809

Fa. Paul Lappe (Erfinder: Helmuth Nafziger), Bensberg bei Köln, *Folsäure* erhält man durch Rk. von 5-Brom-2.4-diamino-6-oxypyrimidin mit p-(β-Amino-β-formyläthenyl)-aminobenzoylglutaminsäure. (**D. B. P. 871 012** Kl. 12p vom 20/10. 1951, ausg. 19/3. 1953. Oe. Prior. 24/11. 1950.) BRÖSAMLE. 4809

Kali-Chemie Akt.-Ges., Sehnde/Hann. (Erfinder: **Hermann M. Rauen,** Frankfurt/M., und **Karl-Heinz Kimbel,** Wiesbaden), *Stabilisieren von Folsäurepräparaten* durch Zusatz von Aminobenzoesäuren, Aminosulfonsäuren, Aminosulfonamiden, Eiweißverbb. u./oder deren Derivv., wie z. B. Tyrosin in Mengen von über 1%. Die Mischungen werden licht- u. luftdicht verpackt, gegebenenfalls unter inerten Gasen. (**D. B. P. 869 847** Kl. 30h vom 10/11. 1950, ausg. 9/3. 1953.) K. HEINZE. 4809

Distillers Co. Ltd., Edinburgh, und **John Talbot McCombie,** Epsom, England, *Gewinnung von Vitamin B_{12}* durch Züchtung mycelbildender Streptomycesarten, z. B. von Streptomyces griseus (I) unter aeroben Bedingungen, wobei das Wachstum vor einsetzender Autolyse unterbrochen wird. Das Vitamin B_{12} (II) wird aus dem abgetrennten Mycel bei p_H 6—9 mit heißem W. extrahiert. Der Extrakt kann mit einem proteolyt. Enzym behandelt werden. II kann aus dem eingedampften Extrakt mit in W. unlösl. organ. Lösungsmitteln ausgezogen werden, oder der Extrakt wird an Al_2O_3, Kieselgel, Stärke oder akt. Kohle chromatographiert u. dann mit Isopropanol oder Butanol eluiert. — Z. B. wird I in einer Nährlsg., die 0,7 (%) Fischmehl, 0,3 Hefeautolysat, 1 Glucose, 0,5 NaCl, 0,25 $MgSO_4$, 0,001 $FeSO_4$ u. 0,002 $Co(NO_3)_2$ enthält, bei 82° (!) unter starker Belüftung submers gezüchtet. Nach 44 Std. wird das Mycel abgetrennt, mit W. versetzt u. 2 Std. mit Dampf bei 100° behandelt. Der abgetrennte wss. II-Extrakt wird aufgearbeitet. (**E. P. 685 531** vom 21/6. 1949, ausg. 7/1. 1953.) K. HEINZE. 4809

Merck & Co., Inc., Rahway, N. J., V. St. A., *Herstellung von Vitamin $B_{12}a$* aus Vitamin B_{12} durch katalyt. Hydrierung in wss. Lsg., die gegebenenfalls Methanol u. HCl enthält. Als Katalysatoren werden Oxyde des Pt bzw. Pd oder RANEY-Ni verwendet. — Z. B. werden 26,3 (mg) Vitamin B_{12} in 15 cm³ W. mit 78 PtO bei 25° u. n. Druck unter H_2 20 Std. geschüttelt. Aufarbeitung ergibt rote Nadeln von *Vitamin $B_{12}a$.* Brechungsindex —1,580 —1,640 bzw. —1,656. — *Antiperniciosawirkung.* (**E. P. 678 950** vom 6/2. 1950, ausg. 10/9. 1952. A. Priorr. 17/2. u. 3/8. 1949.) K. HEINZE. 4809

Upjohn Co., Kalamazoo, Mich., V. St. A., *Extraktion von Vitamin B_{12}* aus wss. Lsgg. mit wasserlösl. Alkoholen von 2—4 C-Atomen u./oder wassermischbaren Ketonen von 3—4 C-Atomen u. Aussalzen des organ. Lösungsm. mit anorgan. Salzen. — Z. B. werden 32 (Gallonen) einer wss. Vitamin-B_{12}-Lsg. mit 8 Isopropanol (I) u. 120 lbs. $(NH_4)_2 \cdot SO_4$ versetzt. Nach Trennung der Schichten enthält das I die Hauptmenge B_{12}. — Weitere Beispiele. (**E. P. 675 415** vom 5/5. 1950, ausg. 9/7. 1952. A. Prior. 27/2. 1950.) K. HEINZE. 4809

Research Corp., New York, N. Y., V. St. A., *Reinigung von Vitamin B_{12}* durch Adsorption u. Eluieren mit Hilfe von Carboxylgruppen enthaltenden Ionenaustauschern, wie „Amberlite IRC 50“. (**E. P. 683 254** vom 21/12. 1950, ausg. 26/11. 1952. A. Prior. 4/1. 1950.) K. HEINZE. 4809

Ayerst, McKenna & Harrison Ltd., St. Laurent, Can., *Gewinnung östrogener Stoffe* aus dem Harn schwangerer Stuten durch Zusatz von organ. Basen, Ansäuern u. Extrahieren mit gegebenenfalls halogenierten KW-stoffen. Als Basen werden Procain, 2-Amidopyridin, Dimethylamin, Dicyclohexylamin, Anilin, Pyridin u. als Extraktionsmittel Bzl., Chlf., Methylenchlorid oder Äthylendichlorid verwendet. — Beispiele. (**E. P. 682 926** vom 1/5. 1951, ausg. 19/11. 1952. **Belg. P. 503 555** vom 28/5. 1951, ausg. 26/9. 1952. Beide Can. Prior. 2/6. 1950.) K. HEINZE. 4809

Schering Akt.-Ges. (Erfinder: **Theodor Dorfmüller** und **Jean Barollier**), Berlin, *Herstellung protrahiert wirkender Insulinpräparate* durch Rk. von Insulin (I) oder seinen

Salzen mit Nicotinoylprotaminen oder ihren Salzen, gegebenenfalls mit in W. lösl. Cu-Salzen. Die Prodd. können durch Einstellung des p_H-Wertes auf 7,2—7,3 gefällt werden. Als Protamine kommen Clupein oder Clupeon in Betracht. — Z. B. werden 10 mg I-Hydrochlorid in 4 cm^3 W. gelöst u. mit einer Lsg. von 1,5 (mg) Nicotinoylclupein, 0,1 $CuCl_2$ in 1 cm^3 W. vermischt. Der p_H-Wert wird durch Zusatz von Blutserum auf 7,2—7,3 eingestellt. Verb. fällt aus. (**D. B. P. 870 469** Kl. 30h vom 1/2. 1942, ausg. 12/3. 1953.) K. HEINZE. 4809

Schering Akt.-Ges. (Erfinder: **Jean Barollier**, Berlin, und **Theodor Dorfmüller**, Bayreuth), *Herstellung protrahiert wirkender Insulinverbindungen* durch Rk. von Insulin (I) mit bas. Derivv. der Steroidreihe, bes. der Gallensäurereihe. Es können mit NH_3 komplexbildende, in Ggw. von Cl-Ionen leicht lösl. Metallverbb. z. B. von Cu, Co, Ni oder Zn, wie $ZnCl_2$, zugegeben werden. Rk. erfolgt in W. oder wss. Alkohol. Es werden bes. Aminogallensäuren verwendet. — Z. B. werden 50 g I in 19,88 Liter verd. HCl gelöst. Dann werden 60 (cm^3) Trikresol u. 160 einer Lsg. von 17,5 g 3.7-Diaminogallensäuredihydrochlorid in 1 Liter W. zugesetzt. p_H wird mit n/10 KOH auf 6,9—7,2 eingestellt; vorher kann 1 g $ZnCl_2$ zugesetzt werden. Die entstehende Suspension ist injizierbar. — Weitere Beispiele. (**D. B. P. 871 950** Kl. 30h vom 4/2. 1944, ausg. 26/3. 1953.) K. HEINZE. 4809

Løvens Kemiske Fabrik ved. A. Kongsted, Kopenhagen, Dänemark, *Herstellung von Penicillin.* Die Herst. von Penicillin durch Gärung wird in Ggw. von *Phenacetursäureestern,* bes. mit Aminoalkoholen, wie Diäthylaminoäthanol, durchgeführt. Hierdurch wird die Ausbeute an *G-Penicillin* wesentlich erhöht. (**Dän. P. 73147** vom 5/5. 1948, ausg. 1/10. 1951.) JÜRGEN SCHMIDT. 4811

Løvens Kemiske Fabrik ved. A. Kongsted, Kopenhagen, Dänemark, *Herstellung von für Injektionszwecke geeigneten Kristallen aus Fällungen einer schwerlöslichen Verbindung von Penicillin mit einer organischen Base, besonders Procain-Penicillin.* Wss. Lsgg. von Penicillinsalzen u. -basen werden in Ggw. von Kristallkeimen der gewünschten Verb. gemischt, wobei der Kristallkeim in Form einer Aufschlämmung angewendet wird; diese muß frei sein von Keimen, deren Größe sich der der gewünschten Kristalle nähert, sowie von Keimen, die zu klein sind, um sich sicher zählen zu lassen. Man benützt eine Procain-Penicillin-Aufschlämmung, die ca. 400 Milliarden Keime der Größenordnung $\leqq 45\ \mu$ je kg Penicillin enthält. (**Dän. P. 73 199** vom 11/6. 1949, ausg. 15/10. 1951.) JÜRGEN SCHMIDT. 4811

Ludwig Brunner K. G., Bad Homburg v. d. Höhe, *Adsorbierend wirkendes Arzneimittel* durch Beladen großoberflächiger Stoffe mit mehreren Metallionen abgebenden Verbindungen. — Z. B. werden 6 g NaCl in 25 Liter W. gelöst u. in der Hitze mit 2,5 (kg) akt. Kohle u. 6 $Al(OH)_3$ gerührt. Nach Abkühlen werden 17 g $AgNO_3$ in 2 Liter W. zugegeben u. 1,5 $CaCO_3$ eingerührt. Nd. wird abgetrennt u. mit 10 Liter Methylcelluloselsg. (10%ig) versetzt, getrocknet u. gemahlen. — *Gegen Magen- u. Darmkatarrh.* (**D. B. P. 871 819** Kl. 30h vom 2/10. 1948, ausg. 26/3. 1953. F. Prior. 26/5. 1948.) K. HEINZE. 4815

Coffarom Akt.-Ges., Glarus, Schweiz, *Lävulose enthaltende Injektionslösung* durch Hydrolyse von reinstem Inulin u. anschließende Sterilisation. Die Hydrolyse kann unter Druck in Ggw. von Säuren, wie CO_2, Ameisen- bzw. Milchsäure, erfolgen. Die Lsg. kann über Kohle gereinigt, neutralisiert u. anschließend mit Strophanthin versetzt werden. (**Schwz. P. 277 825** vom 5/2. 1949, ausg. 17/12. 1951.) K. HEINZE. 4815

A. **Liot et Goris**, Incompatibilités pharmaceutiques Liste de synonymie des principaux médicaments chimiques. Paris: Le François. (188 S.) fr. 900,—.

G. Analyse. Laboratorium.

E. R. Harrison, *Eine einfache Methode zur Reinigung von Wasserstoff, Stickstoff und Edelgasen.* Vf. empfiehlt zur Reinigung des Handels-H_2, -N_2 u. -Ar von der Mehrzahl der darin vorliegenden Verunreinigungen, bes. jedoch von Wasserdampf u. O_2, die Benutzung einer einfachen Falle (nähere Beschreibung vgl. Original), die mit einer bei Raumtemp. fl. K–Na-Legierung (25% Na, 75% K) beschickt ist. Diese Vorr. ist, wie einfache Unterss. zeigen, zur Trocknung von Gasen genau so gut geeignet wie Silicagel u. $CaCl_2$ u. etwas weniger wirksam als $Mg(ClO_4)_2$. Sie hat jedoch den Vorteil, daß andere Verunreinigungen, vor allem O_2, zusätzlich entfernt werden. Verss., den Gasstrom zur Erhöhung der Wirksamkeit durch Durchleiten durch feine Öffnungen in eine Anzahl feiner Gasbläschen aufzuspalten, schlugen fehl. Vermutlich kann dies erreicht werden, wenn eine Falle zur Anwendung kommt, die feine Glasspiralen u. kurze Glasstückchen enthält. (J. sci. Instruments **29.** 295. Sept. 1952. Harwell, Berks., Atomic Energy Res. Establ.) GEDSCHOLD. 5006

E. Hæffner und **C. G. Österlundh,** *Gerät zur Extraktion von Uranylnitrat mit Äther.* Je 1 Gerät zur kontinuierlichen u. diskontinuierlichen Extraktion von *Uranylnitrat* (I) mit Ae. wird beschrieben. Die Trennung des U von anderen Elementen beruht auf der Löslichkeit von I in Ae., so daß I im Gegensatz zu anderen, in Ae. unlösl. Metallsalzen aus einer wss. Lsg. mit Ae. ausgezogen werden kann. (I V A **23.** 265—68. 1952. Stockholm, AB Atomenergi, Dep. of Phys.) WESLY. 5006

R. L. Bickerdike, *Drei Laboratoriumsöfen für hohe Temperaturen.* Beschreibung eines evakuierbaren elektr. Bogenofens, der eine Abänderung der bekannten Konstruktionen von KROLL u. GEACH darstellt u. geeignet ist z. B. zur Darst. von Ti oder W; ferner eines ebenfalls evakuierbaren W-Widerstandsofens u. schließlich eines Hochfrequenz-Induktionsofens, dessen Heizteil aus einem Mo-Rohr besteht u. in horizontaler Anordnung benutzt werden kann. (Métaux **26.** 415—21. Okt. 1951. Farnborough, Royal Aircraft Establ.) RUMPF. 5028

R. T. Hukki und **O. Vartiainen,** *Entschlämmung in einer Laboratoriumszentrifuge für Reihenversuche.* Beschreibung einer Zentrifuge für Entschlämmungsreihenversuche. (Suomen Kemistilehti **25.** B 54—58. 1952. Finland Inst. of Technol., Dep. of Mining and Metallurgy.) WESLY. 5036

A. G. Epprecht, *Die Viscosität und ihre Bestimmung im Laboratorium und im Betrieb.* Besprochen werden der FORD-Becher, die Viscosimeter nach ENGLER, OSTWALD, HÖPPLER, sowie das koaxiale Zylinderviscosimeter nach DRAGE in seinen verschied. Ausführungsformen. (Ind. Vernice **6.** 197—201. 1952. Zürich.) HENTSCHEL. 5040

Lawrence M. White und **Richard T. Morris,** *Eine abgeänderte Signer-Apparatur zur Molekulargewichtsbestimmung.* Vff. beschreiben eine App. zur Best. des Mol.-Gew. durch isotherme Dest. einer Lsg. der unbekannten organ. Verb. u. einer Lsg. einer Vergleichssubstanz bis zur Einstellung konstanten Dampfdruckes u. damit Bldg. isomol. Lösungen. Die App. unterscheidet sich von der von CLARK beschriebenen (vgl. Ind. Engng. Chem., analyt. Edit. **13.** [1941.] 820) im wesentlichen dadurch, daß die App. nach dem Evakuieren nicht zugeschmolzen, sondern durch ein drehbares Schliffabsaugrohr u. eine mit Hg gedichtete Schliffkappe verschlossen wird. (Analytic. Chem. **24.** 1063—64. Juni 1952. Albany, Calif., Western Reg. Res. Labor.) MOISAR. 5044

Robert C. Axtmann, *Dielektrizitätskonstanten-Meßgerät für kinetische Untersuchungen.* Eingehende Beschreibung eines DK.-Meßgerätes. Es soll geringe Änderungen der DK. anzeigen zur Messung von Reaktionsgeschwindigkeiten. (Analytic. Chem. **24.** 783—85. Mai 1952. Tokyo, Tokyo Inst. of Technol.) K. L. WOLF. 5048

J. Minczewski, *Moderne analytische Methoden.* 1. Mitt. *Chemische und physikalisch-chemische Methoden.* Übersicht über moderne analyt., allg. physikochem. Methoden, ihre Anwendbarkeit, Herst. der erforderlichen App. u. Meßverfahren. Einteilung der Methoden: 1. Chem. (Gewichts- u. Maßanalyse, Identitätsprobe); 2. Physikochem.: a) opt. (colori-, nephelo-, polari- u. refraktometr.), b) elektrochem. (p_H-, potentio-, kondukto-, amperometr., polarograph.), c) sorptive (Ionite = Wofatite, Chromatographie mit Kolonnen u. Tüpfelpapier). (Przemysł chem. **7.** (**30.**) 326—33. Juni 1951. Hauptinst. für industrielle Chemie, Analyt. Abt.) v. WILPERT. 5050

J. Świętosławska-Ścisłowska, *Moderne analytische Methoden.* 2. Mitt. *Physikalische Methoden.* (1. vgl. vorst. Ref.) Die Verff. auf vorwiegend physikal. Grundlage werden in: A. Spektralanalyt. Methoden, RAMAN-Spektren, Fluorometrie, B. Röntgenanalyse, C. Massenspektrograph. Analyse, D. Radiometr. Kernstrahlenanalyse eingeteilt. Vf. gibt eine grundlagenmäßige Übersicht für das Auftreten aller dieser verschied. Strahlengattungen im Analysenbereich der Praxis u. über die Anwendungen. (Przemysł chem. **7.** (**30.**) 334—41. Juni 1951.) v. WILPERT. 5050

Oliver G. Lien jr., Elbert A. Peterson und **David M. Greenberg,** *Automatischer Fraktionensammler für die Säulenchromatographie.* Die Peripherie eines drehbaren Rundtisches ist mit den Aufnahmebehältern für die Fraktionen besetzt. Eine ebenfalls drehbare Sektorenscheibe steht so mit einer an einer Ausfließcapillare, die am Ende der Chromatographiersäule angebracht ist, befestigten Mitnehmervorr. in Verbindung, daß bei Rotation sowohl des Rundtisches als auch der Sektorenscheibe die austropfende Fl. gleichmäßig auf die Behälter verteilt wird. Durch eine geeignete Einstellung kann die Zahl der Fraktionen variiert werden. Die Vorr. wurde in Verbindung mit einer Harzaustauschersäule zur Trennung radioakt. *Aminosäuren* aus Rattenleberzubereitungen benutzt. Eine über den Behältern montierte Trockenlampe besorgte das Trocknen der darunter wegkreisenden Proben. (Analytic. Chem. **24.** 920—21. Mai 1952. Berkeley, Calif., Univ., School of Med.) ENDRASS. 5062

K. Semm und **R. Fried,** *Einfache Apparatur zur Fluorescenzmessung auf Filterpapierstreifen.* In der beschriebenen App. wird die Transmutation der Strahlung ausgewertet, die stattfindet, wenn ein fluorescierender Stoff mit UV-Licht bestrahlt wird, wobei er Strahlen sichtbarer Wellenlänge aussendet. Mit der App. wird durch einfache photometr. Messung die Menge des fluorescierenden Stoffes nach seiner ionophoret. Trennung auf Filterpapier bestimmt. (Naturwissenschaften **39.** 326—27. Juli 1952. München.) BOYE. 5063

H. Bückert, *Ein neues Bogengerät.* Es wird ein neues, nach dem PFEILSTICKER-Prinzip arbeitendes Abreißbogengerät beschrieben, das durch eine bes. fein abgestufte Regelung von Zünd- u. Ruhestromdauer in 20 verschied. feststehenden Stufen u. ein neukonstruiertes mechan. Unterbrechersyst. gek. ist. Daneben kann mit Gleichstrom- u. Wechselstromdauerbogen gearbeitet werden. Die Stromstärken sind innerhalb 0,3 u. 15 A regelbar, die Spannung zwischen 150 u. 300 V. (Spectrochim. Acta [London] **4.** 525—32. 1952. Milano, Optica, Soc. p. Az.) WERNER. 5063

Geraldine W. Haupt, *Eine alkalische Lösung von Kaliumchromat als Standard für die Durchlässigkeit im Ultraviolett.* Die Forderung nach einem Mittel, die Genauigkeit der photometr. Skala eines Spektrophotometers im UV zu prüfen, veranlaßte die Unterss. von wss. K_2CrO_4-Lsgg. (0,0400 g K_2CrO_4/Liter in 0,05nKOH). Die spektrale Durchlässigkeit wurde für 1,00—2,00 cm Schichtdicke bei 25° von 220—500 mμ photograph., photoelektr. u. visuell mit 5 verschied. Spektrophotometern geprüft. Die Durchlässigkeitskurve u. die Absorptionskurve sind dargestellt. Die Durchlässigkeit bzw. die Absorption ist temperaturabhängig. Bei längerem Stehen im Vorratsgefäß bis zu mehreren Jahren ändert sich die Absorption der Lsg. nicht. Bes. die alkal.-wss. Lsg. ist ihrer noch besseren Haltbarkeit wegen als Standard im UV unter Zuhilfenahme der experimentellen Korrekturtabellen für die Temp. gut geeignet. (J. Res. nat. Bur. Standards **48.** 414—23. Juni 1952. Washington.) D. BRÜCK. 5063

A. Strasheim, *Untersuchung über den Einfluß des optischen Systems des Mikrophotometers auf die Plattenkalibrierungskurve.* Es werden die Eigg. von 4 Mikrophotometern (ZEISS, LEEDS u. NORTHRUP, A. R. L. u. OPTICA MILANO) miteinander verglichen. Hierbei wird festgestellt, daß die Mikrophotometer von ZEISS, A. R. L. u. OPTICA MILANO zwar bei Verwendung genügender Linienbreiten ausreichende Werte liefern, daß aber bei der Messung schmaler Linien das Instrument von LEEDS u. NORTHRUP den erstgenannten überlegen ist. Die Instrumente von ZEISS u. OPTICA MILANO sind hinsichtlich des Einfl. des Streulichtes gleichwertig, doch muß die Spaltbreite am Photometer weniger als $^1/_6$ der Linienbreite betragen, wenn der Einfl. von Streulicht vermieden werden soll. Bei dem A. R. L.-Instrument soll die Spaltbreite ca. $^1/_3$ der Linienbreite betragen. Bei Linienbreiten von 0,03 mm sind die Instrumente von LEEDS u. NORTHRUP u. A. R. L. prakt. gleichwertig. Die allg. Überlegenheit des Mikrophotometers von LEEDS u. NORTHRUP beruht auf der Verwendung eines sehr schmalen Beleuchtungsdrahtes im Lampensystem. Das durch das Abbildungssyst. auf der Gelatineschicht der photograph. Platte erzeugte Bild der Lichtquelle beträgt nur ca. $^1/_3$ der Breite der schwächsten Linien. Ein gewisser Nachteil des letztgenannten Syst. ist die nicht ausreichende Übersicht über das Spektr., die bei Reihenanalysen stört. (Spectrochim. Acta [London] **4.** 489—95. 1952. Pretoria, South Africa, Nat. Phys. Labor.) WERNER. 5064

R. Rands, *Die Einstellung von Jodlösungen mit eingestellter Natriumthiosulfatlösung.* Vf. stellte fest, daß bei der Einstellung von J_2-Lsg. mit $^1/_{10}$n$Na_2S_2O_3$-Lsg., die durch 3,8 g *Borax*/Liter stabilisiert wurde, zu niedrige Werte gefunden wurden. Dies ist auf die alkal. Rk. des Borax zurückzuführen. Im alkal. Medium verläuft die Rk. nach: $S_2O_3^{2-} + 4\,J_2 + 10\,OH^- \rightarrow 2\,SO_4^{2-} + 8\,J^- + 5\,H_2O$. Durch Zugabe von 2 ml 1nH_2SO_4 zu 20 ml J_2-Lsg., auf 100 ml aufgefüllt, werden theoret. Werte erhalten. (Chem. and Ind. **1952.** 1001. 11/10. Manchester, Hardman and Holden, Ltd., Res. Dep.) MOSLÉ. 5070

Hans Scholz, *Ein verbesserter Orsat-Apparat.* Für die Heizwertberechnung aus der ORSAT-Analyse wurde eine neue Doppelbürette entwickelt, wodurch der Fehlerbereich für die schweren KW-stoffe gegenüber den H- u. CO-Gehh. erniedrigt wird. Die Absorber wurden durch einen Schlammfänger verbessert. In das Überleitungsrohr wurde eine Kalilaugefalle eingebaut. Für eine allgemeingültige Umrechnung werden als Grundlage calorimetr. Messungen empfohlen. (Chemiker-Ztg. **76.** 703—05. 20/10. 1952. Dortmund-Hörde.) WALCKER. 5086

Louis E. Owen, *Gastransportelektroden.* Vf. beschreibt eine elektr. Funkenstrecke, die zur chem. Analyse von Gasen oder zerstäubten Lsgg. verwendet werden kann. Die Vorr. kann entweder an freier Luft arbeiten, oder aber die Funkenstrecke ist in einem Quarzglaskörper eingeschmolzen, der mit einem planen Fenster für die spektrale Beobachtung der Entladung versehen ist. Die für die Beobachtung von Flüssigkeitsnebeln erforderliche Zerstäubungsanlage ist mit der Funkenstrecke zu einer Baueinheit vereinigt. Die beiden Elektroden sind aus zylindr. Graphitstäben mit zentralen Bohrungen hergestellt, letztere dienen der Zufuhr des zu untersuchenden Gases oder Dampfes. (J. opt. Soc. America **41.** 709—11. Okt. 1951. Oak Ridge, Tenn., NEPA-Project, Chem. Sect.) Reusse. 5086

a) Elemente und anorganische Verbindungen.

T. Lipiec und **M. Pryszczewska,** *Eine neue Methode zur Einteilung der analytischen Gruppen ohne Anwendung von Schwefelwasserstoff und Ammoniumsulfid, die in den Hochschullaboratorien eingeführt worden ist.* Die von Fesenius 1840 vorgeschlagene u. seitdem allg. durchgeführte Gruppentrennung durch H_2S wird in einigen analyt. Laborr. Polens durch die Abscheidung der Sulfide der II. analyt. Gruppe mit einer 0,5n (3,75%ig.) wss. Lsg. von *Thioacetamid* ersetzt. Das Absitzen der Ndd. erfolgt mit diesem Reagens rascher u. deutlicher, der Verbrauch an Reagens ist gering. Die Ndd. werden abzentrifugiert, u. die weitere Trennung erfolgt mit geringen Abweichungen in der üblichen Weise, unter Beibehaltung der didakt. geeigneten Gruppentrennung (I—V); die Trennung der Elemente der Gruppen I u. II ist angegeben; die Sulfide der III. Gruppe fallen durch Thioacetamid (wie auch im üblichen Analysengang) nicht mit aus. (Przemysł chem. **7.** (**30.**) 349—52. Juni 1951. Łodz, Med. Akad., Pharm. Abt., Inst. für anorgan. u. analyt. Chem.) v. Wilpert. 5100

Z. Marczenko, *Organische Reagentien in der anorganischen Analyse.* Im einzelnen werden behandelt: *8-Oxychinolin* (*Oxin*; zur Best. von Al, Mg, Ti, Zn), *Anthranilsäure* (Zn, Cd, Co, Mn, Sn), *Cupferron* (Cu, Fe, gegebenenfalls auch Ti, Sn, Bi, Zn, Th), *Dimethylglyoxim* (Ni, Pd), *α-Nitroso-β-naphthol* (Co), *Thionalid* (spezif. für Th, fällt wie H_2S: Cu, Ag, Hg, Sn, As), *Dithizon* (Diphenylthiocarbazon zur Best. von Spuren Sn, Cu, Bi, Cd), *Nitron* (zur NO_3-Best.), *Na-Rhodizonat* (Best. des Ba-Überschusses bei der SO_4-Best.), *Natriumdiäthyldithiocarbamat* (Cu-Spuren), *Titangelb* (Mg), *o-Phenanthrolin* (Fe^{2+}), *α.α'-Dipyridyl* (Fe^{2+}), *Sulfosalicylsäure* (Fe), *Hexanitrodiphenylamin* (K), *Aluminon* (Al), *Thioacetamid* (H_2S-Ersatz), *Na-Versenat* (Di-Na-Salz der Äthylendiamintetraessigsäure; Härtebest. des W.). (Przemysł chem. **7.** (**30.**) 341—48. Juni 1951. Haupt-Inst. für industrielle Chemie, Analyt. Abt.) v. Wilpert. 5100

Cl. Franzke und **K. Romminger,** *Bemerkungen zum Nachweis von Nitrit und zum Nachweis von Nitrat neben Nitrit auf Grund der Flüchtigkeit des Methylnitrits.* Es wird eine Meth. beschrieben, um Nitrit zu isolieren, da der Nachw. durch viele Anionen gestört wird. Dazu wird die HNO_2 mit Methanol verestert u. das entstehende Methylnitrit (Kp. -12^0) in eine entsprechende Vorlage geleitet, in der es mit verd. H_2SO_4 verseift wird. Die HNO_2 kann dann nach den üblichen Verff. nachgewiesen werden. Bei Verwendung von Jodzinkstärkelsg. traten bei Ggw. von BrO_3^-, ClO^-, SO_3^{--} u. $S_2O_3^{--}$ Störungen auf, die bei Anwendung von $FeSO_4$-Lsg. vermieden werden konnten. Der Nachw. von NO_3^- macht nach der Entfernung des NO_2^- als Methylnitrit in der zurückbleibenden Lsg. keine Schwierigkeiten mehr. (Z. analyt. Chem. **136.** 1—4. 1952. Berlin, Humboldt-Univ., Inst. für Lebensmittelchem.) Knöpke. G 243

C. R. Castor und **J. H. Saylor,** *Amperometrische Fluoridbestimmung.* Die polarograph. Stufe des Farbstoffs *Superchrome Garnet Y* (*Na-Salz von 5-Sulfo-2-oxybenzolazoresorcin*) (**I**) ist in Ggw. von Al-Ionen in zwei Stufen aufgeteilt, deren erste der Konz. des freien **I** in der Lsg. entspricht, während die Höhe der zweiten proportional der als Al-**I**-Komplexionen vorliegenden Al-Konz. ist. Auf Zusatz von Fluoridionen tritt infolge Bldg. von AlF_6'''-Ionen Erhöhung der 1. Stufe u. Erniedrigung der 2. Stufe ein. Auf dieser Grundlage beruht das beschriebene Verf. zur amperometr. Titration von Fluorid. — In der Probelsg. (ca. 50 cm^3) löst man 11,4 g KCl u. 1,0 g wasserfreies Na-Acetat, stellt den p_H-Wert der Lsg. mit konz. HCl oder NaOH auf 4,6 ein u. verd. mit dest. W. auf 100 cm^3. Einen 2—8 mg Fluorid enthaltenden aliquoten Anteil dieser Lsg. gibt man in die Titrationszelle, vertreibt die Luft durch 10—15 Min. langes Einleiten von N_2 u. titriert bei einer angelegten Spannung von —0,370 V gegen die gesätt. Kalomelelektrode mit nachst. Al-**I**-Reagenslsg. aus einer Mikrobürette, wobei man die Fl. nach jedem Reagenszusatz mit N_2 aufrührt. Die abgelesenen Diffusionsstromwerte des freien **I** trägt man nach Anbringung einer Korrektur für die Volumenzunahme während der Titration graph. gegen die zugesetzte Reagensmenge auf u. verlängert die beiden Äste der Kurve bis zum Schnittpunkt, welcher den Äquivalenzpunkt der Titration nach der Rk. Al^{3+}-**I** + 6 $F' \rightarrow AlF_6''' +$ **I** darstellt. Zur Herst. der Al-**I**-Reagenslsg. löst man 4,900 g **I** (National Aniline Div., Allied Chemical and Dye Corp.) in ca. 800 cm^3 dest. W., fügt 1,0540 g hydratisiertes $AlCl_3$ u. 5,0 g wasserfreies Na-Acetat zu, stellt mit konz. HCl auf p_H 4,6 ein u. verd. auf 1000 cm^3. — Die Best. wird vor allem durch Co, Fe, Ni, Th,

Ti, V u. Zr gestört. Die Ionen dieser Elemente müssen durch Elektrolyse an einer Hg-Kathode beseitigt oder durch Dest. das F nach WILLARD-WINTER abgetrennt werden. Sulfat- u. Silicationen haben bis zu einer Konz. von 20 mg/100 cm^3 keinen Einfluß. Phosphationen stören in Konzz. von mehr als 10 mg/100 cm^3. Na-, K-, Cl- u. Acetationen wirken auch in großen Mengen nicht störend. (Analytic. Chem. **24**. 1369—71. Aug. 1952. Durham, N. C., Duke Univ.) FORCHE. G 246

W. Geilmann (unter Mitarbeit von: **Waltraud Geilmann** und **Gisela Drees**), *Zur Bestimmung der Kohlensäure in Carbonaten.* Vff. überprüfen folgende Methoden zur Best. von CO_2, das aus Carbonaten in Freiheit gesetzt wurde, u. teilen ausführliche Arbeitsmethoden u. Fehlerquellen mit. 1. Die einfache gasvolumetr. Bestimmung. Um die Löslichkeit des CO_2 in der Zersetzungssäure zurückzudrängen, werden zu 3 ml Säure 4 g $CaCl_2 \cdot 6\,H_2O$ (I) bzw. 2 g $Ca(ClO_4)_2$ zugegeben. Der Fehler beträgt —0,5 ml CO_2 bei Verwendung von 3 ml HCl u. I bzw. —0,2 ml CO_2 bei Verwendung von $HClO_4$. 2. Verf. nach LUNGE u. RITTENER (Z. angew. Chem. **1906**. 1849). Der durch die Löslichkeit des CO_2 in der Zersetzungssäure hervorgerufene Fehler wird durch gleichzeitige H_2-Entw. aus Al ausgeschaltet. Die Originalapp. wurde etwas abgewandelt. Fehler ±0,1 ml CO_2. 3. Maßanalyt. Verfahren. Unter Durchströmen CO_2-freier Luft wird das durch Säure in Freiheit gesetzte CO_2 in Barytlauge absorbiert u. dann gegen Phenolphthalein titriert. Fehler ±0,1%. 4. Die Best. nach VAN SLYKE (Z. analyt. Chem. **68**. [1926.] 119) ist bes. zur CO_2-Best. aus leicht zersetzlichen Carbonaten geeignet. Fehler ±0,1%. (Z. analyt. Chem. **136**. 262—69. 1952. Mainz, Univ., Anorgan.-analyt. Abt. des Chem. Inst.) MOSLÉ. G 260

Alwin Schleicher und **Josef Bochem**, *Über die Einsatzfähigkeit einiger Methoden zur Bestimmung der Phosphorsäure in Wasser und wässerigen Lösungen.* In einer Zusammenstellung werden die Einsatzgebiete von 9 verschied. Verff. zur Best. der H_3PO_4 geprüft. Als Kriterien gelten dabei die Genauigkeit, die Verwendungsfähigkeit bei Ggw. störender Bestandteile, der Konzentrationsbereich u. der Zeitaufwand für die analyt. Bestimmung. Um die Verff. zahlenmäßig vergleichen zu können, haben Vff. eine Formel aufgestellt, in der die einzelnen Faktoren berücksichtigt wurden. Die Ergebnisse sind in Tabellen zusammengestellt. — 12 Literaturangaben. (Z. analyt. Chem. **136**. 4—17. 1952. Aachen.) KNÖPKE. G 264

Oskar Glemser und **Walter Dautzenberg**, *Zur colorimetrischen Bestimmung des Magnesiums mit Titangelb.* Die colorimetr. Erfassungsgrenze der Adsorptionsverb. von koll. $Mg(OH)_2$-*Titangelb* (I) ist nach unten durch das Löslichkeitsprod. des $Mg(OH)_2$ u. nach oben durch die Mg-Konz. begrenzt, bei der das zugefügte Schutzkoll. nicht mehr ausreicht, die Koagulation des $Mg(OH)_2$ zu verhindern. Mit *Glycerin* u. *Stärke* können 2000 μg Mg/100 ml u. mit 25 ml einer 2%ig. *Polyvinylalkohol*-Lsg. 20000 μg Mg/100 ml als $Mg(OH)_2$ in koll. Lsg. gehalten werden. Vff. weisen röntgenograph. u. mit dem Elektronenmikroskop nach, daß tatsächlich eine Adsorptionsverb. zwischen $Mg(OH)_2$ u. I vorliegt. Der Einfl. der OH^--Konz. auf die Extinktion wird untersucht. Sie ändert sich nicht, wenn 10 ml u. mehr 2nNaOH zu 100 ml Lsg. gegeben werden. Durch Zugabe von 15 mg u. mehr Ca/100 ml Lsg. bleibt der Einfl. der Ca^{2+}-Ionen auf die Extinktion unverändert. Die Beständigkeit der Farblsg. u. der Einfl. der I-Menge wurde untersucht. Eichkurven u. Arbeitsvorschriften werden mitgeteilt. Die Best. wird gestört durch *Mn, Fe, Cu, Co, Ni, Cd, Zn, Sn, Bi, Al*, NH_4, u. PO_4^{3-}. Kurven der Änderung der Extinktion in Abhängigkeit vom Fe-, Al- u. TiO^{2+}-Ionenzusatz werden gegeben. (Z. analyt. Chem. **136**. 254—61. 1952. Aachen, TH, Inst. für anorgan. Chem. u. Elektrochem.) MOSLÉ. G 282

J. Mattner, *Manganometrische Bestimmung von Bariumperoxyd.* Nach Ansicht des Vf. ist entgegen der Auffassung in der Literatur die manganometr. Best. von BaO_2 gut durchführbar. 300—400 mg BaO_2 werden genau eingewogen, in 10—15 ml reine $HClO_4$ eingetragen u. unter Schütteln gelöst. Nach Zusatz von wenig $MnSO_4$-Lsg. wird mit 0,1n$KMnO_4$-Lsg. titriert. Auch HNO_3, CH_3COOH u. gegebenenfalls H_3PO_4 statt $HClO_4$ sind verwendbar. Die Best. ist schnell auszuführen, einfach u. genau. Analysenergebnisse, auch im Vgl. mit einer jodometr. Analysenmeth., sind angegeben. (Z. analyt. Chem. **135**. 415—17. 1952. Berlin-Charlottenburg, Techn. Univ., Inst. für techn. u. allg. Chem.) R. MATTNER. G 285

W. F. Wagner und **J. A. Wuellner**, *Homogene Bariumsulfatfällung durch Hydrolyse von Amidosulfonsäure.* Durch langsame Hydrolyse von zugesetzter Amidosulfonsäure (I) wird Ba^{++} aus Lsgg. quantitativ, gut filtrierbar u. leicht auswaschbar als $BaSO_4$ gefällt. Sr stört die Best., nicht aber Ca, Mg, Fe, PO_4''' u. NO_3'. — Die bis 100 mg Ba^{++} enthaltende Lsg. wird mit 1 g I versetzt u. auf dem Dampfbad mindestens 30 Min. erhitzt. Nach Filtrieren u. Waschen mit heißem W. wird bei $> 900^0$ geglüht. (Analytic. Chem. **24**. 1031—32. Juni 1952. Lexington, Ky., Univ. of Kentucky.) MOISAR. G 285

Ch. Legrand, *Über eine genaue Bestimmung der kristallographischen Modifikationen des Titandioxydes.* (Vgl. C. **1952.** 5053.) Durch Vgl. mit DEBYE-SCHERRER-Aufnahmen von bekannten *Rutil* (I)–*Anatas* (**II**)-Gemischen wird der Geh. an **I** u. **II** in unbekannten Mischungen im allg. bis auf 1% Fehler bestimmt. 0,5% **II** können in **I** noch festgestellt werden. (Chim. et Ind. **68.** 360–62. Sept. 1952. Labor. des Rayons X du C. N. R. S.)
MOSLÉ. G 321

S. Muir und **A. D. Ambrose,** *Eine Methode zur Bestimmung von gelöstem Aluminium und Aluminiumoxyd in Stahl.* Es wird ein spektrograph. Verf. zur Best. von metall. gelöstem u. oyxd. abgeschiedenem Al im Stahl beschrieben, bei dem die beiden Bestandteile zunächst chem. durch Auflösen der Stahlspäne (5 g) in 10%ig. H_2SO_4 mit anschließendem Abfiltrieren des verbleibenden oxyd. Nd. getrennt werden. Die das metall. Al enthaltende Lsg. wird von Fe durch Elektrolyse an Hg-Kathode getrennt. Da es schwierig ist, den Elektrolyten aus der Lsg. genügend einzudampfen, wird das metall. Al durch Oxychinolin vorher abgeschieden. Der oxyd. Nd. wird mit $KHSO_4$ aufgeschlossen. Da $KHSO_4$ auf die spektrograph. Eichkurven von Einfl. ist, muß auch der Lsg. des metall. Al nach Abtrennung des Fe eine entsprechende Menge (0,5 g) $KHSO_4$ zugesetzt werden. Als innerer Standard dient Co, das den Lsgg. in entsprechender Menge zugesetzt wird. Die Analysen erstrecken sich über den Bereich von 0,001–0,1% Al. Die Analysenlinien sind Al 3961/Co 3936 Å. Die Abweichungen gegenüber den auf chem. Wege bestimmten Gehh. betragen bei Al im Mittel 0,001%, bei Al_2O_3 0,003% absolut. Die Anregungsbedingungen sind: Sekundärspannung 15 kV, L = 0,015 mHy. Die untere Elektrode hat eine 1 mm-Bohrung bei 6 mm Elektrodendurchmesser, die obere Elektrode hat einen 60°-Konus. Spaltweite 0,016 mm, Elektrodenabstand 2 mm. Vorfunkzeit 60 Sek., Belichtungszeit 25 Sek. bei je zwei Lösungszugaben von 0,05 cm^3 Lösung. Ni, Cr, V, W, Ti u. Fe stören nicht. Mo hat eine Störlinie bei 3961,50 Å, doch wird es bei sorgfältiger Elektrolyse entfernt. (Spectrochim. Acta [London] **4.** 482–88. 1952. Corby, Northants, Stewarts and Loyds Ltd.) WERNER. G 354

William F. Harris und **Thomas R. Sweet,** *Volumetrische Nickelbestimmung in Stahl.* Durch Zugabe einer eingestellten Lsg. von *Dinatriumdihydrogenäthylendiamintetraacetatdihydrat* (**I**) zu einer Ni-Lsg. wird das gesamte Nikomplex an **I** gebunden. Als Indicator dient *Murexid* (**II**), das als Ni-Verb. gelb, als freier Farbstoff im Endpunkt der Titration purpur erscheint. Die üblichen Legierungsbestandteile stören die Best. nicht. — Indicator: 0,2 g **II** mit 100 g NaCl innig verreiben. — Titrierlsg.: 0,5%ig. wss. Lsg. von **I.** Sie wird gegen standardisiertes $CaCl_2$ oder $Ni(NO_3)_2$ nach Zugabe von 5 ml NH_3 (1 : 1) u. 0,2 g Indicator eingestellt. — Die Stahlprobe wird in HCl gelöst, ohne zu filtrieren, Ni mit Dimethylglyoxim gefällt, filtriert, der Nd. in 30 ml 9nHCl gelöst, bis fast zur Trockne eingedampft, mit 50 ml W. aufgenommen u. ammoniakal. gemacht. Nach Zusatz von 0,2 g Indicator wird bis zum Farbumschlag von Gelb über Rotviolett nach Purpur titriert. (Analytic. Chem. **24.** 1062–63. Juni 1952. Columbus, O., Ohio State Univ.)
MOISAR. G 354

Mario Scalise, *Spektrographische Analyse des Gußeisens.* Beispiele für die quantitative spektroskop. Analyse von Gußeisen mittels Prismengeräts mittleren Auflösungsvermögens u. Aufzeigen der Vorteile des Verf. gegenüber der nassen Analyse. Nachgewiesene Elemente: Si, Mn, Cr, Mo. (Metallurgia ital. **43.** 471–75. Nov. 1951. Labor. Controlli Ricerche Alfa Romeo.) RUMPF. G 354

René Castro und **René Loude,** *Spektrochemische Analyse von Eisenschlacken.* Zur spektrochem. Analyse von Fe-Schlacken werden synthet. Eichproben durch Sintern vorbereiteter Mischungen beliebiger Zus. hergestellt. Sie sind den natürlichen, aus dem fl. Zustand gewonnenen Schlacken gleichwertig. Bei den beim Schlackenreduktionsverf. nach PERRIN anfallenden Schlacken wird ein mittlerer Spektrograph mit gesteuerter Funkenanregung, bei den übrigen Stahlschlacken, bes. bei den Cr-reichen Entkohlungsschlacken der rostfreien Stähle wird ein Spektrograph größerer Dispersion, sowie Bogenanregung verwendet. Die zu untersuchenden Proben werden in Form gepreßter Tabletten verwendet, wobei Ni-Pulver als Bezugselement zugesetzt wird. Im allg. dient SiO_2 als Bezugssubstanz, nur zur SiO_2-Best. wird Ni zugesetzt. Die Analyse bezieht sich bei den PERRIN-Schlacken auf die Best. von SiO_2, CaO, Al_2O_3, TiO_2, FeO. Bei den übrigen Schlacken wird außerdem noch Cr_2O_3, MnO bestimmt (Einzelheiten vgl. Original). Ein besonderer Abschnitt ist der Best. von *F* gewidmet, das in Form von CaF_2 in den Schlacken vorkommt. Es wird mit Bogenanregung gearbeitet, wobei bei F-Gehh. unter 4% die Intensität der F-Bande bei 6064,4 gegen den Untergrund, bei F-Gehh. von mehr als 2% die Intensität der Bande 5831,3 gegen den Untergrund gemessen wird. (Spectrochim. Acta [London] **4.** 496–512. 1952. Aciéries Electriques d'Ugine, Labor. de Rech.)
WERNER. G 354

W. Seith und **A. Kottmann**, *Die Spektralanalyse von Nickel-Kobalt-Legierungen im Bereich von 0—100%.* Im Zusammenhang mit Diffusionsmessungen am Syst. Ni-Co wird gezeigt, daß die Best. der Einzelkomponenten im Bereich von 0—100% mit einem Fehler von rund 2% möglich ist, wenn man folgende Arbeitsbedingungen einhält: Im Bereiche der Diffusionszone werden Schichten von 0,05—0,02 mm abgedreht (Drehbank mit Meßmikroskop), die Späne im Gewicht von 10—40 mg liefern. Die Späne werden in 50%ig. HNO_3 gelöst, so daß 1 cm^3 120 mg Legierung enthält. Je zwei Tropfen der Legierungslsg. werden mit Hilfe einer Pt-Öse auf die plangeschliffenen Enden von Spektralkohlen gebracht. Die Anregungsbedingungen sind folgende: C = 3000 pF, L = 0,8 mHy, Sekundärspannung 10,6 kV, Betriebsstromstärke 0,75 A, Blende 45 mm, Spaltbreite 0,05 mm, Elektrodendurchmesser 5 mm, Elektrodenabstand 2 mm, Vorfunkzeit 30 Sek., Belichtungszeit 30 Sek.; Analysenlinien im Bereich von 0,3—8% Ni sind Co 3048,89/Ni 3054,32 Å, im Bereich von 3—30% Ni, Co 3048,89/Ni 3037,94 Å, im Bereich von 5—60% Ni, Co 2987,17/Ni2981,65 Å, im Bereich von 70—20% Co, Co 2987,17/Ni 2984,13 Å, im Bereich von 50—5% Co, Co 3072,34/Ni 3080,76 Å, im Bereich von 50—5% Co, Co 3072,34/Ni 3097,12 Å, im Bereich von 10—0,1% Co, Co 2580,35/Ni 2545,95 Å. Die hierbei erzielten Genauigkeiten liegen zwischen 1,5 u. 2,9% u. reichen bei einer Ungenauigkeit von 0,01—0,005 mm in der Best. der Dicke der abgedrehten Schicht völlig aus. Die auf diesem Wege zwischen 5 u. 95% Ni ermittelten Diffusionskonstanten liegen zwischen $0{,}88 \cdot 10^{-4}$ u. $1.72 \cdot 10^{-4}\, cm^2 xd^{-1}$. (Spectrochim. Acta London] **5.** 36—40. Juli 1952.) WERNER. G 356

b) Organische Verbindungen.

A. V. Grosse und **A. D. Kirshenbaum**, *Direkte Bestimmung von Sauerstoff in organischen Verbindungen durch Elementarisotopenanalyse.* Die angewandte Meth. u. die App. sind bereits beschrieben (vgl. C. **1949. E. 107**). ^{18}O ist jetzt in einer Konz. von 5—10 At.-% erhältlich; das Isotopenverhältnis kann nun im Massenspektrographen von NIER auf 6 Dezimalen bestimmt werden. Beleganalysen zeigen, daß der mittlere wahrscheinliche Fehler $\pm 0{,}15\%$ des tatsächlichen O-Geh. beträgt; durch genauere Einwaagen ($\pm 1\,\gamma$) u. größere Genauigkeit bei der Best. des Vol. des ^{18}O ($\pm 1\, mm^3$) kann die Meth. weiter verbessert werden. (Analytic. Chem. **24.** 584—85. März 1952. Philadelphia, Pa., Temple Univ., Res. Inst.) K. F. MÜLLER. 5352

L. J. Spillane, *Polarographische Bestimmung von Methacrylnitril. Methacrylnitril* (I) ist in Ggw. von ungesätt. Aldehyden, gesätt. Nitrilen u. W. polarograph. mit einer Genauigkeit von 3% bestimmbar; *Acrylonitril* stört. Man polarographiert bei 25° zwischen —1,5 u. —2,2 V mg-Einwaagen von in 50 ml 0,1 mol. Tetramethylammoniumbromidlsg. gelöstem I. (Analytic. Chem. **24.** 587—88. März 1952. Morristown, N. J., Allied Chem. and Dye Corp.) K. F. MÜLLER. G 810

Wilmer L. Bird und **Cecil H. Hale**, *Polarographische Bestimmung von Acrylnitril.* Die polarograph. Meth. zur Best. von *Acrylnitril* (I) beruht auf dem Befund, daß I bei —2,05 V an einer gesätt. Kalomelelektrode mit Tetramethylammoniumjodid als Elektrolyten red. werden kann. Die polarograph. Best. dauert 15 Min. u. wird nicht gestört durch *Propionitril, β-Chlorpropionitril, Cyanacetamid, Äthylencyanhydrin* oder *Lactonitril.* Bei Routineanalysen von I in wss. oder alkoh.-wss. Lsgg. braucht der O_2 nicht entfernt zu werden. Die Meth. hat die Genauigkeit der Hydrolysenmethode. Ausführung: 2 ml I werden mit W. auf 100 ml verd.; aliquote Teile dieser Lsg. werden mit 0,02 mol. Tetramethylammoniumjodidlsg. zu 100 ml ergänzt u. bei Raumtemp. polarographiert. Die Beziehung zwischen Konz. u. Stufenhöhe ist innerhalb eines Bereiches von 0,003—0,013 mol. linear. (Analytic. Chem. **24.** 586—87. März 1952. Baton Rouge, La., Esso Standard Oil Co., u. Esso Labors.) K. F. MÜLLER. G 810

J. Glazer und **T. D. Smith**, *Bestimmung von Natriumoleat in verdünnter wässeriger Lösung.* Die Best. kleiner Konzz. ($< 10^{-3}$ mol.) von *Seife* in wss. Lsg. kann durch eine Modifikation der Meth. von EPTON (vgl. C. **1949. I. 943**) erfolgen. Die 10^{-4} bis 10^{-3} mol. wss. Seifenlsg. (*Na-Oleat*-Lsg.) wird mit überschüssiger NaOH auf das p_H 10 eingestellt. Diese Lsg. läßt man aus einer Bürette zu 10,0 ml einer $5 \cdot 10^{-4}$ mol. Cetyltrimethylammoniumbromidlsg. laufen, die sich in einem 10 ml Chlf. enthaltenden 50 ml-Meßzylinder befindet. In der Nähe des Endpunktes gibt man 0,2 ml einer 0,05%ig. wss. Methylenblaulsg. hinzu. Beim Endpunkt sind die Chloroformphase u. die wss. Phase gleich stark blau gefärbt. Da die Farbe des Methylenblaus in der Chloroformphase innerhalb 1 Min. infolge der Ggw. des Alkalis rosa wird, muß die Indicatorzugabe so lange als möglich hinausgeschoben werden. Die Meth. hat eine Genauigkeit von $\pm 1\%$. Die Meth. stimmt mit einer auf der Ausmessung der Fläche des nach Zugabe von 0,01n

$(NH_4)_2SO_4$-Lsg. entstehenden Oberflächenfilms beruhenden Meth. überein. Die Verteilungstitrationsmeth., die bei p_H 8 nicht anspricht, wird in Ggw. von Ca- oder Cu-Ionen gestört. (Nature [London] **169.** 497. 22/3. 1952. Cambridge, Univ., Colloid Sci. Dep.) K. F. Müller. G 810

Ken'ichi Takeda, Kentaro Tanaka und **Tokuji Kimura,** *Papierchromatographische Bestimmung von Acetessigsäureäthylester. Acetessigsäureäthylester* läßt sich papierchromatograph. quantitativ bestimmen; die hierbei in n NaOH gefundene Enolisierungsgeschwindigkeit stimmt innerhalb der Fehlergrenzen mit der durch Titration ermittelten überein. (Annu. Rep. Shionogi Res. Lab. [Osaka] **1951.** 15—16. [Orig.: japan.; Auszug: engl.]) Spaeth. G 870

A. M. Gaudin und **John S. Carr,** *Analytisches Verfahren für mit Radioschwefel markiertes Äthylxanthat.* Um die quantitative Verteilung des bei der Flotationsaufbereitung von Mineralien verwendeten Äthylxanthats zwischen Mineral, Lsg. u. Gasphase zu bestimmen, wird das in wss. Lsg. enthaltene, mit S^{35} gek. Äthylxanthat zu SO_4'' oxydiert, als $BaSO_4$ unter Zugabe von inakt. SO_4'' gefällt u. die Aktivität des $BaSO_4$-Nd. bestimmt. (Analytic. Chem. **24.** 887—89. Mai 1952. Cambridge, Mass., Massachusetts Inst. of Technol., Dep. of Metallurgy.) Fretzdorff. G 880

M. Lederer, *Verteilungschromatographie bei Acridinen.* Anwendung von höheren aliphat. Alkoholen ermöglichte die Identifizierung u. Trennung von gewöhnlichen chemotherapeut. Acridinpräpp. durch Verteilungschromatographie auf Filterpapier (Whatman-Filter Nr. 1). Vff. prüften die wss. Lsgg. von *Atebrin* u. *Acriflavin* (Bayer), von *Proflavin* (BP-Qualität) u. von *5-Aminoacridin* (*Monacrin*) mit folgenden 7 Gemischen als Entwickler-Fll.: 1. Butanol (80 cm^3), Eisessig (20 cm^3), W. (100 cm^3); 2. *Caprylalkohol* (**I**) (30), Butanol (60), Eisessig (20), W. (90); 3. **I** (90), Eisessig (10), W. (100); 4. **I** (30), Butanol (60), konz. HCl (30), W. (80); 5. **I** (100), 1,5 n NH_4OH (100); 6. **I** (90), Pyridin (20), W. (90); 7. Bzl. (49), Butanol (1), 5 n NH_4OH (50). Die erhaltenen R_F-Werte sind angegeben, ein Vgl. mit den von anderer Seite erhaltenen Verteilungskoeffizienten von Acridinen zwischen Olivenöl u. W. bei p_H 7,1 ergab, daß ihre Reihenfolge dieselbe ist wie die der R_F-Werte der freien Acridinbasen. Die R_F-Werte für die Salze hängen jedoch vom Anion ab. Mit der UV-Lampe konnten noch 2 γ Proflavin u. Monacrin u. 5 γ Atebrin in 0,005 cm^3 nachgewiesen werden. Auch Verss. zur Trennung von Acridinen durch Elektrophorese (n/10 HCl als Elektrolyt; Potentialgefälle von ca. 8 V/cm in 1½ Std.) waren in nachst. Reihe erfolgreich: Atebrin (wandert am schnellsten), Monacrin, Acriflavin, Proflavin. (Analytica chim. Acta [Amsterdam] **6.** 267—69. März 1952. Brisbane, Australien, Queensland Inst. of Med. Res.) Wingchen. G 3231

Olle Snellman und **Bertil Gelotte,** *Papierchromatographie der Adenosinphosphate.* Nach Cohn u. Carter (vgl. C. **1951.** II. 1792) werden die Adenosinphosphate papierchromatograph. in 5%ig. isoamylalkoh. Na_2HPO_4-Lsg. getrennt. Vff. erhalten bessere Werte mit 0,5% Laurylamin in n-Amylalkohol. R_F war für *Inosinsäure* 0,86, *Adenosin-2-phosphat* 0,69, *Adenosin-3-phosphat* 0,61, *Adenosin* 0,48, *Adenosin-5-phosphat* 0,69, *Adenosindiphosphat* 0,76, verunreinigt mit $R_F = 0{,}69$ von *Adenosin-5-phosphat.* Das geprüfte Adenosintriphosphat zeigte neben R_F 0,83 auch R_F 0,76 von beigemischtem Adenosindiphosphat. (Nature [London] **168.** 461. 15/9. 1951. Uppsala, Inst. of Biochem.) Lohmann. G 3850

P. Caselli, *Über das spektrophotometrische Verhalten der Mischungen von Ribonucleinsäure und Tyrosin im Ultravioletten.* Die Spektren von *Ribonucleinsäure* (**I**) u. aromat. *Aminosäuren* überlagern sich gegenseitig unter Bldg. einheitlicher Banden mit einem Maximum 260—270 mμ in saurem (0,1 n HCl) u. 240—260 mμ (0,1 n NaOH) in alkal. Milieu. In den Gemischen dominiert das I-Spektr. in saurer, das von *Tyrosin* (**II**) in alkal. Lösung. Bei der spektrophotometr. Unters. von Nucleinsäuren in alkal. Milieu können hierdurch in Ggw. von Eiweißstoffen, an deren Konst. **II** beteiligt ist, Fehler entstehen. (C. R. Séances Soc. Biol. Filiales **146.** 225—27. Febr. 1952. Rome, Inst. Regina Elena pour l'étude et la cure des tumeurs.) K. Maier. G 4090

d) Medizinische und toxikologische Analyse.

Friedrich Portheine, *Zur Frage des quantitativen Bleinachweises im Blut.* (*Gleichzeitig ein Beitrag zu der Arbeit von G. Schrader.*) (Vgl. C. 1951. II. 580.) Vf. empfiehlt zur Best. von *Pb* im Blut die *Dithizon*-Meth. nach Cholak, Hubbard u. Burkey. Es wird auf die Möglichkeiten der Fremd-Pb-Einschleppung hingewiesen u. die Verwendung der Pb-freien „30 cm^3-Venüle zur Entnahme von Rekonvalescentenserum Behring" zur Blutentnahme vorgeschlagen. Die von Schrader (vgl. l. c.) gemachte Angabe, daß Werte bis 100 γ Pb/100 ml Blut als nichtpatholog. anzusehen seien, wird abgelehnt u. die Grenze

n. Pb-Werte auf Grund eigener Erfahrungen u. Angaben anderer Autoren auf 50 bis 60 γ/100 ml festgesetzt. (Klin. Wschr. **30.** 83—85. 15/1. 1952. Gelsenkirchen, Hyg. Inst. des Ruhrgebietes.) KRUSEN. 5727

Andre C. Kibrick, M. R. Ross und **S. J. Skupp**, *Mikrobestimmung des Kohlendioxydgehaltes von Serum oder Plasma mit einer Glaselektrode.* Zu 0,2 ml Plasma werden 0,3 ml 0,9%ig. NaCl-Lsg. u. 0,1 ml 0,16nHCl gegeben. Nach gründlicher Mischung erfolgt Zugabe von 0,1 ml 0,08nNaOH u. Messung des p_H-Wertes mit Glaselektrode. Aus der Differenz des so erhaltenen p_H-Wertes u. eines als durchschnittlich angenommenen Ausgangswertes von 7,6 wird an Hand einer angegebenen Kurve der CO_2-Geh. in Vol.-% errechnet. Das Verf. liefert bei Gehh. von 40—80 Vol.-% befriedigende, mit der Meth. nach VAN SLYKE gut übereinstimmende Werte. (Proc. Soc. exp. Biol. Med. **80.** 551—53. Juli 1952. New York, Bronx Hosp.) KRUSEN. 5728

P. Trinder, *Die Bestimmung von Cholesterin in Serum.* **Zur Best. von *Cholesterin* (I) *in Serum.*** Zur Best. von *Cholesterin* (I) in Serum wurde folgende Meth., die 30 Min. benötigt u. deren Ergebnisse gut mit den Werten nach der Meth. von SPERRY u. WEBB (C. **1951.** II. 1185) übereinstimmen, ausgearbeitet: 0 1 ml Serum wird mit 2,5 ml 0,5n alkoh. KOH zwecks Hydrolyse der I-Ester auf 100° erhitzt. Nach Zugabe von 1,5 ml W. zur abgekühlten Lsg. wird das freie I mit 3 ml PAe. ausgeschüttelt. Der nach dem Verdampfen des PAe. verbleibende Rückstand wird in 4 ml Dichloräthylen gelöst u. mit 1 ml eines Gemisches aus 1 ml konz. H_2SO_4 u. 10 ml CH_3COCl 15 Min. bei 37° stehengelassen. Nach Abkühlen auf 20° wird die Extinktion mit Hilfe eines photoelektr. Instruments unter Verwendung eines Blaufilters (ILFORD Nr. 303) u. der Schichtdicke 10 mm gegenüber einem Blindvers. gemessen. Die Eichkurve wird mit I-Lsgg. von 0,05, 0,10···0,40 mg in 4 ml Dichloräthylen aufgestellt. (Analyst **77.** 321—25. Juni 1952. Sunderland, Royal Infirm., Biochem. Dep.) K. F. MÜLLER. 5728

B. Brettoni, *Zur Arbeit „Bestimmungsmethode für das Isonicotinsäurehydrazid im Urin."* Vf. weist darauf hin, daß über die von RUBINO u. BRACCO (C. **1953.** 1066) angegebene Meth. der Best. des *Isonicotinsäurehydrazids* im Urin mit *β-1.2-Naphthochinon-4-sulfonat* von ihm bereits auf dem 7. Kongreß der SOC. ITAL. DI FARMACOL. in Rapallo am 20/21. 4. 52 berichtet wurde. — In einem Schlußwort betonen **Bracco** u. **Rubino**, daß ihre diesbzgl. Mitt. aber bereits am 12/4. 52 bei der genannten Zeitschrift einging. (Minerva med. [Torino] **43.** II. 217. 9/8. 1952.) IPPEN. 5732

Joachim Brugsch, *Über quantitative Bestimmungsverfahren von freiem Uroporphyrin, Uroporphyrin–Zink-Komplexsalz und Uroporphyrinvorstufen (Porphobilinogen) im Harn von Porphyriekranken.* Das im Urin ausgeschiedene *Uroporphyrin* (I) läßt sich in 3 Formen nachweisen: a) in freier Form, b) als Zn-Komplex u. c) in Vorstufen. Der Zn–I-Komplexsalzgeh. nimmt durch Stehenlassen oder Kochen des Urins bei p_H 5,38 zu. Der Zn-I weist 2 Absorptionsmaxima bei 575 bzw. 540 mμ auf. Durch eine vom Vf. früher angegebene I-Bestimmungsmeth. mittels Bleiacetatausfällung u. Fluorometrie wird neben Form a) auch Form b) bestimmt. Dem Harn zugesetztes Zn-I konnte durch diese Meth. bei einem Fehler von $\pm$10% wiedergewonnen werden. Es werden Angaben über eine spektralphotometr. Best. des Zn-I im Urin auf der Basis obiger Absorptionsmaxima u. eines -minimums bei 560 mμ gemacht. Vf. bestimmt ein mittleres Verhältnis von $\varepsilon_{575}/\varepsilon_{560} = 1{,}57$ u. $\varepsilon_{540}/\varepsilon_{560} = 1{,}72$. Die Best. der I-Vorstufen (*Porphobilinogen*, Leukoverbb. des I) erfolgt durch Erhitzen des Urins auf 100° bei p_H 5,38 für 30 Min., Ausfällung mit Bleiacetat, fluorometr. Messung u. Abziehen der Werte, die für das ätherlösl. u. ätherunlösl. I erhalten wurden. (Z. ges. inn. Med. Grenzgebiete **7.** 1086—90. 1/12. 1952. Berlin, Charité, I. Med. Klinik.) SCHELER. 5732

W. N. Alexejew, Kursus der qualitativen chemischen Halbmikroanalyse. 2. Aufl. Moskau-Leningrad: Gosschimisdat. 1952. (500 S. m. Abb.) 10 Rbl. 70 Kop. [russ.]

H. Angewandte Chemie.

I. Allgemeine chemische Technologie.

Wilhelm Rehfus, Leonberg, *Staubabscheidung aus Luft.* Das zur Staubbindung angewandte Öl oder dgl. ist in einem Behälter derart angebracht, z. B. auf W. schwimmend, daß die Staubluft von oben her im wesentlichen senkrecht gegen die Ölschicht geworfen u. dann unter Bewegungsumkehr nach oben abgeführt wird. (**D. B. P. 858 992** Kl. 12e vom 6/2. 1951, ausg. 11/12. 1952.) HEINSEN. 5851

Carl Schaarwächter, Düsseldorf, *Korrosionsschützende Kühlflüssigkeit für Verbrennungsmotore.* Wss. Ölemulsion, die auf 100 Teile W. weniger als 10 Öl u. geringe

Mengen (bis zu 0,5 Teile) Nitrit, bes. $NaNO_2$, enthält. (**D. B. P. 858 984** Kl. 12a vom 21/8. 1935, ausg. 11/12. 1952.) HEINSEN. 5859

Steinkohlenbergwerk Rheinpreußen, Homburg/Ndrh., und **Gebrüder Avenarius**, Berlin (Erfinder: **Walter Grimme**, Utfort, **Ernst Koch**, Darmstadt, und **Richard Avenarius**, Berlin), *Zerlegung von Flüssigkeitsgemischen durch Destillation und Dekantation.* Aus dem Flüssigkeitsgemisch werden 2 oder mehrere azeotrop sd. Gemische in solchen Mengenverhältnissen abgetrennt, gemeinsam oder für sich kondensiert u. miteinander vereinigt, daß das Kondensat sich in 2 Schichten trennt, von welchen die an einer Flüssigkeitskomponente angereicherte Schicht abgezogen u. die andere Schicht in die Destillationsvorr. zurückgeführt wird, während das im unteren Teil derselben sich ansammelnde nicht azeotrope Gemisch durch einfache Dest. in seine Bestandteile zerlegt wird. (**D. B. P. 860 944** Kl. 12a vom 14/8. 1942, ausg. 29/12. 1952.) HEINSEN. 5865

Farbenfabriken Bayer (Erfinder: **Alfred Haltmeier**), Leverkusen, *Abtreibung flüchtiger Stoffe aus Flüssigkeiten* mittels Wasserdampf, der zuvor in einer Kraftmaschine entspannt worden ist, wobei die Kondensation der abgetriebenen u. gegebenenfalls verstärkten Dämpfe mit den bei der Krafterzeugung nach dem Kondensationsverf. gebräuchlichen Kühlwassermengen u. -tempp. durchgeführt wird. Anwendung: Trennung von Bzl.–Toluol, Methanol–A., Benzolgewinnung aus W. mit geringem Benzolgeh., A.-Gewinnung aus Waschwasser der Sulfitzellstoffindustrie. (**D. B. P. 859 140** Kl. 12a vom 18/7. 1944, ausg. 11/12. 1952.) HEINSEN. 5865

Metallgesellschaft Akt.-Ges. (Erfinder: **Carl Rudolf Bühler**), Frankfurt/M., *Verhütung der Schaumbildung* beim Eindampfen, Destillieren oder Rektifizieren von organ. Fll. (Magermilch, Sulfitablaugen, Miscellen, alkoh. Seifenlsgg.) durch Berieselung der einzudampfenden Fl. mit der gleichen Fl., die aber höhere Konz. u. niedrigere Temp. besitzt. (**D. B. P. 859 139** Kl. 12a vom 30/4. 1942, ausg. 11/12. 1952.) HEINSEN. 5865

Friedrich Anton Winkler, Zeil/M., *Siedekörper zur Verhinderung des Siedeverzugs.* Diese bestehen aus kleinen Sandsteinstücken, bes. tongebundenem Sandstein, u. werden gegebenenfalls von störenden lösl. Bestandteilen (Fe-Oxyd), z. B. durch Auskochen in Säure u./oder Alkalien, befreit. (**D. B. P. 855 690**. Kl. 12a vom 2/10. 1948, ausg. 17/11. 1952.) HEINSEN. 5865

Vakuumschmelze Akt.-Ges. (Erfinder: **Erich Schmid**), Hanau/M., *Trennen von Isotopen durch Diffusion*, bes. von Metallen. Die Diffusion wird in geschichteten Körpern vorgenommen, bei denen nur eine Schicht das zu zerlegende Element enthält u. in denen durch geeignete Temperaturbedingungen eine Diffusion dieses Elementes herbeigeführt wird. (**D. B. P. 855 240** Kl. 12g vom 4/3. 1944, ausg. 10/11. 1952.) STEIL. 5879

Badische Anilin- & Soda-Fabrik, Ludwigshafen/Rh. (Erfinder: **Kurt Kosterhon**, Wesseling, Bez. Köln), *Herstellung von hochporösen, SiO_2 und Al_2O_3 oder MgO oder beide enthaltenden Massen* großer Festigkeit, die als Katalysatoren geeignet sind. Ein bis auf 10—50%, bes. 20—40% Feuchtigkeitsgeh. getrocknetes SiO_2-Gel, das soweit vermahlen ist, daß mindestens 70% durch ein 10000-Maschensieb gehen u. ein ebensoweit getrocknetes u. gemahlenes, mit geringen Säuremengen peptisiertes Al_2O_3 bzw. $Mg(OH)_2$ werden miteinander innig gemischt, gegebenenfalls unter Zugabe geringer Mengen von W., u. das Gemisch dann geformt u. getrocknet. (**D. B. P. 855 243** Kl. 12g vom 13/7. 1941, ausg. 10/11. 1952.) STEIL. 5905

Badische Anilin- & Soda-Fabrik, Ludwigshafen/Rh., *Umarbeitung von gebrauchten sogenannten Eisenschmelzkatalysatoren*, die z. B. bei der CO-, H_2- oder NH_3-Synth. verwendet wurden, dad. gek., daß man diese, gegebenenfalls nach Entfernung der in ihnen enthaltenen Reaktionsprodd., durch Behandlung mit einem Lösungsm. oder bei erhöhter Temp. mit H_2, mit einem nur geringe Mengen O_2 enthaltenden oder anderen schwach oxydierenden Gas so lange behandelt, bis sie sich an der Luft nicht mehr erwärmen, dann im O_2-Raum schm. u. die Schmelze zerkleinert u. reduziert. (**D. B. P. 863 186** Kl.12o vom 23/7. 1942, ausg. 15/1. 1953.) G. KÖNIG. 5905

Alfons Zieren, Niedermarsberg, *Temperaturverminderung der aus Tauchbrennern strömenden Verbrennungsabgase*, dad. gek., daß den heißen Abgasen vor Austreten in die Fl. Kühlluft oder Kühlgas zugesetzt wird, bes. erst nach Verbrennung des Gas–Luft-Gemisches. Vermeidung von therm. Zers. oder Verkohlung der einzudampfenden Flüssigkeit. (**D. B. P. 850 294** Kl. 12a vom 24/8. 1943, ausg. 22/9. 1952.) SCHINDLER. 5907

D. A. **Epstein**, Die wissenschaftlichen Grundlagen der chemischen Industrie. 1. Lieferung. Moskau: 1952. (168 S. m. Abb.) 2 Rbl. 25 Kop. [russ.]

III. Elektrotechnik.

Deutsche Rhodiaceta Akt.-Ges. (Erfinder: **Arnulf Sippel**), Freiburg/Breisgau, *Kontinuierliche Herstellung von Isolierpapier mit erhöhtem elektrischen Widerstand* durch Anwendung von Kunststoffschichten oder -überzügen. Zwei Papierbahnen werden durch eine Kunststoffzwischenschicht, bes. aus Celluloseacetaten von beliebigem Acetatgeh., verbunden. Die Acetate werden fl. oder gelöst einseitig auf beide Bahnen aufgetragen u. diese durch Druck vereinigt. (**D. B. P. 863 742** Kl. 55f vom 30/10. 1943, ausg. 19/1. 1953.) G. VOGEL. 5957

Westinghouse Electric Corp., East Pittsburgh, übert. von: **John W. Coltman** und **Richard L. Longini**, Pittsburgh, Pa., V. St. A., *Bildwandlerröhre.* Die fluorescierende Schicht (I) ist von der lichtelektr. empfindlichen Schicht (z. B. einer mit Cs sensibilisierten Sb-Schicht) durch eine dünne Schicht aus SnO (II) oder SiO_2 (III) getrennt. Eine II-Schicht wird hergestellt durch Behandlung der heißen I mit Dämpfen eines anorgan. oder organ. Sn-Salzes mit flüchtigem negativem Radikal (z. B. $SnCl_2$ oder Sn-Dibutyldichlorid), eine III-Schicht durch Behandlung mit $SiCl_4$-Dämpfen. — Zeichnung. (**A. P. 2 606 299** vom 11/3. 1950, ausg. 5/8. 1952.) KESSEL. 5975

Westinghouse Brake & Signal Co. Ltd., Alexander Jenkins und **Leslie Hurst Peter**, London, England, *Trockengleichrichter.* Ein Halbleiterkörper (I), der ganz oder zum größten Teil aus nicht stöchiometr. zusammengesetztem TiO_2 besteht (Ti-Überschuß), wird so behandelt, daß seine Zus. an der Oberfläche dem stöchiometr. Verhältnis entspricht, u. zwar entweder durch Auffüllen des O-Mangels oder durch Beseitigen des Ti-Überschusses. Hierzu wird der I in O_2-freier Atmosphäre auf Rotglut erhitzt u. dann schnell in oxydierender Atmosphäre (z. B. Luft, O_2, O_3, N_2O_5) abgekühlt, oder die I-Oberfläche wird mit HNO_3, Königswasser oder einer Halogensäure behandelt u. dann bei ca. 100° getrocknet oder schnell auf 400—500° erhitzt. Schließlich kann die I-Oberfläche auch in neutraler Atmosphäre mit H_2SO_4 behandelt, auf Rotglut erhitzt u. wieder abgekühlt werden. — Die I-Oberfläche kann auch mit einer Sperrschicht aus einem Metalltitanat (II) versehen werden. Hierzu wird sie mit einer Substanz (III) behandelt, die bei Erhitzung in Ggw. von O_2 mit Ti oder TiO_2 unter Bldg. eines II reagiert, dann in prakt. O_2-freier Atmosphäre erhitzt u. schließlich in O_2-haltiger Atmosphäre (z. B. Luft, O_2 oder H_2O_2) abgekühlt. Als III dient z. B. $Cu(NO_3)_2$, MgO, ZnO, PbO, FeO, NaOH, Na_2CO_3, ein Metallhalogenid oder eine O-haltige Erdalkaliverbindung. — In jedem Falle wird die I-Oberfläche nach der Behandlung sofort mit einer metall. Gegenelektrode bedeckt. (**E. PP. 669 611** u. **669 622** vom 9/2. 1950, ausg. 2/4. 1952.) KESSEL. 5977

Siemens-Schuckertwerke Akt.-Ges., Berlin und Erlangen, *Trockengleichrichter* mit einer Trägerelektrode (I), einer Halbleiterschicht (II) u. einer auf dieser aufgebrachten Sperrelektrode (III). Die I ist höchstens 0,1 mm, prakt. 1—10 μ, stark. Auch die II, die prakt. aus Se besteht, u. die III können so dünn sein, daß das Ganze folienartig biegsam ist. Wenn II aus Se besteht, kann I mindestens teilweise aus einem Selenid, bes. NiSe, bestehen. (**Schwz. P. 282 526** vom 30/5. 1950, ausg. 1/8. 1952. D. Prior. 30/5. 1949.) KESSEL. 5977

Vickers Inc., Detroit, Mich., übert. von: **Otto Saslaw**, Red Bank, N. J., V. St. A., *Selengleichrichter.* Eine auf einer metall. Trägerplatte aufgebrachte amorphe Se-Schicht wird in die kristalline Modifikation verwandelt. Auf ihr wird zur Bldg. der Gegenelektrode zuerst ein Metall (I) mit niedrigem E. aufgesprüht (prakt. eine Legierung aus Bi, Sn, Cd, Pb u. Sb mit einem E. von ca. 100°), dann ein Metall (II), dessen E. zwischen dem des I u. dem des Se liegt (z. B. eine eutekt. Sn–Cd-Legierung mit einem E. von 180°). Die Zelle wird dann elektr. formiert, wobei die Leistungsaufnahme zur Erreichung einer Temp. zwischen dem E. des I u. dem des II ausreichen muß; dabei löst sich I in II. — Zeichnung. (**A. P. 2 610 386** vom 28/7. 1949, ausg. 16/9. 1952.) KESSEL. 5977

Centre National de la Recherche Scientifique, Frankreich, *Geiger-Müller-Zähler* mit Ar als Löschgas erhalten im Innern ein kleines Vorratsgefäß mit einem Alkalialkoholat (I), z. B. C_2H_5ONa. Dadurch werden W. u. CO_2, die bei der Zers. des A. entstehen, unter teilweiser Rückbldg. von A. beseitigt. Verwendet man ein bei tieferer Temp. gewonnenes A.-haltiges I, so läßt sich durch dessen Erwärmung die A.-Füllung weiterhin regenerieren. (**F. P. 1 008 878** vom 19/1. 1950, ausg. 22/5. 1952.) KESSEL. 5979

Radio Corp. of America, übert. von: **Ernest G. Linder**, Princeton, N. J., V. St. A., *Gewinnung elektrischer Energie aus Kernreaktionen.* Durch die von einem künstlichen radioakt. Präp. emittierten geladenen Teilchen (I) (α- oder β-Strahlen) wird eine Kollektorelektrode auf eine Spannung in der Größenordnung von 1 MV aufgeladen. Das dabei entstehende Feld reflektiert den langsameren Anteil der I u. wird zur Bldg. eines fokussierten I-Strahls oder zur Anfachung von Hohlraumschwingungen benutzt. — Zeichnung. (**A. P. 2 598 925** vom 25/6. 1946, ausg. 3/6. 1952.) KESSEL. 5981

Metallgesellschaft Akt.-Ges. (Erfinder: **Richard Heinrich**), Frankfurt/M., *Elektrofilter* mit sprühender Aufladungs- (I) u. sprühentladungsfreier Abscheidungszone (II) nacheinander, wobei der Elektrodenabstand u. die Gasgeschwindigkeit in II so gewählt sind, daß die REYNOLDsche Zahl unter ca. 16000 bleibt u. somit zwischen den Elektroden eine laminare Gasströmung (III) gewährleistet. Zwischen I u. II sind zum Gleichrichten der in I turbulenten III isolierte parallele Platten angeordnet. — Zeichnung. (**D. B. P. 855 099** Kl. 12e vom 23/11. 1940, ausg. 10/11. 1952.) HEINSEN. 5997

IV. Wasser. Abwasser.

Leo Lehrman und **Henry L. Shuldener**, *Wirkung von Natriumsilicat als Korrosionsverhütungsmittel in Wasserrohren.* Ständiger Zusatz kleiner Mengen Na-Silicat (8 bis 12 mg/Liter SiO_2) verhindert Korrosionen in Hauswasserleitungen; auf der Innenfläche der Rohre bildet sich ein dünner, sich selbst erneuernder, vorherrschend aus SiO_2 bestehender Belag. SiO_2 wird aus stark verd. Lsgg. aufgenommen, sobald sich feste Korrosionsprodd. bilden; bes. $Zn(OH)_2$ nimmt rasch größere Mengen SiO_2 auf; der in verzinkten Heißwasserrohren rasch gebildete Belag besteht aus einer unteren Schicht fester Korrosionsprodd. u. einem oberen Konglomerat einer Metallhydroxyd/SiO_2-Adsorptionsverb. mit einem SiO_2-Gel (im Röntgenbild α-Cristobalit), das Eisenoxyde, Kalk, organ. Stoffe aus dem W. einschließt. Cu-, Fe-Hydroxyd u. Magnetit nehmen ebenfalls in einem noch nicht geklärten Mechanismus SiO_2 auf. (Ind. Engng. Chem. **44.** 1765—69. Aug. 1952. New York, N. Y., City College-Water Service Labors., Inc.) MANZ. 6014

Ludwig Popp, *Quantitativ-bakteriologische Grundlagen der Chlorung von Trinkwasser.* Der Abtötungseffekt von Chlorungsmitteln ist quantitativ von der prim. vorhandenen Konz. an freiem Cl abhängig. Die entscheidende Keimvernichtung erfolgt momentan, in dem Augenblick, in dem das Cl in Kontakt mit den Bakterien kommt; anschließend erfolgt nur noch eine langsame, quantitativ geringe Keimabtötung. Das bakterientötende Prinzip der Cl-Präpp. wird bei Kontakt mit lebenden oder toten Bakterien verbraucht; beimpft man keimhaltiges W. 12 Sek. nach dem Cl-Zusatz erneut, so wirkt das Cl auf die zusätzlich eingebrachten Keime so gut wie nicht mehr abtötend ein; abgetötete Bakterien, die man in Kontakt mit Cl-Lsgg. bringt, verhindern bei nachträglich eingebrachten Keimen den prim., momentanen Keimzahlsturz. Durch die o-Tolidinmeth. kann nicht festgestellt werden, ob akt.-bactericides oder inakt.-bactericides Cl vorliegt. (Arch. Pharmaz. Ber. dtsch. pharmaz. Ges. **284/56.** 399—404. 24/9. 1951. Braunschweig, Medizinalunters.-Amt.) MANZ. 6024

Roy E. Dodson jr., *Die Korrosion von Wassererhitzern unter besonderer Berücksichtigung eines möglichen Einflusses von Bakterien.* Auffallende Korrosionserscheinungen lassen auf den Einfl. von Bakterien schließen. Zur Vermeidung der Schäden wird in der 1. Versuchsreihe (20 Monate) der Einfl. der Chlorierung durch Hypochlorit u. der Einfl. der Erhöhung des p_H-Wertes von 7,5 auf 9,1 durch Na_2CO_3 (65 mg/Liter) untersucht. Der Tank mit dem alkal. W. hatte keine Korrosion (Tuberkeln). Die Metalloberfläche wird durch eine Carbonatschicht geschützt. In der 2. Versuchsreihe (40 Monate) wird außerdem noch der Einfl. einer Zeolithenthärtung u. eines kathod. Schutzes durch Mg–Al-Anoden untersucht. Am besten haben sich ein hoher p_H-Wert des W. u. der kathod. Schutz durch Mg–Al bewährt. Die Bedeutung der letzteren Meth. wird bes. hervorgehoben. (Water Sewage Works **99.** 345—49. Sept. 1952. San Diego, Calif., San Diego Water Dep.) JOH. FISCHER. 6030

John J. Baffa, *Das Korrosionsproblem bei der Abwasserreinigung.* Es wird der Mechanismus der elektrolyt. Korrosion, die Einflüsse auf ihren Ablauf u. die Maßnahmen zur Eindämmung in Kläranlagen, wie Lüftung aller Anlageteile zur Verminderung der Kondensation, der Abführung aggressiver Dämpfe u. verunreinigter Luft, Schutzanstriche u. -überzüge von Metall- u. Bauteilen besprochen. (Water Sewage Works **99.** 399—401. Okt. 1952. New York, N. Y.) MANZ. 6036

Sidney Sussman und **Irving L. Portnoy**, *Sulfitbestimmung in Wässern an Ort und Stelle.* Zur ambulanten Kontrolle des Sulfitüberschusses in Niederdruckheizkesseln werden an Ort u. Stelle 25 cm³ einer eingestellten Dichromatlsg. (0,246 g $K_2Cr_2O_7$, 40 cm³ konz. HCl mit dest. W. 1 : 2 verd., auf 1 Liter aufgefüllt) in eine Flasche von 65 cm³ Inhalt mit Marke bei 25 cm³ eingemessen, mit 40 cm³ Kesselwasser vermischt, der Sulfitüberschuß auf $\pm$25 mg/Liter $Na_2S_2O_3$ aus der Färbung des Dichromatrestes an Hand von Farbvergleichsproben ermittelt. In den gleichen Proben wird im Labor. der Sulfitgeh. durch photoelektr. Messung mit Blaufilter 420 mμ nachkontrolliert. Die Umsetzung von Sulfit mit Dichromat führt bis zu Mengen von 175 mg/Liter Na-Sulfit zu Dithionat, nicht Sulfat. (Analytic. Chem. **24.** 1652—54. Okt. 1952. New York, N. Y., Water Service Labors., Inc.) MANZ. 6060

V. Anorganische Industrie.

Diamond Alkali Co., Cleveland, übert. von: **Dick M. Warburton**, Painesville, Ohio, V. St. A., *Herstellung von Halogeniden von Ti, Si, Sn, B.* Man behandelt das diese Elemente enthaltende Rohmaterial, z. B. Ilmenit, mit Halogen bei erhöhter Temp. u. leitet das entstehende Dampfgemisch von Halogeniden des gewünschten Elements, von Verunreinigungen u. von überschüssigem Halogen durch einen fl. KW-stoff, wie Paraffin mit 13 C-Atomen, der halogeniert werden kann u. das gewünschte Halogenid selektiv löst. Man trennt das ungelöste Halogenid der Verunreinigung ab u. isoliert das gesuchte Halogenid durch Abdest. des Halogenisierungsprod. des KW-stoffs. — Zeichnung. (**A. P. 2 594 370** vom 14/5. 1947, ausg. 29/4. 1952.) Zürn. H 245

Krebs & Co. Ltd., Zürich, Schweiz, *Gleichzeitige Herstellung von Schwefelsäure, Salzsäure und Natriumchlorid.* Man behandelt Na_2SO_4 oder $NaHSO_4$ in Lsg. oder als feste kristallwasserhaltige Salze mit Cl_2 u. SO_2. Z. B. geht man von $Na_2SO_4 \cdot 10\,H_2O$ oder dessen partiellen Entwässerungsprodd. aus. (**Dän. P. 73 577** vom 24/6. 1947, ausg. 2/1. 1952. Schwz. Prior. 25/6. 1946.) Jürgen Schmidt. H 253

Spolek pro Chemickou a Hutní Výrobu, Národní Podnik Verein für Chemische und Metallurgische Produktion, Nationalunternehmen, Prag, Tschechoslowakei, *Herstellung von Amidosulfonsäure* aus Ammoniumamidosulfonat bzw. aus einem Gemisch mit Ammoniumnitrilosulfonat durch Hydrolyse aus sauren Lsgg. in der Wärme, dad gek., daß das Salz bzw. das Salzgemisch zur Herbeiführung augenblicklicher Hydrolyse u. Abscheidung von Amidosulfonsäure in Kristallform in ca. 70° heiße 70%ig. H_2SO_4 eingetragen wird. Nach Beendigung der Hydrolyse wird das Gemisch einige Std. lang in **Ruhe erkalten** gelassen, worauf die ausgeschiedenen Amidosulfonsäurekristalle abgesaugt u. mit eine gesätt. Lsg. von Amidosulfonsäure gedeckt werden. Vgl. Schwz. P. **273389, C. 1952.** 1086, u. Schwed. P. 130 994; C. **1952.** 1554. (**Oe. P. 172 906** vom 1/7. 1948, ausg. 25/10. 1952. Tschech. Prior. 25/7. 1947). M. F. Müller. H 253

I. G. Farbenindustrie Akt.-Ges., Frankfurt/M., (Erfinder: **Heinz Lange und Franz Drexler**, Ludwigshafen/Rh.), *Herstellung von Salzen der Amidosulfonsäure.* Man setzt Amidosulfonsäure mit sauren oder amphoteren Metalloxyden in Form nichtalternder Oxydhydrate, z. B. von Fe, Al, Cr, Ti, um. (**D. R. P. 752 322** Kl. 12i vom 16/11. 1941, ausg. 10/11. 1952.) Zürn. H 253

Publicker Industries, Inc., Philadelphia, Pa., übert. von: **Philip J. Elving**, West Lafayette, Ind., **Edward Shoemaker, Bernard L. Kabacoff** und **Irving Nagelburg**, Philadelphia, Pa., V. St. A., *Herstellung von Aktivkohle.* Destillationsrückstände von vergorenen Maischen werden auf einen Geh. an 25—80(%) Feststoffen (I) konzentriert. Man setzt als Aktivator 20—30 Oxyde, Hydroxyde, Phosphate oder Sulfate des Ca oder Mg, berechnet auf I, zu, mischt u. erhitzt unter Rühren zur Entfernung des W. u. anschließend auf 100—120°. Man mahlt, teigt mit 10—35% W. zu einer Paste an, führt in Formlinge über, trocknet u. erhitzt auf 600—1200° bis zur Beendigung der Gasentwicklung. Dann wird gekühlt, gewaschen, gegebenenfalls mit Säure entascht u. getrocknet. Als Ausgangsstoffe sind auch z. B. Cellulose, Papierabfälle, Kohle, Holzkohle, Sägemehl, Nußschalen, Lignin, genannt. (**A. P. 2 594 544** vom 11/6. 1947, ausg. 29/4. 1952.) Zürn. H 260

Union Carbide & Carbon Corp., übert. von: **George H. Wagner**, Kenmore, N Y., V. St. A., *Spaltung von Siliciumhalogenverbindungen mit einer Si-Doppelbindung* durch Erhitzen in Ggw. von H_2, bes. bei >35 at auf $>300°$. Si_2Cl_6 wird z. B. in SiH_2Cl_2, $SiHCl_3$ u. $SiCl_4$ übergeführt. (**A. P. 2 606 811** vom 10/10. 1947, ausg. 12/8. 1952.) Zürn. H 261

État Français, Frankreich (Erfinder: **Nacken**), *Herstellung von Einkristallen* durch Abscheiden aus Lösungen. Die instabilen Phasen sind löslicher als die stabilen Phasen. Daher werden bei der Herst. von *Quarz* im Autoklaven aus wss. Lsg. als Bodenkörper glasiges SiO_2, Cristobalit oder Tridymit verwendet, als Impfkristall α-Quarz. (**F. P. 1 003 604** vom 31/1. 1947, ausg. 20/3. 1952.) Schönauer. H 261

État Français, Frankreich, *Herstellung von Einkristallen* aus schwerlösl. Substanzen, bes. von *Quarz.* Die Temp. der Lsg., aus der der Einkristall abgeschieden werden soll, wird in der Nähe der krit. Temp. des Lösungsm. gehalten. Dabei tritt eine bes. lebhafte Zirkulation der Lsg. auf. Diese Bewegung wird verstärkt durch geringe Temperaturunterschiede im Autoklaven. Dadurch wird die Wachstumsgeschwindigkeit der Einkristalle erhöht. Nach Patent 1 004 471 kann die Kristallisationsgeschwindigkeit weiter gesteigert werden, wenn die Temp. an der Stelle, wo die Kristallisation vor sich geht, unter der krit. Temp., da wo der Bodenkörper gelöst wird, darüber liegt. (**F. PP. 1 003 605** vom 31/1. 1947, ausg. 20/3. 1952, u. **1 004 471** vom 28/4. 1947, ausg. 31/3. 1952.) Schönauer. H 261

État Français, Frankreich, *Herstellen von Quarzeinkristallen.* Als Keime bei der Herst. von Quarzkristallen aus übersätt. wss. oder schwachalkal. Lsgg. werden Lamellen aus Quarz verwendet, deren wirksame Oberflächen parallel den Rhomboederflächen des Quarzes liegen. Um die beim Schneiden u. Polieren entstandenen Gefügestörungen zu beseitigen, werden die Lamellen mit flußsauren oder alkal. Lsgg. geätzt. (**F. P. 1 003 606** vom 31/1. 1947, ausg. 20/3. 1952.) SCHÖNAUER. H 261

Monsanto Chemical Co., St. Louis, Mo., übert. von: **John W. Lefforge** und **Robert B. Hudson**, Anniston, Ala., V. St. A., *Gewinnung von phosphoriger Säure und von deren Alkalisalzen.* In eine mit Füllkörpern gefüllte Kolonne, die zur Hälfte mit einer $>$ 50%ig. H_3PO_3 gefüllt ist, leitet man von unten PCl_3 u. gibt oben W. auf. In der wss. Schicht soll $>$ 66% des PCl_3 hydrolysiert werden, der Rest wird darüber vom W. hydrolysiert. Oben entweicht HCl, unten wird laufend eine wss. Lsg. von H_3PO_3 abgezogen. Die Temp. soll über dem Kp. von PCl_3 liegen, aber nicht so hoch, daß unerwünschte Hydrolysierungsprodd. entstehen. Aus der H_3PO_3 treibt man z. B. mit Luft HCl aus u. führt die H_3PO_3 durch Zusatz von entsprechenden Mengen Alkali in das gewünschte Alkalisalz über. Als neues Salz kann $NaH_2PO_3 \cdot H_3PO_3$ erhalten werden. — Zeichnungen. (**A. PP. 2 595 198** u. **2 595 199** vom 25/9. 1948, ausg. 29/4. 1952.) ZÜRN. H 264

Manufactures de Produits Chimiques du Nord Établissements Kuhlmann, Frankreich, *Herstellung von Arsentrichlorid.* In einen geschlossenen, mit Wärmeschutz versehenen Behälter wird As_2O_3 unter gleichzeitigem Zuleiten von trockenem HCl eingetragen. Unter Wärmeentw. bilden sich $AsCl_3$- u. feuchte HCl-Dämpfe, die in eine Kühlvorr. abgezogen werden, in der durch Dekantation $AsCl_3$ u. HCl getrennt wird. Bei dem Verf. kann As_2O_3 mit nur 95%ig. Reinheit Verwendung finden. Die Verunreinigungen bleiben als Rückstand in dem Reaktionsbehälter aus Pb u. müssen von Zeit zu Zeit ausgetragen werden. (**F. P. 1 001 712** vom 22/6. 1946, ausg. 27/2. 1952.) SCHÖNAUER. H 265

Imperial Chemical Industries Ltd., übert. von: **George T. Meiklejohn**, London, England, *Elektrolytische Zelle* für die Elektrolyse, bes. von *Alkalimetallchloriden.* Als Anode dient eine elektr. leitende M. mit einer Reihe von Ausbuchtungen, in die schmale zylindr. Körper aus Isoliermaterial hineinragen u. so die Anode abstützen. Mit ihrem kon. Teil sind diese Körper auf dem Zellenboden befestigt. Als Kathode dient Hg. (**Can. P. 476 484** vom 23/4. 1948, ausg. 28/8. 1951.) WITTHOLZ. H 272

Krebs & Co. Ltd., Zürich, Schweiz, übert. von: **Edouard Krebs**, Neuilly sur Seine, Frankreich, *Zersetzer für Alkalimetallamalgam.* Die inneren Oberflächen des Zersetzers bestehen aus Graphit. Durch senkrecht angeordnete Graphitplatten ist der Zersetzer in mehrere Reaktionsräume unterteilt. Eine Abnutzung der Graphitplatten ist dadurch vermieden, daß das Amalgam durch die Löcher der oberen Graphitplatte in Vertiefungen der unteren Graphitplatte fließt. (**Can. P. 477 468** vom 2/7. 1949, ausg. 2/10. 1951. Schwz. Prior. 10/7. 1948.) SCHÖNAUER. H 272

V. de Nora, Zürich, Schweiz, *Kontinuierliche Herstellung und Zersetzung von Alkaliamalgamen* bei der Alkalielektrolyse mit beweglicher Quecksilberkathode. Das Alkaliamalgam wird von der Elektrolyse zu einem Zersetzungsapp. geleitet, in dem nur eine teilweise Zerlegung des Amalgams erfolgt. Ein Teil des partiell zers. Amalgams wird zur Elektrolyse zurückgeleitet, während der Rest entweder der erwähnten oder einer weiteren Zersetzungszone zugeleitet wird. Das Amalgam durchströmt zweckmäßig mehrere, in Reihe geschaltete Elektrolysenzellen, für die gemeinsam nur eine oder zwei hintereinandergeschaltete Zersetzungsvorrichtungen vorgesehen sind. — Zeichnungen. (**Schwed. P. 133 159** vom 5/2. 1948, ausg. 9/10. 1951. Schwz. Prior. 14/5. 1947.) JÜRGEN SCHMIDT. H 272

VI. Silicatchemie. Baustoffe.

Rudolf Bárta und **Miroslav Čáp**, *Die Enteisenung viscoser Flüssigkeiten.* Die Wirkungsweise des von der Firma S. G. FRANTZ Co., New York, hergestellten Enteisenungsgerätes für viscose Fll., des sogenannten *Ferrofilters*, das ein magnet. Sieb besitzt, wird bes. im Hinblick auf die Befreiung der keram. u. Glasrohstoffe von Fe beschrieben. Solchen Prodd. absichtlich zugesetzte Fe-Feilspäne ließen sich restlos entfernen. Durch Mahlen mit Fe verunreinigter Quarz konnte davon zu 83,3% befreit werden, Kaolin zu 95%, Porzellanmassen zu 57,1% u. Feldspat zu 88,3%. Durch Feinmahlung kann das verunreinigende Fe eine Korngröße erhalten, daß es sich nicht einmal mehr magnet. abtrennen läßt. Der Vorteil des Gerätes ist durch Brennproben bes. deutlich zu zeigen. (Zprávy československ. keram. Sklářské Společnosti [Trans. czechoslov. ceram. Glass Soc.] **26**. 61—73. 1950. Praha, Vys. Uč. techn., Ust pro sklářství a keram.) FREYTAG. 6168

M. W. Ochotin und **I. G. Bashbeuk-Melikowa,** *Einfluß des Al_2O_3 auf die Oberflächenspannung des Glases im hochviscosen Zustand.* Es wurden Gemische von 16% Na_2O (I), 8% CaO (II) u. 3% MgO (III) (a), 16% I, 6% II u. 3% III (b) sowie 13,5% I, 8% II u. 3% III (c) [jeweils 68—75,5% SiO_2 (IV)] im Petroleumofen bei 1470° zu einem Glasfluß geschmolzen, bei denen 1—5% IV durch Al_2O_3 (V) ersetzt wurden. Die Oberflächenspannung σ der Gläser wurde bei 750—810° gemessen. — Es ergab sich, daß σ in der Schmelze b mit steigender Meßtemp. bei 2% V durch ein Minimum ging u. dann stark anstieg. In Schmelze a ging σ bei 1% V durch ein Maximum, bei 2% V durch ein Minimum u. stieg dann an. Den gleichen Verlauf zeigte die σ-Kurve in c, nur daß hier der Minimumwert oberhalb des Wertes für V = 0% lag, während er in a tiefer lag als der Ausgangswert. (Стекло и Керамика [Glas u. Keram.] **9.** Nr. 6. 3—4. Juni 1952.)
v. WILPERT. 6200

Leroy W. Tilton, Fred W. Rosberry und **Florence T. Badger,** *Brechungsgleichheit eines Borosilicatglases nach verschiedenen Kühlungsbehandlungen.* Unters. des Einfl. der Kühltemp. auf die opt. Homogenität des Glases. 10 Borosilicatglaswürfel wurden nach Kühlung bei 515° interferometr. gemessen. Anschließend wurden je 5 Würfel davon auf 490 bzw. 530° erwärmt u. die Messung wiederholt. Die auftretenden Differenzen des Brechungsindex innerhalb der einzelnen Würfel überschritten selten $\pm 10^{-6}$. (J. Res. nat. Bur. Standards **49.** 21—32. Juli 1952.)
FROST. 6200

Marianus Czerny und **Ludwig Genzel,** *Über die Eindringtiefe räumlich diffuser Strahlung in Glas.* Es werden Formeln für die „globale Durchlässigkeit" von Glasschmelzen für eine räumlich diffuse Strahlung, wie sie etwa der Strahlung der Flamme oder der Bodensteine in Glasschmelzwannen entspricht, abgeleitet u. für zwei Beispiele, Fensterglas u. grünes Flaschenglas, mit Hilfe der Absorptionskoeffizienten für Wellenlängen zwischen ca. 1 u. 5 μ die Eindringtiefen der Strahlung ermittelt. Es zeigt sich, daß die Strahlungsenergie bei Fensterglas bereits in Eindringtiefen Z von 3—6 cm, bei Flaschenglas in Z von 4—6 mm auf 10% geschwächt ist. Die Strahlungsenergieabnahme mit Z hängt von der Temp. u. bes. von der Durchlässigkeit des Glases im Ultrarot unterhalb 2,8 μ ab. Je stärker das Glas in diesem kurzwelligen Ultrarot, d. h. bei Wellenlängen, die kleiner als die SiO_2-Absorption ist, gefärbt ist, um so eher kann es als opt. grauer Körper angesehen werden. (Glastechn. Ber. **25.** 134—39. Mai 1952. Frankfurt/M., Univ., Phys. Inst.)
RUDOLPH. 6200

V. Bodin, *Betrachtungen über die industrielle Trocknung der keramischen Produkte.* Nach der Besprechung der verschied. Trocknungsarten, wie Hochfrequenz-, Infrarot-, Umlufttrocknung, wird die Berechnung **eines kontinuierlichen Tunneltrockners** mit 30 Tagestonnen Leistung gegeben. Anschließend werden 2 Trocknungsanlagen beschrieben (1. Tunneltrockner mit schraubenförmiger Luftbewegung u. Abdampfheizung; 2. Kammertrockner mit Ölheizung u. rekuperativer Luftvorwärmung). (Bull. Soc. franç. Céram. **1952.** 5—13. April/Juni 1952.)
SCHÜTZ. 6210

Hans Lehmann und **Walter Pralow,** *Über die Bestimmung von Natrium, Kalium und Calcium in den Rohstoffen und Fertigfabrikaten der Silicatindustrie mit dem Flammenphotometer.* Es muß Rücksicht auf die Zus. des Untersuchungsmaterials genommen werden u. gegebenfalls eine Mischlsg. als Standardeichlsg. verwendet werden. Fremde Elemente beeinflussen zum Teil die Strahlungsintensität. Nur bei geringer Fremdelementkonz. können Eichlsgg. verwendet werden, die nur das Element enthalten, auf das geprüft wird. CaO ist nur in der Acetylen- oder Propanflamme quantitativ bestimmbar. Die Charakteristik des Photoelementes muß bei extremen Konzz. beachtet werden. (Tonind.-Ztg. keram. Rdsch. **76.** 33—37. Febr. 1952. Clausthal, Bergakademie, Inst. für Steine u. Erden, u. Berlin-Goslar, Labor. für Tonindustr. Seger u. Cramer KG.)
FROST. 6248

International General Electric Co., Inc., New York, N. Y. (Erfinder: **Herman R. Schoenfeldt,** South Euclid, Ohio), V. St. A., *Herstellung eines fluorescierenden Überzuges auf Glas.* Zur Verbesserung der Haftfestigkeit eines Überzuges aus feinverteilten Halogenphosphorleuchtstoffen werden diese vor dem Aufbringen auf die Glasoberfläche mit 0,05—3 Gew.-% B_2O_3 gemischt, worauf das Gemenge zwischen 700 u. 1000°, bes. bei 900°, gebrannt wird. Zweckmäßig wird der so vorbehandelte Leuchtstoff in der Lsg. eines Celluloseesters suspendiert; die Suspension wird auf die Glasoberfläche aufgebracht u. hierauf der Glaskörper auf 400—600° erhitzt. (**D. B. P. 850 656** Kl. 32b vom 18/4. 1951, ausg. 25/9. 1952. A. Prior. 2/5. 1950.)
HANS HOFFMANN. 6201

International General Electric Co., Inc., New York (Erfinder: **Ralph J. Bondley,** Scotia), N. Y., V. St. A., *Überziehen nichtmetallischer Werkstoffe.* Um vakuumdichte Verbb. von Keramikteilen oder von Keramik- u. Metallteilen herzustellen, werden nach den Verff. des Hauptpatentes die Teile unter Verwendung von Titanhydrid mit einem Titanüberzug versehen. Gemäß dem vorliegenden Verf. wird Ti durch Zr ersetzt, indem ZrH_2 zum Überziehen verwendet wird. Es werden z. B. die Oberflächen der Teile mit einem dünnen Überzug von ZrH_2, z. B. in Form eines mit Nitrocelluloselack angerührten Pulvers, überzogen, der etwa durch Erhitzen im Vakuum in Metall verwandelt wird. Durch Anwendung eines Lotes können die Teile nun verbunden werden. (**D. B. P. 846 526** Kl. 80b vom 3/10. 1950, ausg. 14/8. 1952. A. Prior. 15/5. 1947. **Zusatz zu D. B. P. 842 469; C. 1953. 1231.**) REINHART. 6213

Dynamidon-Werk, Engelhorn & Co. G. m. b. H., Mannheim-Waldhof (Erfinder: **Felix Baumhauer**, Mannheim-Freudenheim), *Baustoffe für feuerfeste Zwecke.* Hochfeuerfeste Stoffe, wie Koks, Sintermagnesit, Schamotte, Silica, werden mit Pech u. so viel Ton versetzt, daß das Gemisch plast. verformt werden kann. Nach dem Formen werden die Prodd. getrocknet u. bei ca. 200° erhitzt. Das Pech kann vor der Zugabe zu den Ausgangsstoffen gemeinsam mit dem Ton vermahlen werden. (**D. B. P. 845 326** Kl. 80b vom 7/4. 1950, ausg. 31/7. 1952. **Zusatz zu D. B. P. 836 467; C. 1952. 7401.**) REINHART. 6219

Soc. An. des Hauts-Fourneaux de la Chiers, Longwy, Meurthe-et-Moselle (Erfinder: **Jules Ernould**), Frankreich, *Feuerfeste Steine aus Dolomit oder Kalk.* Der totgebrannte Rohstoff wird nach Aussonderung der Fremdkörper in beliebigen Brechern zu scharfkantigen Körnern von 1—5 mm Größe zerkleinert u. nach Sortierung u. Mischung zu Steinen gepreßt. Die Formlinge werden in einem Brennofen allmählich erwärmt, gebrannt u. abgekühlt, wobei diese Arbeitsgänge so schnell aufeinander folgen, daß das Prod. nicht durch atmosphär. Einflüsse angegriffen werden kann. Der Preßdruck liegt zwischen 700 u. 1400 kg/cm² u. wird so eingestellt, daß die Körner nicht zerstört werden. Die Temp. des Brennofens beträgt an der Einsatzstelle der Steine 350—500°, wird in ca. 60 Std. auf 1500° gebracht, 8—20 Std. gehalten, worauf eine ziemlich schnelle Abkühlung folgt. (**D. B. P. 849 820** Kl. 80b vom 4/7. 1939, ausg. 18/9. 1952. F. Prior. 22/11. 1938.) REINHART. 6219

Russel Pearce Heuer, Bryn Mawr, Pa., V. St. A., *Ungebrannte feuerfeste Steine.* Bas. oder neutrales feuerfestes Material, wie Magnesit, Chromit oder Gemische derselben, mit einem Geh. von mindestens 5% MgO oder darüber, werden nach Zerkleinerung geformt u. mit gasförmigem CO_2 oder CO_2 enthaltenden Gasgemischen bes. bei Überdruck gehärtet. Die Formlinge werden zweckmäßig bei 1 at Überdruck u. Raumtemp. ein oder mehrere Std. behandelt. Die Steine können in SIEMENS-MARTIN-Öfen, Raffinieröfen für Kupfer u. andere NE-Metalle, Zement- oder Glasschmelzöfen verwendet werden. (**D. B. P. 847 568** Kl. 80b vom 14/9. 1950, ausg. 25/8. 1952. A. Prior. 20/6. 1947.) REINHART. 6219

Corning Glass Works, Corning, N. Y., übert. von: **John N. Mochel**, Oak Ridge, N. Y., V. St. A., *Zinnoxydmassen.* Eine wss. Lsg. von $SnCl_4$ u. $SbCl_3$ wird in Siedehitze mit NH_3 gefällt. Die $SbCl_3$-Menge entspricht ca. 1—5 (Gewichtsteilen) Sb_2O_3, berechnet auf 100 SnO_2. Das Reaktionsgemisch wird mindestens 1 Std. beim Kp. digeriert, wobei ein p_H-Wert von 4—7 aufrechterhalten wird. Der Nd. wird getrocknet u. bei 1200—1400° gebrannt, um die gefällte Metazinnsäure in SnO_2 zu verwandeln. Aus der M. werden *feuerfeste*, elektr. leitende Körper hergestellt. (**A. P. 2 585 341** vom 12/1. 1948, ausg. 12/2. 1952.) REINHART. 6219

Titangesellschaft m. b. H., Leverkusen-Bayerwerk (Erfinder: **Walter Schaller**, Leverkusen), *Ofenfutter.* Ein bes. gegen alkal. Schmelzen beständiges Ofenfutter wird aus den Oxyden der Erdalkalien, wie MgO oder CaO oder ihren Gemischen, u. einem schützenden Überzug im wesentlichen aus *Erdalkalititanat* hergestellt. Es werden z. B. 3 t Magnesiastampfmasse in einen Drehofen als Futter eingestampft u. eingebrannt. Dann werden in dem Ofen 230 kg TiO_2 u. 40 kg NaOH zum Schmelzen erhitzt u. bei 1450—1500° eingebrannt. Das Futter zeigt große Haltbarkeit bei alkal. Aufschlüssen. (**D. B. P. 858 376** Kl. 80b vom 20/3. 1942, ausg. 8/12. 1952.) REINHART. 6221

Robert F. H. v. Escher Beirut, Libanon, *Verhinderung starker Staubbildung beim Brennen von Zement in Drehrohröfen.* Dem zum Anfeuchten des Zementrohmehls benutzten W. werden Rohöl oder fl. Teerprodd., zweckmäßig in Form einer Suspension, zugesetzt. (**D. B. P. 853 415** Kl. 80b vom 23/7. 1950, ausg. 23/10. 1952.) HANS HOFFMANN. 6223

Semtex Ltd., London (Erfinder: **Leslie Herbert Griffiths und Walter Saul**, Sandford Farm, Wolverton, Basingstoke), England, *Biegsame Zementmassen.* Kautschuk wird mit einem Weichmachungsmittel erhitzt u. mit einem Harz, wie Cumaronharz, vermischt u. hierauf in W. dispergiert. Die Feststoffe der Dispersion werden vulkanisiert, worauf die vulkanisierte Dispersion in eine Zementmasse eingebracht wird, die z. B. aus Portlandzement, Tonerdezement, rotem Fe_2O_3, Holzspänen u. W. besteht. (**D. B. P. 852 669** Kl. 80b vom 3/10. 1950, ausg. 16/10. 1952. E. Priorr. 23/6. 1944 u. 24/5. 1945.) HANS HOFFMANN. 6223

Internationella Siporex Aktiebolaget, Stockholm (Erfinder: **Hans Lennart Simonsson,** Stockholm, und **Leo Torsten Ulfstedt,** Södertälje), Schweden, *Armierung von Leichtbeton oder dergleichen.* Die zum Armieren von Leichtbeton oder anderen in Autoklaven durch Dampf zu härtenden Massen benutzten Eisen werden zuvor mit einer Rostschutzschicht versehen (D. B. P. 842 468), die aus Kalk, einem SiO_2-haltigen Material u. einem organ., leimartigen Bindemittel besteht. Letzteres wird so gewählt, daß die später bei Dampfeinw. zu Ca-Silicat sich umsetzende Überzugsmasse bis zum Einbetten desArmierungseisens in den Leichtbeton vor dem Abplatzen bewahrt wird, daß aber diese Wrkg. bei der Dampfhärtung aufgehoben wird. (**D. B. P. 848 923** Kl. 80b vom 12/9. 1950, ausg. 8/9. 1952. Schwed. Prior. 15/9. 1949. **Zusatz zu D. B. P. 842 468.**)
HANS HOFFMANN. 6225

VII. Agrikulturchemie. Schädlingsbekämpfung.

M. A. Korowkin, *Verwendung von Phosphoritmehl für die Gewinnung von organomineralischem Kompost.* Phosphoritmehl (**I**) beschleunigt die Verrottung von Stallmist u. erhöht die Menge der Mikroorganismen im Kompost, bes. der cellulosezers. u. der Bacterium radiobacter-Arten. Die Menge der anaeroben N-bindenden Bakterien wird vergrößert, die der Denitrifikationsbakterien vermindert. Dies zeigt, daß die durch **I** bewirkte Verringerung der N-Verluste des Stallmistes wesentlich durch seine mikrobiol. Wrkg. zu erklären ist. Ein 28%ig. **I**-Zusatz zum Kompost vermindert erheblich die N-Verluste. Durch das Kompostieren von Stallmist mit hohen **I**-Gaben wird seine Wirksamkeit erhöht. (Советская Агрономия [Sowjet. Landwirtschaftskunde] **10.** Nr. 12. 57—60. Dez. 1952. Allunions Wiss. Forschungsinst. für Düngemittel, Agrotechnik u. landw. Bodenkunde.)
A. JACOB. 6294

N. N. Bolyschew, *Genese und Evolution der Takyrböden.* Übersichtsarbeit über die Takyrböden Mittelasiens. (Почвоведение [Bodenkunde] **1952.** 403—17. Mai. Moskau, Lomonossow-Univ.)
M. GORDIENKO. 6300

A. W. Baranowskaja, *Zur Charakteristik der Menge und der Zusammensetzung der organischen Stoffe in den Böden des Kaliningrad-Bezirks.* Die Böden des Kaliningrader Bezirks kennzeichnen sich durch intensive Zers. der organ. Rückstände, so daß ihr Humus (**I**)-Geh. demjenigen der gewöhnlichen Podsolböden gleichkommt. Eine größere Ansammlung von **I** findet nur bei überschüssigen Wassermengen (Wiesenböden unter der Grasnarbe usw.) bzw. in Böden mit erhöhtem Geh. an Tonfraktionen statt. Bei der Inkulturnahme der Böden verläuft der Mineralisierungsprozeß der organ. Rückstände noch intensiver, so daß sich der **I**-Geh. in den oberen Bodenschichten bedeutend vermindert. (Почвоведение [Bodenkunde] **1952.** 434—42. Mai. Leningrad, Zentr. Museum für Bodenkunde.)
M. GORDIENKO. 6300

D. J. Hissink, *Der Verlust der Dollardböden an kohlensaurem Kalk. Der Gehalt des Dollardschlammes an kohlensaurem Kalk von 1545 bis heute und die Entwicklungsgeschwindigkeit von nacheinander eingedämmten Dollardpoldern.* Die verallgemeinerte Annahme, daß der $CaCO_3$-Verlust der holländ. Lehmböden 1% im Jahrhundert beträgt, wird krit. besprochen. Manche Faktoren verändern den Entkalkungsgrad. Nach vorsichtigen Schätzungen beträgt der $CaCO_3$-Verlust in den oberen Schichten von Dollardböden 1% oder mehr in 50 Jahren. (Landbouwkund. Tijdschr. **64.** 365—71. Juni 1952.) WESLY. 6304

J. G. Maschhaupt, *Bemerkungen über die Entkalkungsgeschwindigkeit von niederländischen Meereslehmböden.* Die Geschwindigkeit, mit der $CaCO_3$ aus den oberen Schichten der niederländ. Lehmböden verschwindet, hängt ab von der Art der Drainage, der biol. Aktivität des Bodens u. der Art des $CaCO_3$ (muschelig oder als feiner Nd.). Daher kann für den $CaCO_3$-Verlust kein allgemeingültiger Wert angegeben werden; er beträgt in den Dollardböden 1% in rund 25 Jahren. (Landbouwkund. Tijdschr. **64.** 372—77. Juni 1952.)
WESLY. 6304

P. I. Nikischkina, *Der Einfluß von Stallmist auf die agrochemischen Eigenschaften des podsoligen Rasenbodens.* Im Feld- u. Gefäßvers. wird gezeigt, daß durch 36—50 t/ha Stallmist je Fruchtfolge der Geh. des Bodens an sorbiertem Ca um 12—43%, an Mg um 5—29% u. an K um 1—66% erhöht wird. Der Bodengeh. an säurelösl. P wird durch Stallmistgaben um 35—136% erhöht. Die mit dem Stallmist eingebrachte organ. Substanz bleibt zu 28% als Humus erhalten, während 72% mineralisiert werden u. so die Nährstoffversorgung der Pflanze verbessern. Bei Stallmistdüngung wird der Geh. an K u. P in der Pflanze verdoppelt. Durch Stallmist wird die Wirksamkeit der N-Dünger erhöht, die der P- u. K-Dünger stark herabgesetzt. (Почвоведение [Bodenkunde] **1952.** 829—39. Sept. Dokutschajew-Bodeninst. der Akad. der Wiss. der UdSSR, Agrochem. Labor.)
LEBTAG. 6304

Armi Kaila, *Einfluß von Leguminosen auf die Mikrobenaktivität im Boden.* Zu Beginn u. Ende des Sommers erwies sich die Bakterienzahl in der Rhizosphere von Erbsen als beträchtlich höher als bei Wicken u. Hafer. Bei jungen Erbsenkulturen ist die N-Fixierung ausgesprochen groß. Bei einer Düngung mit $(NH_4)_2SO_4$ beobachtet man keine starke Erhöhung der Nitrifikation durch Leguminosenanbau. (Maataloustieteellinen Aikakauskirja **23.** 211—14. 1951. Helsinki.) GRIMME. 6304

S. A. Wilde und G. W. Randall, *Chemische Eigenschaften des Grundwassers von Wald- und Marschböden von Wisconsin.* Rk., spezif. Leitfähigkeit, Gesamtalkalität, Geh. an gelöstem O_2 u. Redoxpotential des Grundwassers. 4 geolog. Regionen von Wisconsin wurden untersucht u. die Beziehungen zwischen den chem. Eigg. des Grundwassers u. der Pflanzendecke festgestellt. (Trans. Wisconsin Acad. Sci., Arts Letters **40.** 251—59. 27/4. 1951. Madison, Wis., Univ. of Wisconsin, Soils Dep.) RANG. 6304

A. Demolon und P. Boischot, *Isodynamische Wirkung der Gaben löslicher Phosphatdüngemittel.* Bericht über wichtige Zusammenhänge zwischen Phosphatlöslichkeit u. chem. Bodenbeschaffenheit. (C. R. hebd. Séances Acad. Agric. France **37.** 477—81. 1951.) GRIMME. 6304

E. M. Crowther und T. W. Walker, *Die relativen Wirkungen verschiedener Kalkdünger.* Zusammenfassung der Ergebnisse 5jähriger Feldverss. in England (1944—48) zur Unters. der Wrkg. von Branntkalk, Kalksteinmehl, Dolomit u. Abfallkalk auf die Erträge säureempfindlicher Kulturpflanzen auf zumeist stark sauren Böden. Die verschied. Kalkdünger waren im allg. gleich wirksam, wenn sie in äquivalenten Mengen auf der Basis: 100 Teile $CaCO_3$ = 56 Teile CaO verabreicht wurden. (Agriculture [London] **59.** 251—60. Sept. 1952. Harpenden, Herts, Rothamsted Exp. Stat. u. Nat. Agric. Advis. Serv., West Midland Prov.) RANG. 6304

K. C. W. Venema, *Das frühere Hamburger Verfahren zur Verarbeitung von festen, städtischen Abfallstoffen zum Nutzen des Land- und Gartenbaues.* Übersicht über die vor 1939 in Hamburg eingeführte Trennung des Mülls in Grob-, Mittel- u. Feinmüll, die Zus. der Müllfraktionen u. ihre Verwendung für Garten- u. Landbau. (Landbouwkund. Tijdschr. **64.** 400—03. Juni 1952.) WESLY. 6304

Ju. K. Kudsin und Ju. M. Kara, *Bedeutung der Spurenelemente im Anfangsstadium des Wachstums und der Entwicklung von Weizen.* Bei Düngung von Sommerweizen zur Zeit der Aussaat wirkte ein Zusatz von Borax (optimal 1—2 kg/ha) oder $MnSO_4$ (optimal 3—4 kg/ha) ertragsteigernd. (Советская Агрономия [Sowjet. Landwirtschaftskunde] **10.** Nr. 12. 85. Dez. 1952. Ukr. Wiss. Forschungsinst. für Getreidewirtschaft.) A. JACOB. 6304

C. Stapp und C. Wetter, *Untersuchungen über die Wirkung von 2.4-D im Boden.* 3. Mitt. *Eine neue Nachweismethode mit Kresse (Lepidium sativum) und Modellversuche über die mikrobielle Zersetzung von Wuchsstofflösungen in Bottichen.* (2. vgl. C. **1953.** 75.) An Stelle von Erbsen (vgl. C. **1952.** 7402) werden Kressesamen als Testobjekte zum Nachw. von *2.4-D* in Böden bzw. Bodenlsgg. benutzt, u. zwar reagieren die Primärwurzeln von Kresse noch auf Verdünnungen von 2.4-D, die um eine Zehnerpotenz niedriger liegen als im Erbsentest. — In Modellverss. mit offenen u. geschlossenen Röhren wurde gefunden, daß 2.4-D in den offenen mit Erde gefüllten Röhren bereits nach 9 bis 13 Tagen vollständig zers. ist, während sie in den geschlossenen Gefäßen nach dieser Zeit noch nachweisbar ist. Demnach ist der 2.4-D-Abbau ein aerober Prozeß. Der Abbau geht in 3 Stufen vor sich: erst in der Endphase verschwindet der Wuchsstoff schnell. Die Aktivität der die 2.4-D zers. Bakterien ist unabhängig vom p_H-Wert des Bodens. Im Sandboden wird 2.4-D am schnellsten zersetzt. Es folgen Ackererde, Kompost u. Gartenerde, während in Lehm noch nach 19 Tagen 60% der unzers. 2.4-D nachweisbar sind. Auf Grund dieser Befunde wird vorgeschlagen, Versuchsgefäße, in denen 2.4-D-haltige Böden enthalten waren, durch Einbringen von Sandboden zu entgiften. (Phytopathol. Z. **20.** 227—38. Jan. 1953. Braunschweig-Gliesmarode, Biol. Bundesanst. für Land- u. Forstwirtschaft, Inst. für Bakteriol. u. Serologie.) KLESSE. 6304

O. I. Morosowa, *Die Anwendung eines Herbicids zur Bekämpfung der giftigen Pflanze Ceratocephalus falcatus Pers.* Vf. empfiehlt zur Bekämpfung der für das Weidevieh giftigen Pflanze Ceratocephalus falcatus Pers. Spritzen (während der Knospung u. zur Hauptblütezeit) mit einer 8,5%ig. wss. Lsg. von *2.4-D* (200 Liter/ha). Futterpflanzen werden nicht beeinträchtigt. (Кормовая База [Futtermittel-Versorg.] **3.** Nr. 10. 21—23. Okt. 1952. Stalinabad, Inst. für Tierzucht der Akad. der Wiss. der TadshikSSR.) G. REICHARDT. 6312

Aristide Carilli, *Versuche zur Bekämpfung von Cyperus rotundus L. durch Bodenbegasung.* Bericht über Verss. mit *Nemafume* (ein Gemisch aus Dichlorpropan u. Dichlorpropen) auf einem mit Cyperus rotundus verseuchten Boden. Bei einer Gabe von 10 Hektoliter/ha kam der Schädling nicht zur Entwicklung. Die als Hauptfrucht angebauten Bohnen wurden nicht geschädigt u. gaben gute Ernten. (Ann. Sperimentaz. agrar. [N. S.] **6.** 1161—71. 1952. Rom, Stazione di Patologia Vegetali.) GRIMME. 6312

J. Thénard und **R. J. de Mallmann,** *Über den Schutz von Rübensamen gegen Maulwurfsgrillen durch Behandlung mit Insekticiden.* Behandlung der Rübensamen mit Gammexan schützt die jungen Rüben im Boden weitgehend gegen Schädigungen durch Maulwurfsgrillen. Wirksame Gabe 15 g/ha. (C. R. hebd. Séances Acad. Agric. France **37.** 602—05. 1951.) GRIMME. 6312

L. Bonnemaison, *Boden- und Samenbehandlungsversuche zur Bekämpfung von Maulwurfsgrillenlarven.* Die fast absol. Vernichtung der Larven gelang mit organ. Thiophosphaten, Aldrin, Dieldrin u. Gammapräpp. mit u. ohne Beigabe von Hg-Methoxyäthylsilicat. Bei starkem Befall ist die direkte Bodensterilisation vorzuziehen, bei mäßigem Befall genügt die Saatbeize, am besten die Trockenbeize. (C. R. hebd. Séances Acad. Agric France **38.** 164—67. 1952.) GRIMME. 6312

V. G. Dethier, B. E. Heckley jr. und **T. Wagner-Jauregg,** *Anlockung von Fliegen durch Isovaleraldehyd.* Eine 0,013 mol. Lsg. von *Isovaleraldehyd* (I) erwies sich bei den Fliegenarten *Musca domestica* u. *Ophyra aenescens* allen anderen anlockenden Substanzen weit überlegen. Quantitative Olfactometerverss. über die in der Gasphase noch wirksame Grenzdosis zeigten, daß bei M. domestica eine $1{,}2 \cdot 10^{-5}$ mol. Dampfkonz. an I maximale Anlockung ergab. In $2{,}0$—$2{,}8 \cdot 10^{-5}$ mol. Konzz. wirkte I teilweise anlockend, teilweise abschreckend, während oberhalb $6 \cdot 10^{-5}$ maximale Abschreckung erzielt wurde. (Science [Washington] **115.** **141—42.** 8/2. 1952. Baltimore, Johns Hopkins Univ., Dep. of Biol., u. Maryland, Md., Army Med. Center, Chem. Corps Med. Labor., Biochem. Branch.) A. HEUSNER. 6312

John Hawkins, *Einfluß der Anwendungszeit von DDT-Sprays bei der Bekämpfung von Pyrausta nubilalis Hbn.* (J. econ. Entomol. **44.** 569—71. Aug. 1951. Orono, Maine Agricult. Exper. Station.) LIEBNER. 6312

Claudio Antoniani, *Bestimmung des Phosphatbedürfnisses von Kulturböden.* Bericht über gute Erfahrungen mit dem Verf. nach MITSCHERLICH. (Atti Accad. Georgofili [6] **15.** Nr. 2/3. 3—15. 1951, ausg. 1952.) GRIMME. 6324

M. D. Garhart, F. J. Witmer und **Y. A. Tajima,** *Mikrobestimmung von Aldrin und Dieldrin durch Infrarotspektroskopie.* Der Einsatz von Aldrin (I) u. Dieldrin (II) als neue Insekticide erforderte die Entw. einer mikroanalyt. Meth. von ausreichender Trennschärfe u. Empfindlichkeit. Diese Bedingungen erfüllt die Infrarot-Spektrophotometrie, die die Best. bei Anwendung von Mikrozellen mit einer Empfindlichkeit von 0,0005 für I u. von 0,0007 für II mit einem wahrscheinlichen Fehler von $\pm 0{,}001\%$ durchzuführen gestattet. Die für die Analyse geeigneten Absorptionsspitzen liegen für I bei 8,48 u. für II bei 10,98 μ. Die Absorptionsspektren von I, II, *DDT*, *Lindan*, *Toxaphen* u. *Chlordan* sind wiedergegeben. (Analytic. Chem. **24.** 851—57. Mai 1952. Denver, Colo., Julius Hyman Co., Phys. u. Physico-chem. Labor.) SCHLEGEL. 6328

H. T. Gordon, *Colorimetrische Bestimmung von Chloriden durch Mikrodiffusion. Anwendung auf chlorierte Insekticide.* Das Prinzip der Meth. beruht darauf, daß Cl-haltige organ. Verbb. in der äußeren Kammer einer Mikrodiffusionszelle nach CONWAY mit $KMnO_4$–H_2SO_4 oxydiert werden. Das in Freiheit gesetzte Cl diffundiert in die innere Kammer der Zelle u. entfärbt dort den Triphenylmethan-Farbstoff East Green FCF. Der Grad der Entfärbung ist ein Maßstab für den Cl-Gehalt. Das modifizierbare Verf. wird eingehend beschrieben. (Analytic. Chem. **24.** 857—62. Mai 1952. Berkeley, Calif., Univ., Div. of Entomol., Parasitol.) SCHLEGEL. 6328

Torfforschung G. m. b. H., Oldenburg (Erfinder: **Anton Fruhstorfer** und **Max Gordon,** Bad Zwischenalm), *Behandlung von Düngemitteln.* Zu Staubentw. neigenden Handelsdüngemitteln werden 5—10(%) feinstgemahlener Weiß- oder Schwarztorf zugesetzt, die M. mit 3—10 W. besprüht u. dann innig vermischt. Beispiele: feingemahlener *Kalkmergel, Löschkalk, Thomasmehl* u. *Superphosphat.* Das Backen u. Klumpen der Düngemittel wird verhütet, der Staub gebunden u. die Streufähigkeit verbessert. (**D. B. P. 859 740** Kl. 16 vom 10/2. 1951, ausg. 15/12. 1952.) KARST. 6271

Roger Campredon, Frankreich (Loire-Inferieure), *Gewinnung von Huminsäuren.* Man laugt huminhaltige Ausgangsstoffe (Torf, Braunkohle, fossile Hölzer) in einer Batterie von Autoklaven mit Alkali aus, filtriert, verdampft zur Trockne, zerkleinert den Rückstand u. siebt. Man kann auch aus den alkal. Lsgg. mit Säuren (HNO_3, H_3PO_4, H_2SO_4) die Huminsäuren ausfällen u. dann durch Eindampfen, Zerkleinern u. Sieben unmittelbar zu NPK-haltigen *Düngemitteln* gelangen. (**F. P. 983 466** vom 28/1. 1949, ausg. 25/6. 1951.) NOUVEL. 6291

Pest Control Ltd., England, *Herstellung von Phenolverbindungen.* Man sulfoniert Phenol mit 95%ig. H_2SO_4 30 Min. bei 90°, alkyliert die Phenol-4-sulfonsäure mit einem Olefin, Alkohol oder saurem Alkylsulfat bei 80—100° u. spaltet aus der 6-Alkylphenol-4-sulfonsäure durch Erhitzen mit W. auf über 120° die Sulfonsäuregruppe wieder ab. Dann führt man mit verd. HNO_3 bei 50—60° u. zum Schluß bei 75° zwei Nitrogruppen ein, die in die 2.4-Stellung treten. Auf diese Weise wird z. B. *2.4-Dinitro-6-sek.-butylphenol*, orangefarbige Fl., hergestellt. — *Herbicide.* (**F. P. 990 879** vom 15/7. 1949, ausg. 27/9. 1951. E. Priorr. 21/7. 1948 u. 30/6. 1949.) NOUVEL. 6313

Sherwin-Williams Co., Cleveland, O., übert. von: **Donald A. Kohr jr.**, Chicago, Ill., und **Roy L. Milde**, La Fayette, Ind., V. St. A., *Trägermaterial für in der Landwirtschaft verwendbare Chemikalien.* Ein wasserfreies, fl. Konzentrat, das mit W. stabile Dispersionen bildet, wird durch Vermischen von in der Landwirtschaft verwendbaren Chemikalien, z. B. hormonartigen Wachstumsregulatoren, wie Di- u. Trichlorphenoxyessigsäuren, β-Naphthoxy-, Phenoxy- u. Indolessigsäuren oder -buttersäuren, deren Salze, Ester u. Amide, Unkrautbekämpfungsmittel, wie $NaClO_3$, Dinitro-o-kresol, Thiocyanate, Arsenite u. dgl., Insekticide u. Fungicide, wie DDT, Rotenon, Arseniate, Fluorsilicate, S u. Cu-Verbb., mit Petroleum-KW-stoffdestillaten, die größere Mengen Paraffinbestandteile u. 15—25% sulfonierbare Stoffe enthalten, Äthylenglykolmonobutyläther oder dgl., u. einem oberflächenakt. Stoff hergestellt. Das Gemisch wird unter n. Druck oder im Vakuum auf 150—300° unter Rühren erhitzt u. zur Entfernung des gebildeten W. ein inertes Gas, z. B. N oder CO_2, durchgeleitet. Die wss. Dispersion des Gemisches bildet auf den behandelten Pflanzen festhaftende Überzüge, die durch Regen nicht abgewaschen werden. (**A. P. 2 558 762** vom 14/12. 1948, ausg. 3/7. 1951.) KARST. 6313

Monsanto Chemical Co., St. Louis, Mo., übert. von: **Milton Kosmin**, Dayton, O., V. St. A., *Emulsionskonzentrat biologischer Giftstoffe.* Das in W. dispergierbare Konzentrat zur Herst. von Öl-in-W.-Emulsionen besteht aus 20—90(%) eines aromat. Öles, z. B. Bzl., Toluol, Xylol, Mono-, Di-, Trimethylnaphthalin u. Petroleumfraktionen, 4—60 eines biol. Giftstoffes, z. B. Insekticide, wie DDT u. Amylbenzylcyclohexylamin, Fungicide, Herbicide u. Pflanzenhormone, 3—10 eines öllösl., organ., oberflächenakt. Sulfonats oder Sulfats u. 3—10 eines Kondensationsprod. aus 1 (Mol) eines tert.-Tetradecyl- oder Dodecylmercaptans u. 1—40 Äthylenoxyd. Das Konzentrat ist in W. leicht emulgierbar. (**A. P. 2 552 187** vom 28/12. 1946, ausg. 8/5. 1951.) KARST. 6313

Imperial Chemical Industries Ltd., London (Erfinder: **James Taylor**, Saltcoats, und **John Macfie Holm**, West Kilbride, Schottland), *Räuchermasse zur Schädlingsbekämpfung,* enthaltend ein therm. verdampfbares Schädlingsbekämpfungsmittel, z. B. DDT oder Hexachlorcyclohexan, u. Nitroguanidin u./oder Guanidinnitrat, sowie einen Beschleuniger, z. B. $(NH_4)_2Cr_2O_7$, Cr_2O_3 oder CuCl, in solcher Menge, daß die Guanidinverbb. in Ggw. der Schädlingsbekämpfungsmittel einer sich selbst unterhaltenden, flammenlosen, term. Zers. unterliegen. (**D. B. P. 850 678** Kl. 451 vom 31/3. 1949, ausg. 25/9. 1952.) DUTTENHÖFER. 6313

Henkel & Cie. G. m. b. H. (Erfinder: **Bruno Blaser** und **Bernhard Raecke**), Düsseldorf, *Herstellung von Schädlingsbekämpfungsmitteln.* Mindestens 2 aromat. Reste enthaltende aliphat. KW-stoffe, z. B. *Diphenylmethan, Diphenyläthan* u. *-butan, 2-Methyl-1.2-diphenylpropan, 2.2-Diphenylpropan, 1.1-Diphenylhexan, 1.1-Diphenylheptan, 1.1.1-Triphenylbutan, 1.1.4.4-Tetraphenylbutan, 1.2-Di-(α-naphthyl)-äthan* u. dgl., werden bei n. oder erhöhter Temp. in Lösungsmitteln, z. B. CCl_4, gelöst oder suspendiert u. in Ggw. von P oder dgl. halogeniert. Starke *Insekticide.* (**D. B. P. 861 169** Kl. 451 vom 21/12. 1943, ausg. 29/12. 1952.) KARST. 6313

Soc. An. de Matières Colorantes et Produits Chimiques Francolor, Frankreich, *Insekticide.* Verwendung von *Dichlordihydronaphthalin* für sich oder in Emulsion oder Lsg. mit einem oder mehreren organ. Lösungsmitteln, gegebenenfalls unter Zugabe der Metallsalze organ. Sulfonsäuren oder Seifen, oder in Mischung mit festen Trägerstoffen, wie Talk, $CaCO_3$, $CaSO_4$, Ton in feinverteiltem Zustand als Insekticid. (**F. P. 1 002 023** vom 13/7. 1946, ausg. 3/3. 1952.) WITTHOLZ. 6313

Farbwerke Hoechst, vormals Meister Lucius & Brüning (Erfinder: **Heinrich Greune, Fritz Maennchen, Wilhelm Staudermann, Willi Stenger** und **Walter Finkenbrink**), Frankfurt/M., *Schädlingsbekämpfungsmittel.* Die Mittel weisen einen Geh. an *Chlornitrophenthiazin-9-oxyden* auf, bei denen die Gesamtzahl der negativen Substituenten 2—4 beträgt, gegebenenfalls mit Zusatz von Inertmaterialien, Netz-, Haft- u. Dispergiermitteln, mit oder ohne Zusatz von Fungiciden. Starke u. anhaltende fungicide u. insekticide Wirkungen auf großer Anwendungsbreite. (**D. B. P. 861 168** Kl. 451 vom 2/7. 1950, ausg. 29/12. 1952.) KARST. 6313

VIII. Metallurgie. Metallographie. Metallverarbeitung.

W. Epprecht, *Röntgenfeinstrukturuntersuchungen über das Kriechen von Stahl.* Röntgenfeinstrukturunterss. der Kriechvorgänge an einer *Ni–Cr-Legierung* (**I**) mit „Austenit"-Grundmasse aus kub.-flächenzentrierten Kristallen, in der geringe Mengen von Ausscheidungen unbekannter Natur (vermutlich Al-Verbb.) eingeschlossen sind, Korngröße 0,5 mm, rekrist.; *austenit. 18/8-Stahl* (**II**), Gußzustand Korngröße mehrere Millimeter; ein *austenit. Sonderstahl* mit deutlichem Geh. an NbC u. weiteren Carbiden (W–Mo-Doppelcarbiden), sowohl geschmiedet (**IIIa**) als auch bei 1300° normalisiert (**IIIb**) bei konstanter Belastung u. konstanter Temp. (meist 650—750°). Es wird gezeigt, daß **II** bei 570, bei 650—700 u. bei 750°, **III** bei 650—700° durch Kriechen eine Verfestigung erfahren, die nach hohen Belastungen ausgeprägter ist als nach niedrigeren, jedoch auch bei kleinsten Belastungen im ganzen freien Stabteil durch Rückstrahlaufnahmen nachweisbar bleibt. Dies ist auch nach nicht näher beschriebenen Verss. für sämtliche warmfesten, stahlartigen Legierungen gültig, wenn sie bei techn. Betriebstempp., z. B. in Gasturbinen, dem Kriechen ausgesetzt waren. Es wurden nie eigentliche Rekristallisationsvorgänge aufgefunden, jedoch einwandfrei nachgewiesen, daß im Anlieferungszustand vorhandene Verfestigungen sehr weitgehend abgebaut werden können. Die Kriechvorgänge finden in den untersuchten Fällen vornehmlich als Gleitvorgänge in den Austenitkristallen statt. Hohe Belastungen führen zu starken Verfestigungen, während sich andererseits bei geringen Belastungen u. langen Standzeiten die Entfestigungsprozesse besser auswirken können, so daß ein Gleichgewicht zwischen Verfestigung u. Entfestigung erreicht wird. (Schweiz. Arch. angew. Wiss. Techn. **18.** 10—21. Jan. 1952. Zürich, ETH, Mineralog. Inst., Röntgenlabor., u. Eidg. Materialprüfungsanstalt.) RUMPF. 6408

Richard Glocker und Ekard Macherauch, *Röntgenographische Spannungsmessungen zur Frage der Biegefließgrenzenerhöhung bei Stahl.* An glatten Stäben aus einem C-Stahl (0,6% C) mit verschied. Querschnitten wird bei Zug u. bei Biegung (Zugfaser) die höchste elast. ertragene Spannung röntgenograph. gemessen. Unter reinen Versuchsbedingungen wurde ein Unterschied nicht ermittelt. (Z. Metallkunde **43.** 313—16. Sept. 1952. Stuttgart, Max-Planck-Inst. für Metallforsch. u. TH.) HOCHSTEIN. 6408

G. E. Speight, *Zusatz von Bor zu Stahl durch Reduktion von Boroxyd.* Bor kann in Stahl durch Red. von Borat übergeführt werden; das so zugesetzte B verbessert die Festigkeitseigg. des Stahles. Es werden Richtlinien für einen derartigen B-Zusatz im n. Stahlwerksbetrieb gegeben. — Schrifttumsangaben. (J. Iron Steel Inst. **171.** 147—53. Juni 1952. Rotherham, United Steel Co. Ltd.) HOCHSTEIN. 6410

W. H. Everard und D. J. O. Brandt, *Herstellung von rostfreien Stählen mit der Sauerstofflanze.* Durch O_2-Blasen steigt die Temp. auf 1800°. Bei dieser Temp. ist die Affinität des O zu C größer als zu Cr u. Si. In einem 4-t-HEROULT-Ofen wird O_2 mit einem Druck von 10 kg/cm² einer Menge von 12 m³/Min. durch ein Eisenrohr eingeblasen. Vom zugesetzten Fe–Si werden 30—50% zur Cr-Red. verbraucht, 20% vom Bad aufgenommen, der Rest durch die Ofenatmosphäre u. den FeO-Geh. der Schlacke oxydiert; die Cr-Rückgewinnung beträgt 83%. Angaben über Ablauf der chem. Rkk., Zus. der Schlacke nach dem Einschmelzen, dem 1. u. 2. Blasen u. der Red. durch Fe–Si. — Literaturangabe. (Int. chem. Engng. Process Ind. **32.** 30—32. Jan. 1951. Sheffield, Edgar Allen & Co.,) K. STEIN. 6410

Giorgio Magliano, *Über den Einfluß der Querschnittsverringerung beim Schmieden auf die Zähigkeit von Schnellstahl.* (Metallurgia ital. **43.** 439—42. Okt. 1951. Cogne-Aosta, Labor. Studi e Controlli Soc. Naz.) RUMPF. 6410

Hermann Braun, *Nichtrostende und säurebeständige Stähle im chemischen Apparatebau.* Überblick. (Werkstoffe u. Korrosion **3.** 93—98. März 1952. Düsseldorf-Benrath, Capito & Klein A. G.) HABBEL. 6410

E. F. Göbel und W. Marfels, *Baustähle.* Kurzer Überblick über Zuss. u. Eigg. unlegierter u. legierter Baustähle. (Konstruktion **4.** 185—86. Juni 1952. Karlsruhe u. München.) HABBEL. 6410

J. E. Campbell, R. H. Frazier und H. O. McIntire, *Ferrit-Korngrößenmessungen bei Schiffbaustählen.* Das Problem der Best. der Ferrit-Korngröße bei Schiffbaustählen wird ausführlich erörtert. Die Verss. werden ausgeführt an Stahl der Zus. 0,25(%) C, 0,04 Si, 0,49 Mn, 0,011 P, 0,045 S u. 0,004 N, Rest Fe. Der Stahl wird durch verschied. Arten der Wärmebehandlung auf verschied. Sekundärkorngrößen gebracht u. die so erhaltene Ferritkorngröße gemessen. Als Verff. werden zugrunde gelegt: 1. das ASTM-Korngrößenschema; 2. ein Auszählverf., um die Anzahl der Ferritkörner pro Flächeninhalt zu erhalten, wobei die von den Rändern geschnittenen Körner bes. gezählt werden; 3. ein Vergleichsverf. unter Verwendung von passend hergestellten Richtreihen, die sowohl die

Gefügeausbldg. (WIDMANNSTÄTTENsches Gefüge u. n. Ferrit–Perlit-Gefüge, sowie Ausmaß von Zeilenbldg.), wie auch die Korngrößenvariationen, die am häufigsten vorkommen, umfassen; 4. das von SHEPHERD angegebene Verf. der Abschätzung von Bruchkorngrößen an Hand von Richtreihen. Vff. kommen zu dem Schluß, daß 2. u. 3. am zuverlässigsten sind. 4. ist ungeeignet. Es werden verschied. Kurven über den Zusammenhang bzw. Austenitisierungstemp., Abkühlungsgeschwindigkeit u. Ferritkorngröße gegeben. — Diskussion. (Welding J. **31.** Welding. Res. Council Engng. Foundat. 78s—94s Febr 1952. Columbus, O., Battelle Memorial Inst.) WERNER. 6410

W. Wolf, *Feinzinklegierungen als Konstruktionswerkstoffe.* Überblick über die Eigg. (Alterung, interkristalline Korrosion, mechan. u. physikal. Eigg.) u. die Verwendungsgebiete, bes. Zn-Druckguß. (Konstruktion **4.** 107—10. April 1952. Frankfurt/M.) HABBEL. 6426

Walter Wendt, *Die Bleischmelze von Zvecan (Jugoslawien).* Aus einem Erz mit 6—8% Pb wird ein Pb-Konzentrat mit 80% Pb gewonnen u. in offenen NEUMAN-Öfen auf Rohblei verarbeitet, das zunächst von Cu u. Sb (360°, Sägespäne, S, NaOH, $NaNO_3$), dann mittels Zn von Ag, mit $PbCl_2$ u. Cl_2 von Zn, mit Pb-Ca-Mg-Legierung von Bi u. mit NaOH u. $NaNO_3$ von Ca u. Mg befreit u. in Formen gegossen wird. (Boletin minero Soc. nac. Mineria. **1951.** 3—5. März/April. Santiago. Sep.) R. K. MÜLLER. 6430

W. Lange, *Über die Grundlagen des Gleichgewichts zwischen Blei, Speise und Stein.* Vers. der Darst. der wissenschaftlichen Grundlagen der Phasentrennung von Blei, Speise u. Stein. Zustandsschaubilder der verschied. Begleitelemente mit Pb, Zahlentafeln. (Chem. Techn. **3.** 47—52. Febr. 1951.) K. STEIN. 6430

N. P. Dijew, M. I. Kotschnew, M. F. Kotschin und **Ju. A. Gyrdymow,** *Der Einfluß von Alkalimetalloxyden auf die Viscosität von hochmagnesiumhaltigen Schlacken.* Schlacken einer *Ni*-Schmelze mit 10—12% FeO u. 17—19% MgO sind wegen ihres geringen FeO- u. hohen MgO-Geh. sehr zähfl. u. entsprechen daher nicht den Schmelzdurchführungsbedingungen. Ein Zusatz von Alkalimetalloxyden in einer Menge von 1,5—2% verringert die Viscosität der Schlacke u. erleichtert ihre leichte Entfernung aus dem Ofen. Eine günstige Wrkg. der Alkalimetalloxyde entsteht nur dann, wenn der Gesamtgeh. an SiO_2 u. Al_2O_3 in der Schlacke 52% nicht übersteigt. Saurere Schlacken bleiben auch bei Zusatz von Alkalimetalloxyden sehr zähflüssig. Na_2O-haltige Schlacken besitzen einen geringeren Ni-Geh. als hinsichtlich der Zus. analoge Schlacken ohne Na_2O. (Известия Академии Наук СССР, Отделение Технических Наук [Nachr. Akad. Wiss. UdSSR, Abt. techn. Wiss.] **1952.** 1182—88. Aug.) HOCHSTEIN. 6434

C. C. Downie, *Nickelschlacken.* Die Aufarbeitung der Ni-Schlacken lehnt sich an die Verhüttung der Ni-Erze an. Ni-Erze haben meist einen höheren Geh. an MgO u. Cr_2O_3 u. sind beim Schmelzen streng flüssig. Bei griech. Erzen mit 15 (%) Cr u. 3—5 Ni wird Cr extrahiert, sodann im Hochofen ein Ni-Stein mit 30—40 Ni erschmolzen. Die höheren Tempp. des Elektroofens gestatten eine bessere Beherrschung der Schlacke, jedoch ist die Anlage kompliziert. Der beste Flüssigkeitsgrad in der Schlacke wird bei einem MgO : SiO_2-Verhältnis von 4 : 3 oder 2 : 3 erreicht. CaO u. Mn als Flußmittel. Vgl. mit Co. (Mining Mag. **85.** 212—14. Okt. 1951.) K. STEIN. 6434

Werner Köster und **Josef Raffelsieper,** *Magnetische Verfolgung der Diffusion beim Sintern einer Nickel–Zink-Legierung.* Ein aus Aufnahme u. Analyse von Magnetisierungskurven bestehendes Verf. diente zur Verfolgung des Homogenisierungsvorganges einer Ni-Legierung mit 2,5—20% Zn. Die Legierungen wurden aus Ni u. einer 50%ig. Vorlegierung hergestellt. Die Ausgangsstoffe Ni u. Zn sind durch eine Mischungslücke getrennt. Die Konzentrationsverteilungskurven geben in ihrer Änderung ein anschauliches Bild des Fortschritts der Homogenisierung. Als Aktivierungsenergie des Sintervorganges wurden 28000 cal/Mol gefunden. (Z. Metallkunde **43.** 37—39. Febr. 1952. Stuttgart, Max-Planck-Inst. für Metallforschung.) HOCHSTEIN. 6434

W. A. Wood und **J. W. Suiter,** *Spannungserholung in Aluminium.* Die Änderungen der Festigkeit u. des Gefüges wurden während der Verformung von Al, in welchem die Körner schon zu einem sehr feinen Gefüge durch eine vorhergehende Verformung zertrümmert waren, beobachtet. Es wurde gefunden, daß das Wachstum des sehr feinen Gefüges innerhalb der Körner beginnen u. daß dies durch eine geeignete Änderung der Temp. u. der Verformungsgeschwindigkeit geregelt werden kann. Ferner war das durch solch ein gleichzeitiges Erhitzen u. Verformen hervorgerufene Wachsen in der Größe stärker als es durch eine Erhitzung allein erreichbar gewesen wäre. Die Festigkeit von Al unter besonderen Verformungsbedingungen war umgekehrt proportional der Größe des sehr feinen Gefüges. Vom Standpunkt, daß die Verformungsbedingungen die Art des sehr feinen Gefüges bestimmen, welches seinerseits die Festigkeit des Al bestimmt, wurde eine allg. Erklärung der Erscheinungen gegeben. — Schrifttumsangaben. (J. Inst. Metals **80.** 501—06. Mai 1952. Melbourne, Univ.) HOCHSTEIN. 6442

Ss. I. Gubkin, Ss. Ss. Wolkow und **L. N. Mogutschij,** *Über die Möglichkeit einer weiten Anwendung von geschmiedetem Magnesium im Maschinenbau.* Rechner. u. durch Verss. konnte nachgewiesen werden, daß die plast. Eigg. von Mg u. seinen standardisierten Legierungen MA–2 u. MA–3 bei bestimmten Verformungsgeschwindigkeiten im Temperaturbereich von 20—500° denjenigen der Buntmetalle etwa gleichwertig sind. Das erforderliche Gewicht des Schmiedefallhammers ist für Mg-Legierungen um 15—20% niedriger als dasjenige für gleichartige Buntmetall-Legierungen. Der Verformungswiderstand u. der äußere Reibungswiderstand der Mg-Legierungen sind etwas niedriger als diejenigen der anderen Leichtmetall-Legierungen, z. B. Al-Legierungen. Die Schmiedung der Mg-Legierungen kann mit gleichen Geräten erfolgen, wie die von Al-Legierungen, wodurch im Maschinenbau umfangreiche Anwendungsgebiete möglich sind. (Доклады Академии Наук СССР [Ber. Akad. Wiss. UdSSR] [N. S.] **86.** 929—31. 11/10. 1952.) VOLLENBRUCK. 6444

J. B. Johnson und **E. J. Hassell,** *Titan im Flugzeugbau.* Vff. berichten über die physikal. Eigg. wie E-Modul, Zugfestigkeit, Streckgrenze u. Druckfestigkeit von Ti-Metall u. Ti-Legierungen (RC–130 A), rostfreiem Stahl (Typ **304 u. 347**), Al-Legierungen (24 S–T 4 u. 75 S–T 6) sowie einer Mg-Legierung (AZ 31 X) bei **70,** 300 u. 700° F u. vergleichen das Verhältnis Festigkeit/D. für die verschied. Werkstoffe. Danach liegt das Verhältnis bei allen Tempp. für Ti-Legierungen beträchtlich höher als das der andern Metalle. Daher sind Ti-Legierungen für den Flugzeugbau bes. geeignet. — Tabellen. (Metal Progr. **60.** 51—55. Sept. 1951. Dayton, O., Wright-Patterson A. F. Base, Metallurgy Group.) WEITBRECHT. 6448

William H. Newsome, *Walzschmieden von Stahlringen.* (Steel Processing **37.** 126—28. 141. März 1951. Los Angeles, Calif., C. B. S. Steel & Forge, Inc.) K. STEIN. 6490

Werner Hoffmann, *Das Verhalten der Werkstoffe und ihrer Schweißverbindungen bei tiefen Temperaturen.* Verss. an geschweißten Verbb. bei bis —195° zeigten, daß die Schweißverbindung bei tiefen Tempp. u. zügiger Beanspruchung keine Nachteile bietet; da sich auch beim Zugvers. an reinem Elektrodenwerkstoff kaum ein Unterschied gegenüber den gewalzten Grundwerkstoffen ergab, ist es nicht nötig, bei Werkstoffen bis einschließlich *St 52* bes. hochgezüchtete Elektrodenwerkstoffe zu verwenden. Tempp. unter 0 bis ca. —50° können sich bei einer geschweißten Konstruktion aus n. Konstruktionsstählen nicht ungünstig auswirken. Der geringe Anteil der Schweiße bewirkt, daß der Grundwerkstoff bei einer Überbeanspruchung die Verformungsarbeit aufnehmen muß. Bei den C-Stählen mit 90—140 kg/mm² Festigkeit haben sich an geschweißten Konstruktionen in der Praxis bei —40 bis —50° u. hoher Beanspruchung durch einen plötzlichen Stoß keine Nachteile gezeigt. (Z. Ver. dtsch. Ing. **94.** 519—22. 11/6. 1952. Düsseldorf.) HABBEL. 6506

J. Beckstroem, *Der Einfluß des Schweißverfahrens auf die Festigkeitseigenschaften der Schweißnähte von Baustählen.* Der Einfl. des Schweißverf. mit seiner zwangsläufigen Wärmebehandlung des Werkstoffes wird vom metallurg. Standpunkt erörtert. Aus den verschied. möglichen Strukturen des kristallinen Feingefüges werden die Festigkeitseigg. der Nähte abgeleitet. Die volumenmäßige Verteilung u. die strukturmäßige Anordnung des nicht verformbaren Gefügebestandteiles Fe_3C sind für die Dehnbarkeit der Schweißnähte entscheidend. Durch gleichzeitige Feindehnungsmessungen an Grundwerkstoff u. Schweißnaht wird geprüft, wann die Gefahr des verformungslosen Trennbruches auch an Bauteilen aus an sich verformungsfähigem Werkstoff auftritt. Die schweißtechn. Maßnahmen, um beim Schweißen einen vorteilhaften Ablauf der Wärmebehandlung zu erzielen, werden angegeben. (Konstruktion **4.** 33—41. Febr. 1952. Berlin.) HABBEL. 6506

W. Bösmüller, *Die elektrische Lichtbogenschweißung mit Wechselstrom.* (Schweisstechnik **1.** 43—46. Aug. 1951. Finsterwalde.) G. RICHTER. 6506

N. G. Osstapenko, *Einige kennzeichnende Merkmale des Lichtbogens beim Schweißen unter Flußmitteln.* (Автогенное Дело [Autogene Ind.] **22.** Nr. 11. 15—21. Nov. 1951.) VOLLENBRUCK. 6506

C. F. Tilson, *Schweißen und Metalle im Schiffsbau.* Allg. Ausführungen über die Anwendung der verschied. Schweißverff. u. der Verwendung von Walzstahl, Stahlguß, Gußeisen, Leicht- u. Buntmetallen sowie von Zn u. Pb im Schiffsbau. (Australas. Engr. **1951.** 60—64. 7. Mai.) G. RICHTER. 6506

T. C. Du Mond, *Reinigen und die Oberflächenbehandlung nichtrostender Stähle.* Behandelt werden das Beizen, Entzundern, Schleifen, Polieren, Elektropolieren, Verchromen, Vernickeln, Färben u. Ätzen. Walzpolierte Bleche werden mit plast. Überzügen versehen, die nach der Formgebung z. B. durch Tiefziehen abgezogen werden. (Materials and Methods **33.** Nr. 4. 93—104. April 1951.) KREITZ. 6508

Fr. W. Uhlmann, *Borcarbid-Läppmittel in der Feinstbearbeitung.* (Metall 6. 530—34. Sept. 1952. Berlin-Zehlendorf.) HABBEL. 6510

C. S. Lambert, *Entzunderung von Kohlenstoffstählen in neuzeitlichen Walzwerken.* Nach Erörterung der verschied. Zunderarten u. deren Nachteile beim Walzen von unlegiertem Stahl wird ein Verf. besprochen, das aus Abspritzen des Zunders durch Hochdruckwasser besteht. (Iron Steel Engr. **29.** Nr. 2. 59—63. Febr. 1952. Youngstown, O., Youngstown Steel and Tube Co.) HOCHSTEIN. 6510

Harold Trembicki, *Ein neues Überzugsverfahren für mechanisch entzunderten hochkohlenstoffhaltigen Draht.* Es wird aus der Praxis über die mechan. Entzunderung von Drähten berichtet. Die gereinigten Drähte werden zum Schutz mit einem TiO_2-Überzug versehen. (Wire and Wire Prod. **27.** 473—75. Mai 1952. Chicago, Ill., Trembicki Co.) J. FISCHER. 6510

L. G. Gindin und **T. A. Misskinowa,** *Über den Mechanismus der Metallkorrosion durch Kohlenwasserstofflösungen des Schwefels.* Bekanntlich reagieren KW-stofflsgg., bes. Benzollsgg. von elementarem S leicht mit *Cu, Hg* u. *Ag.* Bei Ggw. einer Oxydhaut setzt die Bldg. von CuS sprunghaft ein. In kleinen Mengen zu S-Lsgg. zugesetzte Substanzen, wie *Anthrachinon,* oxydierte ungesätt. KW-stoffe u. einige andere, immunisieren Cu u. verhüten eine Korrosion völlig. Verss. mit Cu in 1%ig. S-Bzl.-Lsg. u. wahrscheinlich auch in allen KW-stofflsgg. ergaben, daß die Korrosion auf einem rein chem. Vorgange beruht. Ein elektrochem. Vorgang konnte nicht nachgewiesen werden. (Доклады Академии Наук СССР [Ber. Akad. Wiss. UdSSR] [N. S.] **86.** 1145—46. 21/10. 1952.) VOLLENBRUCK. 6538

Georg Gad, *Zur Korrosion von Messing durch Warmwasser.* Zusammenstellung von Erfahrungstatsachen über die Wasserkorrosion von Cu-Zn-Legierungen unter besonderer Berücksichtigung der Zustandsform der Legierung, über den Einfl. der Wasserzus. u. den Einfl. der Temperatur. Im allg. werden zusätzliche Maßnahmen zur Korrosionsverhütung notwendig sein. (Gesundheits-Ing. **72.** 199—200. Juni 1951. Berlin-Dahlem, Robert-Koch-Inst. für Hyg. u. Infektionskrankheiten.) J. FISCHER. 6538

Metallgesellschaft Akt.-Ges. (Erfinder: **Helmut Steck** und **Ernst Markworth**), Frankfurt/M., *Aufbereitung sulfidischer Mischerze.* Zink- u. kupferhaltige Kiese oder sulfid. *Pb-Zn*-Mischerze werden einer selektiven Röstung unterworfen, bei der der leichter röstende sulfid. Anteil prakt. vollständig abgeröstet wird, während der schwieriger röstende Anteil vorwiegend in sulfid. Form erhalten bleibt. Hierauf werden die feinen Anteile (Abbrandstaub) durch Sieben, Windsichten, Schlämmen oder dgl. Trennmethoden entfernt, das so befreite Gut **wird** fein gemahlen u. der Schwimmaufbereitung unterworfen. (**D. B. P. 861 531** Kl. 1c vom 16/6. 1951, ausg. 5/1. 1953.) W. HAUSWALD. 6361

Metallgesellschaft Akt.-Ges. (Erfinder: **Helmut Steck**), Frankfurt/M., *Aufbereitung sulfidischer Mischerze.* Die Erze werden selektiv in der Weise geröstet, daß der leichter röstende sulfid. Teil prakt. vollständig abgeröstet ist, während der schwierig röstende Teil in der Hauptsache in sulfid. Form erhalten bleibt. Die so vorbehandelten Erze werden gegebenenfalls nach einer Mahlung mit W. oder angesäuertem W. gewaschen u. einer Schwimmaufbereitung unterworfen. (**D. B. P. 863 181** Kl. 1c vom 16/6. 1951, ausg. 15/1. 1953.) W. HAUSWALD. 6361

Arnold Goltz, Gebharshagen bei Braunschweig, *Aufbereitung sulfidischer Mischerze.* Man röstet das Erz (zinkhaltige Kiese oder blei-zinksulfid. Mischerze) zunächst selektiv u. unterwirft es dann der Schwimmaufbereitung, bei **der** in einer Trübe im sauren p_H-Bereich (2—3) gearbeitet wird. Vor der Röstung kann zur Anreicherung der sulfid. Bestandteile eine Sammelflotation erfolgen. (**D. B. P. 864 834** Kl. 1c vom 30/6. 1951, ausg. 29/1. 1953.) W. HAUSWALD. 6363

International Alloys Ltd., Aylesbury, England, *Destillieren von an sich nichtflüchtigen Metallen.* Man erhitzt die diese Metalle, z. B. *Be, U,* enthaltenden Massen mit an sich beständigen Halogeniden, die dann endotherm. mit den Metallen reagieren, so daß diese als Halogenide verdampfen. Die Gemische aus diesen Halogeniden ($BeCl_2$) u. dem durch Zers. des anderen Halogenids (NaCl) entstandenen Metalls (Na) werden dann unter solchen Bedingungen kondensiert, daß nunmehr die umgekehrte Rk. verläuft. Die Dest. erfolgt bes. bei hohem Vakuum von z. B. 0,001 mm Hg. (**N. P. 79 507** vom 6/9. 1949, ausg. 17/12. 1951. E. Prior. 6/9. 1948.) JÜRGEN SCHMIDT. 6381

Auguste-Eugène Le Thomas, Frankreich, *Behandeln von Metallschmelzen.* Um Schmelzen aus Metallen oder Legierungen zu desoxydieren, zu reinigen, zu impfen oder in anderer Weise mit einem Reaktionsstoff (I) zu behandeln, wird dieser in eine Schutzumhüllung eingeschlossen, welche erst beim Eintauchen in das heiße Metallbad ihren Zusammenhang verliert. Auf diese Weise ist es möglich, den Reaktionsstoff ohne Verluste auf das zu behandelnde Metall zur Einw. zu bringen. Z. B. wird das zum Desoxydieren von *Stahl*-Bädern benutzte FeSi oder dgl. in einem dünnen Stahlmantel eingeschlossen. In gleicher Weise können zum Behandeln von *Al*-Schmelzen gebräuchliche Salze oder dgl. mit Umhüllungen versehen werden. Es wird eine Vorr. beschrieben, welche ein gleichmäßiges Einführen des durch die Umhüllung in Stabform gebrachten I ermöglicht. — Abbildungen. (**F. P. 975 035** vom 21/9. 1948, ausg. 28/2. 1951.) HANS HOFFMANN. 6381

Mond Nickel Co. Ltd., London, England, *Herstellung von graphitischem Gußeisen.* Vor dem Zusatz von Mg gemäß Hauptpatent (Schwz. P. 278 655) wird der S-Geh. der Gußeisenschmelze zweckmäßig durch Verwendung einer bas. Schlacke, der auch noch Ca zugesetzt werden kann, auf einen Wert von weniger als 0,02% verringert. Das so hergestellte Gußeisen enthält weniger als 0,02% S u. 0,02—0,04% Mg bei einer sphärolith. Graphitausbildung. (**Schwz. P. 282 640** vom 25/7. 1949, ausg. 16/8. 1952. E. Prior. 29/7. 1948. **Zusatz zu Schwz. P. 278 655; C. 1952. 5970.**) HOCHSTEIN. 6403

Soc. An. de Commentry-Fourchambault & Decazeville, Paris, Frankreich, *Senkung des Kohlenstoffgehaltes von übereutektischem Gußeisen.* Niedriggekohltes Eisen wird in verteiltem u. mindestens im zum Teil oxydierten Zustand dem fl. übereutekt., aus dem Ofen laufenden Gußeisen zwecks Vermischung u. Oxydation des ursprünglichen C-Geh. zugesetzt. Hierbei wird zum Schmelzen des niedriggekohlten Eisens der Wärmeüberschuß verwendet, der im fl. Gußeisen bei der C-Verbrennung erhalten wird. Die teilweise Oxydierung des niedriggekohlten Eisens wird vorzugsweise durch Zusatz von O_2 oder durch Einw. einer oxydierenden Flamme oder durch Zusatz von pulverförmigem Erz oder von Zunder durchgeführt. (**E. P. 676 823** vom 2/5. 1950, ausg. 6/8. 1952. F. Prior. 30/3. 1949.) HOCHSTEIN. 6403

Dayton Malleable Iron Co., Dayton, O., übert. von: **Lester C. Crome**, West Alexandria, O., V. St. A., *Vorlegierung für die Herstellung von Gußeisen.* Zur Herst. von Gußstücken aus geschmolzenem grauem Gußeisen, die nach dem Abguß den Graphit nur in sphärolith. Form ohne eine zusätzliche Wärmebehandlung enthalten, wird ein Pfannenzusatz aus einer Vorlegierung verwendet, die aus ca. 10% *Mg*, 5% Mischmetall (bestehend aus 45 *Ce*, 25 *La*, 15 *Nd* u. *Pr* sowie 10 *Sm*) u. 85% *Cu* besteht. Auch kann die Vorlegierung aus 7—30% *Mg*, 3—7% Mischmetall u. 63—90% *Cu* bestehen. Vorzugsweise wird bei der Erzeugung der Vorlegierung Mg bis zum F. erhitzt u. hierzu geschmolzenes Cu gegossen, worauf erst das Mischmetall in die entstandene Mg–Cu-Mischung zugeführt wird. (**A. P. 2 603 563** vom 18/7. 1949, ausg. 15/7. 1952.) HOCHSTEIN. 6403

Union Carbide and Carbon Corp., New York, übert. von: **Charles M. Offenhauer**, Lewiston, N. Y., V. St. A., *Herstellung von duktilem Gußeisen* mit 2—4,5 (%) *C*, 0,3—4 *Mn*, 1—5 *Si*, 0,01—0,75 *P* u. $<$ 0,2 *S*. Der Gußeisenschmelze wird bei 1400—1550° so viel eines mechan. Gemenges aus *Zr*-haltigem u. *Mg*-Pulver zugesetzt, daß die Schmelze mit 0,03 bis 0,5 *Zr* u. 0,01—0,2 *Mg* legiert wird; dann wird ein Impfmittel zugesetzt, um die Primärcarbide zu graphitisieren; nachdem das Bad beruhigt ist, wird vergossen. Vorzugsweise besteht das Zusatzmittel aus 10—30 Zr, 10—30 Mg, 1—45 Si u. 5—45 Fe, bes. aus einem Brikett, welches 15—30 Zr, 15—30 Mg, 20—45 Si, 5—35 Fe u. Rest Bindemittel u. Verunreinigungen enthält. — Der Graphit des Gußeisens ist kugelig. (**A. P. 2 538 263** vom 7/4. 1949, ausg. 16/1. 1951.) HABBEL. 6405

International Nickel Co., Inc., New York, N. Y., übert. von: **Albert Paul Gagnebin**, Red Bank, und **Warren McLellan Spear**, Elizabeth, N. J., V. St. A., *Graues Gußeisen* mit kugeligem Graphit. Einer Gußeisenschmelze, die nach dem Impfen einen untereutekt. Guß ergeben würde, wird so viel Mg zugesetzt, daß zwar 0,015—0,04% *Mg* in dem Eisen verbleiben, aber hierdurch noch kein kugeliger Graphit im Guß erzielt würde; dann wird so viel *Ce* zugesetzt, daß mindestens 0,015% *Ce* im Eisen verbleiben, darauf mit 0,3 bis 2,5% *Si* geimpft u. die Schmelze vergossen, so daß der Guß 0,05—0,075% Mg + Ce u. den Graphit in kugeliger Form enthält. (**A. P. 2 542 655** vom 17/9. 1949, ausg. 20/2.1951.) HABBEL. 6405

British Cast Iron Research Assoc., Alvechurch, und **Henton Morrogh**, Handsworth, Birmingham, England, *Herstellung von Gußeisen.* Um Gußeisen mit *Mg* zu legieren, wird der Schmelze bei $>$1650° Magnesia (MgO) oder bei $>$1100 ein bes. brikettiertes Gemisch aus Mg + Si zugesetzt. Die Schmelze wird hierdurch entschwefelt. Zur Herst. von Gußeisen mit kugeligem Graphit wird das Eisen mit mehr Mg legiert, als nötig ist, um den S-Geh. $<$ 0,02% zu senken. Nach dem MgO-Zusatz kann ein Graphitbildner zugesetzt werden. Vorzugsweise besteht ein MgO-haltiges Brikett aus 80 (Teilen) *MgO*, 112 *CaO* u. 28 *Si*, dem als Bindemittel bzw. Beschleuniger $MgCl_2$, CaF_2 oder MgF_2 zugesetzt sind. (**E. P. 654 911** vom 30/10. 1948, ausg. 4/7. 1951.) HABBEL. 6405

A. M. Byers Co., Pittsburgh, Pa. (Erfinder: **Edward B. Story**, Library, Pa.), V. St. A., *Bessemer-Verfahren.* Eisen wird in einem BESSEMER-Konverter nur so lange behandelt, bis nicht alle Bestandteile, die durch das Bessemern oxydiert werden sollen oxydiert sind. Das nicht vollständig bessemerisierte Metall wird von der sauren Raffinierschlacke sauber abgetrennt u. entphosphort. Darauf wird das Bessemern zwecks Oxydation der zurückgebliebenen Bestandteile zu Ende geführt. (**D. B. P. 859 748** Kl. 18b vom 19/7. 1950, ausg. 15/12. 1952. A. Prior. 17/2. 1948.) HOCHSTEIN. 6409

Akt.-Ges. für Zink-Industrie vormals Wilhelm Grillo (Erfinder: **Ernst Schrader**), Duisburg-Hamborn, *Verarbeitung von zinkhaltigen Eisenerzen.* Zur Herst. von Zn aus Zn-haltigen Eisenerzen wird aus diesen in einem Schachtofen Ferrosilicium(**I**) erschmolzen, wobei gleichzeitig das Zn als ZnO u. Zn-Staub ausgetrieben u. aufgefangen wird. Das Gemisch von ZnO u. Zn-Staub (**II**) wird in einem besonderen Reduktionsraum mit **I** in Rk. gebracht, wodurch das ZnO zu Zn red. u. in Zn-Dampf umgewandelt wird, der mit dem gleichzeitig aus dem Zn-Staub gebildeten Zn-Dampf zu fl. Zn kondensiert wird. **II** wird mit dem fl. **I** in einem Mischbecken innig vermengt, wobei **II** in hocherhitztem Zustand eingetragen wird; das Gemisch wird dann fortlaufend oder stoßweise in den Reduktionsraum eingespült, wobei zweckmäßig ein Füllrohr, das von einem Steigrohr umschlossen ist, benutzt wird. — Abbildung. (**D. B. P. 859 802** Kl. 40a vom 31/5. 1950, ausg. 15/12. 1952.) HANS HOFFMANN. 6427

Hudson Bay Mining and Smelting Co. Ltd., Winnipeg, übert. von: **Eldon Irwin Isherwood**, Flin Flon, Manitoba, Can., *Elektrolytische Abscheidung von Zink aus Zinksulfatlösungen.* Man verwendet eine Anode aus Pb mit kleinen Zusätzen von Ag u. Cu. Durch den Zusatz wird die Abscheidung von Pb im kathod. Nd. auf ein Minimum reduziert. (**A. P. 2 602 775** vom 22/9. 1950, ausg. 8/7. 1952. Can. Prior. 10/8. 1950.) MARKHOFF. 6427

Titan Co., Inc., New York, N. Y. (Erfinder: **Carl Hemstrom Hack**, Flushing, N. Y., und **George Joseph Vahrenkamp**, Jamaica, N. Y.), V. St. A., *Metallmischung als Spachtelmasse* besteht aus einer Mischung eines Lötmetalls auf Pb-Basis, z. B. 2—50 (%) *Sn*, Rest *Pb* u. 15—40 eines Metallpulvers, das in der Legierung nicht lösl. ist, z. B. *Fe*-Pulver oder für besondere Zwecke auch *Cu*-Bronze oder Stahlpulver. Das Pulver wird in das geschmolzene Bad eingerührt, bes. in Ggw. eines Flußmittels. Eine derartige Mischung ist oberhalb von 360° plast. u. kann, leicht erhitzt, zu Füllungen benutzt werden. (**D. B. P. 847 658** Kl. 40b vom 13/3. 1951, ausg. 25/8. 1952. A. Prior. 13/3. 1950.) GÖTZE. 6431

Metallgesellschaft Akt.-Ges., Frankfurt/M. (Erfinder: **Carl-August Maelzer**, Rüsselsheim/M.), *Kupfergewinnung.* Zwecks Gewinnung von Cu aus sulfid. Cu-Konzentraten werden diese bis auf einen geringen Restschwefelgeh. von ca. 0,3—5% auf Sintergeräten abgeröstet u. hierauf unter Zugabe von Schlackenbildnern u. Reduktionsmaterialien unmittelbar in einem Arbeitsgang auf Schwarzkupfer verarbeitet. Bei der Red. wird eine CuS-haltige Schicht zwischen dem erzeugten fl. Cu u. der darüber befindlichen fl. Schlacke gebildet. Als Reduktionsmittel wird Hütten- oder Gaskoks, Holzkohle oder dgl. verwendet. Die Menge des Reduktionsmittels wird entsprechend dem beabsichtigten Grade der Red. der in der Charge befindlichen Metalloxyde variiert. Es kann eine partielle bis vollständige Red. vorgenommen werden. Durch langsames Erstarrenlassen des fl. Cu–Fe-Gemisches kann das Fe abgetrennt werden. (**D. B. P. 855 770** Kl. 40a vom 22/10. 1950, ausg. 17/11. 1952.) HANS HOFFMANN. 6433

Soc. Française de l'Oxyde de Zinc, Frankreich, *Gewinnung von Kupfer und Zinkoxyd aus Messing.* Das Messing wird in einen beiderseits offenen Drehrohrofen geschüttet u. direkt von der Flamme eines Brenners für Masut oder einen anderen fl. Brennstoff bestrichen, welche durch das eine offene Ofenende eingeführt wird. Gleichzeitig wird hier auch CO_2 eingeleitet. Unter der Hitzeeinw. schm. das Messing, wobei Zn verdampft, das aber sich unmittelbar unter Zers. der CO_2 oxydiert. Im Hinblick auf die große Affinität des Zn zum O_2 wird eine Oxydation des fl. Cu verhindert, welches auf diesem Wege schnell vom Zn befreit wird. Die am anderen Ofenende entweichenden ZnO_2-Dämpfe werden kondensiert u. das fl. Cu aus dem Ofen abgelassen. — Abbildungen. (**F. P. 973 717** vom 22/11. 1941, ausg. 14/2. 1951.) HANS HOFFMANN. 6433

Vereinigte Deutsche Metallwerke Akt.-Ges., Frankfurt/M.-Heddernheim (Erfinder: **Hans Burkhardt**, Oberursel/Taunus), *Kupferlegierungen* bestehen aus 1,0—9,5 (%) *Pb*, 0,3—8 *Ca*, Rest *Cu*. Außerdem können sie noch *Fe, Ni, Mn, Al, Sn, Cd* einzeln oder zu mehreren, insgesamt bis zu 3, enthalten, u. das Ca kann ganz oder teilweise durch ein anderes Erdalkalimetall ersetzt sein. Die Legierungen haben gute Notlaufeigg. u. eignen sich für Gegenstände, die einem Verschleiß durch Reibung oder Gleitung ausgesetzt sind. (**D. B. P. 859 804** Kl. 40b vom 5/10. 1950, ausg. 15/12. 1952.) GÖTZE. 6433

Soc. An. des Manufactures des Glaces et Produits Chimiques de Saint-Gobain, Chauny & Cirey, Frankreich, *Reinigen von Rohmagnesium.* Um das bei der therm. Red. von Mineralien u. durch Kondensieren der Dämpfe gewonnene Rohmagnesium (**I**) von N_2- u. Si-haltigen Verunreinigungen zu befreien, werden diese in flüchtige Verbb. über-

geführt. Dies geschiecht durch Behandeln des I mit W. oder wss. Säurelösungen. Z. B. werden diese Verunreinigungen durch Eintauchen des I in 10%ig. H_2SO_4 in Form von NH_3 u. SiH_4 ausgetrieben. (**F. P. 978 506** vom 12/12. 1942, ausg. 16/4. 1951.)
HANS HOFFMANN. 6445

Soc. An. des Manufactures des Glaces et Produits Chimiques de Saint-Gobain, Chauny & Cirey, Frankreich, *Rückgewinnung von Magnesium.* Um aus Krätzen, Schlacken oder anderen Abfällen das darin enthaltene Mg zu gewinnen, werden diese mit einem schmelzfl. Hilfsmetall behandelt, welches in der Lage ist, mit Mg Legierungen zu bilden. Die Abfälle können auch mit dem Hilfsmetall zunächst vermischt werden, worauf das Ganze zum Schmelzen erhitzt wird. Als Hilfsmetalle kommen bes. *Zn, Al* u. *Cu* in Frage. (**F. P. 978 511** vom 15/12. 1942, ausg. 16/4. 1951.) HANS HOFFMANN. 6445

Gebr. Böhler & Co. Akt.-Ges., Wien, Österreich, *Brennschneiden chromlegierter Stähle.* Der Schneidstelle wird pulverförmiges Ca–Si oder Ca–Si u. Ferrosilicium zugeführt. Durch die hohen Tempp. an der Schnittstelle erreicht man ein gutes Schneiden u. ein leichtes Abfließen der Schlacke. (**D. B. P. 844 697** Kl. 49h vom 8/8. 1950, ausg. 24/7. 1952. Oe. Prior. 8/8. 1949.) MARKHOFF. 6503

Aluminium Laboratories Ltd., Montreal, Can., *Hartlöten von Leichtmetallen, besonders Aluminium.* Man verwendet als Flußmittel zum Hartlöten eine M., die 1—30 (%) Alkalifluorid, jedoch nicht mehr als 15 eines n. Fluorides, enthält. Außerdem soll das Flußmittel noch bis 7,7 $SnCl_2$, $ZnBr_2$ oder ZnF_2 anthalten. Als dritte Komponente sollen Alkalichloride vorhanden sein. Die Zn-Verbb. können auch durch Cd-Verbb. ersetzt werden. Z. B. besteht das Flußmittel aus 28 NaCl, 54 KCl, 8 LiF, 11,95 $ZnCl_2$ u. 0,05 $SnCl_2$. (**N. P. 78 929** vom 17/4. 1947, ausg. 13/8. 1951. A. Prior. 30/7. 1940.)
JÜRGEN SCHMIDT. 6505

Vereinigte Deutsche Metallwerke Akt.-Ges., Frankfurt/M.-Heddernheim (Erfinder: **Klaus Grassmann** und **Johannes Brandis,** Hildesheim), *Schweißmittel für Leichtmetalle und Leichtmetallegierungen, besonders Magnesiumlegierungen,* besteht aus Cl- u. Br-freien Fluoridverbb, von denen mindestens eine eine Fluoridverb. des Werkstoffes selbst ist u. deren F. etwas höher liegt als der F. des zu schweißenden Metalls, z. B. aus einem Gemisch von ca. 66% MgF_2 u. 34% LiF. Diese Flußmittel korrodieren das zu schweißende Metall nicht. (**D. B. P. 860 887** Kl. 49h vom 28/9. 1940, ausg. 29/12. 1952.) MARKHOFF. 6507

Gebr. Böhler & Co. Akt.-Ges., Wien, sterreich, *Umhüllter Schweißstab.* Die Kerndrähte enthalten mindestens 0,5 (%) *Cr* u. mindestens 0,3 *Mo* u. die saueren Umhüllungen Cr in Form von Ferrochrom in solchen Mengen, daß der Cr-Abbrand der Kerndrähte beim Schweißen wenigstens so weit ersetzt wird, daß im Schweißgut ein Cr-Geh. von mindestens 0,5 vorhanden ist. Der Mo-Geh. der Kerndrähte kann ganz oder teilweise durch *V, Ti, Ta, Nb, W* einzeln oder gemeinsam ersetzt sein. Außerdem können sie **mindestens 1** *Mn* enthalten. Der Schweißstab dient zur Herst. von gegen Spannungskorrosion unempfindlichen Schweißnähten. (**D. B. P. 861 348** Kl. 49h vom 20/9. 1950, ausg. 29/12. 1952. Oe. Prior. 12/7. 1950.) GÖTZE. 6507

A/S ESAB, Kopenhagen, Dänemark, *Umkleideter Schweißstab, besonders für Auftragsschweißung.* Der Schweißstab enthält *Fe, Co* u. daneben eines oder mehrere der Metalle *W, Mo, Ta* oder *Nb.* Die Bestandteile sollen in solchen Mengen vorhanden sein, daß bei der Schweißung sich eine durch Ausscheidungshärtung härtbare, prakt. C-freie Legierung mit höchstens 75% Co, 4—40% Mo, W, Ta oder Nb u. Rest Fe abscheidet. (**Dän. P. 73 050** vom 9/5. 1947, ausg. 10/9. 1951. Schwed. Priorr. 10/5. 1946 u. 15/4. 1947.)
JÜRGEN SCHMIDT. 6507

IX. Organische Industrie.

R. W. Moncrieff, *Die Mercaptane.* Vf. gibt an Hand der Literatur eine Übersicht über Verwendung u. Wirksamkeit von *Mercaptanen* u. Derivv. als Antikorrosionsmittel, Gegenmittel für Kampfstoffe (Antilewisit), Insekten- u. Parasitenbekämpfungsmittel, geruchliches Warnmittel in techn. Heizgasen sowie als Haarkräusemittel („Kalte Welle"). — 6 Literaturzitate. (Manufact. Chemist **22.** 311—12. Aug. 1951.) V. OSTEN. H 600

Badische Anilin- & Soda-Fabrik, Ludwigshafen/Rh., *Gewinnung von höhermolekularen Bromkohlenwasserstoffen* durch Bromieren von höhermol. aliphat. KW-stoffen oder Halogen-KW-stoffen, zweckmäßig in Ggw. von Cl_2, dad. gek., daß man die Brom-KW-stoffe von den nichtumgesetzten KW-stoffen mit Hilfe selektiver Lösungsmittel abtrennt. Als solche eigenen sich: Acetonitril, Methanol oder fl. SO_2 für sich oder in Mischung untereinander. Die Extraktion kann mehrmals wiederholt u. bei n., erhöhten oder erniedrigten Tempp. u. Drucken ausgeführt werden. — Beispiele für Bromierung von CO-Hydrierungsprodukten. (**D. B. P. 857 349** Kl. 12o vom 3/3. 1943, ausg. 27/11. 1952.) G. KÖNIG. H 500

Imperial Chemical Industries Ltd., London (Erfinder: **Norman Levy, Alfred Edgar Rout** und **Kenneth William Gee**, Norton-on-Tees), England, *Herstellung von Nitroparaffinen oder acyclischen Kohlenwasserstoffen*, dad. gek., daß in der Gasphase ein leicht verdampfbares Paraffin bzw. Gemische solcher Paraffine oder acycl. KW-stoffe u. ein Nitrierungsmittel, z. B. NO_2 u./oder HNO_3, in einem Reaktionsgefäß erhitzt werden, das mit einem in den Wandungen des Gefäßes nicht fest verbundenen Futter versehen ist, wobei die innere Oberfläche des Futters u. zweckmäßig sämtliche Oberflächen desselben aus einem glasartigen, keram. oder feuerfesten Material bestehen, in dem sich im wesentlichen kein freies Eisenoxyd, bes. Fe_2O_3, oder Stoffe befinden, welche diese Oxyde ergeben, wenn sie der Einw. der Reaktionskomponenten oder Reaktionsprodd. ausgesetzt werden u. das im wesentlichen von den Reaktionskomponenten u. den Reaktionsprodd. nicht angegriffen wird u. sich gegenüber diesen inakt. verhält, wobei das Futter zweckmäßig vollständig aus solchem Material besteht. — Vorrichtungsansprüche. Beispiel für Herst. eines Gemisches aus CH_3NO_2, $C_2H_5NO_2$ u. Nitropropanen. (**D. B. P. 857 354** Kl. 12o vom 19/12. 1948, ausg. 27/11. 1952. E. Priorr. 3/8. 1944 u. 8/6. 1945.) G. König. H 510

Studien- und Verwertungs-G. m. b. H. (Erfinder: **Franz Fischer** und **Herbert Koch**), Mühlheim/Ruhr, *Katalytische Alkylierung von Paraffinkohlenwasserstoffen*, bes. Isoparaffinen, mit Olefinen, gek. durch die Verwendung von HF als Katalysator. (**D. R. P. 742 578** Kl. 12o vom 12/7. 1939, ausg. 5/1. 1953.) G. König. H 510

Sinclair Refining Co., New York, N. Y., übert. von: **John W. Teter**, Chicago, und **Edwin W. Shand**, Homewood, Ill., V. St. A., *Trennen von Propen/Propan-Gemischen* durch extraktive Dest. in Ggw. eines schwer flüchtigen Lösungsmittelgemisches aus etwa gleichen Volumenteilen Acetonitril u. Acrylnitril oder Monochloracetonitril, z. B. 47,5—65 (Volumenteile) Acetonitril, ca. 50—20 Acrylnitril u. 0—15 Wasser. Man erhält eine an Propan angereicherte Dampffraktion u. eine an Propen angereicherte fl. Fraktion. — 2 Tabellen, Zeichnung. (**A. P. 2 588 056** vom 30/9. 1947, ausg. 4/3. 1952.) Ganzlin. H 520

Sinclair Refining Co., New York, N. Y., übert. von: **Stephen I. Wayo**, Whiting, Ind., **John W. Teter**, Chicago, und **Edwin W. Shand**, Homewood, Ill., V. St. A., *Trennen von Propen–Propan-Gemischen durch extraktive Destillation* in Ggw. eines Lösungsmittelgemisches aus ca. 11,4—27,8 (Vol.-%) Acet- oder Propionamid u. ca. 88,6—72,2 Aceto- oder Propionitril. Man erhält eine an Propan angereicherte Dampffraktion u. eine an Propen angereicherte fl. Fraktion. — Zeichnung. (**A. P. 2 588 063** vom 30/9. 1947, ausg. 4/3. 1952.) Ganzlin. H 520

Gulf Research & Development Co., Pittsburgh, übert. von: **Donald R. Stevens**, Wilkinsbury, und **Robert S. Bowman**, Pittsburgh, Pa., V. St. A., *Tetraisobutylen* entsteht aus Diisobutylen in Ggw. eines — bes. äquimol. — Komplexes aus Bortrifluorid u. einem Alkyläther, bes. Ae., u. eines inerten, nichtpolaren organ. Lösungsm., wie Pentan, Hexan, Octan, Bzl., Toluol, Äthylbenzol, Methylenchlorid, Äthylendibromid, Chlorbenzol, bei Tempp. von 0—55°. — Man erhält es z. B. mit ca. 82% Ausbeute aus ca. 112 (Teilen) Diisobutylen u. 6 eines äquimol. Komplexes aus Bortrifluorid u. Ae. in 56, Chlorbenzol durch 1std. Rühren bei 25°. (**A. P. 2 588 425** vom 4/12. 1947, ausg. 11/3. 1952.) Ganzlin. H 520

Standard Oil Development Co., Del., übert. von: **Paul V. Smith**, Westfield, und **Carl S. Carlson**, Elizabeth, N. J., V. St. A., *Trennen O-haltiger organischer Verbindungen*, bes. Alkohole, aus Mischungen mit anderen Alkoholen oder aus Mischungen von Aldehyden, Ketonen, Acetalen, Estern u. dgl., die in Mengen von 70—99 Vol.-% nahe dem Kopf der Fraktionierkolonne eingeführt werden, erfolgt durch extraktive fraktionierte Dest. mittels Glykoläthern. Als Kopfdestillat geht der niedrigstsd. Bestandteil über, während die anderen Bestandteile mit einem Glykoläther als Boden-Fl. anfallen. Sie liefern in einer Rektifizierkolonne den Glykoläther als Boden-Fl., die in den Kreislauf gelangt. Die zu destillierende Ausgangsmischung kann W. enthalten, dessen Menge gleich, höher oder tiefer sein kann als die zur Bldg. eines Azeotrops notwendige. Das Verf. kann nur mit Mischungen ausgeführt werden, die Alkohole mit 3 oder mehr C-Atomen enthalten. Niedrigersd. Alkohole bewirken eine Umkehrung der Flüchtigkeit, z. B. wirkt A. in einer Mischung mit Isopropylalkohol (I) derart, daß I niedriger als der A. siedet. Als Glykoläther kommen z. B. in Betracht: Monoäthyläther, n-Propyläther des Äthylenglykols; Mono- u. Diäthyläther des Diäthylenglykols. Bei der Trennung einer wasserhaltigen Mischung aus n-Propylalkohol u. sek. Butylalkohol gewinnt man als Kopfdestillat n-Propylalkohol als wss. Azeotrop, während als Boden-Fl. sek. Butylalkohol in Mischung mit dem Glykoläther anfällt. — Zeichnung. (**A. PP. 2 559 519** u. **2 559 520** vom 1/5. 1948, ausg. 3/7. 1951.) G. König. H 550

Monsanto Chemical Co., St. Louis, übert. von: **William E. Weesner**, Webster Groves, Mo., V. St. A., *Reinigung von Orthophosphorsäureestern.* Im Herstellungsgemisch von Trialkyl- bzw. Trialkoxyäthylphosphorsäureestern vorhandene Mono- u. Diester werden durch Zusatz von festem oder in W. gelöstem, gegen Lackmus bas. reagierendem Alkalisalz (Phosphate, Bicarbonate, Carbonate) oder Ätzalkali in ihre Alkalisalze übergeführt u. als solche durch mehrmaliges Waschen der — gut gerührten — Reaktionsmasse mit W. von über 85° entfernt. Verf. ist anwendbar auf symm. u. asymm. Trialkyl- oder Trialkoxyäthyl- oder auch gemischte Alkyl–Arylphosphate, die verzweigte u. unverzweigte, 6—18 C-Atomen enthaltende Alkyl- bzw. 4—18 C-Atomen enthaltende Alkoxyäthylreste enthalten. Reinigung von z. B. aus 1235 (g) n-Hexylalkohol u. 307 $POCl_3$ hergestelltem Rohester mittels Na_2CO_3 u. Waschen mit überschüssigem W. von 85—95°. Analog gereinigt *Trioctyl-*, *Tri-(n-hexyl)-*, *Tri-(6-methylheptyl)-* u. *Tri-(β-butyloxyäthyl)-phosphat.* Waschvorgang auch in der Weise möglich, daß in das Reaktionsgemisch eingeleiteter Dampf in diesem zu W. von über 85° kondensiert wird. (**A. P. 2 573 658** vom 21/4. 1949, ausg. 30/10. 1951.) SCHMAUSER. H 590

Otto Bayer und **Ernst Cauer**, Deutschland, *Herstellung von Acetoacetylsulfimiden* aus Diketen (I) u. einer Verb., welche die Gruppierung $-SO_2\cdot NH_2$ enthält, z. B. Methansulfamid (**II**), Chlormethansulfamid, Methylendisulfamid, Sulfamide von Äthan, Propan u. Butan, Benzol- u. Toluolsulfamid, Sulfamide von Nitrobenzol u. Chlorbenzol, Naphthalaminomono- u. -polysulfamide. — Aus **I** u. **II** in wss. Lsg., welche NaOH enthält, entsteht *Acetoacetylmethansulfimid*, F. 101—102°. — Benzolsulfamid wird in Tetrahydrofuran u. W. gelöst u. in NaOH-alkal. Lsg. mit **I** umgesetzt. Es entsteht *Acetoacetylbenzolsulfimid*, F. 127—128°. — Aus **I** u. Nitrobenzolsulfamid entsteht *Acetoacetyl-(3-nitrobenzol)-sulfimid*, F. 138°. — Weiter sind beschrieben das *Acetoacetyl-(3.4-dichlorbenzol)-sulfimid*, F. 137—138°, *Acetoacetyl-(4-carbäthoxyaminobenzol)-sulfimid*, F. 188°, *Acetoacetyl-(4-acetoacetaminobenzol)-sulfimid*, F. 181—182°. — Die Acetoacetylsulfimide geben mit Diazoniumverbb. *Farbstoffe* u. dienen auch als Zwischenprodd. zur Herst. von pharmazeut. Produkten. (**F. P. 989 807** vom 29/4. 1949, ausg. 13/9. 1951.) M. F. MÜLLER. H 600

Imperial Chemical Industries Ltd., London, übert. von: **Sidney Arthur Lamb**, Norton-on-Tees, England, *Oxosynthese* aus Olefinmischungen u. CO u. H_2 in fl. Phase bei Ggw. eines Co-Salzes einer organ. Säure erfolgt bei 100—180° u. 200—300 at, wobei der Geh. an C_2H_4, sofern dieses vorhanden, auf höchstens 5 Vol.-% der gesamten Olefine gehalten wird. C_2H_4 soll vor der CO-Behandlung entfernt werden. Das Verhältnis $H_2 : CO$ soll 3 : 1 betragen. Inerte Lösungsmittel können angewandt werden. — Diisobuten führt zu *Nonylaldehyd.* (**E. P. 667 093** vom 31/1. 1949, ausg. 27/2. 1952.) G. KÖNIG. H 650

Distillers Co. Ltd., England, *Oxydation von Olefinen.* Die Oxydation von Isobutylen mit O_2-haltigen Gasen (Luft, O_2 mit Wasserdampf oder CO_2 verd.) bei 180—400°, z. B. bei 280°, erfolgt mittels eines Katalysators, der aus auf einem Träger (Bimsstein) niedergeschlagenem Se u. Cu u./oder Cu-Oxyden u. gegebenenfalls Ag besteht. Man erhält *Methylacrolein* in 10%ig. Ausbeute. (**F. P. 988 612** vom 19/6. 1948, ausg. 29/8. 1951. E. Prior. 21/6. 1947.) NOUVEL. H 670

Distillers Co. Ltd., England, *Wiedergewinnung von Selen.* Das z. B. nach dem Verf. des F. P. 988 612 (vgl. vorst. Ref.) zur Oxydation von Olefinen benutzte Se, das zum Teil in Oxyd übergegangen ist, wird dadurch wiedergewonnen, daß der Katalysator allmählich auf 240—400° erhitzt wird, während anfangs Luft u. später N_2 durch das Gefäß geleitet wird. Die entwickelten Gase bestehen zu 75% aus CO_2 u. zu 16% aus CO. Das Se-Oxyd wird dabei in Se übergeführt. (**F. P. 991 334** vom 23/7. 1949, ausg. 4/10. 1951. E. Prior. 18/8. 1948.) NOUVEL. H 670

Soc. An. des Usines Renault, Seine, Frankreich, *Industrielle Herstellung von Glykolacetal.* Man läßt C_2H_2 in Ggw. von Hg-Sulfat u. H_2SO_4 unterhalb 50° unter Druck auf Glykol einwirken. Es entsteht sehr reines Glykolacetal, $\underline{O-CH_2-CH_2-O-CH}-CH_3$ (Ring: O und CH verbunden), Kp. 82,5°, in über 60%ig. Ausbeute. — Zeichnung. (**F. P. 992 653** vom 25/7. 1944, ausg. 22/10. 1951.) NOUVEL. H 670

Distillers Co. Ltd., England, *Hydrierung von Oxoverbindungen.* Die Hydrierung von Acrolein zu *Propionaldehyd* oder von Crotonaldehyd zu *Butyraldehyd* erfolgt in Ggw. eines in einer Fl. (fl. Paraffin, fl. Silicon, Butanol, Äthylhexanol, Dibutylphthalat) suspendierten Hydrierungskatalysators (Cu auf Infusorienerde, RANEY-Ni) innerhalb mehrerer Std. bei 100—250° unter gewöhnlichem Druck. Die Rk. verläuft ohne Bldg. von Harzen u. unter Schonung des Katalysators. Analog werden andere ungesätt. Oxoverbb. hydriert. (**F. P. 997 108** vom 11/10. 1949, ausg. 2/1. 1952. E. Prior. 13/10. 1948.) NOUVEL. H 670

Henri-Jacques Hoffmann, Seine-et-Oise, und **Paul-Maurice Appell**, Seine, Frankreich, *Herstellung von Ketonmischungen.* Statt von Ca-Salzen der Fettsäuren auszugehen, läßt man Kalk auf Monosen oder Polyosen (Glucose, Saccharose oder andere Hydrolysierungsprodd. höherer Kohlenhydrate) einwirken u. calciniert durch Erhitzen mit Luft auf 400—450°. Die Calcinierung kann auch im Schoße eines hochsd. Öls (Vaseline- oder Schieferöl) bei 350° vorgenommen werden. (**F. P. 977 809** vom 17/11. 1942, ausg. 5/4. 1951.) NOUVEL. H 700

Compagnie Française de Raffinage (Soc. An.), Seine, Frankreich, *Oxydationsverfahren.* Die beim Raffinieren von Erdöl anfallenden wachsartigen Körper, die sich nur schwer oxydieren lassen, werden geschmolzen u. zur Entfernung der Oxydationsverhinderer bei 100—110° mit NaOH von 36° Bé gewaschen, bis die Waschwässer nicht mehr gefärbt sind u. FEHLINGsche Lsg. nicht mehr reduzieren. Durch Dest. im Vakuum erhält man 60—65% eines Prod. vom $Kp._{20}$ 320—400°, das sich bei 100—150° leicht oxydieren läßt. Das Oxydationsprod. enthält u. a. 25—35% *Ölsäure.* (**F. P. 981 539** vom 3/5. 1943, ausg. 28/5. 1951.) NOUVEL. H 810

L'Institut technique d'Études et de Recherches des Corps Gras, Seine, Frankreich (Erfinder: **P. Desnuelle, M. Naudet** und **E. Sambuc**), *Umwandlung von Oxyäthylamiden in die entsprechenden Aminoester.* Die Umlagerung erfolgt dadurch, daß man trockenen HCl, gegebenenfalls unter Zusatz von etwas $SOCl_2$, 15 Min. bis 3 Std. bei 70—170° durch Oxyäthylamide von Fettsäuren leitet. Z. B. erhält man die *Aminoäthylester der Laurin-, Palmitin-, Stearin-* oder *Ölsäure* in Form ihrer Hydrochloride aus den Oxyäthylamiden der entsprechenden Säuren. (**F. P. 993 159** vom 8/6. 1949, ausg. 29/10. 1951.) NOUVEL. H 810

Johann G. W. Opfermann & Sohn, Bergisch-Gladbach, Deutschland, *Herstellung von α-Halogen-γ-butyrolactonen.* Man setzt Butyrolacton mit wasserfreiem Halogen, bes. unter Bestrahlung, z. B. mit UV-Licht bei 70—100°, um. Mit Br_2 erhält man *α-Brom-γ-butyrolacton,* $Kp._{12}$ 123—126°; Ausbeute 96%. (**Dän. P. 73 382** vom 13/9. 1949, ausg. 19/11. 1951.) JÜRGEN SCHMIDT. H 850

Röhm & Haas Co., Philadelphia, Pa., übert. von: **John A. Van Hook**, Philadelphia, und **Willard J. Croxall**, Bryn Athyn, Pa., V. St. A., *Ungesättigte Malonaldehydsäurederivate* der Zus. III erhält man entweder durch Erhitzen von 2-Oxymethylen-4-pentensäureätherestern der Zus. I oder von 2-Acyloxymethylen-4-pentensäureestern der Zus. II mit Alkoholen der Zus. $R^3 \cdot CH{=}C(R^4) \cdot CH_2OH$ auf 150 bis 250°. — [R^0 = nicht-tert. KW-stoffrest mit maximal 18 bzw. 9 C, R^1—R^4 = H,

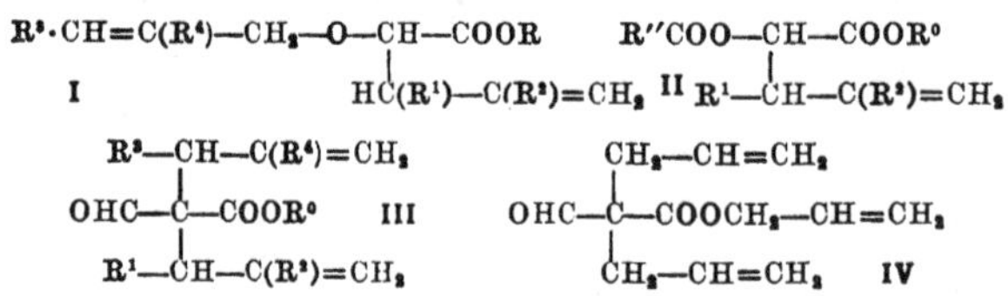

Alkyl (maximal 4 C), C_6H_5, R″ = Alkyl mit maximal 3 C]. — Beispiel: Aus einem Gemisch von 100 (g) 2-Acetoxymethylen-4-pentensäureäthylester, 87 Allylalkohol, 1 p-Toluolsulfonsäure u. 2 β-Naphthol werden über eine Kolonne bei 80—97° u. 760 mm Allylalkohol u. -acetat bei 78—99° u. 1 mm 2-Alloxymethylen-4-pentensäureallylester u. bei 100—135° u. 1 mm ein Gemisch aus diesem u. *Allyldiallylmalonaldehydat* (**IV**), $Kp._1$ 67 bis 68°, abdest.; n_D^{20} 1,4532, $D.^{20}_{20}$ 0,997, VZ. 104. — Ferner wird beschrieben die Herst. von *Crotylallyl-(1-methallyl)-malonaldehydat*, $C_{14}H_{20}O_3$, $Kp._2$ 82—85°, n_D^{20} 1,4492, VZ. 115 (berechnet 118), $\xrightarrow[Na]{-CO}$ *2-Allyl-3-methyl-4-pentensäurecrotylester*, $C_{13}H_{20}O_2$, $Kp._2$ 64—68°, n_D^{20} 1,4408, VZ. 200 (berechnet 208). (**A. P. 2 540 073** vom 21/1. 1949, ausg. 30/1. 1951.) MÜLLER-MEININGEN. H 860

I. G. Farbenindustrie Akt.-Ges. (Erfinder: **Kurt Billig** und **Helmut Krauß**), Frankfurt/M., *Herstellung von Carbaminsäureestern* aus Harnstoff (**I**) u. einwertigen Alkoholen, dad. gek., daß man die Rk. bei erhöhter Temp. in Ggw. von Metallen oder Metallverbb. als Katalysatoren u. gegebenenfalls von Lösungs- oder Verdünnungsmitteln durchführt. So erhält man aus **I** u. n-Butanol mit Zn-Acetat bei 117—134° den ***Carbaminsäure-n-butylester***, aus **I** u. Isobutanol mit $SnCl_4$ bei 109—127° den ***Carbaminsäure-isobutylester***, aus **I** u. 3-Methoxybutanol-(1) u. $SnCl_4$ bei ca. 175° den *Carbaminsäureester des 3-Methoxybutanols-(1)*, F. 13—14°, $Kp._{3,5}$ 112—114°, entsprechend den *Äthyl-2-hexanol-1-ester*, F. 33—31, $Kp._{11}$ 135—140° oder $Kp._{5-6}$ 125—130°, den *Cyclohexanolester*, F. 114—115°, den *o-Methylcyclohexanolester*, F. 127—129°, den *m-Methylcyclohexanolester*, F. 98—99°, den *p-Methylcyclohexanolester*, F. 141—143°, das *Phenylaminoäthanolestermonohydrochlorid*, F. 194—195° (Zers.), freier Ester, F. 79°. Geeignet zur Herst. von *Lösungsmitteln, Weichmachern* u. *Kunststoffen.* (**D. R. P. 753 127** Kl. 12o vom 28/9. 1940, ausg. 24/11. 1952.) SCHINDLER. H 880

Badische Anilin- & Soda-Fabrik (Erfinder: **Ernst Plötz**), Ludwigshafen/Rh., *Polyalkylenpolyamine* entstehen durch Einw. von 1.2-Alkyleniminen auf Salze von bas. N-Verbb., die mindestens 1 freies, an N gebundenes **H**-Atom aufweisen. — *Monoäthanolamin* wird mit CO_2 gesätt. u. mit *1.2-Äthylenimin* (**I**) umgesetzt. Es entsteht ein Gemisch, das *Monooxyäthyläthylendiamin, Monooxyäthyldiäthylentriamin* u. *Monooxyäthyltriäthylentetramin* enthält. — Es wurden ferner Prodd. hergestellt aus: Stearylamin u. **I**; NH_4Cl u. **I**; Anilinhydrochlorid u. **I**; Hexamethylenimin u. **I**; Cyclohexylamin u. **I**. — Hilfsmittel für Textil-, Leder- u. Papierindustrie. (**D. B. P. 857 495** Kl. 12q vom 11/1. 1951, ausg. 1/12. 1952.) LANGER. H 910

Organico, Sein ᵉ, Frankreich (Erfinder: **Michel Genas**), *Herstellung von Aminocarbonsäuren.* Man läßt NH_3 in wss. oder alkoh. Lsg. auf ω-Halogencarbonsäure einwirken. Z. B. wird 10-Bromcaprinsäure mit 25%ig. wss. NH_3 Tage bei 15° behandelt. Es entsteht *10-Aminocaprinsäure,* F. 177°, in 77%ig. Ausbeute. Daneben wird etwas Aminodicaprinsäure erhalten. (**F. P. 988 699** vom 14/4. 1949, ausg. 30/8. 1951.) NOUVEL. H 950

Merck & Co., Inc., Rahway, übert. von: **Karl Pfister,** Westfield, N. J., **Charles A. Robinson,** Cambridge, Mass., und **Max Tishler,** Westfield, N. J., V. St. A., *Zwischenprodukt zur Herstellung von Threonin.* dl-α-Halogen-β-alkoxy-n-buttersäure (I) wird über ihr Chlorid durch Rk. mit NH_3 oder prim./sek. Aminen in I-Amid übergeführt, anschließend in α-Stellung aminiert u. in β-Stellung sowie in der Amidogruppe hydrolysiert. Gegenüber der direkten Aminierung bzw. Hydrolysierung von **I** wird hier dl-Threonin in guter Ausbeute erhalten. — Eisgekühlte Lsgg. von 0,15 (Mol) **I**-Chlorid (hergestellt aus 0,15 dl-α-Brom-β-methoxy-n-buttersäure u. 13,5 cm^3 SO_2Cl_2 in 150 cm^3 mit Spuren von Pyridin versetztem Bzl.) u. 0,33 Piperidin (**II**) werden zusammengegeben u. $1^1/_4$ Std. mit, u. ½ Std. ohne Eiskühlung verrührt. Reaktionslsg., von **II**-Hydrochlorid abfiltriert, wird 3mal mit je 50 cm^3 W. extrahiert u. konzentriert. *dl-α-Brom-β-methoxy-n-buttersäurepiperidid,* $C_{10}H_{18}O_2NBr$, gelbes Öl, krist. nach Stehen bei 5°, F. (aus bei 77—115° sd. Petroleumfraktion) 41—43°, lösl. in organ. Lösungsmitteln, unlösl. in Wasser. — Aminierung durch 30std. Erhitzen mit fl. NH_3 bei 75° im Rohr. *dl-α-Amino-β-methoxy-n-buttersäurepiperidid* mittels 40 cm^3 HBr (40%ig.) in Threonin übergeführt; Ausbeute 58%, berechnet auf Piperidid. Analog: Threoninherst. aus *dl-α-Brom-β-methoxy-n-butyranilid,* $C_{11}H_{14}O_2NBr$, F. (aus Petroleumfraktion sd. bei 85—100°) 106—107°, Nadelrosetten; aus *dl-α-Brom-β-methoxy-n-buttersäureamid,* $C_5H_{10}O_2NBr$, aus Bzl. in Plättchen krist., F. 106—107°, löst sich leicht in A., Isopropylalkohol, Aceton, mäßig in W., heißem Äthylacetat sowie Bzl., sehr schwer in Äther. Weiteres Zwischenprod. für Threoninherst. ist *dl-N.N-Dimethyl-α-brom-β-methoxy-n-butyramid,* $C_7H_{14}O_2NBr$, $Kp._{6-7}$ 101—104°, n_D^{20} 1,4915, u. das Amid eines bei 125—128° überdestillierenden Gemisches von dl-α-Brom-β-methoxybuttersäuren. (**A. P. 2 571 755** vom 9/12. 1948, ausg. 16/10. 1951.) SCHMAUSER. H 950

Merck & Co., Inc., Rahway, übert. von: **Karl Pfister,** Scotch Plains, und **Max Tishler,** Westfield, N. J., V. St. A., *dl-Threonin.* Oxazoline der allg. Formel I, worin R Wasserstoff, eine Alkyl-, Aryl-, Aralkyl-, Alkoxy-, Aryloxy- oder Aralkyloxygruppe darstellt u. R′ eine Alkyl-, Aralkyl- oder Arylgruppe ist, sind *Zwischenprodd.* bei der Umwandlung von dl-Allothreoninen (**II**) in dl-Threonin (**III**). Herst. durch Behandlung von **I** bzw. dessen Derivv. mit wasserentziehenden Mitteln, z. B. P_2O_5, PCl_5, PCl_3, $SOCl_2$, z. B. von *2-Phenyl-5-methyl-4-carbomethoxyoxazolin* (***hydrochlorid***), F. 117—118°, durch $SOCl_2$-Behandlung des N-Benzoyl-**II**-methylesters in der Kälte oder analog von *2-Methyl-5-methyl-4-carbäthoxyoxazolin* aus N-Acetyl-dl-allothreoninäthylester. Die Oxazoline werden mittels n/10 HCl bzw. 2,5nNaOH zu **III** hydrolysiert. Am Beispiel des N-Carbmethoxy-**II**-äthylesters wird die Umwandlung in das stereomere dl-Threonin ohne Abscheidung des Oxazolins unmittelbar aus der Reaktionslsg. erläutert. (**A. P. 2 571 940** vom 26/1. 1946, ausg. 16/10. 1951.) SCHMAUSER. H 950

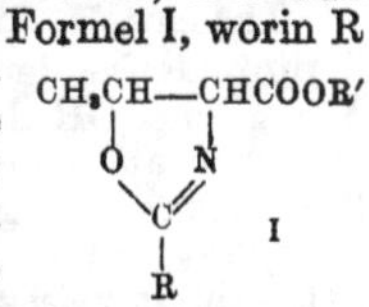

I

Dow Corning Corp., V. St. A., *Herstellung von Alkylhalogensilanen.* Man leitet eine gasförmige Mischung von einem Alkylhalogenid u. HCl durch ein auf 200—450° erhitztes Rohr, das Si oder dessen Legierungen enthält. Folgende Prodd. können dabei auftreten: $SiCl_4$, Trichlorsilan, *Monomethyldichlorsilan, Monomethyltrichlorsilan, Dimethyldichlorsilan* u. *Trimethylchlorsilan* aus Methylchlorid, ferner $SiCl_4$, Trichlorsilan, *Monoäthyldichlorsilan, Monoäthyltrichlorsilan, Diäthyldichlorsilan* u. *Triäthylchlorsilan* aus Äthylchlorid. (**F. P. 991 023** vom 20/7. 1949, ausg. 28/9. 1951.) NOUVEL. H 980

Distillers Co. Ltd., England, *Herstellung von Phenol.* Man zers. das durch Oxydation von Isopropylbenzol (I) erhältliche, in unangegriffenem **I** gelöste **I**-Hydroperoxyd (vgl. F. P. 944 671; C. **1950.** I. 1911) mit verd. H_2SO_4, wobei Phenol, Aceton, Acetophenon u. Methylstyrol entstehen, dest. das Aceton ab u. leitet das restliche Gemisch von unten in eine auf 70—80° geheizte Kolonne, in die von oben W. von 70° strömt. Den wss. Extrakt, der das Phenol u. 25% des Acetophenons enthält, kühlt man auf 20° ab, extrahiert aus ihm die beiden organ. Bestandteile in einer zweiten Kolonne mit Butylacetat u. trennt dieses Gemisch durch fraktionierte Destillation. Das durch Dest. von Acetophenon u. Methylstyrol befreite I wird in den Kreislauf zurückgeführt. — Zeichnung. (**F. P. 984 364** vom 9/4. 1949, ausg. 5/7. 1951. E. Prior. 20/4. 1948.) NOUVEL. H 1060

Badische Anilin- & Soda-Fabrik (Erfinder: **Karl Maier**, Ludwigshafen/Rh., **Hans Krzikalla** und **Hans Plieninger**, Heidelberg), *Herstellung lactonartiger Erzeugnisse*, dad. gek., daß man Lactone, die benachbart zur CO-Gruppe eine CH_2Gruppe enthalten, mit Carbonylverbb. kondensiert u. die ungesätt. Kondensationsprodd. hydriert. Z. B. entsteht aus γ-Butyrolacton (I) u. Benzaldehyd über Benzylidenbutyrolacton das *Benzylbutyrolacton*, $Kp._{0,2-0,5}$ 123—129°; entsprechend das *o-Chlorbenzylbutyrolacton*, $Kp._{0,1}$ 143—147°; aus I u. Furfurol über das *Furfurylidenbutyrolacton*, F. 95°, das *Lacton* der Formel I, $Kp._{0,3-0,8}$ 126—136°; aus I u. Cyclohexanon über das *Cyclohexylidenbutyrolacton*, $Kp._{19}$ 170—180°, das *Cyclohexylbutyrolacton*, $Kp._{17}$ 162—165°; aus I u. einem Gemisch isomerer Nonylaldehyde ein Kondensationsprod., $Kp._{20-21}$ 187—194°, das zu einem Öl mit $Kp._{20-21}$ 174—182° hydriert wird. Wird sogenanntes Dibutolacton hydriert, so erhält man *Tetrahydrofurylbutyrolacton*, $Kp._{20}$ 156—166°. *Weichmacher* u. Zwischenprodd. für Kunststoffe u. Textilhilfsmittel. (**D. B. P. 844 292** Kl. 12o vom 9/9. 1944, ausg. 17/7. 1952.) SCHINDLER. H 1250

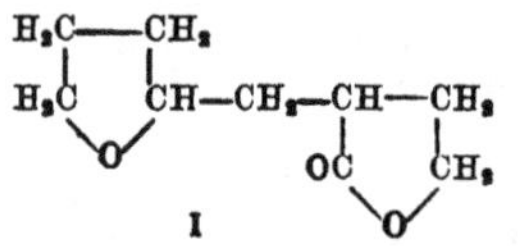

I

F. Hoffmann-La Roche & Co. Akt.-Ges., Basel, Schweiz, *Herstellung von neuen m-Alkoxyphenylisothiocyanaten*. der allg. Formel I, worin R ein gesätt. oder ungesätt. Alkylrest mit 3 oder 4 C-Atomen ist, mit Ausnahme des Allylrestes. Das Verf. ist dad. gek., daß in an sich bekannter Weise in beliebiger Reihenfolge im m-Aminophenol die Oxygruppe mit einem gesätt. oder ungesätt. Alkylrest mit 3 oder 4 C-Atomen, mit Ausnahme des Allylrestes, alkyliert u. die Aminogruppe durch Rk. mit Thiophosgen in ebenfalls üblicher Weise in eine Isothiocyanatgruppe umgewandelt wird. — Das m-Aminophenol wird in W. oder in einem anderen inerten Lösungsm. mit Thiophosgen umgesetzt u. das gebildete m-Oxyphenylisothiocyanat wird mit einem Alkylierungsmittel zu m-Alkoxyphenylisothiocyanat alkyliert. — Anders wird das m-Aminophenol alkyliert u. das erhaltene m-Alkoxyanilin wird in W. oder in einem inerten Lösungsm. mit Thiophosgen umgesetzt. — Aus m-Butyloxyanilin wird danach *m-Butyloxyphenylisothiocyanat* erhalten ($Kp._{0,02}$ 122—123°). m-Isopropyloxyanilin liefert m-Isopropyloxyphenylisothiocyanat, $Kp._{0,01}$ 100—102°. (**Oe. P. 171 708** vom 14/11. 1950, ausg. 25/6. 1952. Schwz. Prior. 21/12. 1949.) M. F. MÜLLER. H 1290

I 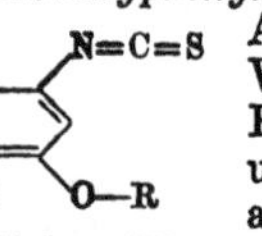

Theodor H. Temmler, Hamburg (Erfinder: **Friedrich Keil** und **Werner Dobke**, Berlin), *Amine* der Formel R·CHX·CH(R′)·N(R″)(R‴), worin R einen aromat. Rest, X = H oder OH, R′ Alkyl oder Aryl, R″ u. R‴ = H oder einen KW-stoffrest bedeuten, entstehen aus einem Oxoalkylester u. NH_3 oder einem Amin unter Red., wobei das Reaktionsprod. gegebenenfalls verseift wird. — Man hydriert Essigsäure-(phenylacetyl)-methylester in Ae. in Ggw. von $CH_3 \cdot NH_2$ in A. u. in Ggw. von Pt-Katalysator unter 1 at, erhitzt zwecks vollständiger Verseifung u. erhält *1-Phenyl-1-oxy-2-methylaminopropen* (F. 75°; $Kp._{25}$ 150—154°) neben *β-Phenyl-N-methylisopropylamin* ($Kp._{20}$ 92—94°). — Analog: *α-Phenylglykolsäure-(phenyl-2-methylamino)-propylester*. (**D. R. P. 767 193** Kl. 12q vom 20/1. 1938, ausg. 14/2. 1952.) LANGER. H 1310

Chemische Werke Albert (Erfinder: **Emil Eidebenz** und **Maximilian Depner**), Wiesbaden, *Herstellung von 3.5-Dioxyphenyläthanolaminen* der allg. Formel I, worin R = H oder Alkyl u. R_1 u. R_2 = H oder aliphat. oder cycloaliphat. KW-stoffreste sind, dad. gek., daß man α-Halogenketone der allg. Formel II, worin X = H oder ein leicht abspaltbarer Rest, wie Acyl oder Benzyl, u. R = H oder Alkyl sind, in gegebenenfalls am N substituierte α-Aminoketone übergeführt u. diese reduziert. Isolierung der Aminoketone ist nicht erforderlich. Man erhält z. B. aus Chlormethyl-3.5-dioxyphenylketon des *N-Dimethylaminomethyl-3.5-dioxyphenylcarbinol*, F. 172—173°; ferner *N-Methylaminomethyl-3.5-dioxyphenylcarbinolhydrochlorid*, F. 145—146°, *N-Benzyl-N-methylaminomethyl-3.5-dioxyphenylcarbinol* u. *Aminomethyl-3.5-dioxyphenylcarbinol*. *Heilmittel* oder *Zwischenprodd.* zur Herst. von *Farbstoffen*, *Schädlingsbekämpfungsmitteln* oder Heilmitteln. (**D. B. P. 865 315** Kl. 12 q vom 27/7. 1943, ausg. 2/2. 1953.) SCHINDLER. H 1320

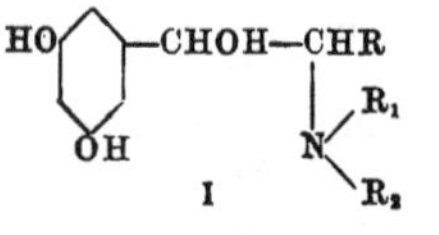

I

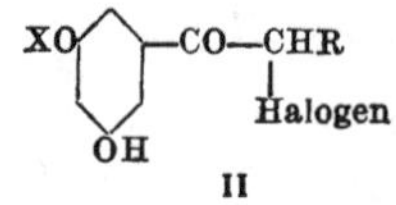

II

X. Färberei. Organische Farbstoffe.

—, *Farbstoffe und Textilhilfsmittel.* Prodd. der Cassella Farbwerke Mainkur, Frankfurt/M.-Fechenheim: *Pigmentweiß C* ist eine fertige Pigmentdruckfarbe, die zur kochechten Fixierung keiner Zusätze bedarf u. daher auch für die Mattierung von weißen oder bunten Rongalitätzen geeignet ist. Gibt auf Glanzreyon sehr reines Mattweiß von ausgezeichneter Waschechtheit. — Prodd. der Ciba, Basel: *Cibantinbrillantrosa 3 B* ergibt auf nativer u. regenerierter Cellulose Färbungen von guten Licht- u. Wasch- sowie von vorzüglicher Cl- u. Superoxydechtheit. Der Farbstoff läßt sich im Direktdruck nach allen gebräuchlichen Verff. entwickeln (Zirkular Nr. 698). — *Chromechtgrau FBL* färbt Wolle licht-, walk-, wasch- u. schweißecht. Der Farbstoff ist leichtlösl., kalkbeständig, egalisiert sehr gut u. chromiert leicht. Für lose Wolle, Kammzug, Garn u. Stück (Zirkular Nr. 697). — *Chromgelb GRP* Die Färbungen auf nativer u. regenerierter Cellulose nach Verf. C II geben Färbungen von sehr guter Lichtechtheit u. sehr guten Allgemeinechtheiten (Zirkular Nr. 686). — *Nylonpräparation A Ciba* für Nylon, Perlon u. Grilongarne in der Strumpfwirkerei (Zirkular Nr. 2093). — *Cibalan-Farbstoffe.* Sortiment schwach sauer färbender Metallkomplexfarbstoffe für Wolle, Seide u. Nylon (Musterkarte 2570). — *Tuchtechtgelb RLE,* Wollfarbstoff mit sehr guter Licht- u. Naßechtheit (Zirkular Nr. 687).— Prodd. der Farbwerke Hoechst, Frankfurt/M.-Höchst: *Appretan BMC,* waschbeständiges Appreturmittel, das auf Kunstharzbasis aufgebaut ist (Hö 2209). — *Wollechtgrau BL.* Dieser schwach sauer zu färbende Farbstoff zeichnet sich durch seine sehr gute Licht-, Wasser-, Schweiß- u. Seewasserechtheit aus. — *Indanthrendruckgrau HGL Suprafix Teig* für Druck auf Baumwolle, Reyon, Zellwolle u. Leinen (Hö 2204). — *Spezialchromlederscharlach HG* zum Färben aller chrom-, lohgar- u. synthet. gegerbter Leder in Faß- u. Bürstfärbung. — *Tanicor HN spezial* zum Angerben von Großviehhäuten. — Prodd. der J. R. Geigy Akt.-Ges., Basel: *Cuprophenylrubin RL* ist ein Nachkupferungsfarbstoff mit ausgezeichneter Licht- sowie sehr guter Wasser-, Wasch-, Meerwasser- u. Schweißechtheit (Zirkular Nr. 1195). — *Cuprophenylbraun GL* ist gleichfalls ein Nachkupferungsfarbstoff für Viscose (Zirkular Nr. 1196). — *Diphenylrot RW* zum Färben von Ätzböden. Die Wasser-, Wasch- u. Schweißechtheiten werden als sehr gut angegeben (Zirkular Nr. 1197). — *Eriochrombraun GKL* = *Eriochromalbraun GKL* ist licht-, dekatur- u. carbonisierecht (Musterkarte Nr. 0959). — Modetöne auf Wollgabardine (Musterkarte Nr. 0944). — *Igalan-Farbstoffe* auf Perlonkammzug (Musterkarte Nr. 0956).— Ätzbare Setacylfarbstoffe auf Acetatkunstseide (Musterkarte Nr. D 138). (Melliand Textilber. **33.** 1138. Dez. 1952.) P. Eckert. 7018

Erich Herrmann, *Substantive Farbstoffe zum Färben bei Temperaturen über 100° C.* Nach einem kurzen Überblick über den heutigen Stand der Erkenntnisse u. Erfahrungen auf dem Gebiete des Färbens bei Tempp. über 100° wird eine Reihe von Direktfarbstoffen angeführt, die sich für das angegebene Färbeverf. eignen. In diesem Zusammenhang werden auch Fragen des Echtfärbens behandelt. Vf. äußert sich ferner über den Einfl. von Färbereihilfsmittel auf den Abbau der Farbstoffe durch Verkochung. Abschließend finden sich Hinweise über das Zieh- u. Egalisiervermögen der Direktfarbstoffe beim Färben über 100°. (Melliand Textilber. **33.** 1110—12. Dez. 1952.) P. Eckert. 7020

— , *Spektrophotometrische Untersuchungen der Kontinuefärbung.* Zur Konzentrationsmessung von Farbstoffmischungen, wie sie für die Kontinuefärbung verwendet werden, wird eine einfache spektrophotometr. Meth. vorgeschlagen. An Praxisbeispielen werden Färbungen mit 1 bzw. 2 Küpenfarbstoffen u. 3 Direktfarbstoffen unter Angabe einer vereinfachten mathemat. Meth. zur Behandlung mehrerer Komponenten erläutert. (Amer. Dyestuff Reporter **40.** P 101—04. 5/2. 1951.) Zahn. 7020

Ss. A. Wwedenski, M. A. Wolkow und **T. T. Kombegow,** *Eine photochemische Gravierungsmethode für Textilienmuster.* Das Muster wird auf eine zylindr. Stahlmatrize unter Anwendung von Rasternegativen oder Diapositiven für die einzelnen Farben aufgedruckt. Diese Übertragung erfolgt durch Kontaktdruck mit Hilfe eines photometr. Prozesses. Die Technik dieses Verf. wird eingehend besprochen. (Текстилная Промышленность [Textil-Ind.] **12.** Nr. 7. 30—33. Juli 1952.) Stscherbina. 7022

Thüringische Zellwolle Akt.-Ges., Schwarza/Saale, und **Zellwolle- & Kunstseide-Ring G. m. b. H.,** Berlin (Erfinder: **Ehrhart Franz,** Rudolstadt, **Karl Riederle,** Oranienburg, **Friedrich Fleischmann** und **Werner Winkler,** Berlin), *Herstellung gefärbter Kunstfasern.* Man färbt durch Behandeln mit CH_2O-Lsg. bei 35° oberflächlich verfestigte künstliche Fasergebilde aus Eiweißstoffen (I) mit Farbstoffen, die sich beim Färben mit **I** zu gefärbten Verbb. zu kondensieren vermögen. Man kann auch Spinnlsgg. für Kunstfasern aus **I** verspinnen oder Fäll- oder Nachbehandlungsbäder für die versponnene Faser verwenden, die Farbstoffe (II) oder **II**-Zwischenverbb. enthalten, welche auch mit **I** zu kondensieren vermögen, Zwischenverbb. in II überführen u. die Faserstoffe in CH_2O-Lsg. bei 35° verfestigen. Als II eignen sich Nitroso- u. Nitrofarbstoffe, Eisfarben, Thiazinfarbstoff, Chinonverbb. u. Ketonfarbstoffe, Indigo, Thioindigo u. sonstige indigoide Farbstoffe, Triphenylmethan- u. Diphenylnaphthylmethylfarbstoffe sowie Oxydationsfarbstoffe, z. B. aus 1.4- u. 1.2-Diaminobenzol, o-Aminophenol u. dergleichen. — Beispiele. (**D. R. P. 742 645** Kl. 8m vom 29/4. 1941, ausg. 8/12. 1952.) V. SCHILLER. 7021

Sandoz Akt.-Ges., Basel, Schweiz, *Metallisierbare Monoazofarbstoffe.* Diazotiertes 2-Aminophenol-4-sulfonsäure-(3'-sulfamido)-anilid oder diazotierte 2-Aminophenol-6-chlor-4-sulfanthranilsäure wird in Na_2CO_3-Lsg. bei 0° mit 1-Acetylamino-7-naphthol gekuppelt. Dunkle Pulver, die Wolle im neutralen Einbadchrom- u. Nachchromierungsverf. blaugrau färben. (**Schwz. PP. 279 527** u. **279 528**, beide vom 21/7. 1949, ausg. 1/3. 1952. **Zusätze zu Schwz. P. 275 801; C. 1952. 7260.**) KALIX. 7053

Ciba Akt.-Ges., Basel, Schweiz, *Zwischenprodukt für die Herstellung von Azofarbstoffen.* Durch Rk. einer Konz. wss. Lsg. von 2-Chlorbenzol-5-sulfonsäurephenylester-1.2'-dicarbonsäure mit NH_3 im Überschuß im Autoklaven bei 110—130° erhält man *2-Aminobenzol-5-sulfonsäurephenylester-1.2'-dicarbonsäure* als graubraunes, alkalilösl. Pulver. (**Schwz. P. 280 183** vom 18/7. 1949, ausg. 16/4. 1952.) KALIX. 7053

Sandoz Akt.-Ges. (Erfinder: **Heinrich Lier**), Basel, Schweiz, *Polyazofarbstoffe zum Färben von Leder.* Diazotierte Aminodisazofarbstoffe der allg. Formel I werden mit einer 1-Amino-8-oxynaphthalinsulfonsäure (II) gekuppelt, in der 1 H-Atom der NH_2-Gruppe durch einen organ. Säurerest (III), das andere durch eine Alkyl- oder Aralkylgruppe ersetzt ist, es kann auch eine II mit freier NH_2-Gruppe zur Kupplung verwendet u. III nachträglich eingeführt werden. Hierbei bedeutet A einen Benzol-, Naphthalin- oder Diphenylrest u. B einen Benzol- oder Naphthalinrest ohne freie, aromat. gebundene OH-Gruppen u. mit höchstens einer NO_2-Gruppe. Die Reaktionsprodd. färben lichtecht u. gleichmäßig blau bis blauviolett, u. die Bäder werden auch bei geringem Säurezusatz restlos erschöpft. — Beispiel: 1 (Mol) 4.4'-Diaminodiphenyl wird tetrazotiert u. zuerst schwach mineralsauer mit 1 1-Amino-8-oxynaphthalin-3.6-disulfonsäure, dann sodaalkal. mit 1 Diazobenzol gekuppelt, nach beendeter Rk. wird mit einer ätzalkal. Lsg. von 1 1-(p-Toluolsulfoylamino)-8-oxynaphthalin-3.6-disulfosäure zum Trisazofarbstoff gekuppelt. Dunkles, wasserlösl. Pulver, das aus schwach ameisensaurer Lsg. Leder jeder Gerbungsart tiefblau färbt. (**D. R. P. 767 501** Kl. 22a vom 10/3. 1938, ausg. 15/9. 1952. Schwz. Prior. 13/3. 1937.) KALIX. 7055

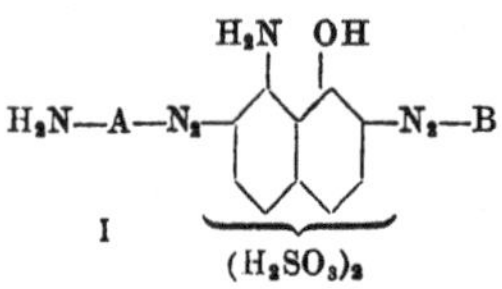

I

Eastman Kodak Co., übert. von: **Joseph B. Dickey**, Rochester, N. Y., V. St. A., *α-Anthrapyridinchinonverbindungen* der allg. Formel I, worin R u. R_1 eine OH- u./oder NH·X-Gruppe darstellt, deren X entweder H ist oder einer prim., unverzweigten, 1—16 C-Atome oder einer sek., 3—4 C-Atome enthaltenden Alkylgruppe oder einer (niederen) Monooxyalkyl-, Alkoxyalkyl- bzw. Monooxyalkoxyalkylgruppe, oder einer di- bzw. trifluorierten niederen Alkylgruppe oder einem, gegebenenfalls substituierten, Phenylrest entspricht, durch Erhitzen der Leukoverb. des 5.8-Dioxy-α-anthrapyridinchinons mit NH_3 oder entsprechenden prim., organ. Aminen u. Überführung der erhaltenen Verbb. in die Nicht-Leukoform durch milde Oxydationsmittel. — Z. B. Darst. von *5.8-Diamino-α-anthrapyridinchinon* aus 24,3 (g) Leuko-5.8-dioxy-α-anthrapyridinchinon u. 200 cm³ konz. wss. NH_3 (28%ig.) durch 10std. Erhitzen im Autoklaven auf 100—110°. Oxydierung der abgekühlten Leuko-Farbstofflsg. durch Erhitzen in konz. H_2SO_4 (98%) oder in Nitrobenzol. — Verminderung der NH_3-Menge sowie Herabsetzung der Reaktionstemp. führt zu einem Gemisch der 5- u. 8-Monoaminoverbindung. Ferner (-anthrapyridinchinon = A): *5-Oxy-8-äthylamino-α-A*; *5-Oxy-8-oxyäthylamino-A*; *5.8-Dimethylamino-A*; *5.8-Didecylamino-A*; *5.8-Dibenzylamino-A*; *5.8-Di-β-oxyäthylamino-A*; *5.8-Di-β.γ-dioxypropylamino-A*; *5.8-Di-β-methoxyäthylamino-A*; *5.8-Ditetrahydrofurfurylamino-A*; *Methylaminoäthylamino-A*; *Aminophenylamino-A*; *5.8-Diphenylamino-A*; *Oxy-β.β-difluoräthylamino-A*; *Oxy-γ.γ.γ-trifluorpropylamino-A*; *Aminodifluoräthylamino-A*; *5.8-Di-(β.β-difluorpropylamino-A*; *5.8-Di-(γ.γ-difluorpropylamino)-A*; *5.8-Di-(β.β.β-trifluorpropylamino)-A*; *5.8-Di-(γ.γ.γ-trifluorpropylamino)-A*; *β.β-Difluoräthylamino-γ.γ-difluorpropylamino-A*. Prodd. sind licht-, gas- u. waschbeständige *Farbstoffe* für aus Celluloseestern, bes. Celluloseacetat, Wolle, Seide u. Nylon bestehenden Textilien. *Sulfonierte* Aralkylaminoverbb. sind wasserlösl., jedoch nur zur Färbung von Wolle u. Seide geeignet. Gewisse Alkylaminoverbb. färben KW-stoffe, z. B. Gasolin. — Herst. u. Eigg. von *β.β-Difluorpropylamin*, *δ.δ-Difluoramylamin*, *γ.γ-Difluorpropylamin* sind beschrieben. (**A. P. 2 552 263** vom 27/9. 1947, ausg. 8/5. 1951.) SCHMAUSER. 7059

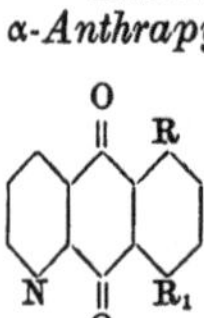

I

Ernst Jenny, Basel, Schweiz, *Herstellung von Schwefelfarbstoffen.* 1.5-Dinitro*naphthalin* (I) mit einem Geh. von höchstens 5% 1.8-Dinitronaphthalin wird bei anfangs 100—200°, später 200—300°, in Ggw. eines Cu-Salzkatalysators mit Na-Polysulfidlsg. erhitzt, das erhaltene Prod. mit ca. 30%ig. NaOH bei etwa dem Kp. der Lsg. entsprechender Temp. 5—24 Std. behandelt u. abgeschieden. Der getrocknete *Farbstoff* ist ein dunkles Pulver, braunrot lösl. in konz. H_2SO_4, *licht-* u. *waschechte braunrote Färbungen auf Baumwolle* erzeugend. — 400 (Teile) Na-Tetrasulfidlsg. werden bei 120° mit 46 I u. 16 krist., in wenig W. gelöstem $CuSO_4$ zusammengegeben, auf dem Ölbad (Temp. 170—180°) unter Rühren gekocht, bis die M. dick wird, u. die entstandene Schmelze im Ofen (290—310°) 5 Std. gehärtet. Hierauf wird das aus der in W. gelösten Schmelze durch konz. H_2SO_4 gefällte Prod. abgetrennt, getrocknet u. in Form einer Paste mit 400 NaOH (30%ig.) 30 Std. unter Rückfluß gekocht. Ausfällung des Farbstoffs aus dem mit W. verd. Gemisch durch HCl oder konz. H_2SO_4. Die zur Herst. des Farbstoffs verwendete App. darf kein Fe abgeben. (**A. P. 2 573 448** vom 27/12. 1948, ausg. 30/10. 1951. Schwz. Prior. 5/1. 1948.) SCHMAUSER. 7071

Badische Anilin- & Soda-Fabrik (Erfinder: **Fritz Mühlbauer**), Ludwigsbafen/Rh., *Phthalocyanine* beliebigen Sulfonierungsgrades erhält man dadurch, daß man Phthalocyaninfarbstoffe, die verschiedenartig substituiert sein können, je nach dem gewünschten Sulfonierungsgrad mit 0,5—8 Mol des Sulfonierungsmittels je Mol Phthalocyanin nach guter mechan. Durchmischung als trockenes Pulver erhitzt. Man wählt Tempp. zwischen 80—220°, doch tritt auch bei höheren Tempp. keine wesentliche Zers. der Farbstoffe ein. Dem Ausgangsgut können wasserfreie, neutrale oder saure Salze beigemengt werden. Hält man niedrige Sulfonierungsgrade ein, so werden *Küpenfarbstoffe* gewonnen, während man zur Gewinnung *substantiver Farbstoffe*, die wasserunlösl. Erdalkali- oder Erdmetallsalze liefern, höhere Sulfonierungsgrade einhalten muß. (**D. B. P. 825 112** Kl. 22e vom 28/12. 1949, ausg. 17/12. 1951.) ROICK. 7073

XIb. Plaste (Kunstharze. Plastische Massen).

G. M. Kline und **R. B. Seymour**, *Kunststoffe.* Zusammenfassender Überblick über Fortschritte (ab Mitte 1950) auf dem Kunststoffgebiet. — 196 Literaturhinweise. (Ind. Engng. Chem. **44.** 2339—43. Okt. 1952. Washington, D. C., Nat. Bur. of Stand., u. Mertztown, Pa., Atlas Mineral Products Co.) WINIKER. 7170

Roberto Colombo, *Fortschritte in der Einrichtung industrieller, insbesondere chemischer Anlagen, unter besonderer Berücksichtigung der plastischen Massen.* Übersicht über die Anwendung von plast. Massen, bes. von *Polyvinylchlorid* u. *Polyäthylen*, in der Industrie (Auskleiden von Apparaten u. Maschinen mit korrosionsfesten Überzügen, Verpackung usw.). (Materie plast. **17.** 71—73. März/Juni 1951.) K. FABER. 7172

E. I. du Pont de Nemours & Co., Wilmington, Del., übert. von: **Orville H. Bullit jr.**, Swarthmore, Pa., V. St. A., *Fluoracylperoxyde* der allg. Formel $R(CF_2)_nC(O)-O-O-C(O)-(CF_2)_n-R$ (R = H oder F, n = 2—24, bes. 2—12) erhält man durch Kondensation eines Polyfluoralkylcarbonsäurehalogenids $R(CF_2)_nCOX$ (X = Cl oder Br) mit anorgan. Peroxyden (Na-, Ca-, Ba-Peroxyden) bei —40 bis +5°, bes. —20 bis —5°. — Zu einer auf —15° gekühlten wss. Lsg. von Na_2O_2 u. NaCl gibt man **Oktafluorpentansäurechlorid** $H(CF_2)_4COCl$ u. erhält *Di-(oktafluorpentanoyl)-peroxyd*, das durch Extraktion mit Perfluormethylcyclohexan gereinigt werden kann. — Hexadekafluornonanoylchlorid, $H(CF_2)_8COCl$, Kp. 166,5° → *Di-(hexadekafluornonanoyl)-peroxyd* $H(CF_2)_8CO-O-O-CO\cdot(CF_2)_8H$. — Heptafluorbutyrylchlorid, $F(CF_2)_3COCl$, Kp. 39—41° → *Di-(heptafluorbutyryl)-peroxyd*, $F(CF_2)_3CO-O-O-CO-(CF_2)_3F$. — Tetracosafluortridecanoylchlorid → *Di-(tetracosafluortridecanoyl)-peroxyd* $H(CF_2)_{12}CO-O-O-CO-(CF_2)_{12}H$. — *Di-(tetrafluorpropionyl)-*, *Di-(pentafluorpropionyl)-*, *Di-(nonadekafluordecanoyl)-peroxyd.* Verwendung als *Polymerisationskatalysatoren*, bes. für Tieftemperaturpolymerisationen von äthylen. Verbb., wie Acryl-, Vinylverbb. usw. (**A. P. 2 559 630** vom 4/3. 1950, ausg. 10/7. 1951.) KRAUSS. 7171

Badische Anilin- & Soda-Fabrik (Erfinder: **Heinrich** und **Konrad Jost**), Ludwigshafen/Rh., *Polymerisation ungesättigter organischer Verbindungen* mittels sauerstoffabgebender Katalysatoren, dad. gek., daß man die Polymerisation in Ggw. von N-Basen mit mehreren bas. Gruppen, von denen mindestens eine ein tert. oder quaternäres, nicht cycl. gebundenes N-Atom enthält, ausführt. — Beispiele für die Emulsionspolymerisation von Butadien in Ggw. von N.N.N'.N'-Tetraoxyäthyl-1.6-hexamethylendiamin. — Das Verf. ist auch für Polymerisation von Vinyl-, Acrylverbb., Äthylen, Styrol, Vinylnaphthalin usw. geeignet. (**D. B. P. 863 414** Kl. 39c vom 29/10. 1942, ausg. 19/1. 1953.) DONLE. 7171

E. I. du Pont de Nemours & Co., übert. von: **Edward G. Howard jr.**, Wilmington, Del., V. St. A., *Polymerisation äthylenisch ungesättigter monomerer Verbindungen* bei Tempp. von —20 bis —60° in wss. Dispersion, katalysiert durch ein Syst., das neben einer Peroxydverb. Cupriionen u. Ionen von Hydrazodialkansulfonat (Alkylrest mit 1—3 C-Atomen, bes. CH_3-Rest) enthält. — Die Beispiele betreffen die Polymerisation von Vinylchlorid (**I**), Acrylnitril u. ein Gemisch aus **I** u. Allylglycidyläther. (**A. P. 2 589 258** vom 1/2. 1950, ausg. 18/3. 1952.) MÖLLERING. 7171

U. S. Atomic Energy Commission, übert. von: **Myron A. Coler**, New York, N. Y., V. St. A., *Polytrifluorchloräthylenzellkörper* erhält man durch Kaltwalzen eines zuvor heiß geformten u. zerkleinerten Harzes unter 703 at. Das 30 Min. auf 225° erhitzte u. mit kaltem W. geknetete Fell ist porös u. läßt sich nach kurzem Anwärmen in sd. W. leicht kneten u. Verarbeiten. — Verwendung für *elektrolyt.* u. *osmot. Diaphragmen.* (**A. P. 2 573 639** vom 2/12. 1949, ausg. 30/10. 1951.) SALZMANN. 7173

Lech-Chemie Gersthofen, Gersthofen, *Stabilisierung von Chlorierungsprodukten höhermolekularer Substanzen*, z. B. von *Polyvinylchlorid*, dad. gek., daß man ihnen Kohlensäureverbb. organ. Amine, z. B. Benzamidincarbonat, Aminohexylcarbaminsäure, Aminoguanidinbicarbonat, Morpholincarbonat zusetzt. (**D. B. P. 865 059** Kl. 39b vom 8/8. 1944, ausg. 29/1. 1953.) SALZMANN. 7173

Comp. Française Thomson-Houston, Seine, Frankreich, *Kabelmasse.* Man verwendet eine weichmacherhaltige Polyvinylhalogenidmischung mit 5—15 Gew.-% TiO_2, das teilweise durch SiO_2, Infusorienerde, Ruß, Ton usw. ersetzt werden kann. — Man mischt z. B. 58 (Gew.-%) Polyvinylchlorid, 30 Trikresylphosphat, 12 Dibenzylsebacat u. hierzu 10% TiO_2. Solche Mischungen zeigen verbesserte elektr. Eigenschaften. (**F. P. 992 265** vom 7/6. 1944, ausg. 16/10. 1951.) PANKOW. 7173

Badische Anilin- & Soda-Fabrik (Erfinder: **Hellmut Scholz** und **Otto Hambsch**), Ludwigshafen/Rh., *Kunststoffdispersionen.* In die weichmacherfreien wss. Dispersionen von Polyvinylchlorid oder dessen Mischpolymerisaten arbeitet man in Ggw. von Dispergiermitteln Weichmachungsmittel bei ca. 80° u. darüber, gegebenenfalls unter Druck u. unter Einhaltung eines p_H-Wertes zwischen 3,5 u. 9,5, ein. Herst. von Kunstleder, Wachstuch, Bucheinbandstoffen, Tapeten u. Imprägnierungen (Kaschierungen) für Papier u. Gewebe. (**D. B. P. 863 406** Kl. 39b vom 4/8. 1942, ausg. 19/1. 1953.) SALZMANN. 7173

Polaroid Corp., übert. von: **Alexander Thomas**, Cambridge, Mass., V. St. A., *Herstellung lichtpolarisierenden Materials.* Eine Folie oder ein Film aus orientierten linearen Polyvinyloxyverbb. wird mit einer Jodlsg. bzw. einer Jod, Jodid u. ein Lösungsm., das die Unterlage nicht löst, enthaltenden Fl. bestrichen. Gegebenenfalls kann vor dem Auftragen der Film auf ca. 145° erhitzt werden. Alsdann wird ein Teil der Auftragslsg., der sich nicht mit der Unterlage verbunden hat, durch Waschen entfernt u. das Material getrocknet. (**Can. P. 472 835** vom 13/3. 1944, ausg. 10/4. 1951. A. Prior. 7/5. 1943.) WITTHOLZ. 7173

Rudolf Decker & Hellmuth Holz, München (Erfinder: **Willy O. Herrmann**, Deisenhofen, und **Wolfram Haehnel**, München), *Eigenschaftsveränderung von Polyvinylalkoholen* (Steigerung der Elastizität, Viscosität, Zähigkeit, Reiß-, Biege- u. Druckfestigkeit), dad. gek., daß man sie, zweckmäßig in ihren wss. Lsgg., unter Zusatz von Säuren oder sauer wirkenden Substanzen mit Dianil- oder Diaminfarbstoffen, z. B. Diaminechtbraun oder Dianilechtrot, behandelt. (**D. B. P. 865 201** Kl. 39b vom 22/6. 1943, ausg. 29/1. 1953.) SALZMANN. 7173

I. G. Farbenindustrie Akt.-Ges. (Erfinder: **Kurt Billig** und **Werner Stark**), Frankfurt/M., *Polymerisationsprodukte aus Vinylestern* erhält man durch gemeinsame Polymerisation eines Überschusses an Vinylestern mit Crotonsäure (**I**) oder deren insgesamt nur eine ungesätt. C-Doppelbindung enthaltenden Derivaten. In den Beispielen sind Vinylacetat, -formiat, -chloracetat, -stearat u. n-Butoxyessigsäurevinylester genannt. An Stelle von **I** können deren Methyl- oder Äthylester, ihr Nitril, β-Chlorcrotonsäure treten. *Lackrohstoffe, Klebmittel für Sicherheitsglas.* (**D. R. P. 746 788** Kl. 39c vom 30/4. 1937, ausg. 23/2. 1953.) SCHINDLER. 7173

Hercules Powder Co., übert. von: **Julian L. Azorlosa**, Wilmington, Del., V. St. A., *Synthetische amphotere Polymere*, die freie NH_2- u. freie COOH-Gruppen enthalten. Man erhält sie durch Hydrolyse von Mischpolymeren eines Amins, das einen Vinylrest enthält, oder eines N-acylierten Deriv. u. einer Verb. der allg. Formel X—C(R)=C(R)—Y, worin R für H, Alkyl, Aryl oder Aralkyl, u. X für —CO—O—Me (Me = Metall), —CO—OR′, —COR″ (R′ ein organ. Rest; R″ gleich O, der den Gruppen X u. Y gemeinsam angehört), ferner Y für —CN, $—SO_3—Me$, $—SO_2NH_2$ oder $—SO_3R'$ steht. — Z. B. polymerisiert man 42,8 (Teile) 2-Vinylpyridin (**I**), 35 Acrylsäuremethylester u. 1 H_2O_2 (30% ig.)

im Vakuum 5 Std. bei 50° u. dann 7 Std. bei 70°, löst das Polymere in 700 A., fällt es durch Eingießen in W.; durch Hydrolyse mit KOH erhält man ein Prod., das sich aus 62% I, 31% Acrylsäure u. 7% Acrylsäuremethylester zusammensetzt. — Weitere Beispiele (I + Acrylnitril; I + Styrol usw.). — Ersatzstoffe für natürliche Proteine, z. B. für Casein. (**A. P. 2 592 107** vom 19/11. 1948, ausg. 8/4. 1952.) DONLE. 7173

American Viscose Corp., Philadelphia, Pa. (Erfinder: **Masten Rufus Dalton**, Twin Oaks, und **Howard M. Hoxie**, Chester, Del.), V. St. A., *Polyacrylnitrillösungen.* Das feinverteilte Polymere oder Mischpolymerisat wird bei Raumtemp. in einer bin. Mischung dispergiert, die aus Nitromethan u. W. (von letzterem 0,5—10 Vol.-%) oder $HCONH_2$ (2—40 Vol.-%) besteht, u. die Dispersion unter Temperaturerhöhung auf 50—90° bis zur vollständigen Lösung des Polymeren gerührt. Als Verdünnungsmittel können bis zu 30% Acetonitril zugefügt werden. Herst. von Lacken, Fasern, Filmen, Rohren, Stangen. (**D. B. P. 862 368** Kl. 39b vom 19/7. 1950, ausg. 8/1. 1953. A. Priorr. 25/8. 1947, 12/5. u. 20/12. 1949 u. **E. P. 652 012** vom 18/8. 1948, ausg. 11/4. 1951. A. Prior. 25/8. 1947.) SALZMANN. 7173

Röhm & Haas G. m. b. H. (Erfinder: **Walter Bauer** und **Klaus Tessmar**), Darmstadt, *Veredlung von Platten, Filmen und Fäden aus Mischpolymerisaten der Acrylsäurereihe* (I). Bei den Gebilden, z. B. gestreckten Fäden aus I bzw. deren Derivv. oder Homologen, werden die Säuregruppen durch Behandlung mit alkal. Lsgg. (15%ig. NaOH oder KOH) mindestens teilweise in Salzgruppen verwandelt, worauf man eine doppelte Umsetzung mit der Lsg. eines Salzes folgen läßt, dessen Metall in W. nicht- oder schwerlösl. Estersalze bildet, z. B. n-Pb-Acetat-, gesätt. Erdalkalichloridlösung. Es können auch solche Esteralkalisalze mit Salzlsgg. umgesetzt werden, die durch teilweise Verseifung von polymeren Estern oder solche enthaltende Mischpolymerisate erhalten wurden. Die Fäden werden härter, zeigen eine leichte Kräuselung u. sind bügelfester. (**D. B. P. 860 272** Kl. 39b vom 12/12. 1940, ausg. 18/12. 1952.) SALZMANN. 7173

Shell Development Co., San Francisco, übert. von: **Marguerite Naps**, Oakland, und **Fred E. Condo**, El Cerrito, Calif., V. St. A., *Zwischen- bzw. Mischpolymerisate* erhält man durch Emulsionspolymerisation in Ggw. von Perverbb. aus 90—60 (%) α-alkylierten Styrolen u. 10—40 α-substituierten, α.β-ungesätt. Nitrilen der Formel R—C(R)=C(R′)—CN, in der R entweder H, Cl oder einen Alkylrest u. R′ einen Alkyl-, Halogenalkyl- oder Alkoxyrest darstellen, z. B. Methacrylnitril, α-Äthylacrylnitril, 2-Butyl-2-hexennitril, 2-Chloräthyl-2-butennitril oder α-Isopropyl-β-cyclohexylnitril im Gemisch mit α-Methyl- bis α-Propylstyrol. — Nach A. P. 2 576 075 können geringe Mengen (5—15) Vinylacetat, Methacrylat oder Allylvinylphthalat mit einpolymerisiert werden. (**A. PP. 2 576 075** u. **2 576 076**, beide vom 3/7. 1948, ausg. 20/11. 1951.) MÖLLERING. 7173

American Cyanamid Co., New York, N. Y., übert. von: **Leonard E. Cadwell**, Stamford, und **John C. Petropoulos**, South Norwalk, Conn., V. St. A., *Lösungen von Styrolmischpolymerisaten.* Man polymerisiert Styrol mit einem ölmodifizierten Alkydharz in einem indifferenten Lösungsm. für beide mit einem Katalysator, der bei 100—215° in freie Radikale zerfällt. Man nimmt z. B. ein mit Sojaöl modifiziertes Alkydharz, 2.2-Bis-(tert.-butylperoxy)-butan als Katalysator u. ein Lösungsm. mit Kp. über 110° u. einem Kauri-Butanolwert von 24—100 in solcher Menge, daß eine 20—90%ig. Lsg. des Polymerisierbaren entsteht, während Styrol in einer Menge von 5—95% des Gesamtgewichts an Styrol u. Alkydharz anwesend sein soll. — Man kann so auch Mischungen aus 10—50% Styrol u. einem ungesätt. Fettsäureester polymerisieren. — Oder man kann Alkyl- oder Chlorstyrole, wie 2.4-Dimethylstyrol, mit dem Alkydharz oder ungesätt. Fettsäureester unter den oben genannten Bedingungen mischpolymerisieren. (**Can. PP. 479 656, 479 657** vom 11/9. 1948 u. **479 658** vom 18/9. 1948, alle ausg. 25/12. 1951. A. Prior. 22/6. 1948.) PANKOW. 7173

Monsanto Chemical Co., St. Louis, Mo., übert. von: **George L. Fraser**, Springfield, und **Harold F. Park**, East Longmeadow, Mass., V. St. A., *Transparente geformte Kunststoffe.* Mischungen aus 2—60 Teilen Styrol u. 100 Teilen eines im wesentlichen wasserfreien ungesätt. Polyesters, erhältlich durch Kondensation eines Glykols mit 2—8 C-Atomen u. Maleinsäure bzw. Maleinsäureanhydrid, einem Polymerisationsaktivator, wie einem organ. Peroxyd, sowie 0,01—1% der Gesamtmischung eines Na-Salzes einer Dodecylbenzolsulfonsäure wird in Formen gebracht u. durch Erhitzen der Polymerisation unterworfen, wobei ein schleierfreier, durchscheinender Kunstharzkörper erhalten wird. Bei Nichtverwendung des Sulfonats hingegen wird ein getrübtes Prod. erhalten. Eine Mischung der obigen Art besteht z. B. aus 100 Teilen eines aus 68 Teilen Äthylenglykol u. 98 Maleinsäureanhydrid durch Erhitzen auf ca. 200° erhältlichen Polyesters, 40 Teilen Styrol, 1 Teil Benzoylperoxyd u. 0,05 Teilen eines Alkalisulfonats der erwähnten Art. (**A. P. 2 577 414** vom 29/12. 1948, ausg. 4/12. 1951.) HERBST. 7173

Neville Co., Neville Island, Pittsburgh, Pa., übert. von: **Lyle M. Geiger**, North Hollywood, Calif., V. St. A., *Kontinuierliche Herstellung von Cumaron–Inden-Harzen* gleicher Mol.-Größe. Säurefreies Solventnaphtha (I) mit einem Geh. von 55—70 (%) an ungesätt. Verbb. wird über einen $CaCl_2$-Trockner einem Vorerhitzer zugeführt u. im Reaktionsraum mit 1,2 komplexem BF_3-Ae. 15 Min. bei 90° in Berührung gebracht. Bei Beginn der Polymerisation wird noch etwas kaltes I zugegeben. Das hierbei entstandene Harz schm. bei 177°. — Vorrichtung. (**A. P. 2 565 222** vom 30/6. 1948, ausg. 21/8. 1951.) SALZMANN. 7173

Dynamit-Akt.-Ges. vorm. Alfred Nobel & Co. (Erfinder: **Hans Orth**), Troisdorf, Bez. Köln, *Polyesterätheracetale.* Man lagert an ungesätt. Diacetale in Ggw. geeigneter Katalysatoren lineare Polyester mit endständigen OH-Gruppen beliebiger Kettenlänge an. Man verwendet zur Anlagerung Polyester, die in der Kette ungesätt. Bindungen enthalten, die später der Vernetzung zugänglich sind. Die Vernetzung kann durch Verwendung von Polyestern mit mehr als 2 OH-Gruppen herbeigeführt werden. Man geht von Gemischen di-, tri- u. tetrafunktioneller Polyester aus. — Beispiel: Polyester aus Adipinsäure u. Äthylenglykol (Mol.-Gew. 2500) + Diacetal aus Pentaerythrit u. Acrolein werden bei 60—65° geschmolzen u. p-Toluolsulfonsäure eingerührt. Durch weiteres Erhitzen auf 80° erhält man ein gelblichgefärbtes, völlig transparentes, bei n. Temp. hartes Harz. (**D. B. P. 855 165** Kl. 30 vom 22/10. 1950, ausg. 10/11. 1952.) UNGER. 7177

Badische Anilin- & Soda-Fabrik, Ludwigshafen/Rh. (Erfinder: **Karl Huttner**, Gendorf, und **August Weickmann**, Ludwigshafen/Rh.), *Weichmacher für Polyamide,* bestehend aus Oxyurethanen, hergestellt aus z. B. Methylhexandiol-(1.6) u. Phenylisocyanat oder aus Äthylenglykol u. Toluylendiisocyanat. (**D. B. P. 865 057** Kl. 39b vom 10/9. 1941, ausg. 29/1. 1953.) SALZMANN. 7181

Farbwerke Hoechst, vormals Meister Lucius & Brüning (Erfinder: **Johannes Heyna** und **Walter Noll**), *Äthyleniminverbindungen* der Formel I, in der R einen einwertigen aliphat., isocycl. oder heterocycl. Rest mit Ausnahme von α.β-Alkyleniminresten der Formel II (x steht in I u. II für Homologe oder Derivv.) bedeutet, erhält man durch Rk. der entsprechenden Säurehalogenide mit

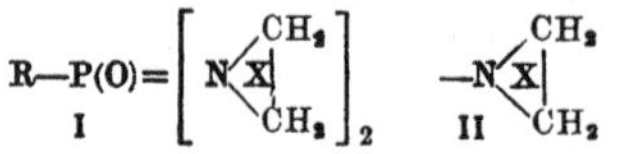

Äthylenimin (III) oder anderen α.β-Äthyleniminen, bes. in Ggw. von tert. Aminen usw. — Z. B. aus III u. Phosphorsäurediäthylamiddichlorid *Phosphorsäurediäthylamiddiäthylenimid,* mittels saurer Katalysatoren *polymerisierbar.* — III + Phosphorsäureäthylanilid-dichlorid → *Phosphorsäureäthylaniliddiäthylenimid,* F. 86—87°. — III + Phosphorsäuremethylaniliddichlorid → *Phosphorsäuremethylaniliddiäthylenimid,* F. 83,5—84°. — III + Phosphorsäureäthyl- bzw. -β-chloräthylesterdichlorid → *Phosphorsäureäthyl-* bzw. *-β-chloräthylesterdiäthylenimid.* — III + Phosphorsäurebutylesterdichlorid → *Phosphorsäurebutylesterdiäthylenimid,* Kp.$_{0,8}$ 106—107°. — III + Phosphorsäurephenylesterdichlorid → *Phosphorsäurephenylesterdiäthylenimid.* Aus dem entsprechenden Phosphorsäure-p-kresylesterdichlorid bzw. -β-naphthylesterdichlorid entstehen mit III *Phosphorsäure-p-kresylester-* bzw. *β-naphthylesterdiäthylenimid.* — III + Phosphorsäuredichloridpiperidid → *Phosphorsäurepiperididdiäthylenimid,* F. 41—42°, polymerisierbar. — *Herst. von Kunststoffen.* (**D. B. P. 854 651** Kl. 12p vom 11/1. 1945, ausg. 6/11. 1952.) DONLE. 7181

Nederlandsche Organisatie voor Toegepast-Natuurwetenschappelijk Onderzoek ten Behoeve van Nijverheid, Handel en Verkeer, Den Haag, Holland, *Herstellung von Polyharnstoffderivatmassen,* dad. gek., daß man ein Diamin der Formel XHN·R·NH_2 (X = H oder organ. Rest; R = organ. Rest; X darf jedoch dann nicht H sein, wenn R ein aliphat. Rest mit höchstens 6 C-Atomen oder einen nichtaliphat. Rest mit höchstens 3 C-Atomen bedeutet u. Mischungen von Diaminen angewandt werden, mit Ausnahme von Mischungen eben der zuletzt genannten Diamine) mit COS oder solches abgebenden Stoffen umsetzt, das entstehende Polymonothiocarbaminat bis zur Beendigung der H_2S-Entw. erhitzt u. das entstandene Polyharnstoffderiv. verarbeitet; als Polymerisationsregler kann man prim. oder sek. Monoamine zusetzen. — Man leitet z. B. in eine Lsg. von 172 g Dekamethylendiamin (I) in 2 Liter A. COS unter Kühlung bis zur Sättigung, filtriert den Kristallbrei nach 3 Std. ab, trocknet (F. unter Zerfall 213—215°), u. heizt je 5 Std. im Druckgefäß unter N_2 auf 170° u. ohne Druck auf 215°. Polydekamethylenharnstoff, farbloses Pulver (F. 235—240°). Man kann das Polymonothiocarbaminatsalz auch in 1 Liter m-Kresol lösen u. bis zur Beendigung der H_2S-Entw. unter Rückfluß unter N_2 erhitzen. Das Endprod. hat dann F. 240—250°. Aus äquimol. Mengen von Hexamethylendiamin u. I entsteht ein Pulver vom F. 195° der Formel $[(CH_2)_6 \cdot NH \cdot CO \cdot NH \cdot (CH_2)_{10} \cdot NH \cdot CO \cdot NH]_x$; aus 85 Mol-% Hexamethylendiamin u. 15 Mol-% N-Methylhexamethylendiamin erhält man ein Polymeres vom F. 259°. (**Oe. P. 172 068** vom 22/4. 1950, ausg. 11/8. 1952. Holl. Prior. 12/3. 1949.) PANKOW. 7181

Richard Müller, Radebeul, und **Hellmut Reuther**, Dresden, *Herstellung von Preßmassen aus Siliconen.* Als Füllstoff verwendet man anorgan. Verbb., als Kondensationsbeschleuniger Ester des Trihalogensilans der Formel $HSi(OR)_3$, wie Triphenoxysilan (**I**), Tributoxy- oder Triisoamyloxysilan. — 70 (Gewichtsteile) Chloritschiefermehl, 20 eines Gemisches von 70 polymerem Methylsilicon u. 30 **I** werden 6 Std. bei 150° vorkondensiert, die M. wird nach dem Abkühlen fein zerrieben u. zu einem therm. formbeständigen Körper verpreßt. (**D. P. [DDR] 33** Kl. 39b vom 19/4. 1951, ausg. 8/2. 1952 [Wirtschaftspatent].) PANKOW. 7205

Peter Kilian-Seymans, Pirna-Copitz, *Kunststoffpreßmassen auf der Grundlage von härtbaren Kunstharzen*, bes. Phenol–CH_2O-Harzen, mit organ. u. mineral. Harzträgern. Die Harzträger bestehen aus feingemahlenen Hochofenschlacken oder abgebundenen Fe-Portlandzementen oder bes. Kupolofenschlacken oder Mischungen dieser Stoffe. Die M. ist wasser-, säure-, alkalibeständig u. unbrennbar. Verwendung für Spinnspulen, Zwischenstücke, Deckel für Spinntopfkammern, Spinntöpfe u. Spinntopfeinlagen, Elektromaterial. (**D. P. [DDR] 101** Kl. 39b vom 4/7. 1950, ausg. 14/11. 1952 [Wirtschaftspatent].) PANKOW. 7205

Käthe Warth, Karlsruhe (Erfinder: **Karl Warth und Gerhard Thunig, Mannheim**), *Preßplatten aus Lignin* u. ligninhaltigen Stoffen. Das feinkörnige trockne, mit Ligninsulfonsäure vermischte Lignin wird mit halogenhaltigen Säuren (Borfluoridsäure) u./oder Dioxyfluorborsäure versetzt. Außerdem können der Mischung noch in einem Aldehyd gelöste, einen Weichmacher enthaltende kondensationsfähige Mittel, wie Harnstoff, Thioharnstoff u. Biuret, zugeführt werden. (**D. B. P. 862 516** Kl. 39b vom 27/10. 1950, ausg. 12/1. 1953. **Zusatz zu D. B. P. 839 866; C. 1952. 6618.**) SALZMANN. 7205

XII. Kautschuk. Guttapercha. Balata.

Harry L. Fisher, *Elastomere.* An Hand der Literatur (183 Hinweise) gibt Vf. einen zusammenfassenden Überblick über die Entw. der Kautschuktechnologie (bes. für das Jahr 1951). (Ind. Engng. Chem. **44.** 2309—17. Okt. 1952. Washington, D. C., Reconstruction Finance Corp., Office of Synthetic Rubber.) WINIKER. 7220

C. W. Sweitzer, *Der Effekt der Wärme bei der Rußverstärkung von Kautschuk.* 1. Mitt. *Der Ruß-Gel-Komplex bei der Verstärkung.* Vf. untersucht die Bldg. des Ruß–Kautschukgel-Komplexes, die Ruß–Kautschuk-Bindung u. deren Rolle bei der Kautschukverstärkung. Von besonderer Bedeutung für die Ausbildung des Komplexes ist die Teilchengröße (Gesamtoberfläche) des Rußes. Dagegen spielen die Struktur, der p_H-Wert u. andere Eigg. des Rußes eine untergeordnete Rolle. Das Gel nimmt mit dem Prozentsatz der Doppelbindungen, mit dem Mol.-Gew. der Polymerisate u. mit der Wärme (beim Mischprozeß) zu (Zunahme der Kautschuk–Ruß-Bindung); gleichzeitig wächst die Steifheit (Modul) der Vulkanisate. Dieser Effekt kann bei unvulkanisierten Hevea-Mischungen durch Zugspannungs–Dehnungs-Diagramme an Prüfringen ermittelt werden. Da bei dieser Versteifung kein Vernetzer (außer gegebenenfalls O_2) zugegen ist, folgert Vf., daß der Gelkomplex die Hauptrolle bei der Rußverstärkung von Hevea-Kautschuk u. anderen ungesätt. Polymeren spielt. (Rubber Age [New York] **72.** 55—63. Okt. 1952. New York, N. Y., Columbian Carbon Co.) SCHÄFF. 7226

Henry Peters, *Hartgummi.* (Vgl. C. **1952.** 5342.) Fortschrittsbericht für 1951. — 48 Literaturhinweise. (Ind. Engng. Chem. **44.** 2344—45. Okt. 1952. Murray Hill, N. J., Bell Telephone Labors., Inc.) WINIKER. 7230

R. C. Moakes, *Haftung von Kautschuk an Gewebe.* Informator. Überblick über die von der amerikan. Kautschukindustrie durchgeführten Unterss. der Kautschuk–Gewebe-Bindung. (India Rubber J. **121.** 7—13. 3/11. 1951. Res. Assoc. Brit. Rubber Manufacturers.) SCHÄFF. 7230

Je. Ss. Choroschaja und **G. I. Kowrigina**, *Eine Schnellmethode zur Bestimmung des Gehaltes an freiem Schwefel.* Zugrunde gelegt wird die Umwandlung des freien S mit Hilfe von Na_2SO_3 (**I**) in $Na_2S_2O_3$ (**II**), die Bindung des überschüssigen **I** an Formaldehyd u. Titration des mit Essig- oder Salzsäure neutralisierten Gemisches mit J_2. Es wurde der Einfl. des Zerkleinerungsgrades des Gummis auf die Vollständigkeit der Extraktion des freien S untersucht. Als Untersuchungsobjekte dienten Gummi mit 0,29, 1,25 u. 2,2% freiem S, sowie Kunstleder mit 1,83, 1,81, 1,57 u. 1,53% freiem S. Werden statt 2 mm^3 großer Gummistückchen 15 mm^3 große verwendet, so verbleiben bei sonst gleichen Bedingungen 10% des S im Gummi. Aus den groben Stückchen wird in 2 Std. so viel S extrahiert wie aus den kleinen in 10 Minuten. Die Herabsetzung der Reagentienmenge auf die Hälfte wirkte sich günstig auf die Titrationsgenauigkeit aus. Eine Kochdauer von 30 Min. erwies sich gegenüber der 2std. Kochzeit mit I-Lsg. als ausreichend. Die Abweichung betrug nur 0,02%. Für Gummi mit über 1% freiem S kann eine Korrektur von +0,1% benutzt werden. Vergleichsverss. zeigten, daß das Abfiltrieren u. Auswaschen der ausgekochten Gummistückchen unterbleiben kann. Die Untersuchungsdauer verringert sich für Gummi von 2 Std. auf 30 Min., für Kunstleder von 15 Std. auf 1,5 Stunden. (Легкая Промышленность [Leicht-Ind.] **12.** Nr. 8. 24—25. Aug. 1952.) ZELLENTIN. 7248

Jasco, Inc., Del., übert. von: **William J. Sparks**, Westfield, N. J., und **Robert M. Thomas**, Baton Rouge, La., V. St. A., *Polymerisationskatalysator.* Für die Herst. von künstl. Kautschuk, flexiblen oder harten, harzigen Polymerisaten für Überzüge u. Preßmassen aus Isobutylen u. geringeren Mengen eines Polyolefins bei Tempp. von —40 bis —103° verwendet man eine Lsg. von BF_3 in CH_3Cl. Man erhält Prodd. mit Mol.-Geww. zwischen 25000 u. 150000. (**A. P. 2 585 867** vom 5/3. 1948, ausg. 12/2. 1952.) MÖLLERING. 7225

E. I. du Pont de Nemours & Co., übert. von: **Henry Herman Abernathy**, Wilmington, und **George William Scott**, Claymont, Del., V. St. A., *Polymerisieren von Chloropren.* Man polymerisiert Chloropren mit Harzester in alkal. Emulsion, die als Emulgiermittel ein wasserlösl. Salz der Abietinsäure enthält. Man verwendet als Harzester z. B. Glycerinhydroabietat. Der erhaltene Latex eignet sich zur Herst. von Filmen mit niedrigem Elastizitätsmodul, die beim Lagern nicht hart werden. (**Can. P. 478 717** vom 12/1. 1949, ausg. 20/11. 1951.) PANKOW. 7225

United States Rubber Co., New York, N. Y., V. St. A., *Bearbeitung von kautschukartigem Butadien-Acrylnitril* mit 35% Acrylnitril, dad. gek., daß das Mischpolymerisat (I) 10 Min. kalt u. 75 Min. bei 165° gewalzt wird, bis es einen Gelgeh. von 50—75%, eine Viscosität von 40—75 (Mooney/100°) u. einen Quellwert von 10—25 besitzt. Das mit den üblichen Zusätzen verarbeitete **I** weist nach dem Vulkanisieren bessere physikal. Eigg. auf als ein unbehandeltes **I.** (**E. P. 670 131** vom 29/9. 1949, ausg. 16/4. 1952. A. Prior. 12/11. 1948.) SALZMANN. 7225

Siemens-Schuckertwerke Akt.-Ges., Berlin und Erlangen (Erfinder: **Hans Müller** und **Franz Zeplichal**, Berlin), *Mischungen von Polystyrol mit natürlichem oder synthetischem Kautschuk.* Die Bestandteile, u. a. 1—5% eines hochmol. Styrols, werden zunächst bei einer Temp., die über dem Erweichungspunkt des Polystyrols (I) liegt, vermischt u. die M. nach Abkühlung einer weiteren Verformung bei einer Temp unterhalb des Erweichungspunkts des **I** auf unbeheizten Walzen unterzogen. Herst. von Isolationshüllen, Dichtungen, Schläuchen u. Tüchern, gegebenenfalls unter Zusatz von Cumaronharz, Butadienpolymerisaten, Fettsäuren, Paraffin u. dergleichen. (**D. R. P. 751 708** Kl. 39b vom 1/8. 1940, ausg. 26/1. 1953.) SALZMANN. 7227

Anglo-Iranian Oil Co. Ltd., London, übert. von: **Eric William Musther Fawcett** und **Albert Millien**, Sunbury-on-Thames, Middlesex, England, *Plastische Masse.* Man mischt ein Thioplast oder dessen Mischung mit Kautschuk oder Kunstkautschuk mit 10 u. mehr % KW-stoffen mit D. 0,995—1,155, einem Mol.-Verhältnis C:H über 0,6:1, die aus Mineralöldestillaten durch Extraktion mit selektiven Lösungsmitteln erhalten werden, mit Mol.-Gew. von 250—750 u. $Kp._{760}$ über 350°, dazu indifferenten Füllstoffen, wie Ruß u. Plastiziermittel. (**Can. P. 478 473** vom 8/12. 1943, ausg. 13/11. 1951. E. Prior. 31/12. 1942.) PANKOW. 7227

Metallgesellschaft Akt.-Ges., Frankfurt/M., *Aktiver Kautschukfüllstoff.* Der nach D. B. P. 814 525 Kl. 39b zu verwendende, bes. ölhaltige Staub wird vor dem Einmischen unter Luftabschluß bes. auf 300—400° ½ Std. lang erhitzt. (**D. B. P. 860 862** Kl. 39b vom 30/4. 1950, ausg. 29/12. 1952. **Zusatz zu D. B. P. 814 525; C. 1952. 4069.**) OVERBECK. 7227

Paul-Louis-Marie Walter, Seine, Frankreich, *Kautschukvulkanisation*, bes. für Reparaturen. Man bringt z. B. auf die Reparaturstelle einen Kautschukflicken, auf den mehrere exotherm miteinander reagierende Stoffe gebracht werden, etwa eine Al-Folie, auf die mit $HgCl_2$ oder $HgSO_4$-Lsg. befeuchtetes Papier oder anderes aufsaugendes Material, wie Textilien, gebracht werden. Die Rk. zwischen dem Hg-Salz u. Al läßt die Temp. auf 70—150° steigen. Man kann auch Ätzkalk mit W. für den gleichen Zweck verwenden. (**F. P. 994 800** vom 30/1. 1945, ausg. 22/11. 1951.) PANKOW. 7229

Courtaulds Ltd., London, und **Ernest Edward Tallis**, Coventry, England, *Haftfestigkeit von Garnen mit Kautschuk.* Man behandelt die Verstärkungseinlage (Cellulosehydrat) mit einer wss. Lsg. von Glyoxal, der geringe Anteile von Milchsäure, Weinsäure, Maleinsäure oder einem Alkali, Triäthanolamin, Na-Carbonat zugegeben sind. (**E. P. 667 778** vom 30/3. 1949, ausg. 5/3. 1952.) SCHLITT. 7231

Dunlop Rubber Co. Ltd., London, England, *Herstellen von Kautschuk-Messing-Bauteilen.* Messingteile (63 Cu, 37 Zn) werden vor der Vereinigung mit Kautschuk kurzzeitig in eine Lsg. von 35 (Gew.-%) $CuSO_4 \cdot 5H_2O$, 18 SO_2 u. 100 W. 1 Std. lang eingetaucht. (**E. P. 678 011** vom 2/9. 1949, ausg. 27/8. 1952.) SCHLITT. 7231

Dunlop Rubber Co. Ltd., London (Erfinder: **Douglas Frank Twiss** und **Frederick Arthur Jones**, Erdington), England, *Behandeln von Kautschukoberflächen.* Unvulkanisierte oder vulkanisierte Kautschukgegenstände, z. B. Spielbälle, werden mit einer wss. Lsg. einer unterhalogenigen Säure behandelt, deren Konz. höher ist als die der in üblichen wss. Lsgg. von Halogenen durch Hydrolyse gebildeten unterhalogenigen Säure. Behandlung bes. bei 40—100°, gegebenenfalls unter Zusatz von Säuren u./oder Oxydationsmitteln, wie Persulfaten, Permanganaten, Hypochloriden, Chloraten, Perchloraten, Nitraten, Chromaten, Dichromaten oder Wismutaten, u./oder Cu-Salzen. (**D. B. P. 854 089** Kl. 39b vom 3/10. 1950, ausg. 30/10. 1952. E. Priorr. 21/12. 1939 u. 16/9. 1940.) OVERBECK. 7231

XIII. Ätherische Öle. Parfümerie. Kosmetik.

Tamon Matsuura und **Yutaka Watanabe**, *Ätherisches Öl der Magnolia salicifolia Maxim.* Blätter u. dünne Zweige der Magnolia salicifolia Maxim. geben bei Wasserdampfdest. ein hellgelbes äther. Öl von $D.^{25}_4$ 0,9550, n_D^{25} 1,5400, $[\alpha]_D$ —1,5°, SZ. 0,64, EZ. 4,6. Nachgewiesen wurden durch fraktionierte Dest. bei 40 mm Hg (73,5—142,9°) 1,3% 1.8-Cineol, Spuren Citral, 73% Anethol, 7% Anisaldehyd u. 3% Terpene. (J. Sci. Hiroshima Univ., Ser. A **16**. 169—72. Juli 1952. Hiroshima, Japan, Univ., Fac. of Sci., Chem. Labor. [Orig.: engl.]) MÜHLMEISTER. 7262

G. Migliardi, *Kennzahlen der Bergamotteöle der Kampagna 1951—52. (November bis Dezember 1951.)* (Boll. uff. R. Staz. sperim. Ind. Essenze Deriv. Agrumi Reggio Calabria **21**. 73—75. Juli/Dez. 1951, ausg. 1952.) SCHEIFELE. 7262

—, *Die enthaarende Wirkung des menschlichen Haartalgs. Ein neues Haarentfernungsmittel.* FLESCH, SHELDON u. GOLDSTONE (J. Investigative Dermatology **18**. [1952.] Nr. 3) extrahierten mit Ae. aus Männer- u. Kinderhaaren Talg. Dieser ruft bei Mäusen u. Meerschweinchen Haarverlust hervor, der in allen Fällen rückgängig gemacht werden konnte. Es traten keinerlei krankhafte Veränderungen der Haut auf. Es wird die Möglichkeit erwogen, ob der Haartalg als Haarentfernungsmittel verwendet werden kann. (Parfümerie u. Kosmet. **33**. 403. Nov. 1952.) BAUMANN. 7284

Leopold Makorie, Mossburg, Österreich, *Herstellen eines Haarwuchsmittels* unter Verwendung der ober- u. unterird. Bestandteile von Brennesseln, Kletten, gelbem Enzian u. Johanniskraut. Die die Wirkstoffe enthaltenden Pflanzenteile werden zu einem feinen Brei zerrieben, durch Erwärmen auf 75—95° aufgeweicht u. aufgeschlossen u. dann mit Rinderkammfett als Fettbasis in Salbenform übergeführt. (**D. B. P. 859 199** Kl. 30h vom 8/5. 1951, ausg. 11/12. 1952. Oe. Prior. 31/5. 1950.) E. PETERSEN. 7285

Natcon Industries, Inc., New York, übert. von: **Alfred W. Stephan**, Baldwin, N. Y., V. St. A., *Saures Haarwaschmittel*, bestehend aus ca. 2,7 (%) NH_4Cl, 55 W., 33,4 Laurylsulfat u. 8,9 einer 70%ig. Sorbitboratlösung. (**A. P. 2 599 665** vom 9/3. 1950, ausg. 10/6. 1952.) E. PETERSEN. 7285

Philipp Stolz, Frankfurt/M., *Erleichtern des Rasierens.* Man bringt eine schwach alkal., etwas dickfl. alkoh. oder äther. Lsg. eines Harzes, z. B. von Schellack, Benzoeharz oder Perubalsam, auf die zu rasierenden Flächen der Haut u. legt über diesen schnelltrocknenden Film eine dünne, schaumlose Seifenschicht. (**D. B. P. 859 200** Kl. 30h vom 24/9. 1950, ausg. 11/12. 1952.) E. PETERSEN. 7285

Bjarne Askvold, Kopenhagen, Dänemark, *Schminke* enthält neben der Fettgrundlage einen wasser- oder alkohollösl. Farbstoff u. ein Lösungsm. für diesen. Das Lösungsm. soll die Haut netzen u. einen Teil, aber nicht die ganze Fettunterlage lösen. Geeignet ist z. B. Diäthylenglykolmonoäthyläther. Wichtig ist, daß das Lösungsm. eine Verdampfungszahl aufweist, die mindestens zehnmal so groß ist wie die für A. u. nicht hygroskop. ist. (**Dän. P. 73 051** vom 24/7. 1948, ausg. 10/9. 1951.) JÜRGEN SCHMIDT. 7285

—, Matières premières cosmétiques. Lyon: „la Parfumerie moderne" (Impr. E. I. S. E.) 1952. (80 S.) fr. 350,—.

Hugo Janistyn, *Riechstoffe, Seifen, Kosmetika.* 1. Auflage. Heidelberg: Dr. Alfred Hüthig Verlag. 1950 Band I: 735 S., Band II: 553 S. (m. 4 Bildern u. 11 Abb.) DM 98,—.

Nicht nur für den Fachspezialisten, sondern auch für den Pharmazeuten u. Arzt sind die vorliegenden Bände ein prakt. Nachschlagewerk. Band I behandelt die kosmet. Grundstoffe u. die Parfümerie in der Kosmetik, Band II die chem. u. physikal. Grundlagen der Kosmetik (Lsgg., Pulver, Suspensionen, Emulsionen), die kosmet. Seifen (Toiletteseifen, Rasierseifen, Haarreinigungsseifen usw.) sowie die kosmet. Präparate. Der Stoff ist nach rein prakt. Gesichtspunkten aufgegliedert u. mit einer großen Anzahl von Rezepten versehen. PFLÜCKE. 7284

XIV. Zucker. Kohlenhydrate. Stärke.

P. A. Wlassjuk und **I. A. Ssirotschenko,** *Einfluß der Düngemittel auf die Erhöhung des Ertrags von Zuckerrüben.* Verss. mit organ., mineral. u. gemischter Düngung zeigten, daß eine organ.-mineral. Düngung die höchste Ertragssteigerung bringt. (Сахарная Промышленность [Zucker-Ind.] **25.** Nr. 10. 38—42. Okt. 1951. Inst. für Pflanzenphysiol. u. Agrochem. der Akad. der Wiss. der UkrSSR.) ECKE. 7406

V. Morani und **C. Antonelli,** *Erfahrungen bei der Düngung der Zuckerrübe im Gebiete von Foligno.* Es wird über Düngungsverss. mit P-, K- u. N-haltigen Mitteln berichtet. Erstmalig vorgenommene Verss. einer Düngung mit Borax (20 kg/ha) ergaben bei borarmen Böden günstige Resultate. (Ind. saccarif. ital. **44.** 29—35. Jan./Febr. 1951. Perugia, Univ., Inst. für Agrikulturchemie.) STEINER. 7406

I. Mágori und **F. Emődi,** *Selbsttätige Beschickungsanlage für Kalkmilch.* Beschreibung einer selbsttätig arbeitenden Vorr. zur Saturation des Rübensaftes. (Cukoripar **4.** 19—20. 1951.) PLANK. 7412

K. P. Pollmann, *Klärung von Filtraten aus Oliver-Campbell-Rotationsfiltern.* Inhaltlich ident. mit C. **1953.** 1895. (Int. Sugar J. **54.** 299—300. Nov. 1952. British Guiana, Enmore Estates Ltd.) RUTKOWSKI. 7412

G. M. Krassnjuk, *Fragen der Reinigung des Diffusionssaftes.* Vf. diskutiert die Methoden der Reinigung des Diffusionssaftes durch Rückführung des Saftes 1. Saturation. (Сахарная Промышленность [Zucker-Ind.] **25.** Nr. 10. 13—15. Okt. 1951.) ECKE. 7412

A. T. Jurow, *Klären des Gelbzuckers mit Diffusionssaft.* Bericht über Betriebserfahrungen bei der Klärung von Gelbzucker mit heißem Diffusionssaft u. anschließender Raffination nach den üblichen Verfahren. (Сахарная Промышленность [Zucker-Ind.] **26.** Nr. 8. 21. Aug. 1952. Wesselo-Podoljansk, Zuckerfabrik.) LEBTAG. 7416

J. M. Saha und **N. S. Jain,** *Eine neue Technik des Klärens.* Inhaltlich ident. mit der C. **1952.** **144** referierten Arbeit. (Sugar **46.** Nr. 8. 32—35. Aug. 1951.) ROSSOW. 7440

L. Dostal, *Weitere Erfahrungen über die Gelfestigkeitsbestimmung von Stärken mit dem Brabender-Gelographen.* Bei Verwendung des BRABENDER-Gelographen findet man bei Maisstärke die größte Gelfestigkeit, es folgen Reis-, Milo- u. Weizenstärke. Werden die Unterss. mit Kleister unter 7% durchgeführt, so steht Milostärke an erster Stelle. Stärkemuster verschied. Herkunft können beträchtliche Unterschiede zeigen, so Weizenstärke (8%) bis 275%, Maisstärke bis 66%. Die Gelfestigkeit von Stärkemischungen liegt zwischen derjenigen der Komponenten. Eine größere Verkleisterungsgeschwindigkeit ruft bei Weizenstärke u. Mischungen damit eine Erhöhung der Gelfestigkeit hervor. Die übrigen Stärkearten zeigen dagegen keine Abhängigkeit der Gelfestigkeit von der Verkleisterungsgeschwindigkeit. (Stärke **5.** 4—7. Jan. 1953. Detmold, Bundesanstalt für Getreideverarbeitung.) ULMANN. 7448

Sigge Hähnel und **Franzo Wagenberg,** *Hydrolyse von Stärke.* Hydrolyseverss. mit Kartoffelstärke mit HCl, H_2SO_4 u. HCOOH unter verschied. Bedingungen ergaben, daß die besten Ausbeuten an vergärbarem Zucker (15,6—21,1%) bei 3std. Kochen unter Rückfluß mit 8,8 g/Liter HCl erhalten werden. — Kartoffeln wurden mit 8,8 g/Liter HCl 1 Std. bei 120° im Autoklaven hydrolysiert, dann mit NaOH neutralisiert u. unter Zusatz von Bäckereihefe u. Nährsalzlsg. vergoren. Die Gärung war in 24 Std. beendet u. ergab eine Ausbeute von 86,5—91,4% A., berechnet auf den vergärbaren Zucker. — Bei der Herst. von Kartoffelsprit würde die Säureverzuckerung ein kontinuierliches Arbeiten gestatten, die Malz- u. Hefebereitung überflüssig machen u. die Gärzeit stark herabsetzen. Nachteilig wären der hohe Salzgeh. der Schlempe u. die relativ niedrige A.-Ausbeute. (Tekn. Tidskr. **1951.** 101—07. 10/2. Stockholm.) BECKMANN. 7448

N. V. W. A. Scholten's Aardappelmeelfabrieken, Groningen (Erfinder: **Fritz Leo Paul Krizkovsky,** Leiden, und **Arnold Huneman,** Hoogezand), Holland, *Erhöhung der Glucoseausbeute bei der Stärkehydrolyse,* dad. gek., daß die anfallende Mutterlauge mittels Kationenaustauschers entsalzt, die erhaltene stark saure, noch Kohlenhydrate enthaltende Fl. in den Prozeß zurückgeführt u. mit derselben weitere Stärkemengen hydrolysiert werden. (**D. B. P. 860 330** Kl. 89i vom 31/12. 1948, ausg. 18/12. 1952. Holl. Prior. 8/6. 1942.) SCHINDLER. 7443

Wallerstein Co., Inc., übert. von: **Leo Wallerstein,** New York, und **Philipp P. Gray,** Forest Hills, N. Y., V. St. A., *Dextrosegewinnung.* Stärke wird in wss. Suspension bei p_H 4—7 u. bei 30—50° mehrere Tage der Einw. von Enzymen bestimmter amylolyt. u. Glucogenaseaktivität, wie sie z. B. aus Bacillus mesenthericus u. Aspergillus oryzae gewonnen werden, ausgesetzt. Die Lsg. wird geklärt, konz., mit Dextrosekristallen beimpft u. von der auskristallisierten Dextrose abgetrennt. (**A. P. 2 583 451** vom 12/4. 1948, ausg. 22/1. 1952.) KRANZ. 7 443

Wyeth, Inc., Philadelphia, Pa., übert. von: **William I. Pratt**, East Paterson, N. J., **Howard F. Seibert** und **Rexford C. Stribley**, Mason, Mich., V. St. A., *Milchzuckergewinnung* (**I**). Bei der üblichen I aus Molke anfallende Mutterlauge wird mit W. auf einen Feststoffgeh. von 13—17% verd., nacheinander durch einen Kationen- u. Anionenaustauscher geleitet, konz. u. zur Kristallisation der Lactose gekühlt. — Tabellen. (**A. P. 2 584 158** vom 10/1. 1950, ausg. 5/2. 1952.) KRANZ. 7445

Corn Products Refining Co., New York, N. Y., V. St. A. (Erfinder: **Fred Otto Giesecke**, Kilmacolm, Schottland), *Herstellung von Stärke aus Mais*, wobei der gequollene u. zerkleinerte Mais einer Naßscheidung zur Gewinnung von Stärke, Kleber u. W. unterworfen, die Mischung zwecks Abtrennung des Klebers von der Stärke geschleudert, die Stärke gewaschen u. vom W. befreit sowie der Kleber vom W. befreit u. diese Betriebswässer in das Verf. im Kreislauf rückgeführt werden zur Einw. auf frischen Mais, dad. gek., daß wenigstens ein Teil des kleberhaltigen Schleuderüberlaufs einer Flotationsbehandlung unterworfen wird, wobei der Kleber von der Oberfläche abgeschöpft u. das W. in die Naßscheidung rückgeführt wird u. erst der durch die Flotation abgetrennte Kleber zum Absetzen gebracht u. das Kleberabsitzwasser ausschließlich in den Quellbottichen wieder benutzt wird. Abänderungen des Verf. u. Arbeitsschema. (**D. R. P. 765 103** Kl. 89k vom 13/4. 1939, ausg. 9/2. 1953. E. Prior. 16/6. 1938.) SCHINDLER. 7449

Westfalia Separator Akt.-Ges. (Erfinder: **Peter Steinacker**), Oelde, *Konzentrieren und Waschen von Rohstärkemilch* mittels Schleudern mit Waschwasserzuführung in die Schleudertrommel unter Druck, dad. gek., daß die von der Stärkekonz. abhängigen Druckschwankungen in der Waschwasserleitung zur Regelung des Schleudergutzulaufes benutzt werden. Gleichmäßiges Arbeiten der Stärkeschleuder. (**D. B. P. 869 029** Kl. 89k vom 24/7. 1951, ausg. 2/3. 1953.) SCHINDLER. 7449

Lauhoff Grain Co., Danville, Ill., übert. von: **William E. C. Yelland**, Washington, D. C., V. St. A., *Stärkeprodukte* zur Herst. von hochviscosen wss. Pasten u. dgl. Stärken verschied. Herkunft werden ohne oder mit Na-Acetat–Essigsäurepuffer bei p_H 4,5—6 u. bei 15—35° mit Perjodsäure ($HJO_4 \cdot 2\,H_2O$) behandelt. Die modifizierte Stärke dient bes. zur *Behandlung von Textilgarnen* u. wird von alkal. Lsg. gelöst. (**A. P. 2 606 188** vom 2/8. 1949, ausg. 5/8. 1952.) SCHINDLER. 7449

Schwarz Laboratories, Inc., übert. von: **Louis Laufer** und **Jesse Charney**, New York, N. Y., V. St. A., *Trennung von Purinnucleotiden und Gewinnung von d-Ribose*. Eine Lsg. von rohen Purinnucleotiden, welche Gemische von in der 7-Stellung der Puringruppe substituierten u. nicht substituierten Nucleotiden enthalten, wird mit Cu-Oxyd in saurem Medium behandelt. Dabei fällt das unlösl. Cu-Salz der in 7-Stellung nicht substituierten Nucleotide aus. Diese werden abgetrennt. Durch Spaltung mittels Hydrolyse durch H_2SO_4 bei p_H 6,0 u. 25—100° werden Zucker u. Phosphorsäure erhalten. — Aus Ribonucleotiden wird dabei *d-Ribose* erhalten. (**Can. P. 485 947** vom 21/8. 1943, ausg. 19/8. 1952. A. Prior. 14/8. 1942.) M. F. MÜLLER. 7461

XV. Gärungsindustrie.

A. J. Kluyver, *Mikrobielle Umsetzungen und ihre technische Anwendung*. Umfassender Bericht über das Wesen des mikrobiellen Abbaus von Zuckern, organ. Säuren u. Eiweißkörpern, die verschied. Formen der alkoh. Gärung u. den Verlauf der Atmung. Besprochen werden auch die diesbzgl. Wirkungen der bekannteren Antibiotika als Prodd. gelenkten Pilzwachstums. (Chem. and Ind. **1952**. 136—45. 16/2. Delft, Holland.) GRIMME. 7500

K. R. Dietrich, *Die Gärung im Spiegel der amerikanischen Literatur 1951*. Zusammenfassender Überblick. — 36 Literaturhinweise. (Branntweinwirtschaft **75**. 7—9. 10/1. 1953.) WINIKER. 7510

H. F. P. Webber und **L. Taylor**, *Fluorgehalt des Malzes*. Vff. stellten fest, daß der Fluorgeh. natürlicher Gersten bei 0,05 p.p.m. liegt. Durch Trocknen steigt der Fluorgeh. im Malz je nach Herstellungsbedingungen auf 0,9—12,2 p.p.m. Anthrazitkohle kann bis zu 178 p.p.m. Fluor enthalten, welches in mit Anthrazit geheizten Trocknern zum Teil vom Malz absorbiert werden kann. (J. Inst. Brewing **58**. ([N. S.] 49.) 197—98. Mai/Juni 1952. London, Horselydown, Anchor Brewhouse.) HAEVECKER. 7540

A. H. Cook und **J. R. A. Pollock**, *Einige chemische Betrachtungen zum Mälzen*. Unters. der Netz-Fll. von Gerste, die Stoffe enthalten, welche die Keimung verzögern. Es handelt sich vornehmlich um Aminosäuren, was mit der Tatsache übereinstimmt, daß die Gerste beim Netzen ca. 1% Stickstoff verliert. Nachgewiesen im Netzwasser wurden: α-Alanin, Arginin, Asparaginsäure, Glutaminsäure, Glycin, Histidin, Isoleucin, Leucin, Lysin, Phenylalanin, Serin u. Valin. (J. Inst. Brewing **58.** ([N. S.] 49.) 216—17. Mai/Juni 1952. Nutfield, Surrey, Brewing Ind. Res. Foundation.) HAEVECKER. 7540

Leo Wallerstein, Leonard T. Saletan und **Philip P. Gray,** *Fortschritte auf dem Gebiet der Brauereiwissenschaft und -technologie.* Zusammenfassender Überblick über die Entw. seit 1935, bes. in den USA. — 210 Literaturhinweise. (Ind. Engng. Chem. **44.** 2768—76. Nov. 1952. New York, N. Y., Wallerstein Labors.) WINIKER. 7544

Knud Andersen, *Einige Untersuchungen über das Desinfektionsmittel „Deciquam".* Das untersuchte Desinfektionsmittel Deciquam 222 ist eine 50%ig. alkoh. Lsg. von Didecyldimethylammoniumbromid. Es tötet bei Zimmertemp. vegetative Zellen aus Hefe oder Bakterien in 0,05‰ Konz. innerhalb 5 Min. ab, Brauhefe u. die sehr gefährlichen Pediokokken schon on 0,01‰, Hefe- u. Schimmelsporen in 0,5‰, Bakteriensporen in 2‰ (bei Siedetemp. in 0,1‰). Verss. mit Methylenblaufärbung zeigen, daß schon eine 0,05‰ig. Lsg. das Plasma von Hefezellen in kurzer Zeit schädigt u. bei längerer Einw. die Zelle abtötet. Die Schaumhaltbarkeit von Bier wird durch die in Frage kommenden Konzz. nicht beeinträchtigt. (Brygmesteren **9.** 123—30. Mai 1952. Kopenhagen, Skand. Bryggerilabor. A/S.) R. K. MÜLLER. 7544

J. Andrews und **R. B. Gilliland,** *Superverdünnung von Bier: Eine Untersuchung von drei Organismen, die anomale Verdünnung verursachen können.* Die drei untersuchten Organismen waren Saccharomyces diastaticus nov. sp. (I), Streptococcus damnosus var. diastaticus (II), Lactobacillus pastorianus var. diastaticus (III), die durch ihren hohen diastat. Wert Biere abnorm niedrigen spezif. Gewichts verursachen. Der Einfl. von II u. III ist in synerget. Aktion zusammen mit Kulturhefe oder sek. Hefe bemerkbar. (J. Inst. Brewing **58.** ([N. S.] 49.) 189—96. Mai/Juni 1952. Dublin, St. James's Gate Brewery, Arthur Guinness, Son & Co.) HAEVECKER. 7550

Georg Haeseler, *Neues Essiggärungsverfahren (Moderator-System).* Beschreibung eines Moderators für Feinstbelüftung, der entweder allein oder auch in Kombination mit einem FRINGS-Generatorbildner eingesetzt werden kann zur Durchführung eines submersen Gärverf., bei dem ganz auf Füllmaterial als Trägersubstanz für die Bakterien verzichtet wird u. eine sehr intensive, die gesamte Fl. zu jeder Zeit erreichende Lüftung für die Sauerstoffzufuhr sorgt. (Branntweinwirtschaft **75.** 17—19. 25/1. 1953. Berlin, Inst. für Gärungsgewerbe.) HAEVECKER. 7564

Samuel C. Beesch, *Aceton-Butanol-Gärung von Zuckern.* Kulturen der Gattung *Clostridium* vergären Zucker, Glucose, Rüben- u. Rohrzuckermelassen usw. zu einem Gemisch von *n-Butylalkohol* u. *Aceton.* Nebenprodd. sind A., CO_2 u. H_2. Die Gewinnung der Clostridiumkulturen, der Vergärungsprozeß u. seine optimalen Bedingungen, die Probleme der Verunreinigung durch Milchsäurebakterien, Bakteriophagen u. Metallionen, sowie die Abhängigkeit der Ausbeuten an Aceton u. Butylalkohol vom Ausgangsmaterial werden besprochen. — 33 Literaturangaben. (Ind. Engng. Chem. **44.** 1677—82. Juli 1952. Philadelphia, Pa., Publicker Ind., Inc.) RUTKOWSKI. 7578

George E. N. Nelson, Donald H. Traufler, Sinah E. Kelley und **Lewis B. Lockwood,** *Herstellung von Itaconsäure durch Aspergillus terreus in 20 Liter-Gärgefäßen.* Die Kulturen von A. terreus wurden auf Malzagarnährböden gezogen. Untersucht wurden in ihrem Einfl. auf die Ausbeute an Itaconsäure: Kontrolle des p_H, Glucosekonz., N_2-Bedarf, $MgSO_4$-Konz., Wrkg. von Fe^{++}-Ionen, Grad der Belüftung, Wrkg. der Unterbrechung der Belüftung, Art der Beimpfung, Konz. der Einweichflüssigkeit. (Ind. Engng. Chem. **44.** 1166—68. Mai 1952. Peoria, Ill., Northern Reg. Res. Labor., U. S. Dep. of Agricult.) HAEVECKER. 7578

Walter Deckenbrock, *Ein neuer Alkoholnachweis.* Vf. beschreibt die Meth. von BÜCHER u. REDETZKI zum Nachw. von A. (vgl. C. **1953.** 428) u. diskutiert ihre Anwendungsmöglichkeiten in der Spiritusindustrie. (Branntweinwirtschaft **75.** 129—31. 10/4. 1953. Lüdunghausen/Westf., Fachlabor. für die Spiritusind.) WINIKER. 7596

Joern J. Olshausen, *Die Bestimmung von Extrakt und Alkohol im Bier mit dem Immersionsrefraktometer.* Beschreibung der Apparate u. der Bestimmungsmethoden: 1. nach LEHMANN u. GERUM, 2. nach BERGLUND, EMLINGTON u. RASMUSSEN, 3. nach GERUM u. WISSNER (Der GERUM-WISSNER-Nomograph). (Brewers Digest **27.** Nr. 10. 45—50. Okt. Nr. 11. 53—57. Nov. 1952. Chicago, Ill., J. E. Siebel Sons Co.) HAEVECKER. 7600

E. Bohm, *Beitrag zur Prüfung von Wein auf Obstweinzusätze.* 10 ml Wein werden auf dem Wasserbad eingedampft. Nach dem Abkühlen nimmt man den Rückstand mit 5 ml rauchender Salzsäure auf, füllt in weite Reagensgläser um u. gibt 0,05 ml o-Chlorbenzaldehyd (I) zu. Man verschließt das Reagensglas mit einem Gummistopfen u. schüttelt wiederholt kräftig durch. Nach 24 Std. wird das 2—3fache Vol. Methanol zugesetzt. Man kühlt unter fließendem W. ab u. schüttelt kräftig. Bei Ggw. von Sorbit (II) erkennt man schon makroskop. nadelige Flocken des I-II-Kondensats. Es ist zu beachten, daß für das Gelingen der Rk. die I-Menge von ausschlaggebender Bedeutung ist. Zuviel I verhindert den Nachw.; zuwenig I verursacht einen uncharakterist. amorphen Niederschlag. 0,05 ml I sind ausreichend zur Best. von bis zu 8 mg II/10 ml Wein. (Dtsch. Lebensmittel-Rdsch. **48.** 84—85. April 1952. Frankfurt/M.) WINIKER. 7606

N. W. Ossipow, *Zur Charakteristik der Redoxprozesse im Wein.* Zur Kennzeichnung der Redoxprozesse im Wein ist nach Ansicht des Vf. die gleichzeitige Best. des Redoxpotentials, der Sauerstoffzahl u. der Peroxydzahl erforderlich. (Виноделие и Виноградарство СССР [Weinbereit. Weinbau UdSSR] **12.** Nr. 12. 17. Dez. 1952. Moskau, Zweigstelle des Inst. „Magaratsch".) ECKE. 7606

Siemens-Schuckertwerke Akt.-Ges., Berlin und Erlangen (Erfinder: **August Leicher,** Berlin-Charlottenburg, und **Georg Nowak,** München), *Konservierung von Hopfen.* Der Hopfen wird während oder nach der Trocknung, gegebenenfalls in Ballenform, der Einw. eines elektr. Wechselfeldes mit Wellenlängen $>$ ca. 100 m ausgesetzt. (**D. R. P. 767 371** Kl. 6a vom 15/6. 1939, ausg. 19/6. 1952.) KETTNER. 7541

Imperial Chemical Industries Ltd., London, England, *Sterilisieren und Reinigen von Bierbehältern.* Es wird eine Dodecyl- u. Tetradecyltrimethylammoniumhalogenid enthaltende wss. Lsg. verwendet. (**E. P. 680 485** vom 24/5. 1950, ausg. 8/10. 1952.) KETTNER. 7551

Carlos Alfred Fuchs, Tunis, *Entschwefeln geschwefelter Moste.* Die Moste werden mit Mn-Salzen oder koll. Mn-Oxyden versetzt u. bei n. Temp. 2—5 Std. mit Luft geblasen. Die gebildete H_2SO_4 wird vor dem Zusatz der Hefe mit KOH neutralisiert. Der im Most enthaltene Zucker wird durch diese Behandlung nicht angegriffen, u. die Gärung verläuft normal. (**F. P. 1 004 279** vom 29/3. 1947, ausg. 27/3. 1952.) HEYNE. 7553

Karl Schwander, Frankfurt/M., *Entfernen von Weinstein* (I) *aus Wein.* Der Wein wird in geschlossenem Leitungssyst. u. unter Luftabschluß in der Weise im Wärmeaustausch mit einem Kühl- oder Kältemittel in einem Wärmeaustauscher (II) behandelt, daß eine Abscheidung von I erst nach seinem Austritt aus dem II erfolgt. (**D. B. P. 851 041** Kl. 6c vom 2/11. 1950, ausg. 2/10. 1952.) KETTNER. 7555

Jean-Raoul Garrigue, Frankreich, *Verwertung zuckerhaltiger Abfälle.* Zuckerhaltige Abfälle, wie z. B. Melasse, Fallobst, Molke, Scheideschlamm (I) der Zuckerfabriken, Köpfe von Zuckerrüben (II) u. andere — auch stärkemehlhaltige — Abfälle werden mit Hilfe der Bakterienflora vergoren, die sich an I u. an II befindet. Die Bedingungen der Gärung (Temp., Konz., Belüftung usw.) werden dem zu gewinnenden Prod., bes. *Milchsäure,* angepaßt. — Man stellt eine Maische mit ca. 15% Zuckergeh. her aus 12,5 hl Saft von II, 5980 kg Melasse, 5100 kg I u. so viel W., bis die Gesamtmenge ca. 250 hl beträgt. Die Gärung erfolgt unter dauernder Belüftung bei 38—40° u. dauert ca. 3 Tage. Sobald kein Zucker mehr vorhanden ist, fügt man 1800 kg Kalkmilch von 20° Bé hinzu, erhitzt schnell auf 80° u. filtriert. Aus dem Filtrat kann die Milchsäure als solche oder in Form ihres Salzes abgeschieden werden. (**F. P. 1 004 347** vom 9/4. 1947, ausg. 28/3. 1952.) HEYNE. 7579

Soc. Normande de Produits Chimiques, Frankreich (Erfinder: **Léonard Froquet** und **Pierre Pichon**), *Unterdrückung schädlicher Mikroorganismen bei industriellen Gärungen.* Um die bei den biol. Verff. zur Erzeugung von organ. Stoffen, wie z. B. Milchsäure, Aceton, Butylalkohol u. anderen, auftretenden schädlichen Bakterien zu unterdrücken, setzt man den Mosten Antibiotica, wie Penicillin, Streptomycin, Sulfamide, Chloramphenicol, hinzu. Diese hindern die schädlichen Mikroorganismen an der Entw., ohne der erwünschten Gärung zu schaden. Das Verf. eignet sich nicht für durch Hefe- oder Schimmelpilze hervorgerufene Gärungen. — Ein Most mit 130 (g) Glucose, 80 $CaCO_3$ im Liter wird auf 50° erwärmt u. mit 0,02 O.E. von Penicillin G (Na-Salz) pro cm^3 versetzt. Man besät mit Lactobacillus Delbrückii, der durch Gewöhnung penicillinresistent geworden ist. Nach einer Inkubationszeit von 6 Std. setzt bei 50° eine einwandfreie Gärung ein, die zu einer quantitativen Ausbeute an Milchsäure führt. (**F. P. 1 000 165** vom 8/11. 1949, ausg. 8/2. 1952.) HEYNE. 7579

XVI. Nahrungs-, Genuß- und Futtermittel.

John A. Buck, *Das Verpacken von Nahrungsmitteln.* Fortschrittsbericht 1952. — 12 Literaturhinweise. (Food Manufact. **28.** 53—57. 69. 1/2. 1953.) WINIKER. 7658

A. Dehmel, *Herstellung und Zusammensetzung von Lakritzerzeugnissen.* Allg. Ausführungen nebst Rahmenrezepturen. (Zucker- u. Süßwaren-Wirtsch. **6.** 396—97. 5/5. 1953.) WINIKER. 7704

J. Koch und **W. Großmann**, *Sterile Flaschen durch Chloren.* Zur Sterilisation von für Süßmost bestimmten Flaschen empfehlen Vff. alkal. Chloren bei 60° während 5 Min. mit 1%ig. *Hypochloranlsg.* (alkal. Cl_2-Lsg. der HENKEL & CIE. G. m. b. H., ca. 70 g Cl_2/Liter). Saures Chloren (saure Cl_2-Lsg.; 500 mg Cl_2/Liter; 30 Sek. dauernde Spritzung) ist ebenfalls möglich. Dieses Verf. ist allerdings nur in geschlossenen Systemen anwendbar. (Ind. Obst- u. Gemüseverwert. **38.** 17—19. 27/1. 1953. Geisenheim/Rh., Lehr- u. Forschungsanst. für Wein-, Obst- u. Gartenbau, Inst. für Obst- u. Gemüseverwertung.) WINIKER. 7706

A. Behre, *Fischkundliche Feststellungen.* Bericht über chem. Unterss. an Heringen u. den wichtigsten daraus hergestellten Erzeugnissen (Best. von W., Fett, Eiweiß, Asche, Salzzusatz). — 7 Tabellen. (Dtsch. Lebensmittel-Rdsch. **48.** 73—80. April 1952.) WINIKER. 7752

Josef Schormüller und **Hildegard Ballschmieter**, *Über die Kennzeichnung der Proteinsubstanz von frischen und durch Verarbeitungsprozesse veränderten Lebensmitteln mit Hilfe manometrischer Verfolgung der Hypochloriteinwirkung.* 1. Mitt. *Die Untersuchung des Proteinanteils von Volleipulvern verschiedener Herkunft und Behandlung.* Durch manometr. Messung der aus Proteinen unter Hypochloriteinw. abgespaltenen CO_2- u. N_2-Mengen wurden Vollei (I)-Proteine verschied. Behandlungsart charakterisiert. Bes. wurden Zustandsänderungen untersucht, die infolge längerer Lagerung u. Erhitzens auf steigende Tempp. auftreten. Unter milden Bedingungen (verlängerte Lagerzeit) reagieren die Zucker- u. Eiweißkomponenten der I-Proteine zunächst miteinander unter Bldg. von Komplexen, welche gegen Hypochlorit empfindlicher sind als das Ausgangsmaterial. Dabei stattfindende Umsetzungen erreichen nach relativ kurzer Zeit ihren Abschluß u. werden durch zusätzliche Lagerung oder andersartige Weiterbehandlung nicht mehr wesentlich beeinflußt. Unter verschärften Bedingungen, z. B. Behandlung in der Hitze, entstehen Komplexe, die gegen Hypochlorit resistent sind u. deren Resistenz aufgehoben wird, wenn die blockierende Komponente durch Dialyse entfernt ist. Die Verss. bestätigen die Beobachtung, daß bei lagerndem I-Pulver Proteinveränderungen relativ frühzeitig in Erscheinung treten u. bei Verlängerung der Lagerzeit nur unwesentlich zunehmen. Die manometr Messung der CO_2- u N_2-Abspaltung bietet somit eine Möglichkeit, den Frischezustand von I-Pulvern zu kennzeichnen. (Dtsch. Lebensmittel-Rdsch. **48.** 113—18. Juni 1952. Berlin-Charlottenburg, Techn. Univ., Inst. für Lebensmittelchem. u. -technol.) WINIKER. 7754

Günter Goltz, *Kaltlagerung von Trockenei in den USA.* Kurzer Überblick über die derzeitigen Lagermethoden u. ihren Einfl. auf die chem. Stabilität des Trockeneipulvers. (Dtsch. Lebensmittel-Rdsch. **48.** 89—90. April 1952. Hamburg-Fuhlsbüttel.) WINIKER. 7754

Harri Rautavara, *Über Schwankungen im Fettgehalt der Milch.* Die Fettbest. in der Milch einzelner Herden nach GERBER zeigte sowohl tageszeitlich als auch innerhalb längerer Versuchszeiten beträchtliche Schwankungen, die von verschied., teilweise nicht zu übersehenden Faktoren bedingt sein können. Die Beurteilung der Milch auf Grund von Stichproben des Fettgeh. sowie die häufigen Diskrepanzen zwischen der Fettbest. der Molkereien u. der Kontrollstellen werden diskutiert. (Karjantuote **34.** 603—05. 629—34. 2/16. 11. 1951.) BECKMANN. 7756

Erkki Peltola und **Yrjö Mälkki**, *Bericht über die Prüfung des Reinigungsmittels Ortex.* Das fl. Reinigungsmittel für Molkereien *Ortex*, Hersteller OY ORTE Ab, Helsinki, ist mit W. in jedem Verhältnis mischbar. Die gebrauchsfertige Lsg., 3 g auf 10 Liter W., hat p_H 7,3, greift Al nicht an, emulgiert schwach, setzt die Oberflächenspannung des W. bei 20° von 72,8 auf 69 dyn/cm herab, bindet Ca-Ionen aus einer $CaCl_2$-Lsg. entsprechend 40 deutschen Härtegraden. Angebranntes Eiweiß wird schlecht gelöst, mit Fett beschmutzte Glasgeräte bleiben nach dem Spülen mit Ortexlsg. trübe. Der anhaftende Geruch wirkt störend. (Karjantuote **35.** 328—30. 13/6. 1952. Jokioinen, Finnland, Staatl. Milchwirtsch. Versuchsanst.) BECKMANN. 7756

Karl J. Demeter, *Über Milchneutralisierung und bakteriologische Aktivität.* An Hand der Literatur (11 Hinweise) erläutert Vf. den Einfl. von der Milch zugesetzten Neutralisationsmitteln auf den Keimgeh., die Entfärbungszeiten der Methylenblaureduktionsprobe, die Säure- u. Aromastoffbldg. im Säurewecker sowie auf das p_H u. die Labungsfähigkeit der Milch u. weist auf die Gefahren der Neutralisierung für Qualität u. Bekömmlichkeit hin. (Dtsch. Lebensmittel-Rdsch. **48.** 80—82. April 1952.) WINIKER. 7756

E. O. Herreid, K. M. Shahani, C. J. Dupuy und **P. H. Tracy**, *Die Wirkung der Erhitzung von Rahm in einem Kleinrohraustauscherhitzer auf einige seiner Eigenschaften.* Beschreibung von Aufbau, Arbeits- u. Wirkungsweise eines sogenannten Mallorizers (small tube heat exchanger). Die Bearbeitung von Rahm mit diesem Gerät hat eine Verkleinerung der Fetttröpfchen, 50%ig. Viscositätsabnahme u. bei Tempp. über 210° F Entw. eines Kochgeschmackes zur Folge. Säuregrad, p_H-Wert u. Stabilität des Rahmes bei Zusatz zu Kaffee werden nicht beeinflußt. (J. Dairy Sci. **35**. 13—20. Jan. 1952. Urbana, Ill., Agric. Exp. Stat.) KRUSEN. 7756

R. W. Bell und **T. J. Mucha,** *Stabilität von Milch und Milchkonzentraten bei Gefrierlagerung bei verschiedenen Temperaturen.* Homogenisierte Milch sowie auf 25,4, 38,1 u. 50,7% Trockensubstanz eingedickte Milch muß zur Verhinderung der Abscheidung von Feststoffen mindestens bei —8° F gelagert werden. Zur Vermeidung der Entw. von „oxydiertem" Geschmack sind —17° F erforderlich. Dieser Geschmack entwickelt sich bei höher liegenden Tempp. stärker bei n. oder wenig eingedickter Milch, geringer bei stark konz., u. kann durch Zusatz von 100 mg/Liter Ascorbinsäure verzögert werden. (J. Dairy Sci. **35**. 1—5. Jan. 1952. Washington, D. C., U. S. D. A., Bur. of Dairy Ind.) KRUSEN. 7756

T. A. Nickerson, S. T. Coulter und **Robert Jenness,** *Einige Eigenschaften von gefriergetrockneter Milch.* Die Unters. einiger Proben gefriergetrockneter Milch (g.M.) ergab, daß eine teilweise Destabilisierung der Fettemulsion erfolgt, die an der Extraktion von freiem Fett aus dem Milchpulver erkannt wird. Es waren bei g.M. 57,8—92,3% des Gesamtfettes extrahierbar, vorherige Homogenisierung senkte die Werte auf 35,5—48,3%. Bei Sprühmilch (S.M.) waren dagegen nur 11,6—18,6% extrahierbar. Weder in g.M. noch in S.M. war krist. Lactose nachweisbar. Das von der Erhitzungstemp. abhängige Verhältnis von *β*- zu *α-Lactose* beträgt bei S.M. 1,30—1,33, bei g.M. 1,61—1,69. Peroxydwerte, Thiamindisulfid reduzierende Substanzen u. Geschmack verhielten sich bei S.M. u. g.M. annähernd gleichsinnig, so daß demnach die Gefriertrocknung von Milch keine wesentlichen Vorteile gegenüber der Versprühung bringt. — 21 Literaturangaben. (J. Dairy Sci. **35**. 77—85. Jan. 1952. St. Paul, Minn., Univ. of Minnesota, Div. of Dairy Husbandry and Agric. Biochem.) KRUSEN. 7756

L. H. Burgwald, J. A. Paxton und **I. A. Gould,** *Einige Faktoren, die die Qualität von konzentrierter Marktmilch beeinflussen.* Milch wurde auf 135, 145 u. 155° F vorgewärmt, im Vakuum bei 125° F auf 3 : 1 konz., bei 143° F 30 Min. lang pasteurisiert u. auf 40° F abgekühlt. Lagerung bei 34—44° F. Nach 10 Tagen besaßen wiederverd. Proben besseren Geschmack als gleich behandelte, jedoch nicht konz. Milch. Die Zahl der mesophilen Bakterien stieg an, während die der psychrophilen uncharakterist. Änderungen zeigte. Bei Aufbewahrung von wiederverd. konz. Milch u. Originalmilch zeigte erstere einen wesentlich stärkeren Anstieg der Bakterienzahl, was jedoch auf den Keimgeh. des verwendeten W. zurückzuführen ist. Die konz. Milch soll nach Pasteurisierung ohne weitere Berührung mit anderen Apparaten abgefüllt werden, um Infektionen zu vermeiden. Die beschriebenen Veränderungen werden nicht von der Vorwärmungstemp. beeinflußt, die nur einen Einfl. auf den Phosphatasetest hat. Dieser verläuft nach Vorwärmung auf 135° F positiv, nach 145° F jedoch negativ. (Milk Dealer **42**. Nr. 2. 50. 130—34. Nov. 1952. Columbus, O., Ohio State Univ., Dep. of Dairy Techn.) KRUSEN. 7756

Matti Antila, *Ergebnisse von Untersuchungen über die ölige Beschaffenheit der Butter und die Fettoxydation.* Übersicht über neuere Arbeiten auf dem Gebiet der Autoxydation der Fette u. der damit im Zusammenhang stehenden Geschmacksfehler der Butter. (Karjantuote **35**. 679—83. 12/12. 1952. Helsinki, Univ., Milchwirtschaftl. Inst.) BECKMANN. 7758

Alec Bradfield, L. A. Resi und **D. B. Johnstone,** *Die Anwesenheit von Aureomycin in Milch und ihre Wirkung auf die Käseherstellung und Starteraktivität.* In der Milch von Kühen, die mit 213 mg *Aureomycin* (I) wegen Mastitis behandelt worden waren, wurden bis zu 72 Std. nach der Behandlung unterschiedliche I-Mengen aufgefunden. Dadurch wird eine Hemmung der Starteraktivität bewirkt, so daß sich eine n. Cheddarkäseherst. nicht durchführen läßt. Es tritt eine Hemmung der Säurebldg. sowie eine anomale Aromaentw. ein, was noch bei I-Geh. von 0,03 γ/ml zu beobachten ist. Bei der Verarbeitung von Mischmilch einer Herde dürfen höchstens 3% der Tiere mit I behandelt worden sein. (J. Dairy Sci. **35**. 51—58. Jan. 1952. Burlington, Vt., Univ. of Vermont, State Agric. Coll.) KRUSEN. 7760

Erkki Peltola und **Yrjö Mälkki,** *Bericht über die Prüfung des schimmelverhütenden Mittels Bonomold OM Na.* Das Schimmelbekämpfungsmittel für Käse *Bonomold OM Na* (I) Hersteller AB. BOFORS-NOBELSKRUT, Bofors (Schweden), wurde an Edamer Käse unter der Praxis entsprechenden Bedingungen geprüft. Eine Oberflächenbehandlung mit 15%ig. Lsg. von I vermag die Schimmelbldg. während einer 6wöchigen Lagerung im Reifekeller bei 14° u. 90% relativer Feuchtigkeit zu verhindern. I läßt sich leicht abwaschen, beeinträchtigt die Käseoberfläche nicht u. verursacht keine Geschmacksfehler.

I ist dem Mittel „Nipagin M Sodium" gleichwertig. (Karjantuote 35. 46—48. 25/1. 1952. Jokioinen, Finnland, Staatl. Milchwirtsch. Versuchsanst.) BECKMANN. 7760

M. H. Ewart und **R. A. Chapman,** *Identifizierung von stabilisierenden Stoffen.* Es werden Methoden zur qualitativen Erkennung von in Lebensmitteln gebrauchten stabilisierenden Stoffen oder dickenden Substanzen, wie Pektine, Methylcellulose, Carboxymethylcellulose, Gummigutt, Stärke oder Gelatine, beschrieben. Als Wertmesser wurde die Verteilung der einzelnen Stoffe in W. nach dem Ausziehen mit Alkohol angewandt. Viele der Polysaccharide verhielten sich wie Salze hochmol. organ. Säuren. Bei Anwesenheit von starken metall. Kationen muß der p_H-Wert erhöht werden, um die Metallsalze zu fällen. Die Eigg. der einzelnen untersuchten Substanzen sind in einer Tabelle zusammengestellt. Vor der Unters. ist es notwendig, die zu bestimmenden Substanzen aus den Lebensmitteln abzutrennen. (Analytic. Chem. 24. 1460—64. Sept. 1952. Ottawa, Ontario, Can., Food and Drug Labor., Dep. of Nat. Health and Welfare.) KNÖPKE. 7788

G. Jakovliv, *Zur Analyse von Fruchtkonserven, Konfitüren und Pektinen.* Nach einer positiven Beurteilung der Meth. von FOUASSIN u. VIVARIO zur Best. von Pektinen in Fruchtkonserven (vgl. C. **1952.** 1257) weist Vf. darauf hin, daß bei der Vorbereitung der Analysenmuster nach Vorschrift nur die lösl. Fruchtpektine u. die lösl. Proteine bestimmt werden. In den Früchten sind die Pektine im unlösl. Zustand enthalten u. werden erst durch Kochen bei der Konfitürenherst. löslich. (Rev. Fermentat. Ind. aliment. 6. 199—202. Dez. 1951.) HAEVECKER. 7790

W. Schwabe, *Coffeinbestimmung in Kaffee-Ersatzstoffen mit Zusätzen von Colapulver oder Colaextrakt.* Der fein gemahlenen Kaffee-Ersatzstoffmischung wird das Coffein (I) durch Schütteln mit Chlf. unter Zusatz einer geringen Menge NH_4OH entzogen. Zur Entfernung von fettartigen Beimengungen wird das Roh-I mit einer 5%ig. $KMnO_4$-Lsg. behandelt. Anschließend chromatograph. Best. von I. (Dtsch. Lebensmittel-Rdsch. **48.** 85—86. April 1952. Bad Schwartau.) WINIKER. 7828

Lydia B. Tucker und **E. W. Bird,** *Eine Methode zur Bestimmung von freien Fettsäuren in Milchfett.* 10 g filtriertes Fett werden mit 25 ml Lösungsmittel (80% Skellysolve B + 20% n-Propanol) u. 10 Tropfen 1%ig. Phenolphthaleinlsg. in absol. A. versetzt u. mit 0,05n wasserfreier methylalkoh. KOH titriert. Vgll. mit der A. O. A. C.-Meth. u. dem Verf. nach BREAZEALE u. BIRD (J. Dairy Sci. **21.** [1938.] 335) ergaben gute Übereinstimmung. (J. Dairy Sci. **34.** 1170—73. Dez. 1951. Ames, Iowa Agric. Exp. Stat.) KRUSEN. 7856

T. V. Armstrong und **W. J. Harper,** *Die α-Naphtholphthalein (ANP)-Methode zur Messung der Fetthydrolyse. 1. Mitt. Anwendung auf Butter.* 0,5 ml geschmolzenes u. von Serum befreites Butterfett werden mit einem Gemisch von 3 ml einer Lsg. von 0,1 g α-Naphtholphthalein in 150 ml 95%ig. A. u. 2 ml Boratpuffer nach CLARK versetzt u. die nach Schütteln entwickelten Farben gegen Standardlsgg. visuell ausgewertet. Es werden die wasserunlösl. freien Fettsäuren erfaßt, deren Geh. bis zu 500 mg-% in Größenordnungen von je 100 mg-% geschätzt werden kann. (J. Dairy Sci. **35.** 59—64. Jan. 1952. Columbus, O., Ohio State Univ., Dep. of Dairy Techn.) KRUSEN. 7858

Walter Fachmann, Heinrich Kraut und Hans Sperling, Nährstoff- und Nährwertgeh. von Nahrungsmitteln. 2. verb. Aufl. Leipzig: Barth. 1953. (VI + 58 S.) 8° = Die Ernährung. H. 11. DM 2,80.

XVII. Fette. Seifen. Wasch- u. Reinigungsmittel. Wachse. Bohnermassen usw.

C. H. Mack und **W. G. Bickford,** *Die Conidendrine als Inhibitoren der Oxydation und der Polymerisation.* Hinweis auf den Geh. von Sulfitablaugen (Zellstoffherst. aus der Schierlingstanne) an Conidendrin, bei dessen Demethylierung in Abhängigkeit von den Versuchsbedingungen α- bzw. β-Norconidendrin (I) erhalten werden, Angaben über die bisherige Verwendung dieser Verbb. als Inhibitor für Fettoxydation sowie für Polymerisation; die Prüfung der pharmakolog. Unschädlichkeit (Verwendung zur Stabilisierung von Nahrungsfetten) ist im Gange. In weiteren Verss. wird die fettantiox gene Wrkg. von α- u. β-I (Konz. 0,01, 0,05 u. 0,1%) im Vgl. mit tert.-Butyloxanisol u. Di-tert.-Butyl-p-kresol gegenüber Baumwollsaat- u. Erdnußöl (letzteres auch im hydrierten Zustand) sowie Schweineschmalz geprüft; Messung des Verlaufes der Autoxydation mittels des SWIFT-Testes an Hand der Peroxydbestimmung. Analoge Verss. mit zuckerhaltigen Zubereitungen (Buttercreme), die 21 Wochen lang bei 86° F. an der Luft aufbewahrt u. dann auf den Geh. an Peroxyd untersucht werden. Weitere Verss. mit I im Vgl. mit Hydrochinon über den Einfl. auf die Polymerisation von monomerem Methylmethacrylat, Vinylacetat u. Styrol sowie auf die Stabilisierung von SR–S-Polymeren hinsichtlich Viscositäts- u. Farbänderungen im Vgl. mit dem Effekt von Phenyl-β-naphthylamin. Die

Resultate lehren, daß α- u. β-I mit unterschiedlicher Wrkg. sehr gut brauchbar sind als Fettantioxygene, als Antipolymerisations- (bei Monomeren) sowie als Stabilisationsmittel (bei Polymeren); Hinweis auf die Wohlfeilheit der I. (J. Amer. Oil Chemists' Soc. **29.** 428—30. Okt. 1952. New Orleans, La., Southern Regional Res. Labor.) TÄUFEL. 7878

Raiford L. Holmes, Jacob C. Minor und R. S. McKinney, *Die Bestimmung der Feuchtigkeit in der Tungfrucht.* Hinweis auf die Schwierigkeiten bei der Feuchtigkeitsbest. von Materialien, die Holzöl enthalten (Oxydationsvorgänge mit Gewichtsvermehrung); systemat. Überprüfung (Früchte, Samen u. Kerne des Holzölbaumes) folgender Verff.: 1. Trocknen bei 101—103° in einem Spezialtrockenschrank; 2. Trocknen bei 101—103° im Vakuum (maximal 12 mm) während 2,5 Std.; 3. Dest. mit Toluol; 4. Trocknen bei 126,7° (15 Min.) unter Durchblasen heißer Luft; 5. Messung der Radiofrequenz (STEINLITE Moisture Meter); 6. Titration mit dem Reagens nach FISCHER (WERNIMONT u. HOPKINSON, Ind. Engng. Chem., analyt. Edit. **15.** [1943.] 272). Die Diskussion der Ergebnisse führt zu folgenden Schlüssen: Meth. 2 u. 6 liefern die höchsten u. wahrscheinlich zuverlässigsten Werte, wobei Meth. 2 einfacher ist als Meth. 6. — Verff. 1 u. 3 ergeben erniedrigte Werte. Für Schnellbest. erscheint Meth. 4 geeignet, wobei eine positive Korrektur von 1,35% anzubringen ist. Meth. 5 liefert, wenn sie an Hand der Meth. 2 standardisiert wird, brauchbare Resultate. (J. Amer. Oil Chemists' Soc. **29.** 425—27. Okt. 1952. Bogalusa, La., U. S. Tung Oil Labor.) TÄUFEL. 7894

Louis C. Barail, *Toxizität von Seife und Reinigungsmittel.* Bericht über die tox. u. Reizwirkungen von Industrie-, Haushaltsseifen u. Reinigungsmitteln sowie ihre biol. Prüfungsmethoden. (Soap Sanit. Chemicals **28.** 48—51. 77. Dez. 1952.) PATZSCH. 7910

H. Stüpel, *Über neuere Ergebnisse und Probleme auf dem Gebiet synthetischer Waschmittel.* (Vgl. C. **1953.** 3167.) Zusammenfassender Überblick an Hand von 175 Literaturangaben. (Melliand Textilber. **33.** 1101—05. Dez. 1952.) P. ECKERT. 7912

Texaco Development Corp., New York, N. Y., V. St. A., *Fraktionierte Abscheidung von Bestandteilen aus fetten Ölgemischen.* Man versetzt die fetten, z. B. pflanzlichen, Öle oder Fischöle, mit einem Lösungsm., kühlt bis zur Kristallisation der gewünschten Anteile u. filtriert diese auf einem Trommelfilter ab. Während des gesamten Filtervorganges hält man hierbei den Feststoffgeh. der Lsg. zwischen 2 u. 6 Vol.-%. (**N. P. 79 550** vom 22/1. 1948, ausg. 31/12. 1951.) JÜRGEN SCHMIDT. 7875

Lever Brothers & Unilever Ltd., England (Erfinder: **Reginald J. Taylor**), *Geschmacksverbesserung von Vitamin A enthaltenden Ölen* durch Lösen in einem gesätt. nichtpolaren KW-stoff oder KW-stoffgemisch u. Durchleiten durch eine Kolonne, welche mit wasserfreier γ-akt. Tonerde gefüllt ist. — Die Tonerde wird durch Waschen mit einem flüchtigen Lösungsm., z. B. A., u. danach durch Erhitzen auf mindestens 500° regeneriert. (**F. P. 975 258** vom 18/11. 1948, ausg. 2/3. 1951. E. Prior. 19/11. 1947.) M. F. MÜLLER. 7875

General Mills, Inc., übert. von: **Frank A. Norris,** Minneapolis, Minn., V. St. A., *Verhinderung des Ranzigwerdens von Fettstoffen* durch Zusatz einer Verb., welche eine En-diol-Gruppe enthält, sowie von p-Aminobenzoesäure (I) u. Chroman-5.6-chinonen oder Oxychromanen, Oxychromenen, Oxycumaranen oder Oxycumaronen. — Genannt ist ein Gemisch von Ascorbinsäure, I u. Tocopherol. (**Can. P. 479 497** vom 23/11. 1944, ausg. 18/12. 1951.) M. F. MÜLLER. 7877

Farbenfabriken Bayer (Erfinder: **Otto Pauli**), Krefeld, *Antioxydans für Fette und Öle.* Man verwendet aromat. Polyoxyketone, die mindestens 2 zueinander in o- oder p-Stellung befindliche OH-Gruppen aufweisen, z. B. *4-Propionylbrenzcatechin, 4-Acetylpyrogallol, 3-Butyrylhydrochinon* oder *Propionylpyrogallol.* (**D. B. P. 857 118** Kl. 23a vom 27/7. 1944, ausg. 27/11. 1952.) LÜTTGEN. 7879

Robert A. Carleton, Marmaroneck, N. Y., V. St. A., *Desodorisieren und Stabilisieren von Sojaöl.* Öl mit einer JZ. von 120—140 wird mit 10—40 (%) W. u. einem Katalysator, z. B. 0,01—0,04 Benzoylperoxyd, innig gemischt u. bei 100—225 F. mit Luft geblasen, bis JZ auf 100—120 gesunken, u. durch schnelles Erhitzen auf 250—400° F mit Wasserdampf entgast u. getrocknet. — Zeichnung. (**A. P. 2 578 670** vom 12/8. 1946, ausg. 18/12. 1951.) LÜTTGEN. 7895

Pall Olafsson, Siglufjördur, Island, *Gewinnung von Ölen und Futterstoffen aus Fischen und anderen Seetieren.* Man taucht das zerlegte Gut in ein Konservierungsmittel, aus dem es für die weitere übliche Verarbeitung entnommen wird. Als Konservierungsmittel werden wasserunlösl. Fettlösungsmittel, wie Bzl., Toluol, Hexan oder Cyclohexan, verwendet. Zweckmäßig mischt man sie bei ca. 70° mit dem Behandlungsgut. Bei der Verarbeitung trennt man das Konservierungsmittel ab u. gewinnt daraus das Fett. (**N. P. 79 538** vom 8/3. 1949, ausg. 24/12. 1951.) JÜRGEN SCHMIDT. 7899

Lever Brothers & Unilever Ltd., Port Sunlight, Chester, England, *Kontinuierliche Herstellung von Margarine.* Die Mischung der einzelnen Bestandteile erfolgt unter schnellem Abkühlen u. gleichzeitigem Emulgieren, wobei die Behandlung kontinuierlich erfolgt u. die M. auf dem Wege des Festwerdens durch eine Reihe von Metalltüchern gepreßt wird u. hierbei mehrmals seine Fortbewegungsrichtung ändern muß. — Vorr., Zeichnung. (**N. P. 79 376** vom 22/3. 1949, ausg. 12/11. 1951. E. Prior. 1/4. 1948.) JÜRGEN SCHMIDT. 7901

Swift & Co., übert. von: **Bernard T. Hensgen**, Chicago, Ill., V. St. A., *Färben wässeriger Emulsionen fetthaltiger, plastischer Lebensmittel,* wie *Margarine.* Man benutzt zugleich eine nur in der Fettphase u eine nur in der Wasserphase lösl. Farbstoffkomponente. (**A. P. 2 610 917** vom 21/5. 1949, ausg. 16/9. 1952.) MAASS. 7901

Henkel & Cie. G. m. b. H. (Erfinder: **Ludwig Manner** und **Josef Dresen**), Düsseldorf, *Trennung synthetischer Fettsäuren in geradkettige und verzweigtkettige Anteile.* Aus den wss. Lsgg. der verseiften Prodd. werden die Seifen der geradkettigen Säuren durch Abkühlen ausgeschieden u. abgetrennt, die verzweigtkettigen werden durch Ansäuern des Filtrats gewonnen. Zusatz von Elektrolyten oder mit W. mischbaren Lösungsmitteln unterstützt die Abscheidung. (**D. B. P. 857 121** Kl. 23d vom 29/10. 1944, ausg. 27/11. 1952.) LÜTTGEN. 7909

Catoire Frères & Cie., Frankreich, *Neues Reinigungsmittel.* Ausgangsstoffe sind die fetthaltigen Bleich- u. Aktiverden der Fettraffinerien. Die Erden werden mit dem gleichen Gewicht W. von 50—60° angeteigt, wobei es zweckmäßig ist, ca. 3—4% Seife hinzuzufügen, u. bei 70—80° mit Natronlauge verseift. Auf 100 (kg) Bleicherde, die 35 Talg enthält, sind z. B. 25—30 Natronlauge von 36° Bé erforderlich. Die M. wird in Formen gegossen u. bildet nach dem Erstarren ein stark schäumendes u. gut reinigendes Seifenprodukt. (**F. P. 972 070** vom 8/1. 1941, ausg. 25/1. 1951.) HEYNE. 7911

XVIIIa. Holz. Cellulose. Zellstoff. Papier. Papierdruck. Celluloid. Linoleum.

Hermann Jentzsch, *Die Bestimmung der Entzündungs- und Brenneigenschaften des Holzes und anderer Stoffe mit Hilfe des Zündwertverfahrens.* Behandelt werden: das Zündwertverf. mit Prüfgerät, Einfl. der chem. Konst. auf die Selbstentzündung u. Zündneigung fester Brennstoffe, Unterss. verschied. Holzarten, Rauchdichteprüfung, Beziehungen zwischen den Selbstzündungseigg. fester u. fl. Körper, Flammschutzmittel u. Zündwertgefahrenklassenplan. — Literaturnachweis. (Holz Roh- u. Werkstoff **10.** 385—90. Okt. 1952. Reinbek, VDI.) ROSSOW. 7952

Hans Lang, *Polymerisationsgrad und Einheitlichkeit von Holzcellulosen.* Die Begriffe Polymerisationsgrad u. Einheitlichkeit werden definiert. Sie werden auf die Verteilungskurve der Polymerisationsgrade zurückgeführt. An Hand einiger Beispiele wird gezeigt, in welcher Weise im einfachsten Falle die Verteilung der Polymerisationsgrade auf die Holzcelluloseeigg. Einfl. nimmt. (Papier **7.** 52—56. 5/2. 1953. Forschungslabor. der Zellstoffabrik Waldhof.) P. ECKERT. 7954

Waldemar Jensen (unter Mitarbeit von **C. E. Bruun**, **R. Nylander** und **T. Ekstam**), *Birke als Rohstoff für Zellstoffherstellung.* 2. Mitt. *Über den Einfluß der Kochbedingungen auf Ausbeute und Stoffbeschaffenheit beim Sulfatverfahren.* (1. vgl. C. **1952.** 3267.) Birke (**I**) gibt nach dem Sulfatverf. bei einer Roe-Zahl über 5 splittrigen Zellstoff, Kiefer (**II**) aber erst bei Roe-Zahl 15. Vf. gibt in einer Tabelle den beim Aufschluß mit Weißlauge von 21,8% Sulfidität u. 86,5% Kaustizität erforderlichen Alkalibedarf von 2,5—15 Roe-Zahl bei 160° während 90 Min. Druckperiode u. 20 Min. Entspannung an. Zur Erzielung defibrierbaren Stoffes braucht **I** 2% weniger Alkali, bezogen auf Holz, als **II**. Bei Roe-Zahl 5 braucht **I** 6,5% Na_2O/kg Holz atro weniger als **II**. Die papiertechn. Eigg. der Zellstoffe von **I** mit 55% Ausbeute des Holzes ändern sich wenig mit dem Aufschlußgrad. Die Bleichfähigkeit der Stoffe aus **I** verbessert sich bei Roe-Zahl unter **4** nur wenig. (Paperi ja Puu **B 33.** 4—5. 15/1. 1951. Åbo, Inst. für Holzchem. der Akad.) BORCHERS. 7960

Waldemar Jensen, *Die Birke als Ausgangsmaterial für die Zellstoffherstellung.* 3. Mitt. *Die Festigkeitseigenschaften von Sulfatzellstoffmischungen aus Birke und Kiefer.* (2. vgl. vorst. Ref.) Untersucht wurden die Festigkeitseigg. von Zellstoffmischungen aus Birke u. Kiefer. Die Versuchsergebnisse werden tabellar. u. graph. wiedergegeben. Es hat sich gezeigt, daß ein Zusatz von 10% Birkenzellstoff zum Kiefernsulfatzellstoff zu einer geringen Verbesserung der Festigkeitseigg. führt. Der %-Satz an Birkenzellstoff kann bis auf ca. 20% erhöht werden, ehe die Qualität merklich abnimmt. (Paperi ja Puu B. **33.** 333—35. 1951.) P. ECKERT. 7962

Waldemar Jensen und **Pentti Rainio**, *Birke als Rohstoff für die Zellstoffherstellung.* 4. Mitt. *Kettenlängenverteilung in Birkensulfitzellstoff im Vergleich zu Fichtensulfitzellstoff.*

(3. vgl. vorst. Ref.) Von 4 Fichten (I)- u. 5 Birken (II)-Sulfitzellstoffen wurden die Nitrate hergestellt u. diese nach Lösen in Aceton durch fraktionierte Ausfällung mit Ligroin in 15—17 Fraktionen zerlegt. Von diesen wurde die Acetonlsg. zur Viscositätsbest. verwendet u. daraus der Durchschnittspolymerisationsgrad bestimmt. Vff. vergleichen die Kettenlängenverteilung von 2 techn. Viscosezellstoffen sowie 1 techn. Stoff aus **II** mit Laborzellstoffen nach Kochkurve u. Bleichverfahren. Danach sind Sulfitzellstoffe aus **II** für das Viscoseverf. fast ebenso geeignet wie aus **I**, wenn man die andere Kohlehydratzus. von **II** berücksichtigt. (Paperi ja Puu **34.** 53—56. 15/3. 1952. Åbo, Finnland, Univ., Akad.)
BORCHERS. 7962

Erik Hägglund, *Sulfitkochung mit Ablaugenzurückführung.* Beschrieben wird ein Verf. zur Erhöhung des Trockensubstanzgeh. der Sulfitablauge, wodurch die wirtschaftlichen Voraussetzungen für die Verwertung der Ablauge verbessert werden. Prakt. verläuft das Verf. wie folgt: Nachdem die Kochung zu Ende geführt worden ist, wird die Lauge in besonderen Diffuseuren systemat. ausgewaschen. Etwa die Hälfte der Ablauge, welche dabei ohne Verdünnung gewonnen wird, geht zu der Eindampfung oder, wenn es sich um Nadelholz handelt, zu der Sulfitspiritusfabrik. Von der restlichen Lauge wird so viel entnommen, wie für die folgende Kochung erforderlich ist. Hierbei ist eine gewisse Verdünnung unvermeidlich. Diese Lauge, die ca. 80% Trockensubstanz enthält, wird daraufhin mit Kalk u. SO_2 angereichert, so daß sie wieder zur Kochung verwendet werden kann. Genaue Angaben über die Arbeitsweise, die Ausbeute der erhaltenen Stoffe sowie über deren Eigg. werden gemacht. (Papier **7.** 41—46. 5/2. 1953.) P. ECKERT. 7962

Hans-Joachim Leugering, *Zur Kenntnis der Zellstoffveredelung durch Heißalkalisierung.* Der zeitliche Verlauf der durch Heißalkalisierung zu erzielenden α-Zahl-Erhöhung läßt sich durch eine einfache empir. Formel $\Delta\alpha \cdot K(c \cdot t) 1/n$ beschreiben. Zwischen Fichten- u. Buchenzellstoffen besteht kein wesentlicher Unterschied; die numer. Werte für die Konstanten K u. n sind innerhalb der Versuchsfehler gleich. Das Verhältnis Stoffverlust/$\Delta\alpha$ hat für Buchen- u. Fichtenzellstoff den Wert 3 u. ist unabhängig von der Kupferzahl des eingesetzten Stoffes. Die Kupferzahl des Stoffes bestimmt die Geschwindigkeit der Reaktion. Die Konstante K der empir. Interpolationsformel ist der Kupferzahl proportional. Die Versuchsergebnisse zeigen, daß man eine ungleichmäßige Verteilung der Carbonylgruppen über den Faserquerschnitt annehmen kann, derart, daß in den Außenbezirken der Faser eine Anreicherung der Carbonylgruppen vorliegt. (Papier **7.** 47—51. 5/2. 1953. Forschungslabor. der Zellstoffabrik Waldhof.) P. ECKERT. 7964

K. C. Logan und C. B. Purves, *Elektrochemische Wiedergewinnung von Natriumhydroxyd und Oxalsäure aus Sulfitablauge.* An Hand von Laboratoriumsunterss. wird versucht, den dem Neutralsulfitverf. anhaftenden Nachteil mangelnder Rückgewinnungsmöglichkeiten des Na zu beseitigen. Durch Kochung wurde eine geeignete Ablauge hergestellt. Na- u. Säuregeh. wurden nach einer den Zwecken geeigneten Vorbehandlung, z. B. durch Entaschen in Kationenaustauschern zur Säurebest., vor u. nach den elektrochem. Rkk. nach bekannten Methoden (Na als Sulfat u. parallel als Na–Zn–UO_2-Acetat; die Säure konduktometr. mit K-Acetat u. potentiometr. bis p_H 7,5 mit Alkali), bestimmt. Die gebildete Oxalsäure wurde nach der Ca-Oxalatfällung mit $KMnO_4$ titriert. Das NaOH wurde in einer Zelle mit Tondiaphragma, Ni-Kathode u. Bleianode mit umgeformtem Netzstrom von über 6 V elektrosysiert, wobei zur Best. des elektr. Wirkungsgrades die Anzahl der durchgeschickten Coulomb gemessen wurde. Eine einstufige Elektrolyse erbrachte Wiedergewinnungsgrade von nur 60% bei einem Wirkungsgrad von ca. 55% maximal. Eine vierstufige Elektrolyse erlaubte es dagegen, 92% des NaOH wiederzugewinnen bei ebenfalls 55% Wirkungsgrad, was ca. 5,9 kWh/kg NaOH entspricht. Bei optimaler Leitung der Elektrolyse (4 Stufen im Gegenstrom) ist ein Wirkungsgrad von 70—80% zu erwarten. Die anod. Oxydation kohlenhydratfreien Na-Ligninsulfonates, in konz. Alkali gelöst, wurde in einer Zelle mit Ni oder Pt als Kathode, Cu-Anode, ohne Diaphragmen u. mit Spannungen 3 V durchgeführt. Die einzigen im Elektrolysat identifizierten bzw. bestimmten Säuren waren Oxalsäure u. H_2SO_4. Die Ausbeuten an Oxalsäuredihydrat betrugen rund 16%, bezogen auf Ligninsulfonsäure. (Tappi **35.** Nr. 6. 284. 1952, referiert nach Papier **7.** L 11. 5/2. 1953.) P. ECKERT. 7966

Paul Lengyel, *Die Verwendung von Laubhölzern in der Papierindustrie.* Zusammenfassende Übersicht. (Papier u. Druck **1.** Zellstoff u. Papier 84—90. Dez. 1952.)
P. ECKERT. 7974

Kurt Schwabe, Meinsberg, Sachsen, *Vergüten von Holz.* Man lagert an das Holz auf chem. oder elektrochem. Wege CNS-Gruppen an, z. B. tränkt man es zunächst mit CNS-Salzlsgg. (I) u. setzt das CNS durch gasförmiges oder in W. gelöstes Cl_2 oder Br_2 in Freiheit oder man macht es nach dem Imprägnieren mit I in einem gut leitfähigen Elektrolyten zur Anode, wobei die Rhodanierung des Holzes auf elektrochem. Wege erfolgt, oder man rhodaniert es ohne Imprägnierung durch anod. Behandlung in konz. I elektrochemisch. Das Holz nimmt bei diesen Verff. bis zu 25% u. mehr CNS auf; es erhält dadurch verbesserte mechan. Eigg., seine Quellfähigkeit nimmt erheblich ab, seine Beständigkeit gegen Chemikalien u. Pilzbefall wird wesentlich erhöht, u. die Gefahr der Zerstörung durch Insekten wird herabgesetzt. (**D. P. [DDR] 821** Kl. 38h vom 18/8. 1943, ausg. 8/5. 1952 [Wirtschaftspatent].) RAETZ. 7953

VVB Alkali, Halle/Saale (Erfinder: **Gotthilf E. Abel**), *Holzschutzmittel.* Man verwendet zum Schützen von Holz (Wasserbauhölzern, Leitungsmasten, Eisenbahnschwellen) oder anderen Faserstoffen, Cellulose, Rohr, Schilf oder Stroh, gegen Fäulnis, Pilzbefall oder tier. Holzzerstörer bes. wss. Lsgg. von mittels Cl oder Br halogenierten Nitrophenolsulfonsäuren oder deren Salzen, bes. Zn- oder Alkalisalzen, mit oder ohne Zusatz von Alkalibichromat oder auch Zn- oder Cu-Salzen, Na_3AsO_4, oder $ZnSiF_6$ als pilz- oder insektentötende Verbb. oder $(NH_4)_2HPO_4$, Bromsalzen oder Boraten als Flammenschutzmittel. Ein geeignetes Salzgemisch besteht z. B. aus 45 (Gewichtsteilen) 6-chlor (oder brom)-2-nitrophenolsulfonsaurem Na u. 55 $K_2Cr_2O_7$; aus beiden Verbb. entsteht innerhalb der Holzfaser eine sehr schwer lösl. Verb., die dem Auslaugen durch W. im imprägnierten Holz einen hohen Widerstand entgegensetzt. Die Anwendung der neuen Holzschutzmittel kann nach dem Kesseldrucktränkverf., dem Eintauchverf., dem Anstrich-, Spritz- oder Bestäubungsverf. oder auch dem Osmoseverf. oder dem Bohrloch- oder Impfstichverf. erfolgen. Die neuen Mittel wirken hoch antisept. u. fäulniswidrig; sie sind leicht wasserlösl., geruchlos, feuerunempfindlich u. mit anderen Verbb. verträglich; die Holzfaser besitzt ihnen gegenüber ein hohes Fixiervermögen, u. die menschliche Haut ist ihnen gegenüber unempfindlich. (**D. P. [DDR] 875** Kl. 38h vom 9/10. 1936, ausg. 16/8. 1952 [Wirtschaftspatent].) RAETZ. 7953

Veitsiluoto Osakeyhtiö, Kemi, Finnland, *Verschwindende Kennfarben für gesägte Holzwaren.* Zum Kennzeichnen von Hölzern beim Sägen verwendet man Ferrihexarhodanoferrat oder dessen wss. Lösung. Die Färbungen können nachher durch W. wieder entfernt werden. (**Finn. P. 25 826** vom 8/4. 1950, Auszug veröff. 31/7. 1952.) JÜRGEN SCHMIDT. 7953

Imperial Chemical Industries Ltd., London, **Terence James Crowe,** Irvine, und **Norman Stanley Kelland,** Saltcoats, England, *Herstellung von Zellstoffpulver.* Die Zellstoffasern werden z. B. 3—6 Std. erst schwach u. dann stark in W. aufgeschlagen, mechan. entwässert, z. B. in Zentrifugen auf einen Wassergeh. von 72%, u. der Kuchen wird, z. B. in einem dampfgeheizten App., unter ständigem Rühren weiterentwässert, bis ein Pulver von z. B. 35% Wassergeh. entsteht. Das Trocknen kann fortgesetzt werden, jedoch nicht bis zum völligen Wasserentzug. (**E. P. 660 277** vom 3/9. 1948, ausg. 7/11. 1951.) G. VOGEL. 7955

Väinö Herman Somer und **Aktiebolaget Kaukas Fabrik,** übert. von: **Väinö Herman Somer,** Lauritsala, und **Tor Erik Brehmer,** Jarvenpaa, Finnland, *Herstellen von Kochsäuren mit erhöhtem SO_2-Gehalt für den Zellstoffaufschluß.* Ein Teil des z. B. aus Pyritöfen erhaltenen Gases mit 9—12 (%) SO_2 wird in einer Fl. aus W. u. 2-Aminocymol (I), bes. im Verhältnis 1 : 1, absorbiert, die Fl. gekocht u. das Destillat (mit fast 100 SO_2) der Kochsäure zugesetzt. I wird aus dem beim Sulfitaufschluß als Nebenprod. gewinnbaren Cymol hergestellt. — Zeichnung. (**A. P. 2 545 389** vom 26/10. 1946, ausg. 13/3. 1951. Finn. Prior. 30/1. 1946.) G. VOGEL. 7963

Traitement Chimique des Végétaux, Frankreich, *Gewinnung von Zellstoff aus pflanzlichem Fasermaterial* durch Behandlung desselben mit HNO_3 von 8—20° Bé bei Tempp. bis 80°, Abtrennung der Säurelsg. u. Neutralisation der restlichen Säure in dem Fasermaterial mit NaOH oder $Ca(OH)_2$. Danach Entfernung der Inkrusten mit Bisulfitlsg., z. B. $Ca(HSO_3)_2$- oder $NaHSO_3$-Lösung. — Als Nebenprodd. werden dabei gewonnen Na- u. Ca-Bisulfite, -Nitrate u. -Oxalate. (**F. P. 986 984** vom 22/12. 1943, ausg. 7/8. 1951.) M. F. MÜLLER. 7965

Jack McK. Limerick, Bathurst, New Brunswick, Can., *Entfernen von Hemicellulose aus Holzzellstoff.* Durch mehrstufige Behandlung mit einer alkal. Reinigungslauge (I), die z. B. NaOH, Na_2S, Na_2CO_3 u. Na_2SO_4 enthält, wird mit 83—84 (%) Ausbeute ein Stoff mit 96—97 α-Cellulose erhalten. Die Stoffdichte des gekochten Stoffes wird durch Zusatz von I auf 1 verd., die M. auf 6—12 eingedickt, die I dabei durch eine stärkere I ersetzt, bis die Stoffdichte auf 3—5 fällt, die M. in einem geschlossenen Syst. 15—60 Min. fortbewegt u. der Vorgang 3—4 mal wiederholt. Zur letzten Verdünnung wird in jeder Stufe fortlaufend eine stärkere I aus der folgenden Eindickstufe verwendet. Ein Teil der I wird fortlaufend aus den ersten Stufen entfernt u. ein äquivalenter Teil frischer I bei der letzten Verdünnung in der letzten Stufe zugesetzt. Der Hemicellulosegeh. der I darf 5% nicht übersteigen. Es wird gewaschen u. 15—60 Min. in heißem W. digeriert. Vor dem Zusatz der I wird der Stoff mit Cl u. Hypochlorit gebleicht u. zuletzt mit SO_2 behandelt. Die gebrauchte I wird in Weißlauge für den Sulfataufschluß übergeführt. — Zeichnungen. (**A. P. 2 592 300** vom 10/9. 1946, ausg. 8/4. 1952.) G. VOGEL. 7965

Henkel & Cie. G. m. b. H. (Erfinder: **Rudolf Köhler und Wilhelm Willms**), Düsseldorf, *Herstellung von celluloseglykolsauren Salzen* aus Alkalicellulose u. einer Lsg. von chloressigsauren Salzen, gegebenenfalls unter Zusatz von Stärke, durch Verkneten. Das nur kurze Zeit verknetete Gemisch wird ohne Luftzutritt oder in Ggw. inerter Gase in den oberen Teil eines stehenden, schachtförmigen Reaktionsgefäßes gebracht, dessen Querschnitt oben kleiner ist als unten. Dort verweilt es bis zu dem gewünschten Verätherungsgrad u. wird dann weiter unten ausgetragen. — Vorrichtung. (**D. B. P. 868 434** Kl. 12o vom 7/8. 1949, ausg. 26/2. 1953.) FABEL. 7971

Ruhrchemie Akt.-Ges., Oberhausen-Holten (Erfinder: **Robert Lüben**, Oberhausen), *Aufarbeitung von Wachspapierabfällen*, dad. gek., daß diese bei Tempp., die knapp über dem F. des Wachses (Paraffin oder andere KW-stoffe) bis zur Temp. der beginnenden Zers. des Zellstoffes liegen, bes. bei 70—90°, mit einer wss. Lsg. einer starken Säure, bes. H_2SO_4 behandelt werden, die dauernd mindestens 0,01% Säure enthält. Die gebildete Wachsschicht wird abgeschöpft. — Beispiel: 1000 g zerkleinerte Abfälle werden mit 25 Litern wss. 0,1%ig. H_2SO_4 gemischt u. unter Rühren 3 Std. bei 70° gehalten. Die Lsg. wird dabei dauernd im Kreislauf über einen bes. Abscheider umgepumpt. (**D. B. P. 858 795** Kl. 55b vom 21/3. 1950, ausg. 8/12. 1952.) G. VOGEL. 7975

XVIIIb. Textilfasern.

Per Ekwall, *Über oberflächenaktive Stoffe.* Übersicht über die verschied. Typen oberflächenakt. Stoffe, deren Anreicherung in Phasengrenzen u. Aggregation zu Micellen, die Bedeutung verschied. Faktoren für die Eigg. der Grenzschichten u. die techn. Bedeutung von Hydrophobisierungs-, Hydrophilisierungs- u. Solubilisierungsprozessen. (Teknillisen Kemian Aikakausilehti **9.** 35—46. Jan. 1952.) BECKMANN. 8028

Kurt Quehl, *Wetter-, waschbeständige, flammenfeste und wasserdichte Imprägnierung sowie deren Prüfung.* Kurzer allg. gehaltener Überblick. (Melliand Textilber. **33.** 1115—16. Dez. 1952.) P. ECKERT. 8036

Alois Herzog, *Ursachen der natürlichen Färbung tierischer und pflanzlicher Faserstoffe.* Vf. gibt einen umfassenden Überblick über die verschied. Arten der Färbung bei Textilfasern. Als Ursachen der natürlichen Färbung werden die Pigmentfärbung der tier. Wollen u. Haare, die Färbungen, die durch An- u. Einlagerung bedingt sind sowie Verfärbungen, die auf verschied., bes. chem. Ursachen zurückzuführen sind, angeführt. Abschließend werden die Mittel besprochen, die zur Erzielung hellerer Bastfasern führen. — 11 Abbildungen. (Melliand Textilber. **33.** 1073—76. Dez. 1952.) P. ECKERT. 8040

J. L. Spencer-Smith, *Feuchtigkeitszusammenhänge und Faserverarbeitung.* Es wird auf den verschiedenartigen Einfl. der relativen Luftfeuchtigkeit auf Textilfasern bzw. Textilien hingewiesen. So nehmen bekanntlich alle Fasern oder die hieraus hergestellten Gewebe, Garne usw. mit steigender Luftfeuchtigkeit steigende Mengen W. auf u. verändern somit ihr Metergewicht. Während nun bei den vegetabil. Fasern mit zunehmender Wasseraufnahme die Festigkeit ansteigt, verhalten sich Reyonfasern, die Wolle u. die künstlichen Eiweißfasern gerade umgekehrt. Weiterhin nehmen mit steigender Feuchtigkeitsaufnahme der Reibungskoeff. sowie der elektr. Leitfähigkeit der Textilfasern bzw. der Garne rasch zu. Aus diesen Gründen müssen beim Spinnen u. Weben genau definierte Feuchtigkeitsgrade eingehalten werden. Bzgl. der Zusammenhänge zwischen Feuchtigkeit u. der Trageigg. der Kleidung sei darauf hingewiesen, daß die verschied. Fasern rasch mit der Feuchtigkeit der Umgebung zu reagieren vermögen. Daher gibt z. B. eine Kleidung Wärme ab, wenn sie von einer warmen trockenen Umgebung in eine feuchte kalte gebracht wird. Infolge von Wasseraufnahme aus der Umgebung durch die Textilfasern wird Wärme frei bzw. durch Abgabe an die Umgebung wird Wärme verbraucht. (Nature [London] **170.** 732—34. 1/11. 1952.) H. G. FRÖHLICH. 8040

Jane Warren, J. David Reid und **Carl Hamalainen**, *Die Einwirkung von Cyanurchlorid auf Baumwollcellulose.* Die Rk. von Cyanurchlorid (I) mit alkal. behandelter Baumwollcellulose (II) in organ. Lösungsm. (HALLER u. HECKENDORN, A. P. 1 886 480) wurde chem. untersucht. Z. B. wurden 4 g Linters oder 11—12 g alkalifeuchtes Garn mit dem gleichen Gewicht I in 200 cm^3 Xylol 1 Std. kräftig geschüttelt, mit Xylol u. Aceton gespült, 3 Std. mit fließendem W. bei 24—28° gespült u. mit Aceton u. A. im Soxhlet extrahiert. Variiert wurden systemat. die NaOH-Konz. bei der Vorbehandlung, die Art des Alkalis, des organ. Lösungsm., die I-Konz., Temp. u. Zeit. Im Maximum wurde eine

Substitution von 1 Mol I auf 1,9 Glucoseanhydridreste erreicht. Der maximale Cl-Geh. war 1 Cl auf 3,4 Glucoseanhydridreste. Dieses Cl ist gegen Erhitzen auf 101° oder mehrmonatige Lagerung stabil u. reagiert mit Äthylendiamin u. Hexamethylendiamin. Der Festigkeitsverlust durch die I-Behandlung betrug maximal 26%. Das behandelte **II**-Garn zeigte eine gewisse Resistenz gegen mikrobiol. Angriff. (Textile Res. J. **22.** 584—90. Sept. 1952. New Orleans, La., Southern Reg. Res. Labor.) ZAHN. 8044

—, *Sekundäre vegetabile Textilfasern und ihre aktuelle Entwicklung.* Übersicht über die Anbaugebiete der die Fasern liefernden Pflanzen u. den augenblicklichen Stand der Faserproduktion unter wirtschaftlichen Gesichtspunkten (Jute, Ramie, Manilahanf, Sisal, usw.). (Rev. gén. Teinture, Impress., Blanchiment, Apprêt (Tiba) **29.** Nr. 10. 13—19. Sept./Okt. 1952.) ROSSOW. 8048

Helmut Zahn, *Neuere Erkenntnisse über Feinbau und Chemie der Naturseide.* Nach kurzen Hinweisen auf die Morphologie der Seide (I) geht Vf. auf die Röntgenstruktur der I ein u. behandelt dann die Aminosäurezus. von Fibroin u. Sericin. Besprochen werden ferner die Nitrierung von I, die chem. Stabilisierung von I mit Dinitrodifluorbenzol sowie die Dinitrophenylierung von I. Abschließend äußert sich Vf. über weitere Unterss. an der dinitrophenylierten I. — 17 Abbildungen, 35 Literaturangaben. (Melliand Textilber. **33.** 1074—84. Dez. 1952. Heidelberg, Univ., Chem. Inst.) P. ECKERT. 8068

H. Vollenbruck, *Der Verlauf des Faserabbaues beim Waschen.* 2. Mitt. (1. vgl. C. **1953.** 1740.) Es werden die DP-Werte von Viscose-Zellwollgeweben im Verlauf verschied. mit Hypochlorit durchgeführter Laboratoriumsverss. ermittelt. Der sich hierbei ergebende Abbauverlauf wurde auf eine gemeinsame Kurve bezogen. Für den Abbauverlauf beim Waschen, wie er sich aus den DP-Werten des Ausgangsgewebes sowie nach 25 u. 30 Wäschen ergab, kann die für die Bleichverss. gültige Kurve zugrunde gelegt werden. Bei der Prüfung auf chem. Schädigung im Rahmen von Waschgangkontrollen erwies sich ein Zellwollgewebe infolge größerer Allgemeingültigkeit des Abbauverlaufs zweckmäßiger als ein Baumwollgewebe. (Melliand Textilber. **33.** 1105—07. Dez. 1952. Krefeld, Wäschereiforschung.) P. ECKERT. 8074

M. H. Jellinek, *Behandlung von Glasfasern mit Vinylsiliconharz.* Glasfaser-Polyester-Schichtstoffe zeigen bei Wassereinw. starken Rückgang in der Biegefestigkeit. Dies wird vermieden bei Verwendung eines neutralen, KW-stofflösl. Vinyl-Silicon-Polymeren (*Linde Sizing GS-1*). Angaben über Verarbeitung des Harzes u. Festigkeitswerte der damit erzeugten Schichtstoffe. (Mod. Plastics **30.** Nr. 3. 150—54. Nov. 1952. Lind Air Prod. Co., Div. of Union Carbide & Carbon Corp.) SCHEIFELE. 8082

H. de Vries, *Messung der Doppelbrechung von Fasern.* Eine verbesserte Meth. zur Messung des Brechungsindex u. der Doppelbrechung von Fasern beruht auf der Beugung weißen Lichtes durch auf einem Rahmen wie ein Phasengitter wirkendes Garn, wobei die Anordnung in eine Reihe von Fll. eintaucht, deren chromat. Dispersionskurven diejenige der Fasern im sichtbaren Licht schneiden. Die experimentelle Anordnung wird schemat. beschrieben. (Textile Res. J. **22.** 619—20. Sept. 1952. Arnheim, A. K. U., N. V. Untersuchungslabor.) ZAHN. 8096

Farbenfabriken Bayer (Erfinder: **Mathieu Quaedvlieg** und **Herbert Hempel**), Leverkusen, *Herstellung von Polyglykoläthern.* Substituierte Phenole werden mit Reaktionsprodd. aus niedermol. Carbonsäureamiden u. Aldehyden kondensiert u. dann mit Alkylenoxyden sowie gegebenenfalls Sulfonierungsmitteln behandelt. — Beispiel: Rk. von Isohexylphenol mit dem Reaktionsprod. aus CH_2O u. CH_3CONH_2, dann Umsetzung mit Äthylenoxyd. — *Textilhilfsmittel,* Dispergiermittel. (**D. B. P. 863 201** Kl. 12q vom 1/3. 1951, ausg. 15/1. 1953.) FABEL. 8209

Badische Anilin- & Soda-Fabrik, Ludwigshafen/Rh. (Erfinder: **Conrad Schöller,** Mannheim, **Karl Zohner,** Ebensee, Österreich, und **Hans Fikentscher,** Ludwigshafen/Rh.), *Schlichten, Appretieren oder Polieren von Fasern, Geweben, Papier, Leder* oder dergleichen. Man imprägniert mit wss. Dispersionen von Polymerisaten, emulgiert mit kationakt. organ. Verbb., die einen höhermol. Rest u. einen Polyglykolätherrest enthalten. — Geeignet ist z. B. eine Dispersion eines Polyacrylsäuremethylesters, der emulgiert ist mit einem mit Dimethylsulfat peralkyliertem Reaktionsprod. aus 1 (Mol) Oleylamin u. 10 Äthylenoxyd. (**D. B. P. 857 185** Kl. 8k vom 6/11. 1942, ausg. 27/11. 1952.) MÖLLERING. 8031

Farbwerke Hoechst, vormals Meister Lucius & Brüning (Erfinder: **Josef Nüsslein** und **Franz Nestelberger**), Frankfurt/M., *Metallüberzüge auf Gewebe* erhält man durch Fixierung von Metallpulver mit dispergierten natürlichen oder Polymerisationsharzen, z. B. einem Mischpolymerisat aus 70 (%) Vinylacetat u. 30 Acrylsäurebutylester. (**D. B. P. 857 339** Kl. 8k vom 29/8. 1942, ausg. 27/11. 1952.) MÖLLERING. 8033

Badische Anilin- & Soda-Fabrik, Ludwigshafen/Rh. (Erfinder: **Adolf Hartmann**, Gessertshausen, **Conrad Schöller**, Mannheim, **Reinhardt Hebermehl** und **Wilhelm Bunge**, Leverkusen), *Veredeln von Fasermaterial.* Zellwollgewebe, Papier oder dgl. wird mit Lsgg. oder Dispersionen von hochmol. Verbb. behandelt, die mehr als 2 mit Isocyanatgruppen umsetzungsfähige oder leicht verseifbare Gruppen enthalten, worauf man mit Di- oder Polyisocyanaten nachbehandelt. Umsetzungsfähige Verbb. sind z. B. Dextrin, Stärke, Oxyäthylcellulose, Alginsäure, Polyvinyl- oder Polyacrylverbb. oder Harnstoff- oder Melamin-CH_2O-Kondensate. (**D. B. P. 857 040** Kl. 8k vom 20/9. 1941, ausg. 27/11. 1952.) MÖLLERING. 8037

Th. Goldschmidt Akt.-Ges. Chemische Fabriken (Erfinder: **Hellmuth Stamm** und **Hugo Arens**), Essen, *Hydrophobierung von Textil-, insbesondere Cellulosefasern,* die gegen HCl empfindlich sind, mit Organosiliciumhalogeniden erfolgt nach Verminderung des Wassergeh. des zu behandelnden Gutes auf > 3%, bes. auf 1%. (**D. B. P. 857 188** Kl. 8k vom 21/11. 1950, ausg. 27/11. 1952.) MÖLLERING. 8037

Ciba Akt.-Ges., Basel, Schweiz (Erfinder: **G. Sulzer**), *Chlorierung von Wolle* durch Behandlung mit Lsgg., die akt. Cl u. eine wasserlösl. Methylolverb. von Melamin enthalten, die alkyliert sein kann. Durch diesen Zusatz werden etwaige Unregelmäßigkeiten des Chlorangriffs ausgeglichen. (**Schwed. P. 132 141** vom 1/6. 1950, ausg. 3/7. 1951.) JÜRGEN SCHMIDT. 8061

Wella Akt.-Ges., Frankfurt/M. (Erfinder· **Hans Freytag**, Fulda, und **Richard Heilingötter**, Hünfeld), *Behandlung von tierischen Fasern und Haaren,* dad. gek., daß das alkal. (mit Thioglykolatlsg.) u. dann mit Oxydationsmitteln vorbehandelte Gut mit einer reduzierenden u. eiweißverfestigenden Lsg., z. B. von 10 (g) Weinsäure, 5 Tannin u. 20 Thioharnstoff in 1 Liter W. nachbehandelt, mit W. gewaschen u. getrocknet wird. (**D. B. P. 862 935** Kl. 29b vom 24/1. 1950, ausg. 15/1. 1953.) SALZMANN. 8067

Badische Anilin- & Soda-Fabrik, Ludwigshafen/Rh. (Erfinder: **Anton Luber** und **Conrad Schöller**, Mannheim), *Kunstseiden-, insbesondere Zellwollpräparation.* Man imprägniert mit wss. Emulsionen solcher Alkohole, die durch Rk. von CO mit H_2 bei >250° in Ggw. von Fe-Katalysatoren u. bei niedrigen Drücken erhalten worden sind. — Ein verwendeter Alkohol hat z. B. Kp. 341—355°, OH-Zahl 67 u. JZ. 20. (**D. B. P. 857 338** Kl. 8k vom 18/3. 1944, ausg. 27/11. 1952.) MÖLLERING. 8075

Soc. des Usines Chimiques Rhône-Poulenc, Seine, Frankreich (Erfinder: **Jean-Louis Gonnard, Lucienne-Anne-Marguerite Casati** und **Joseph-Edouard-Gustave Lahousse**), *Plastischmachen von Polyamiden* aus Aminocarbonsäuren, Diaminen u. Dicarbonsäuren. Man behandelt sie in Form von Filmen oder Fäden in der Wärme mit CH_2O oder CH_2O-entwickelnden Stoffen u. gegebenenfalls zu weiterer Erhöhung der Elastizität mit Lsgg. von Stoffen, wie Äthylenglykol oder dessen Homologen, Glycerin, Pentantriol, Triäthanolamin, Morpholin, Na-Salicylat, Glykolsalicylat, Acetanilid. — Man zieht z. B. ein Polyamid aus 60% Hexamethylen u. Adipinsäure u. 40% Aminocapronsäure bei 190—200° unter N_2-Druck zu einem Faden von 1 mm Durchmesser, behandelt den Faden 6 Std. in 40%ig. Formol bei 60° u. 6 Std. bei 95° (Verringerung der Länge auf die Hälfte, Vergrößerung des Durchmessers auf das 3fache). Man wäscht 10 Std. mit W., trocknet 1 Tag an der Luft u. legt 4 Std. in eine 25%ig. alkoh. Glykolsalicylatlösung. (**F. P. 977 617** vom 31/8. 1942, ausg. 3/4. 1951.) PANKOW. 8081

E. I. du Pont de Nemours & Co., V. St. A., übert. von: **Harold Wilfred Arnold**, *Acrylnitril–Vinylpyridinium-Mischpolymerisation.* Man polymerisiert mit 2—15% eines Vinylpyridins (2-Vinyl-, 4- oder 5-Äthyl-2-vinyl-, 4.6-Dimethyl-2-vinyl-, 2-Methyl-5-vinyl-, 6-Methyl-2-vinylpyridin, 2- oder 4-Vinylchinolin), bes. in wss. Medium bei 30—100° mit Peroxyden oder bes. Azokatalysatoren. Die Polymeren lassen sich zu *Fäden spinnen* u. recken, die mit sauren Farbstoffen gefärbt werden können. Man hält z. B. eine Mischung aus 2 (Gewichtsteilen) eines Na-Sulfats eines aliphat. KW-stoffs mit 15—18 C-Atomen, 450 Acrylnitril, 50 2-Vinylpyridin u. 10 $\alpha.\alpha'$-Azodiisobutyronitril in 10000 W. 17 Std. bei 65° u. koaguliert mit Al-Sulfatlsg., worauf das Polymere aus Dimethylformamidlsg. zu Fäden versponnen wird. Die Fäden können mit einem Farbstoff aus 1-Aminonaphthalin-4-sulfonsäure u. 2-Amino-8-oxynaphthalin-6-sulfonsäure gefärbt werden. (**F. P. 981 750** vom 24/2. 1949, ausg. 30/5. 1951. A. Prior. 25/2. 1948.) PANKOW. 8081

XIX. Brennstoffe. Erdöl. Mineralöle.

Walter Fuchs, *Neuere Untersuchungen über die Entstehung der Kohle.* Die natürliche Kohle ist aus den Resten von Lebewesen durch Oxydation oder Red. entstanden, wobei die Art der Rk. für die Entstehung von Braunkohle oder Steinkohle entscheidend war. Temp., Druck u. Zeit sind bei der Inkohlung nicht wirksam gewesen. Die Ansicht, daß sich beim Absterben natürlicher Lebensgemeinschaften in Moor u. Wald zuerst Torf, dann Braunkohle, hierauf Steinkohle u. schließlich Anthrazit gebildet haben, ist noch in keinem einzigen Falle nachweisbar gewesen. (Chemiker-Ztg. **76.** 61—66. 5/2. 1952.) STEINER. 8126

B. E. Hunt, Shiro Mori, Sidney Katz und **R. E. Peck,** *Reaktion von Kohle mit Dampf bei erhöhten Temperaturen.* Dampf wird bei verschied. Fließgeschwindigkeiten durch ein festes Kohlenbett geleitet u. die Reaktionsprodd. untersucht. Die Tempp. liegen zwischen 980—1370°. Im Temperaturbereich von 980—1140° tritt eine Aktivierungsenergie von mindestens 45 kcal auf. Oberhalb dieser Temp. fällt die Aktivierungsenergie schnell auf Null. Diese Untersuchungsergebnisse werden dazu benutzt, eine Hypothese zu prüfen, die besagt, daß die Reaktionsgeschwindigkeit sowohl durch Oberflächen- als auch Diffusions-Rkk. bestimmt wird. Die gefundenen Werte bestätigen die Hypothese, zeigen aber, daß weder eine Sorptions- noch Oberflächen-Rk. die Geschwindigkeit unterhalb 1140° beherrscht, während bei höheren Tempp. die Reaktionsgeschwindigkeit durch Massenübertragung beherrscht wird. Übereinstimmend damit sind auch die Aktivierungsenergien. — Diagramm u. rechner. Ableitung der Versuchsergebnisse im Original. (Ind. Engng. Chem. **45.** 677—80. März 1953. Chicago, Ill., Inst. of Gas Technol., u. Inst. of Technol.) K. O. MÜLLER. 8126

J. H. Burgoyne und **R. F. Neale,** *Zündgrenzen und Selbstzündung einiger organischer Substanzen in Luft.* In einem geschlossenen Rohr wurde der Einfl. von Drücken unter 1 ata auf die Zündgrenzen u. Selbstentzündlichkeit bestimmter Brennstoffe in Luft bei atmosphär. u. erhöhter Temp. untersucht u. hierbei gefunden, daß die Temp. nur einen geringen Einfl. auf die untere Zündgrenze eines Brennstoffes bzw. auf den geringsten Druck für die Flammenfortpflanzung hat. So wird an der unteren Grenze die Bldg. blauer u. auch grüner Flammen durch verschied. Tempp. kaum geändert, was bei Propan u. Dimethyläther auch für die obere Grenze gilt. Bei Äthylen u. Äthylenoxyd erweitern höhere Tempp. den oberen Bereich merklich, so daß er sich mit der oberen Grenze für die Selbstzündung zu überschneiden scheint. Man kann also annehmen, daß die Flamme entweder therm. fortgepflanzt wird oder im anderen Falle rasch diffundierende Radikale die Flammenausbreitung bewirken. (Fuel **32.** 17—27. Jan. 1953.) SCHÖBERL. 8128

A. R. Myhill, *Betriebsschwierigkeiten durch Teeremulsionen.* Die Bldg. von Teer–W.-Emulsionen bei der Herst. von carburiertem Wassergas ist auf zu starkes oder zu schwaches Cracken des zum Carburieren verwendeten Öls bzw. auf Kondensation des W. aus den Öl–W.-Dämpfen in feinster Verteilung zurückzuführen. Es wird über betriebliche Maßnahmen zur Behebung derartiger, durch stabile Emulsionen bedingter Störungen berichtet. (Coke and Gas **14.** 289—92. 296. Aug. 1952.) STEINER. 8158

J. G. King, *Schwefel aus der Gasindustrie.* Möglichkeiten, den bei der Stadtgasgewinnung anfallenden S in reiner Form zu gewinnen, bestehen 1. in der Extraktion der gesätt. Reinigungsmasse (RM) mit CS_2 oder Toluol, bei gleichzeitiger Reaktivierung der RM, u. Ausfällung des verunreinigenden Teers durch ein Reagens, 2. im abgeänderten SEABOARD-Verf., indem die Na_2CO_3-Absorptionslsg. mit Dampf unter Vakuum von H_2S u. HCN befreit wird, so daß die schädliche Wrkg. des Luft-O wegfällt. Andere Verbesserungen bestehen in 1. der Anordnung der RM in einem Turm, 2. der langsamen Abwärtsbewegung der RM im Gegenstrom zum Rohgas (im Entwicklungsstadium), 3. der Fluidierung der RM durch den Gasstrom (im Laborstadium), gegebenenfalls in Verbindung mit S-Gewinnung durch Verflüchtigung bei 300°. Auch die Frage der Reinigung des Koksofengases wird berührt. (Times Rev. Ind. **5.** 20—22. Aug. 1951.) METZENER. 8172

W. B. Kay und **D. B. Brice,** *Flüssigkeit-Dampf-Gleichgewichtsbeziehungen im Äthan–Schwefelwasserstoff-System.* Zur Klärung von Fragen, die bei der Dest. von H_2S-haltigen Rohölen auftreten, untersuchten Vff. die Druck–Vol.–Temp.-Beziehungen in der Fl.–Dampf-Zwischenphase im Äthan–H_2S-Syst. durch Messung der Druck–Temp.-Grenzkurven u. des spezif. Vol. von gesätt. Fl. u. Dampf von 6 Mischungen von Äthan u. H_2S. Die gefundenen Werte u. Beziehungen der Varianten werden im Diagramm wiedergegeben. Ein Minimum-Kp.-Azeotrop bildet sich, dessen Zus. variiert von 93 Mol-% Äthan bei 14 at bis 78,2 Mol-% bei 53,9 at, dem krit. Druck des Gemisches. Im Gegensatz zum Verh. von anderen bin. Systemen, die Azeotrope in dem krit. Bereich bilden, besitzt das untersuchte Syst. an der krit. Stelle keinen einheitlichen Temperaturwert. (Ind. Engng. Chem. **45.** 615—18. März 1953. Columbus, O., Ohio State Univ.) K. O. MÜLLER. 8192

E. K. Seybert, *Adsorption mit Silicagel zur Trennung von flüssigen Kohlenwasserstoffen.* Vf. beschreibt ausführlich die grundlegenden Eigg. des Silicagels sowie dessen besondere Eignung für eine adsorptive Trennung von KW-stoffen. Es werden dann die in der Praxis ausgeübten Verff. beschrieben. (Petroleum Processing **7.** 1150—53. Aug. 1952.) ROSENDAHL. 8194

A. W. Weitkamp, Herman S. Seelig, Norman J. Bowman und William E. Cady, *Produkte aus der Kohlenoxydhydrierung über einen Eisenkatalysator. Aliphatische und alicyclische Kohlenwasserstoffe.* Ziel der Arbeit ist die Ermittlung der Inhaltsstoffe der durch die CO-Hydrierung entstandenen KW-stoffe u. O_2-haltigen Produkte. Die KW-stoffe werden durch Dest., Chromatographie, Spektrometrie usw. genau analysiert. Die Ausbeute in Gew.-% erreicht ein Maximum bei Verbb. mit 3 C-Atomen u. verringert sich exponentiell mit steigender C-Zahl. Bei den aliphat. u. alicycl. KW-stoffen herrschen die Olefine bes. gradkettig vor. Die gradkettige Struktur sinkt ab bei steigender C-Zahl. Verzweigte Isomere u. alicycl. KW-stoffe kommen in steigendem Maß in den Fraktionen mit höherer C-Zahl vor, doch ist die ganze Rk. durch eine starke Abhängigkeit vom thermodynam. Gleichgewicht charakterisiert. Die Struktur der Prodd. kann durch 2 Funktionen definiert werden, u. zwar durch die Möglichkeit, daß ein anderes C-Atom an die wachsende Kette addiert wird, oder durch die Möglichkeit, daß dieses C-Atom an das Kettenende addiert wird, statt angelagert. Aromatisierung u. die zweite Möglichkeit der Doppelbindungisomerisation u. Hydrierung sind ungeordnet, aber trotzdem charakterist. für den Prozeß. Versuchsdurchführung u. Auswertung an Hand von Tabellen u. Diagrammen im Original. — 22 Literaturhinweise. (Ind. Engng. Chem. **45.** 343—49. Febr. 1953. Whiting, Ind., Standard Oil Co., Res. Dep.) K. O. MÜLLER. 8200

H. N. Dunning, *Überblick über Olefinisomerisation.* Vf. hat an Hand von 89 Literatur- u. Patentzitaten den Stand der Technik übersichtlich herausgearbeitet. Die Katalysatoren sind alphabet. geordnet u. solche besonderer Wirksamkeit sind an Hand der Verfahrensschritte näher erläutert. Bei milden Arbeitsbedingungen werden Olefine isomerisiert unter Bldg. von Gleichgewichtskonz. von verschied. Isomeren. Die Doppelbindungsisomerisation wird allein durch metall. Katalysatoren in Ggw. von H_2 katalysiert. Sowohl Doppelbindungs- als auch Kettenisomerisation wird wirkungsvoll durch saure Katalysatoren erreicht, wobei unterhalb 250° die Haupt-Rk. in Richtung der Doppelbindungsisomerisation läuft. Wenn die Temp. steigt, dann tritt die Kettenisomerisation in den Vordergrund, bis bei Tempp. von 325—500° bei hoher Durchsatzgeschwindigkeit ein Gleichgewicht eintritt. Die verschied. Olefinhomologen reagieren etwa gleich, wenn auch bei größerer Kettenlänge durch Isomerisation u. Spaltung die Rkk. leichter durchführbar sind. Generell kann gesagt werden, daß erhöhte thermodynam. Stabilität, die herrühren kann 1. durch Verschiebung der Doppelbindung mehr nach dem Inneren oder 2. durch Anwachsen der Anzahl der Seitenketten durch Kettenisomerisation, von einem beträchtlichen Anstieg der OZ. des Ausgangsstoffes begleitet ist. Der beträchtliche Olefingeh. der meisten therm. gespaltenen Schwerbenzine hat bewirkt, daß die Isomerisation dieser Ausgangsöle mehr gefördert wird, da sich hier ein Weg zeigt, Spaltbenzine zu verbessern. Bes. die Benzine der FISCHER-TROPSCH-Synth. u. des Ölschiefers sind nach Ansicht des Vf. geeignet, durch Olefinisomerisation vergütet zu werden. (Ind. Engng. Chem. **45.** 551—64. März 1953. Bartlesville, Okla., U. S. Bur. of Min.) K. O. MÜLLER. 8200

R. S. Fein, H. I. Wilson und Jack Sherman, *Verbrennungswärme von Erdölkohlenwasserstoffen.* Aus Anilinpunkt–D.-Konstante u. der A.P.I.-Dichte wurden empir. Gleichungen entwickelt, um den Nettoheizwert von Erdölgemischen u. individuellen KW-stoffen zu ermitteln. Durch eingehende Messungen stellen Vff. fest, daß die Anilinpunkt–D.-Konstante generell Gültigkeit für alle Kraftstoffe hat, von denen der Anilinpunkt gemessen werden kann. Hingegen decken der Charakterisationsfaktor u. die A.P.I.–D.-Beziehungen nicht den weiten Bereich von Kraftstofftypen ab. Die beiden zuletzt genannten Kennzahlen sind genügend genau für die meisten Zwecke, während die Anilinpunkt–D.-Konstante den Nettoheizwert für Fliegerkraftstoffe in vergleichbarer Genauigkeit mit der üblichen Calorimeterheizwertbestimmungsmeth. ergibt. (Ind. Engng. Chem. **45.** 610—14. März 1953. Beacon, N. Y., Beacon Labors., Texas Co.) K. O. MÜLLER. 8204

Stora Kopparbergs Bergslags Aktiebolag, Falun, Schweden, *Trocknen von Torf und ähnlichen Stoffen.* Torf, Weißmoos, Stroh, Holz oder Braunkohle werden mit O_2 enthaltenden Gasen unter Druck voroxydiert u. dann in der Wärme mit Wasserdampf oder anderen Gasen getrocknet. Vorzugsweise geht man von einem vorgetrockneten Material mit weniger als 25% W. aus u. oxydiert mit 90—100%ig. O_2 bei 150—300° u. 10—200 atü vor. (**N. P. 79 542** vom 9/6. 1950, ausg. 24/12. 1951. Schwed. Prior. 18/2. 1950.) JÜRGEN SCHMIDT. 8123

Directie van de Staatsmijnen in Limburg, Heerlen, Holland, *Verbrennung von feinkörnigen Brennstoffen im Schwebezustand.* Die Verbrennung erfolgt in einem Cyclonofen, wobei der Brennstoff u. die Verbrennungsluft tangential zugeführt u. die Verbrennungsgase zentral am einen Ende des Ofens abgeführt werden. Die Schlacke wird fl. am äußeren Rande am entgegengesetzten Ende abgeführt. Innerhalb des Verbrennungsraumes bewegt sich das Reaktionsgemisch am Rande von oben nach unten u. in der Mitte von unten nach oben. — Zeichnung. (**N. P. 79 296** vom 5/9. 1950, ausg. 5/11. 1951. Holl. Prior. 15/9. 1949.) JÜRGEN SCHMIDT. 8129

Koppers Co., Inc., Pittsburgh, Pa., V. St. A. (Erfinder: **F. Totzek**), *Herstellung von Gasen.* Man suspendiert feinverteilte feste Brennstoffe in O_2-haltigen Gasen, deren Menge zur vollständigen Verbrennung nicht ausreicht. Das Gemisch wird in die Mitte einer heißen Kammer eingeführt u. verbrennt hier exotherm. Längs der Wände der Kammer leitet man im Gleichstrom Gase, wie Wasserdampf oder CO_2, die mit dem Brennstoff endotherm reagieren u. vorzugsweise vorgewärmt sind, z. B. nach Schwed. P. 132 140 durch die bei der Verbrennung des Brennstoffes mit O_2 freiwerdende Wärme. Man erreicht eine sehr vollständige Vergasung (ohne schm. Asche) zu einem CO- u. H_2-reichen Gas. — Vorr., Zeichnungen. (**Schwed. PP. 132 139** u. **132 140** vom 28/12. 1948, ausg. 3/7. 1951. Schwz. Prior. 29/12. 1947.) JÜRGEN SCHMIDT. 8149

Shell Development Co., San Francisco, übert. von: **John I. Gates**, Pasadena, und **Wilson M. Wallis**, Long Beach, Calif., V. St. A., *Spülflüssigkeit für Ölsonden*, bestehend aus einer W.-in-Öl-Emulsion, die als Beschwerungsmittel Ton, gemahlene Austernschalen, Baryt u. dgl. u. als Emulgiermittel öllösl. Seifen mehrwertiger Metalle, z. B. von Mg oder Ca, von natürlichen Holzharzrückständen enthält. (**A. P. 2 557 647** vom 27/7. 1948, ausg. 19/6. 1951.) DERSIN. 8191

Aktiebolaget Separator, Stockholm, Schweden (Erfinder: **H. B. Zachariassén**), *Zentrifugieren von Mineralöl–Wasser-Gemischen.* Man führt die Trennung in Zentrifugen unter Abführung beider Phasen im Vakuum durch. Um hierbei eine Verdampfung von W. zu verhindern, wird noch in der Zentrifuge in die Wasserphase kaltes W. eingeführt. Bes. soll die wss. Phase so weit gekühlt werden, daß ihr Dampfdruck nicht über dem Druck der Auffangräume liegt. — Vorr., Zeichnung. (**Schwed. P. 133 520** vom 1/12. 1949, ausg. 6/11. 1951.) JÜRGEN SCHMIDT. 8191

Standard Oil Development Co., Elizabeth, übert. von: **Mathis T. Waddell, Harold W. Earhart** und **Robert M. Love**, Baytown, und **James S. Tiller**, Dallas, Tex., V. St. A., *Hypochloritbehandlung von Destillaten.* Saure Erdöldestillate, die organ. Säuren enthalten, werden mit einer alkal. Hypochloritlsg. behandelt, die Lsg. wird abgetrennt u. zurückgeführt. Um eine Rk. der sauren Stoffe im Destillat u. in der abgetrennten Lsg. zu verhüten, mischt man frische alkal. Hypochloritlsg. mit der abgetrennten Lsg. u. behandelt das saure Destillat mit der Mischung 30 Sek. nach dem Mischen. Die frische alkal. Hypochloritlsg. enthält 50—120 g freie NaOH u. 100—180 g verfügbares Cl im Liter. — Zeichnung. (**A. P. 2 608 523** vom 30/7. 1951, ausg. 26/8. 1952.) UNGER. 8195

Standard Oil Development Co., Elizabeth, N. J., übert. von: **Robert M. Love**, Baytown, Tex., V. St. A., *Regenerierung gebrauchter Alkaliplumbitlösung.* Man setzt einen fl. KW-stoff (2—40 Vol.-%; Siedebereich 175—550° F) zu, in dem sich alle Polymeren u. Harzbildner auflösen. Diese Lsg. behandelt man mit einem Gas, das freien O_2 enthält, bis die regenerierte Plumbitlsg. zur weiteren Behandlung von mercaptanhaltigen KW-stoffen geeignet ist. Das aromat. Lösungsm. soll mindestens 50 % Aromaten enthalten. Es kann Bzl., Toluol oder ein aromatenreiches Bzn. (Kp. 325—550° F) sein. — Zeichnung. (**A. P. 2 605 165** vom 13/3. 1948, ausg. 29/7. 1952.) UNGER. 8195

Badische Anilin- & Soda-Fabrik, Ludwigshafen/Rh. (Erfinder: **Hans Bähr**, Herne-Sodingen), *Trockendestillation von Kohlen in Verbindung mit der Druckhydrierung von Kohlen*, wobei aus nicht oder schlecht backender Kohle mit bei der Druckhydrierung anfallenden Erzeugnissen Formlinge hergestellt u. diese geschwelt oder verkokt werden, u. die hierbei erhaltenen Teere nach Abtrennung der leichter sd. KW-stofföle zum Anpasten der Kohle für die Druckhydrierung verwendet werden, dad. gek., daß die Druckhydrierung in bekannter Weise so milde durchgeführt wird, daß der aus der Kohle stammende Anteil des Hydriererzeugnisses im wesentlichen pechähnliche Eigg. besitzt u. daß das nach Abtrennung der weniger hochsd. Anteile verbleibende schmelzbare Hydriererzeugnis zur Herst. der Formlinge verwendet wird. — Zeichnungen. (**D. B. P. 860 197** Kl. 12o vom 12/12. 1939, ausg. 18/12. 1952.) G. KÖNIG. 8199

Ruhrchemie Akt.-Ges. (Erfinder: **Hans Neweling**), Oberhausen, *Temperaturregelung bei der Konvertierung von CO und H_2 enthaltenden Gasgemischen zur Erhöhung ihres H_2-Gehaltes.* Das in vorgeschalteten Kontaktschichten (I) teilweise konvertierte Gas leitet man durch die Rohre eines Wasserverdampfapp. (**II**), setzt den in **II** erzeugten Wasserdampf den Gasen zu u. führt sie durch weitere **I**. Man vermeidet dadurch die Nachteile der Kühlung durch Eindüsen von W. in die Gase. — Zeichnung. (**D. B. P. 854 202** Kl. 12i vom 24/12. 1948, ausg. 30/10. 1952.) ZÜRN. 8201

Metallgesellschaft Akt.-Ges. (Erfinder: **Friedrich Danulat** und **Oskar Dorschner** Gonzenheim bei Bad Homburg v. d. Höhe), Frankfurt/M., *Gewinnung von höheren gasförmigen, flüssigen und festen Kohlenwasserstoffen und entgiftetem Stadtgas* aus H_2- u. CH_4-reichen Gasen durch katalyt. Hydrierung des im Ausgangsgas enthaltenen CO mittels Kontakten der Benzinsynth., indem das CO nur teilweise (zu ca. 40—70%) umgesetzt wird, derart, daß das umgesetzte CO in der Hauptsache zu höheren KW-stoffen umgewandelt u. nach der Entfernung derselben aus dem Gas der Rest des CO zu H_2 u. CO_2 konvertiert wird. (**D. B. P. 860 526** Kl. 26d vom 16/2. 1939, ausg. 22/12. 1952.) DEMMLER. 8201

Standard Oil Development Co., übert. von: **Rhea N. Watts** und **Williams E. Spicer**, Baton Rouge, La., V. St. A., *Herstellung hohler Katalysatorkügelchen aus Magnetit* für die *KW-stoffsynth.* im Wirbelschichtverfahren. Ein Fe-, Co- oder Ni-Draht wird kontinuierlich z. B. in einer $O_2 + C_2H_2$-Flamme von 2000—4000° F in eine oxydierende Atmosphäre von 100—300° F gegen eine konkave, mit W. gekühlte Fläche versprüht, wobei sich hohle, 40—120 μ große Kügelchen bilden, die noch mit Alkali imprägniert werden können. — Zeichnung. (**A. P. 2 583 452** vom 27/11. 1946, ausg. 22/1. 1952.) STEIL. 8201

Standard Oil Development Co., Elizabeth, N. J., V. St. A., *Kontinuierliches Alkylieren eines Isoparaffins* (I) mit einem Olefin (**II**) in Ggw. eines fl. Säurekatalysators, dad. gek., daß man **II** an mehreren Punkten in den Strom des Reaktionsmittels einträgt, der **I** u. den Katalysator enthält, unter Vermischung der Komponenten nach jedem **II**-Zusatz, wobei der Anteil von Gesamtisoparaffin zum Gesamtolefin in der Frischbeschickung ca. 6 : 1 u. die Menge der Rücklaufemulsion aus Katalysator u. KW-stoff 5—200 Voll. je Vol.-Einheit der Frischbeschickung von **I** u. **II** beträgt. Als Alkylierungskatalysator verwendet man H_2SO_4 u. als Reaktionsmittel eine Emulsion von H_2SO_4, überschüssigem **I** u. Reaktionsprodukt. Die Prodd. sd. bes. im Benzinbereich. — Zeichnung. (**D. B. P. 848 648** Kl. 12o vom 27/8. 1950, ausg. 4/9. 1952. A. Prior. 12/2. 1942.) G. KÖNIG. 8201

Atlantic Refining Co., übert. von: **Frank G. Giapetta**, Llanerch Hills, und **William H. Buck**, Philadelphia, Pa., V. St. A., *Kieselsäure, Aluminiumoxyd und ein Metall der 8. Gruppe enthaltender Katalysator*, z. B. für die *Polymerisation u. Isomerisation gasförmiger Olefine.* Er enthält 95—80% SiO_2, 5—20% Al_2O_3 u. 1—5% eines hydrierend wirkenden Metalls (Co, Ni, Fe, Pt, Pd). Ein üblicher Spaltkatalysator wird ca. 1 Std. bei 500° aktiviert, nach Abkühlung z. B. mit einem Nitrat imprägniert, hierauf getrocknet (3 Std. bei 100°) u. bei 350° mit H_2 reduziert. (**A. P. 2 589 189** vom 17/8. 1949, ausg. 11/3. 1952.) STEIL. 8201

Universal Oil Products Co., Chicago, übert. von: **Vladimir Haensel**, Hinsdale, Ill., V. St. A., *Herstellung von Al_2O_3–Pt–Halogenid-Katalysatoren*, z. B. zum *Reformieren von Destillationsbenzin.* Ein aus $AlCl_3$ durch NH_3 erhaltener Nd. von Al_2O_3 wird ausgewaschen, bis er 0,1—8 Gew.-% Cl enthält, hierauf mit so viel Chloroplatinwasserstoffsäure versetzt, daß er in trockenem Zustand 0,01—10 Gew.-% Pt enthält. Die M. wird getrocknet u. bei 800—1200° F calciniert. — Bzn. mit Octanzahl bis zu 78,8. (**A. P. 2 582 428** vom 17/6. 1949, ausg. 15/1. 1952.) STEIL. 8201

Standard Oil Development Co., Elizabeth, N. J., V. St. A., *Reformierung von Kohlenwasserstoffen*, bes. solchen mit einem Geh. an naphthen. Verbb., wie Methylcyclohexan, unter Zusatz von H_2 bei überatmosphär. Druck u. period. Regenerierung des Katalysators, dad. gek., daß der Katalysator nach der Regenerierung mit H_2 oder H_2-haltigem Gas bei einem Druck, der wesentlich tiefer als der Reformierungsdruck liegt, gereinigt wird. Der Katalysator kann zuerst mit inerten Abgasen u. danach mit H_2 gereinigt werden. — Zeichnung. (**D. B. P. 856 143** Kl. 12o vom 23/2. 1950, ausg. 20/11. 1952. A. Prior. 19/9. 1942.) G. KÖNIG. 8201

California Research Corp., San Francisco, Calif., V. St. A., *Propylenpolymerisate* mit Kp. $< 177°$ erhält man durch kontinuierliche Einführung von Propylen in eine Reaktionszone, in der es unter polymerisierenden Bedingungen mit fl. H_3PO_4 behandelt wird. Man zieht kontinuierlich ein Gemisch von Säure u. KW-stoff ab, gibt die abgetrennte Säure in das Verf. zurück u. befreit das Prod. durch Dest. von als Nebenprod. gebildetem Propan. — Motortreibstoffe. — Schema. (**E. P. 672 101** vom 2/6. 1950, ausg. 14/5. 1952. A. Prior. 4/6. 1949.) MÖLLERING. 8201

Shell Development Co., San Francisco, Calif., V. St. A., übert. von: **Philip James Garner**, Wirral, und **Philip Alan Winsor**, Great Sutton, England, *1.2-Alkandiole in Wasser-in-Öl-Emulsion.* Die schnell in W. dispergierbare W.-in-Öl-Emulsion besteht hauptsächlich aus einem Mineralöl, W., einem wasserlösl. Sulfat eines aliphat. Alkohol mit 7—18 C-Atomen u. 1.2-Octandiol (1.2-Alkandiol). — Beispiel: 5 (Teile) Spindelöl

u. 4,1 Emulgator (Teepol X), bestehend aus einer wss. Lsg. von 20% sek. alkyl- (C_{10}—C_{18}) schwefelsaurem Na u. 6% Na_2SO_4, werden mit einer Lsg. von 1.2-Undecandiol in Laurylalkohol gemischt. Man erhält ein *Schneidöl*, das in W. stabile Emulsionen liefert. (**A. P. 2 606 874** vom 8/6. 1948, ausg. 12/8. 1952.) UNGER. 8221

E. I. du Pont de Nemours & Co., übert. von: **Willard E. Catlin**, Wilmington, Del., V. St. A., *Zusatzmittel für Schmieröle*, bestehend aus Copolymerisaten von 2—25 (%) Methacrylanilid u. 98—75 eines Alkylesters der Acryl- oder Methacrylsäure, dessen Estergruppe 8—18 C-Atome u. wenigstens 8 C-Atome in gerader Kette enthält, z. B. Laurylacrylat oder n-Decylmethacrylat. Verbesserung des Viscositätsindex ohne wesentliche Steigerung der Viscosität des Öles bei niedriger Temperatur. (**A. P. 2 584 968** vom 24/6. 1950, ausg. 12/2. 1952.) DERSIN. 8221

Union Oil Co. of California, Los Angeles, übert. von: **Paul W. Fischer**, Long Beach, und **Raymond A. Rogers**, Wilmington, Calif., V. St. A., *Bohrflüssigkeiten*. Man stellt eine wss. Dispersion einer hydratisierten Erde her, indem man diese mit W. mischt. Die scheinbare D. der Dispersion soll zwischen 65 u. 75 lbs. pro Kubikfuß betragen. Man gibt einen wasserlösl. Celluloseäther zu, der mit mehrwertigen Metallionen keine unlösl. Salze bildet, u. ein wasserlösl. mehrwertiges Metallsalz (in einer Menge von 0,01—10% der Gesamtmischung). Man verwendet so viel Celluloseäther, daß die Mischung einen Filtrationswert von 45 ml pro Std. hat. Der Celluloseäther (wasserlösl. Methylcellulose, Oxyäthylcellulose) soll kein Gel bilden, wenn eine 2%ig. wss. Lsg. auf weniger als 180° F erhitzt wird. Das wasserlösl. mehrwertige Metallsalz soll ein Erdalkalisalz, z. B. $CaCl_2$, sein. (**A. P. 2 606 151** vom 7/5. 1949, ausg. 5/8. 1952.) UNGER. 8221

Deutsche Vacuum Oel Akt.-Ges., Hamburg (Erfinder: **Erich Thiessen**, Hamburg-Fuhlsbüttel, und **Hans Brückner**, Nürnberg), *Altölreiniger* mit einem Syst. von senkrecht untereinander angeordneten Heizplatten für das Altöl, dad. gek., daß diese metall. Heizplatten in Tellerform mit waagerecht angeordneten u. siebartig durchlöcherten Böden ausgebildet sind. (**D. B. P. 856 687** Kl. 23c vom 14/12. 1944, ausg. 24/11. 1952.) DERSIN. 8221

Standard Oil Development Co., übert. von: **Allan Beerbower**, Baltimore, Md., und **Arnold I. Morway**, Clark, N. J., V. St. A., *Schmierfette mit fein verteilten anorganischen Stoffen*. Schmierfette von hohem F. u. heller Farbe werden erhalten durch Zusatz schwach gefärbter anorgan. Stoffe, wie MgO u. $MgCO_3$, zu Mineralölen oder synthet. Ölen, wie Polyvinylalkoholen, Siliconölen, Estern von zweibas. Säuren, in Mengen von 10 bis 25 Gew.-%. (**A. P. 2 614 986** vom 12/11. 1948, ausg. 21/10. 1952.) MATTHAES. 8223

Shell Development Co., übert. von: **David L. Cook**, El Cerrito, Calif., V. St. A., *Borsäurehaltiges Schmiermittelgemisch*. Mineralölschmiermitteln u./oder synthet. Schmiermitteln fügt man 0,01—15 Gew.-% Borsäure zu, um den Abfall der Octanzahl zu verhindern oder abzuschwächen. Da die Borsäure in Mineralöl wenig lösl. ist, kann sie mit dem Schmiermittel vermahlen oder in einem flüchtigen Lösungsm. gelöst zugegeben werden. Zur Stabilisierung der Borsäuresuspension können geeignete Stoffe, wie Petroleumsulfonate, Lecithin oder Glycerinmonooleat, zugegeben werden. Auch andere übliche Zusätze, wie Reinigungsmittel, Antioxydantien usw., können zugesetzt werden. (**A. P. 2 614 985** vom 25/10. 1951, ausg. 21/10. 1952.) MATTHAES. 8223

I. Je. Korobtschanski und M. D. Kusnetzow, Berechnungen von Apparaturen zum Auffangen von chemischen Produkten der Verkokung. Charkow-Moskau: Metallurgisdat. 1952. (288 S.) 11 Rbl. 20 Kop. [russ.].

XXII. Leim. Klebstoffe usw.

William Q. Hull und **Walter G. Bangert**, *Tierischer Leim*. Ausführlicher Überblick über Gewinnung u. Anwendungen von tier. Leim. (Ind. Engng. Chem. **44**. 2275—84. Okt. 1952. San Francisco, Calif., Consolidated Chem. Ind., Inc.) WINIKER. 8384

D. Fysh, *Herstellung von Gelatine und Leim. Gewinnung aus Fell- und Hautabfällen*. Übersicht über Extraktion u. Weiterverarbeitung sowie die dazu verwendeten Apparaturen. — 8 Photos von Betriebseinrichtungen. (Leather Trades' Rev. **106**. 365—68. 12/11. 491—94. 19/11. 1952.) KUNZMANN. 8384

Pierre Gourlay, *Die Klebstoffe auf Kunstharzbasis*. In allg. Form werden die Eigg. u. der Einfl. der Polarität auf Klebstoffe besprochen. Dann werden die Klebstoffe behandelt, die folgende Stoffe als Grundlage haben: Phenol–Formaldehyd-Harze, Formaldehyd–Carbaminsäure- u. Formaldehyd–Melamin-Harze, Formaldehyd–Resorcin-Harze, Harnstoffharze, Polyvinylharze, Polyacrylharze, Chlorkautschuk u. einige Gemische. Die Anwendung von Klebstoffen auf Stärkebasis für das Pastingverf. wird beschrieben. (Rev. techn. Ind. Cuir **43**. 27—29. Febr. 55—59. März 1951.) O. ENGEL. 8388

Diamalt Akt.-Ges. (Erfinder: **Wolfgang Jülicher und Otto Appelt**), München, *Stärkeprodukt aus Kartoffelstärke* (I). I wird mit in W. unlösl. Äthern u. Estern von ein- u. mehrwertigen Phenolen in an sich bekannter Weise in Ggw. von in W. lösl. organ. Lösungsmitteln behandelt. Man erhält zügige, *traganthähnliche Kleister*. (**D. R. P. 762 216** Kl. 89k vom 11/7. 1942, ausg. 6/3. 1952.) HEINSEN. 8385

I. Bibby & Sons Ltd. (Erfinder: **John Alfred Wakelam** und **Harold Jasperson**), Liverpool, England, *Herstellung von Proteinstoffen* aus Samenglobulinen (I). Den in W. suspendierten Globulinen, z. B. Nußmehlprotein, wird ein oberflächenakt. Stoff, wie Na-Dodecylbenzolsulfonat, in Mengen von z. B. 0,1% unter Rühren beigegeben, darauf die Mischung sprühgetrocknet. Verwendung z. B. zur *Papierverleimung*. (**E. P. 671 409** vom 1/7. 1949, ausg. 7/5. 1952.) KRANZ. 8385

American Cyanamid Co., New York, N. Y., V. St. A. (Erfinder: **J. Studeny**), *Stärkekleister*. Der Kleister enthält zur Stabilisierung seiner Viscosität 0,5—25% wasserlösl. Salze von Dicyanguanidin, bes. Alkalisalze. (**Schwed. P. 134 275** vom 26/4. 1949, ausg. 15/1. 1952. A. Prior. 5/5. 1948.) JÜRGEN SCHMIDT. 8385

N. V. W. A. Scholten's Chemische Fabrieken, Groningen, Holland, *Herstellung von in kaltem Wasser löslichen trockenen Stärkeprodukten*. Man geht von kalt verkleisternder Stärke aus, die mit kaltem W. vollständig klumpenfreie viscose Lsgg. gibt, z. B. einer teilweise abgebauten, verätherten oder veresterten Stärke, die dann mit Aminotriazin u. einem Aldehyd versetzt u. vorzugsweise noch mit so viel Säure als Härtungsmittel versehen wird, daß die M. beim Lösen in W. einen p_H-Wert über 5 gibt. — Z. B. vermischt man ein aus 630 (g) Melamin u. 1500 30%ig. Formalinlsg. erhaltenes Kondensationsprod. mit einer Stärke, die vorher mit Alkali u. H_2O_2 behandelt wurde, um in kaltem W. zu verkleistern. Das Prod. dient als *Klebstoff*, bes. zum Verleimen von Mehrfachfurnieren. (**N. P. 78 147** vom 8/5. 1946, ausg. 19/2. 1951. Holl. Prior. 23/11. 1944.) JÜRGEN SCHMIDT. 8389

Werner Stauf, Siegen, Westf., *Eigenschaftsverbesserung von tierischen Leimen oder Leimen auf Grundlage von Kunstharzen*, wie Harnstofformaldehydharzen durch Hinzufügen von Faserstoffen in Form eines wss. Faserschleimes aus nahezu bis zur Strukturlosigkeit naß zermahlenen Fasern zu den wss. Leimlsgg. bis zu ca. 20% des Leimgewichts. (**D. R. P. 765 991** Kl. 22i vom 5/12. 1941, ausg. 6/10. 1952.) MAASS. 8389

Charles H. Brown, Princeton, N. J., übert. von: **James E. Fenn**, Baldwin, N. Y., V. St. A., *Klebstoff*. Konz. Sulfitablauge (I) wird mit einer kleinen Menge H_3PO_4 behandelt u. mit Polyvinylalkohol (II) u. Harnstoff (III) versetzt, wobei III = 10—20% von I + II, u. III > II ist. (**A. P. 2 579 481** vom 17/2. 1948, ausg. 25/12. 1951.) LÜTTGEN. 8389

Firestone Tire & Rubber Co., Akron, O., übert. von: **William J. Nanfeldt**, New Castle, Ind., V. St. A., *Klebmittel* zur Befestigung des Schleiffutters auf Bremskörpern, bestehend aus z. B. 100 (Teilen) Butadien–Acrylnitril (65 : 35), 0,75—1,5 Phenyl-α-naphthylamin, 1,5—2,5 Benzothiazolyldisulfid, 6—10 Dialkylphthalat (Alkyl 7—12 C), Polyester aus α.ω-Polymethylendicarbonsäuren (Adipinsäure, Pimelinsäure) u. Äthylenglykol, 3 bis 8 ZnO, 2—6 S, 40—60 mit Cashewnußschalenöl modifiziertes Phenol-CH_2O-Harz u. 70—90 Phenolharz. (**A. P. 2 560 033** vom 8/9. 1950, ausg. 10/7. 1951.) SALZMANN. 8389

Gummed Products Co., übert. von: **Donald S. Bruce** und **Howard L. Heise**, Troy, O., V. St. A., *Klebemittel*, das gegen Feuchtigkeit widerstandsfähig ist, besteht aus ca. 3 (%) Polyvinylalkohol, ca. 50 einer konz. Ligninsulfonsäure, 5—15 eines Al-Salzes, z. B. $Al_2(SO_4)_3$ oder ein Al-Doppelsalz, u. ca. 5 Harnstoff oder Dicyandiamid. (**A. P. 2 544 585** vom 12/10. 1948, ausg. 6/3. 1951.) V. SCHILLER. 8389

Shell Development Co., Emeryville, übert. von: **Edward Charles Shokal**, Walnut Creek, und **Albert C. Mueller**, Berkeley, Calif., V. St. A., *Kaltabbindender Leim*, bestehend aus einem durch Rk. von Epichlorhydrin mit mehrwertigem Phenol in Ggw. von Basen erhältlichen Glycidylpolyäther mit einer Epoxyäquivalenz > 1 u. Viscosität von mindestens 100 Poisen bei 25°, der mit einem gesätt. KW-stoff mit 1—2 Nitrilgruppen, z. B. Acetonitril, auf eine Viscosität von 1—80 Poisen verd. ist. (**A. P. 2 548 447** vom 21/9. 1950, ausg. 10/4. 1951.) LÜTTGEN. 8389

Ciba Akt.-Ges., Basel, Schweiz, *Herstellung einer haltbaren Kunstharzemulsion* vom Öl-in-W.-Typ. Das in einem mit W. nicht mischbaren organ. Lösungsm. gelöste härtbare wasserunlösl. Kunstharz wird in einer wss. Phase, die einen mit einem Alkylenoxyd umgesetzten Eiweißstoff enthält, emulgiert. In 1000 (Gewichtsteile) Fischleim (50% Trockengeh., p_H 9,5 mit NH_3 eingestellt) werden 50 Äthylenoxyd eingeleitet, 80 des Reaktionsprod. mit 140 W. verd. u. 280 einer 60%ig. butylalkoh. Lsg. eines mit Butylalkohol verätherten Kondensationsprod. aus Melamin u. CH_2O mit 2,75% freiem CH_2O einemulgiert. Die Emulsion wird mit Ameisensäure angesäuert u. zum *Verleimen von Holz* oder *Papier* verwendet. Man kann solche Emulsionen auch mit Pigmenten mischen u. zum Bedrucken von Gewebe verwenden, die bes. wasserechte Effekte geben, wenn sie mit Härtungskatalysatoren, wie Ameisensäure oder NH_4SCN, erhitzt werden. Andere verätherte Aminoplaste oder Phenoplaste können angewandt werden. (**Oe. P. 173 264** vom 6/8. 1951, ausg. 10/12. 1952. Schwz. Prior. 8/9. 1950.) PANKOW. 8389

Ciba Akt.-Ges., Basel (Erfinder: **Luzius Schibler**, Riehen), Schweiz, *Härtbare Bindemittel*, dad. gek., daß man eine Mischung aus durch Alkalien in Lsg. gebrachtem Säurecasein, Harnstoffen oder anderen mit CH_2O kondensierbare NH_2-Gruppen enthaltenden Verbb. u. CH_2O bis zur Bldg. einer viscosen M. erhitzt u. diese kurz vor Erreichen des wasserunlösl. Zustandes mit W. verd. u. abkühlt. (**D. B. P. 848 063** Kl. 22i vom 30/12. 1948, ausg. 1/9. 1952. Schwz. Prior. 17/9. 1945.) LÜTTGEN. 8389

B. F. Goodrich Co., New York, N. Y., übert. von: **Leon F. Fiedler**, Cuyahoga Falls, und **Paul J. Leakey**, Kent, O., V. St. A., *Klebstoff*, bestehend aus 100 (Teilen) eines vulkanisierbaren Copolymeren aus Acrylnitril u. einem Diolefin (Butadien), einem Vulkanisierungsmittel, 2—25 Al u. 20—300 Phenolharzresol. (**A. P. 2 575 265** vom 17/12. 1949, ausg. 13/11. 1951.) LÜTTGEN. 8389

Comp. de Produits Chimiques Boston, Frankreich, *Klebstoff* zum Verkleben von Schuhsohlen, bestehend aus einem Mischpolymerisat aus 100 (Teilen) Butadienkautschuk u. Acrylsäurenitril 25—40%, 10—30 bas. $ZnCO_3$, 10—50 harzartigem chloriertem KW-stoff u. 70—125 eines Mischpolymerisates aus Vinylchlorid u. Vinylacetat mit 85—90,5% Vinylchlorid. — Sohle u. Brandsohle werden aufgerauht, der Klebstoff auf 60° erwärmt, damit er erweicht, dann auf die Materialien aufgestrichen u. bei 120—180° feuchter Hitze 1 Min. verklebt. (**F. P. 996 473** vom 1/10. 1949, ausg. 19/12. 1951.) WITTHOLZ. 8389

Boston Blacking Co. Aktiebolag, Hälsingborg, Schweden (Erfinder: **J. L. Perkins** und **E. E. Sylvester**), *In der Wärme erweichende Masse zum Anbringen auf den Außensohlen von Schuhen.* Zum Zusammenkleben von Leder u. Schuhteilen wird eine M. aus 100 (Gewichtsteilen) Butadien–Acrylnitril-Mischpolymerisat, 10—30 bas. $ZnCO_3$, 10 bis 50 harzartigen chlorierten Paraffinen oder chlorierten aromat. KW-stoffen u. 70—125 Vinylchlorid–Vinylacetat-Mischpolymerisat verwendet. Zum Auftragen verwendet man eine Lsg. der M. in einem flüchtigen organ. Lösungsmittel. Nach Verdunsten des Lösungsm. werden beide Teile (Leder u. Sohle) miteinander verbunden u. auf 120—180° 1 Min. in feuchter Luft erwärmt. (**Schwed. P. 132 255** vom 26/9. 1949, ausg. 10/7. 1951.) JÜRGEN SCHMIDT. 8389

Minnesota Mining & Mfg. Co., übert. von: **Clarence J. Ebel**, St. Paul, Minn., V. St. A., *Klebband.* Pastenförmige Copolymere von Butadien u. Styrol werden mit einem öllösl., heiß härtbaren Phenolaldehydharz oder einem selbstvulkanisierenden organ. Beschleuniger (Thiurampolysulfid) erhitzt, bis das Prod. mehr kohäsiv als adhäsiv, aber noch klebrig ist. Vorteilhaft wird noch ein Weichharz zugemischt. Der Klebstoff dient als Belag für Klebbänder. (**E. P. 663 823** vom 12/6. 1947, ausg. 27/12. 1951. A. Prior. 7/10. 1946.) LÜTTGEN. 8389

XXIV. Photographie.

I. G. Farbenindustrie Akt.-Ges., Frankfurt/M. (Erfinder: **Wilhelm Schneider** und **Heinz Schulze**, Dessau, **Gustav Wilmans**, Schönberg b. Kronberg/Taunus), *Farbtonrichtige subtraktive Mehrfarbenpositive.* Für die Aufnahme wird ein Mehrschichtnegativmaterial verwendet, dessen Schichten so beschaffen sind, daß die bei der üblichen Verarbeitung erzeugten Farbtöne zusammen kein reines Schwarz ergeben, sondern einen Farbstich. Dieses farbstichige Negativ wird auf ein Mehrschichtpositivmaterial kopiert, dessen Schichten so aufgebaut sind, daß sie ohne Filteranwendung den Farbstich des Negativs kompensieren. Die gewünschten Eigg. von Negativ u. Positiv werden durch Regelung der Empfindlichkeit u. Dicke der einzelnen Schichten sowie durch ihren Geh. an Farbkupplern erzielt. (**D. R. P. 756 886** Kl. 57b vom 24/2. 1939, ausg. 27/10. 1952.) KALIX. 8631

Herausgeber u. verantwortlich für den Inhalt: Prof. Dr. Maximilian Pflücke, Berlin W 8, Jägerstraße 22/23, Fernsprecher: 200481, 201464. Redaktion: Chefredakteure Dr. Eugen Klever und Prof. Dr. Maximilian Pflücke. Verlag: Akademie-Verlag GmbH, Berlin NW 7, Schiffbauerdamm 19 (Fernsprecher 425571, Postscheckkonto Berlin 35021) u. Verlag Chemie, GmbH, Weinheim/Bergstraße (Postscheckkonto Frankfurt/M. 145314 u. Berlin [West] 7430, Fernsprecher: Weinheim 2017). Bestell- u. Verlags-Nr. dieses Heftes: 1007/124/28. Das Chemische Zentralblatt erscheint wöchentlich. Satz u. Druck: VEB Leipziger Druckhaus, Leipzig, III/18/203. VII. 53.
Veröffentlicht unter der Lizenznummer 1212 des Amtes für Literatur und Verlagswesen der Deutschen Demokratischen Republik.
Printed in Germany.

www.ingramcontent.com/pod-product-compliance
Lightning Source LLC
LaVergne TN
LVHW081338011026
849161LV00013BB/2948